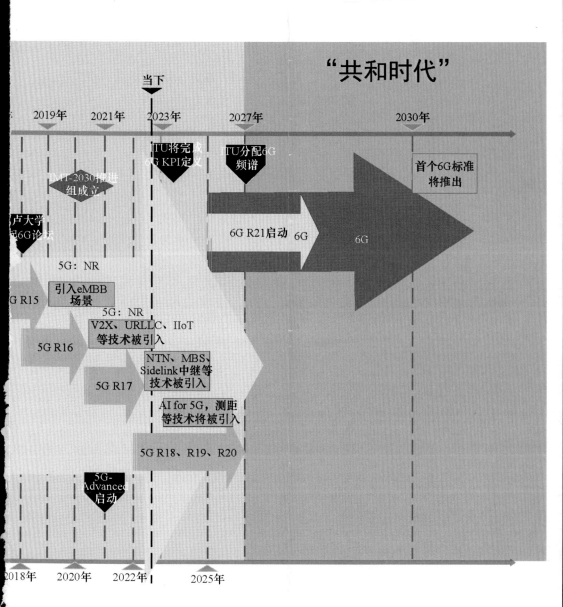

A Systematic View on 5G
from Creation to Innovation

5G系统观
从R15到R18的演进之路

张晨璐 vivo通信研究院◎编著

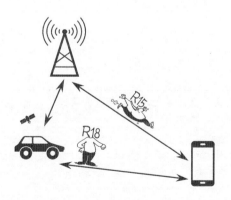

人民邮电出版社

北 京

图书在版编目（CIP）数据

5G系统观：从R15到R18的演进之路 / 张晨璐，vivo
通信研究院编著. -- 北京：人民邮电出版社，2023.7（2024.1 重印）
ISBN 978-7-115-61206-9

Ⅰ. ①5… Ⅱ. ①张… ②v… Ⅲ. ①第五代移动通信
系统 Ⅳ. ①TN929.538

中国国家版本馆CIP数据核字(2023)第081394号

内 容 提 要

本书以移动通信技术演进的驱动力为贯穿全书的线索，通过对移动通信从 0G 到 6G 的发展历史、协议细节和未来方向的介绍，全面梳理和论证了移动通信演进的趋势和未来。本书还对 5G R16、R17 的 24 个重点技术特征进行了详细的讲解，以帮助读者理解 5G 的演进趋势。

为了让读者有系统观概念，本书对技术的描述不单单包含了"是什么"，还全面说明了"为什么""会怎样"。通过技术间、系统间和协议层间的"贯通性"介绍，将单点技术放在系统中进行端到端的打通，并结合"驱动力"线索，使读者可以全方位地理解和系统性地思考，帮助读者拓宽视野。

◆ 编　著　张晨璐　vivo 通信研究院
　　责任编辑　王海月
　　责任印制　马振武
◆ 人民邮电出版社出版发行　　北京市丰台区成寿寺路 11 号
　　邮编　100164　　电子邮件　315@ptpress.com.cn
　　网址　https://www.ptpress.com.cn
　　北京七彩京通数码快印有限公司印刷
◆ 开本：787×1092　1/16　　　插页：1
　　印张：25　　　　　　　　　2023 年 7 月第 1 版
　　字数：589 千字　　　　　　2024 年 1 月北京第 3 次印刷

定价：149.80 元
读者服务热线：(010)81055493　印装质量热线：(010)81055316
反盗版热线：(010)81055315
广告经营许可证：京东市监广登字 20170147 号

技术评审

秦 飞　　吴晓波　　潘学明　　纪子超　　郑 倩

周续涛　　鲍 炜　　姜大洁　　杨晓东　　沈晓冬

孙 鹏　　Rakesh Tamrakar　　孙晓东　　孙 伟

白永春　　刘是枭　　吴 昊　　刘思綦　　张艳霞

莫毅韬　　郑凯立　　梁 敬　　王 文　　谢振华

王园园　　王 勇　　张奕忠　　黄 伟　　杨 谦

此书谨献给长期奋战在 3GPP 前线的所有"技术战士"！

致谢

写书是一件大事儿，也是一件需要投入大量精力和时间的事情。

首先，我要感谢我的家人，他们的鼓励和支持让我在工作之余有时间完成本书，但也因此少了很多陪伴他们的时光。将此书送给我的两位正茁壮成长的可爱宝贝，希望爸爸对工作、生活的信心、激情和勇气可以不断地激励你们，使你们勇敢地面对"成长烦恼"。

然后，找要感谢所在的公司——vivo，公司对迪信技术研究和人才培养的高度重视，推动和支持着我完成了自己的第二本著作，感谢公司在写作过程中给予我的各方面的资源支持。

最后，我更要感谢的是 vivo 通信研究院的小伙伴们！他们主要是在本书的撰写过程中参与讨论并提供大量技术支持的 vivo 通信研究院深圳研究中心的刘思綦、郑凯立、张艳霞、郑倩、王文、梁敬、纪子超、莫毅韬、刘是枭、王勇、王园园等；参与本书技术校准的同事：纪子超、吴昊、郑凯立、姜大洁、鲍炜、刘进华、张艳霞、梁敬、莫毅韬、吴晓波、谢振华、王文、孙晓文、张迪。

正是有这些长期奋战在 3GPP 标准化战场的"技术战士"的支持，才保证了本书技术内容的严谨性和权威性。

移动通信系统作为人类社会的重要基础设施，高效实现"最后一公里"移动信息无缝连接，极速推动了现代信息社会的高速发展。从 20 世纪 80 年代，以高级移动电话系统（AMPS）、北欧移动电话系统（NMT）、全接入通信系统（TACS）为代表的 1G 系统，到 2019 年我国商用的 5G 系统，移动通信技术的发展前后经历了 40 余年的历史，并正以每 10 年一代的速度持续演进着。

进入 5G 时代后，移动通信技术改变世界的速度也在加快。在 5G R15 奠定的坚实基础之上，5G R16、R17 持续完善增强型移动宽带（eMDD）应用场景，并重点针对超可靠低时延通信（URLLC）和大连接物联网（mMTC）应用场景进行了全面的增强。随着 5G 车联网、工业物联网（IIoT）、终端节能、非地面网络（NTN）、5G 轻量级终端、定位增强等大量增强特性的引入，5G 将从重点支持 To C 场景，逐渐向同时兼顾 To B 场景、赋能千行百业的方向快速发展。可以预见，5G 带来的变革将在很大程度上推动社会经济的进步。

在如今移动通信快速发展的时代，我们不禁要问，移动通信技术是如何影响世界的？是什么推动着移动通信技术的发展？移动通信技术又将走向何方？

"以史为鉴，可以知兴替"，在本书中，作者全方位梳理了通信技术从有线到无线、从 1G 到 5G 的整个发展脉络，给出了移动通信技术变革的历史背后，推动其演变的潜在驱动力，并在后续章节中加以论证，为读者展开了一幅清晰、生动的技术发展画卷。本书对 5G 技术细节的介绍不单单解决了 5G "是什么"的问题，还探究了"为什么"，让读者可以全方位地理解和系统性地思考。

本书作者为长期奋战在 3GPP 标准一线的优秀学者，深度参与了全球 5G 标准制定全过程，为 5G 发展做出了重要贡献，也是我国通信标准化事业的骨干。本书层次清晰、特点鲜明、图文并茂、语言流畅，既有技术细节，又有历史的厚重感，适合对 5G 感兴趣的读者阅读，也可供从事移动通信技术研究和开发的技术人员查阅。

中国通信标准化协会理事长

作为行业领先的设备公司，vivo致力于为用户打造令人惊喜的智能UE产品和智慧化服务，成为连接人与数字世界的桥梁。无线移动通信技术的持续发展与创新，实现了人与人、人与物、物与物之间随时随地、无处不在的自由连接，是达成这一企业愿景的基础。公司高度重视通信基础技术的创新和突破，于2016年成立vivo通信研究院，深度参与5G技术的研究与标准化。多年来，vivo通信研究院携手行业伙伴，以"提升用户体验"为己任，向3GPP国际标准化组织提交了大量的技术提案、仿真曲线、实验数据，成为5G标准的重要贡献者之一。本书是vivo通信研究院近百名工作于标准一线的工程师多年的知识积累总结，也是他们移动通信"世界观"的体现和演绎。

本书以移动通信技术发展背后的驱动力为主线，深入浅出地介绍了通信行业的发展变迁，让读者不仅能够知其然，还能够知其所以然。作者是5G标准的深度参与者和重要贡献者，他把很多亲身经历的标准演进过程记录下来，并详细呈现了标准的内容，让读者能更有代入感地学习5G标准。

非常推荐通信技术爱好者阅读和收藏这本书，它将是您学习5G从入门到精通的好伙伴！

vivo高级副总裁、首席技术官

序3

拿到本书的初稿，我埋头读了一遍。在阅读过程中，我体会到了作者的诚意、对技术的深刻洞察和对普及技术知识的热情和用心。同时，作者的写作方式也别出心裁、独具匠心，既从宏观上把技术演进放在整个历史和哲学的大范畴下进行提炼归纳，又在微观上用一些通俗易懂的比喻把技术内涵解释得准确而易懂。全书共9章，包含13个"系统观"概念、数十个关键技术介绍，一方面联成一个整体，可以让读者掌握5G全貌；另一方面每个技术或者"系统观"概念也独立成单元，方便读者有针对性地翻阅和学习。

非常感谢作者能够为读者带来这样一本好书，不但能让读者在技术上有收获，还触发了很多思考，从更高的维度来理解5G乃至整个通信行业技术的演进发展，正所谓"小中能见大，弦外有余音"。

无论你是想初窥移动通信技术，还是要系统掌握5G知识，抑或是想提升自己的技术洞察力，都可以开卷阅读此书。相信作者的诚心、用心和责任心一定会为你带来惊喜与收获。

胡南

中国移动研究院无线与终端技术研究所副所长

现任3GPP RAN全会副主席、曾任3GPP RAN2副主席

2008 年，在我刚刚开始接触 3GPP RAN 标准化工作的时候，那时 LTE 标准的初期版本刚刚形成，我读了一些文稿，文稿读起来似乎没那么费力。但是当我自己踏入 3GPP RAN1 会场时，看到了标准背后的真实情景——有很多内容已经在之前的文稿中有了相关的描述，还有一些则没有写在纸上，但最终保留在标准中的只是在会场唇枪舌剑中提到的无数想法和内容的提炼。所以我们初看标准，看到的就是按部就班的流程，这些流程看起来似乎是那么自然。但是有好奇心的人，或有志于从事标准化工作的人可能在了解标准的同时，会提出"这一步为什么要这样设计"的疑问，我至今对我初入会场时的状态和脑海中泛起的种种疑问记忆犹新。带着这些疑问，我通过翻阅大量的文稿、会议纪要，向各专家请教，才把零零碎碎的知识贯穿了起来，慢慢地建立起了系统性思维和批判性思维，并一直坚持把这种思维融入标准化一线工作中。当时，检索文档、整理问题、回溯方案这个过程对我而言是非常烦琐和痛苦的，因而在自己有一定积累之后，我会思考如何能帮助其他同人少走一些弯路、克服我所经历的恐惧而更顺利地从事标准化工作，我自己曾经构思了一个类似笔记的标准化进展和方案的介绍，想借以系统性地介绍 LTE 标准的设计及其来龙去脉，让更多人能知其然，也知其所以然。但因忙于各种琐事，这个计划一直未完成，这成为我从事 LTE 标准化工作的一个遗憾，结果在 5G NR 阶段延续着这种遗憾，没有借口，还是缺少了点儿精神和毅力！

但是在 5G NR 阶段，我欣喜地看到人民邮电出版社出版的《从局部到整体：5G 系统观》，并阅读了《5G 系统观：从 R15 到 R18 的演进之路》初稿，难能可贵的是，作者在全书中始终以"系统观"为主线来整理和归纳技术要点和相关流程，将跨工作组和跨协议层的工作完整地呈现出来，使得阅读和理解事半功倍。此外，阅读《5G 系统观：从 R15 到 R18 的演进之路》，读者可以对 5G 的整体能力和可能带来的变革有更全面、更深入的理解。因此，我将这本书推荐给希望深入了解 5G 的研究人员和开发人员，以及有志于从事通信标准化工作的研发人员，希望它能减少你学习路上的坎坷，提高你的学习效率并增强从业信心。

徐晓东

中国移动集团级首席专家

曾任 3GPP RAN 全会副主席，现任 3GPP RAN1 副主席

俗话说"万事开头难",对读者来说,看一本书如此,对笔者而言,写一本书更是如此。首先感谢广大读者在笔者出版的姐姐篇《从局部到整体:5G系统观》中给予的大力支持,正是因为有这些支持和鼓励,笔者再次出发,开启了撰写第二本书的新历程。

为什么要写本书?原因主要有以下3个方面。

第一,自从3GPP在2018年发布了第一个完整的5G技术规范后(2017年12月发布了5G的NSA版本,2018年发布了包含NSA和SA的完整版本R15),3GPP便"马不停蹄"地开启了5G演进版本R16、R17的标准化工作。截至本书初稿完成时(2022年8月),R16已经完成了标准化工作(2020年Q3冻结),并行开展的R17因为疫情原因延迟,于2022年Q3冻结(目前已完成物理层部分定义)。随后,人们寄予厚望的R18"5G-Advanced"技术已完成立项工作,其应用场景、技术增强方向已逐渐清晰,此外,6G的前期研究也在学术界如火如荼地开展。因此,在这个比较重要的时间节点,我们再次回顾和审视R15到R18的演进之路,将为我们真正深入理解移动通信技术现在正在发生和未来可能发生的"故事"奠定一个良好的基础。

第二,随着5G大规模商用,人们对5G的理解不断深入,但从普通消费者的角度来看,5G带来的变化并不如当年的3G到4G的变化让人觉得那么明显和深刻。从技术角度看,其中一个很重要的原因是第一个技术版本R15主要聚焦在eMBB应用场景,对5G承诺的URLLC应用场景和mMTC应用场景,只进行了基本设计而并未进行专项优化。因此,R15的商用网络无法为用户提供相关特征的业务。正因为此,有必要为读者介绍5G R15后续版本的技术演进,帮助读者认识真正的5G。

第三,姐姐篇《从局部到整体:5G系统观》获得了很多在校师生的认可,姐姐篇流畅的整体逻辑,"以图代文""基于用户角度""化繁为简"的描述方式和"系统观"的概念得到了读者认可,笔者也从这些鼓励中吸取并积累了力量和勇气。所以希望"将写作继续到底",继续用文字的力量影响和帮助更多人。因此,也就有了这次的"再出发"!

作为一本介绍5G演进技术的"新书",笔者从萌发想法到落笔花费了很长一段时间进行思考——什么样的文字和内容才是读者所需要的?通过思考和调研,我得出结论:需要"继承"姐姐篇《从局部到整体:5G系统观》的优点,具体如下。

• 系统观:需"继承"姐姐篇中从局部到整体的"系统观"描述形式,让读者对通信技术有更加系统的理解。

• 以图代文,通俗描述:需要秉持将技术原理简单化的思路,尽可能站在读者的角度来描述技术。

- 对协议的解读：需要"继承"从原理到实现的协议解读思路，不仅要告诉读者协议是什么，还需要告诉读者为什么这样设计协议，背后的逻辑是什么。

- 通过横向比较突出技术变化：需要通过"比较"来加深理解，通过对标准的演进版本与 R15 基础版本的比较，呈现出演进版本的技术优越性。

除了需要"继承"的优点，根据部分读者的建议和新书的规划，本书还会有如下变化。

- 技术脉络和趋势。在姐姐篇《从局部到整体：5G 系统观》中，"系统观"主要指技术层面横向、纵向拉伸。但考虑到 R16 及演进版本与 R15 比较，明显差异是 R15 是协议从 0 到 1 的初创过程，协议的方方面面均会涉及；而 R16 及演进版本是对基础协议的功能改进和性能提升，所以本书除了要"继承"姐姐篇中技术角度的"系统观"外，更加重要的是清晰地呈现出技术演进的背景、需求，以及隐藏在背后的规律和趋势。因此，在本书中，笔者将从"预备篇"开始梳理移动通信技术发展背后的动力，并将之作为贯穿全书的逻辑主线，此外，还将讨论推动移动通信技术发展的驱动力本身的变化及这些变化在当下（R17/R18 时期）及后续的 6G 技术演进过程中扮演的角色，并加以论证。

- 技术原理和应用场景。R16 及演进版本和 R15 的主要区别是，R16 及演进版本并不会像 R15 一样都被广泛商用，它是多个独立演进的局部技术的改进集合。因此，对于演进版本，不同地区或不同运营商会根据各自的需求特征来选择性商用。因此，对于一个演进技术，除了要呈现其协议细节外，更重要的是充分展现它对应的应用场景、技术原理、可实现的技术效果、相对 R15 进行的改动等，这样才更有利于读者充分理解版本差异，推动新技术商用。

- 端到端视野和实现的角度。在笔者进行的新书的问卷调查中，有几位读者提到了"端到端视野"和"基于实现角度"的建议。笔者理解这部分读者希望通过本书了解这些 5G 引入的新技术为非电信领域的上层业务带来的新变化，并希望从这些新变化中找到新的机会。但坦率地说，作为标准研究人员，笔者并不参与产品实现和创新，因此对产品实现、落地的理解并不深刻，但笔者将尽可能地站在技术和协议层面在本书中呈现出这方面的思考和探索。

最后，再次感谢一直默默支持和鼓励我的广大读者，也欢迎广大读者联系笔者进行交流和指导。此外，本书提供的教学 PPT 和"延展阅读"资料等，读者可通过联系笔者（微信号：ddd88lulu）免费获取。

闲言少叙，开卷有益！

张晨璐

　　"演进方向"和"驱动力"是贯穿本书的"主线"，也是本书有别于其他技术类图书的最大特点，但对所谓"方向""趋势"的理解是无法凭空推测的，我们需要站在"沙盘"之外，用"压缩"的"比例尺"丈量那些历史，并以此为据，摸清楚技术发展的内在驱动力和外在驱动力，最终推断、印证未来的可能。所以，请不要忽略"略显无聊"的非技术章节"预备篇"。强烈建议各位读者跟随笔者的思路和逻辑，从头到尾贯通性地阅读本书。也只有这样，你才能了解移动通信技术的过去、现在和未来。

　　在本书各章节中，还穿插了一些"系统观"内容，这些"系统观"或为"主线"以外的，对技术进行的横向、纵向的总结和梳理，或为技术跨协议层、跨领域的端到端的讲解。这些"系统观"旨在帮助读者建立系统观概念，深度理解技术和趋势的精华所在，建议读者精读、细读。

　　此外，全书共包含了 200 多幅图和 100 多张表，这些图和表绝大部分由笔者根据技术原理绘制而成，对读者更透彻地理解技术原理有很大帮助。此外，书中还包含 60 余个 RRC ASN.1 代码片段，目的是让读者更加直观地了解协议实现，理解产品实现、各协议参数含义和取值，建议读者善用这些素材。

　　希望本书可以为读者理解 5G 提供帮助！

目录

预备篇："旧"时代——从历史到现在

第1章 历史的滚滚车轮——移动通信演进史 ·············· 002

1.1 从 0 到 1 的蜕变——电话的发明 ·············· 002

1.2 "自由"是人类始终的追求——从有线到无线 ·············· 004

1.3 无线电触发的百花齐放——从广播到对讲机 ·············· 004

1.4 一个划时代的开始——从 0G 到 1G ·············· 006

1.5 一次技术的革命——从 1G 到 2G ·············· 009

    1.5.1 从模拟通信到数字通信 ·············· 012

    1.5.2 GSM 的横空出世 ·············· 014

    1.5.3 CDMA 的由来 ·············· 015

1.6 一次"需求"引发的变革——从 2G 到 3G ·············· 018

    1.6.1 2G 的演进和互联网的兴起 ·············· 018

    1.6.2 两个重要事件 ·············· 020

    1.6.3 3G 标准——为移动互联网而生 ·············· 021

1.7 一次"速度"引发的变革——从 3G 到 4G ·············· 024

    1.7.1 3G 主要技术特征 ·············· 024

    1.7.2 "姐妹"间的战争——3GPP 和 3GPP2 的标准博弈 ·············· 028

    1.7.3 吹响 4G 的号角 ·············· 029

    1.7.4 4G 的底层创新 ·············· 031

第2章 历史车轮留下的印记——移动通信的推动力 ·············· 037

系统观 1 移动通信编年演进史 ·············· 037

系统观 2 "旧动力"和约束力 ·············· 039

A. 技术"发动机"——理论的推动力和实现的约束力 ……………… 039

B."生理"需求——对容量和覆盖的追求 ………………………… 041

C. 从"高层次"需求回落到"生理"需求——速度 ……………… 043

D. 商业"指挥棒"——上层应用的推动和约束 ………………… 044

E. 思想统一和利益平衡——标准组织的价值 ………………… 045

F."青春永驻"的秘密——竞争与创新融合 ………………… 046

启航篇："新"开始——5G R15

第3章 "优雅"的R15 ……………………………………… 050

3.1 从需求到技术——5G 时代的到来 ………………………… 050

3.2 "没有创新"的R15？ ………………………………………… 053

  3.2.1 "一力降十会"——NR 的速度指标 ………………… 053

  3.2.2 "时间就是金钱"——NR 的时延指标 ………………… 060

  3.2.3 "老树新花"——连接密度和流量密度 ……………… 075

  3.2.4 绿色通信——能源效率 ………………………………… 078

  3.2.5 "多面手"——业务多样性 …………………………… 082

系统观 3 5G 在"缺乏创新"条件下的历史使命 ……………… 086

第4章 R15"未完成的任务" ……………………………… 088

4.1 5G 产业的"阵痛期" …………………………………………… 088

4.2 R15"未完成的任务" ………………………………………… 090

系统观 4 5G 涌现的"新"趋势 ………………………………… 092

  A. 新趋势之"物的连接" ………………………………… 094

  B. 新趋势之"业务的定制化、弹性和智能化" ………… 095

  C. 新趋势之"低能耗和节能" …………………………… 096

  D. 新趋势之"技术与市场的渗透和融合" ……………… 097

  E. 新趋势之"网络拓扑异构和接入方式的多样性" …… 098

演进篇："再"出发——从"打补丁"到"筑基础"

第5章　"打补丁"——增强型技术（R16） ……………………… 102

5.1　随机接入技术增强 ……………………………………………………… 103

　　5.1.1　2-Step RACH 项目背景 ………………………………………… 103

　　5.1.2　从"四小步"到"两大步" …………………………………… 103

　　5.1.3　随机接入模式选择和整体流程 …………………………… 105

　　5.1.4　2-Step RACH 的实现细节 ………………………………… 107

5.2　移动性增强 ……………………………………………………………… 111

　　5.2.1　移动性增强项目背景 ……………………………………… 111

　　5.2.2　双激活协议栈切换技术 …………………………………… 112

　　5.2.3　基于 T312 计时器的快速切换失败恢复技术 ………… 112

　　5.2.4　CHO 技术和 CPC 技术 …………………………………… 113

5.3　UE 节能 ……………………………………………………………………… 117

　　5.3.1　UE 节能项目背景 …………………………………………… 117

　　5.3.2　用一切可用的手段 ………………………………………… 118

　　5.3.3　"该休息就休息"——DRX 自适应、辅小区休眠技术和快速脱离

　　　　　CONNECTED 态技术 ……………………………………… 119

　　5.3.4　"降低调度的确定性"——跨时隙调度技术 ………… 123

　　5.3.5　"BWP 的深度利用"——最大 MIMO 层自适应技术 … 125

　　5.3.6　"让睡眠更安稳"——RRM 测量放松技术 …………… 126

　　5.3.7　"信令支撑"——UE 辅助信息上报 ………………… 129

5.4　交叉链路干扰和远距离干扰管理 ………………………………… 133

　　5.4.1　交叉链路干扰和远距离干扰管理项目背景 ………… 133

　　5.4.2　"老问题"——交叉链路干扰协调技术 …………… 134

　　5.4.3　"新问题"——远距离干扰管理技术 ……………… 138

系统观 5　接入网系统的演变 …………………………………………… 140

　　A. 分布式部署和 CU/DU 分离 ………………………………… 140

　　B. 核心网和接入网解耦 ………………………………………… 143

5.5　集成接入和回传技术 ·· 145

　　5.5.1　集成接入和回传项目背景 ··························· 145

　　5.5.2　IAB 技术的"前辈"——LTE R10 中继技术 ········· 146

　　5.5.3　R16 IAB 技术网络和协议架构 ······················ 147

　　5.5.4　"大手笔"——新增的 BAP 子层结构与功能 ········· 150

　　5.5.5　IAB-node "集成"流程 ····························· 152

　　5.5.6　数据流回传过程介绍 ······························· 157

系统观6　IAB 数据回传过程串讲 ································· 163

　　5.5.7　IAB 拓扑的灵活性和鲁棒性 ························· 165

5.6　多天线技术增强 ·· 170

系统观7　核心网系统的演变 ······································ 171

　　A. 核心网和接入网的角色定位 ··························· 171

　　B. 核心网系统从 0 到 1 的过程 ·························· 172

　　C. 核心网系统从 2G 到 5G 的演变 ······················ 173

5.7　5G 网络 SMF 和 UPF 拓扑增强技术 ······················ 177

　　5.7.1　5G 网络 SMF 和 UPF 拓扑增强技术背景 ··········· 177

　　5.7.2　归属地路由和跨区域业务连续性 ··················· 178

5.8　服务化架构增强 ·· 181

　　5.8.1　服务化架构增强项目背景 ·························· 181

　　5.8.2　服务通信代理 ····································· 182

　　5.8.3　NF 集和 NF 服务集机制 ··························· 184

第6章　"筑基础"——赋能型技术（R16） ····················· 186

6.1　超可靠低时延（URLLC） ···································· 186

　　6.1.1　URLLC 项目背景 ·································· 186

　　6.1.2　物理下行链路控制信道（PDCCH）增强 ············· 188

系统观8　CORESET 和 Search Space Set ······················ 190

　　6.1.3　PUSCH 重复传输 ································· 196

　　6.1.4　反馈增强和 UE 内优先级处理 ····················· 199

　　6.1.5　"为 URLLC 让路"——UE 间传输冲突处理 ·········· 203

　　6.1.6　"用资源换时间"——增强可配置调度和 SPS ········· 207

6.2　工业物联网（IIoT）…………………………………………………………… 209

　　6.2.1　项目信息总览 ………………………………………………………… 209

系统观9　R16核心网侧的URLLC能力增强 ……………………………………… 210

　　A. 5G与TSN系统的集成 …………………………………………………… 210

　　B. 5G核心网对URLLC的增强支持 ………………………………………… 214

　　6.2.2　NR_IIoT中TSN相关增强 …………………………………………… 216

　　6.2.3　"用效率换可靠性"——PDCP复制增强 …………………………… 222

　　6.2.4　UE内优先级和传输冲突机制 ………………………………………… 224

系统观10　车联网技术背景与LTE C–V2X ……………………………………… 226

　　A. 聊聊自动驾驶那些事儿 …………………………………………………… 226

　　B. 3GPP的竞争者——IEEE 802.11p ……………………………………… 229

　　C. DSRC的强劲对手C-V2X ………………………………………………… 230

　　D. LTE阶段的C-V2X ……………………………………………………… 232

6.3　5G车联网技术——上层需求和网络架构的演进 …………………………… 237

　　6.3.1　V2X上层需求的演进 ………………………………………………… 238

　　6.3.2　V2X网络架构的演进 ………………………………………………… 242

6.4　5G车联网技术——接入网设计 ……………………………………………… 248

　　6.4.1　5G V2X物理层结构 …………………………………………………… 249

　　6.4.2　5G V2X物理层信道 …………………………………………………… 256

　　6.4.3　5G V2X同步过程 ……………………………………………………… 263

　　6.4.4　5G V2X资源分配 ……………………………………………………… 266

　　6.4.5　Sidelink HARQ重传 ………………………………………………… 275

　　6.4.6　5G V2X高层协议和流程 ……………………………………………… 279

系统观11　Sidelink V2X通信跨层串讲 ………………………………………… 291

　　A. V2X应用服务器与V2X应用 …………………………………………… 293

　　B. 参考点PC5 ………………………………………………………………… 294

　　C. V2X通信流程串联 ……………………………………………………… 295

第7章　"收官之作"——5G第一阶段（R17） ……………………………… 299

7.1　动态频谱共享 ………………………………………………………………… 300

　　7.1.1　LTE和NR共存的尴尬 ……………………………………………… 300

7.1.2 动态频谱共享实现 ……………………………………………… 301

7.2 多卡设备 ………………………………………………………………… 303

7.2.1 双卡 UE 的尴尬 ……………………………………………… 303

7.2.2 R17 多卡项目介绍 …………………………………………… 304

7.3 终端节能增强 …………………………………………………………… 305

7.4 覆盖增强项目 …………………………………………………………… 307

7.4.1 覆盖需求的变迁和发展 ……………………………………… 307

7.4.2 解决方案和基本原理 ………………………………………… 308

7.5 5G 多播广播 ……………………………………………………………… 310

7.5.1 从无线到有线，再从有线到无线 …………………………… 310

7.5.2 5G 多播广播业务 …………………………………………… 311

7.6 卫星 / 非地面网络（NTN）通信 ……………………………………… 313

7.6.1 卫星 / 非地面通信场景与需求 ……………………………… 313

7.6.2 R17 NTN 相关项目 …………………………………………… 314

7.7 5G 定位增强 ……………………………………………………………… 317

7.7.1 LTE 和 R15、R16 定位技术发展 …………………………… 317

7.7.2 R17 定位增强 ………………………………………………… 319

7.8 5G 轻量级（NR RedCap）UE …………………………………………… 320

7.8.1 为什么有了 NB-IoT 和 eMTC 还需要 5G RedCap ………… 320

7.8.2 R17 RedCap UE 项目增强 …………………………………… 321

7.9 Sidelink 中继 …………………………………………………………… 323

7.9.1 Sidelink 中继技术背景 ……………………………………… 323

7.9.2 Sidelink Relay 网络架构与协议结构 ……………………… 325

7.9.3 Sidelink Relay 发现过程 …………………………………… 326

7.10 非激活态小数据发送 …………………………………………………… 328

7.10.1 物联网场景下数据传输技术的探索 ………………………… 328

7.10.2 LTE 和 5G 小数据传输技术演进 …………………………… 329

7.11 Sidelink 增强 …………………………………………………………… 331

7.12 网络切片增强 …………………………………………………………… 333

7.12.1 R16 的网络切片增强 ………………………………………… 333

7.12.2 R17 的网络切片增强 ………………………………………… 335

探索篇："探"未来——从"探索"到"畅想"

第8章　第二阶段的"探索"：5G Advanced（R18） ………… 338

8.1　R18 整体情况介绍 …………………………………………… 338

8.2　R18 重点技术概况 …………………………………………… 339

　　8.2.1　"卫星和非地面网络"技术族 ……………………… 339

　　8.2.2　"测距、定位服务"技术族 ………………………… 342

　　8.2.3　"Sidelink 和近场通信"技术族 …………………… 344

　　8.2.4　"人工智能和机器学习"技术族 …………………… 346

　　8.2.5　"网络切片"技术族 ………………………………… 349

　　8.2.6　"节能和降低复杂度"技术族 ……………………… 351

　　8.2.7　其他技术增强 ……………………………………… 353

系统观 12　数据中隐含的"变化" ………………………………… 354

　　A. 中国企业走上 3GPP 舞台 …………………………… 354

　　B. "勤奋的" 3GPP ……………………………………… 355

　　C. 新场景和新需求 ……………………………………… 356

第9章　对"未来"的畅想——6G …………………………… 357

9.1　6G 研究不是只有"研究" ………………………………… 357

9.2　谁才应该是提需求的人？ …………………………………… 358

9.3　"需要的"的技术即合适的技术 …………………………… 362

系统观 13　新、旧动力和约束力影响下的移动通信技术演进 …… 364

　　A. 在动力和约束力的推动下的技术演进 ……………… 364

　　B. 推动力和约束力的演变 ……………………………… 366

　　C. 是趋势，更是挑战——Flexibility …………………… 369

后记 ………………………………………………………………… 375

参考文献 …………………………………………………………… 376

预备篇

"旧"时代——从历史到现在

俗话说，"以人为鉴，可以知得失，以史为鉴，可以知兴替"。对于通信技术的历史与发展，虽然很多书籍都给出了经典的描述，但我们仍然有必要再进行一次细致的回顾。在"预备篇"中，让我们一起来看看移动通信技术的发展脚步，从历史的印记中获得"顿悟"。这些"顿悟"将会引导我们去理解移动通信技术当下的变化和未来发展的可能性！

第1章　历史的滚滚车轮——移动通信演进史

历史的车轮滚滚向前，它越过高山和大海，越过人世沧桑，只留下道道车辙，向后人诉说着历史的风云跌宕。通信技术也许仅仅是这历史车轮下的一道印记或一粒灰尘，但它见证了历史的前行，也推动了人类的进步……

在姐姐篇《从局部到整体：5G 系统观》中，我们将通信技术的发展史分为了 3 个阶段，如图 1-1 所示。

- **古代通信——** 一切靠"吼"的时代：大约从商周时期"烽火台"的发明算起一直延续到 1837 年电报的发明。
- **近代通信**——插上"电"的翅膀：从 1837 年莫尔斯发明第一台电磁式电报机算起，通信步入了"电"的时代并一直延续到 1973 年。
- **现代通信**——飞速发展的时代：1973 年，通信步入了"移动"的时代，在这个时代，人才辈出，一系列的移动通信系统孕育而生。

图 1-1　通信技术发展史

从"古代通信"到"近代通信"，从"近代通信"再到"现代通信"，通信技术的发展史其实就是一部人类文明的发展史。通信技术既是人类文明的产物，又是人类文明"滚滚前行"的动力。

纵观通信技术发展的这 3 个阶段，现代通信即移动通信时代尤为瞩目，"十年一代"的更新速度虽然比不上"摩尔定律"那么夸张，但它是在以"十年磨一剑"的韧性改造着我们的世界。

"十年一代"，每个十年都发生了什么？通信技术是如何推动历史发展的？让我们一探究竟！

1.1　从 0 到 1 的蜕变——电话的发明

笔者见过的第一部可以被称为电话的东西是小时候父亲从工厂里拿回来的一部淘汰了的磁石式手摇电话机，如图 1-2 所示。它的原理非常简单，打电话前，转动摇柄产生交流电，对方的电话机便会响铃。手摇发出的电，只是用来发送呼叫通话的信号。声音会通过话筒（送话器）转变为电信号在电缆中传输，然后通过对端的耳机（受话器）转化为声音，通话所使用的电能由内置或外置电池供应。

最原始的磁石式手摇电话系统因为线路并不多，所以采用直连模式，如图 1-3 所示，即每两部电话间均有电话线直接连接。很显然，直连模式要求网络中的每两部电话间都有直接且独立的电话线，这样的模式不仅部署困难，而且成本高。后来，随着用户数的增加，出现了接入交换系统。接入交换系统听起来很高大上，但原理和最初的实现都非常简单，当用户转动电话摇柄时，发出的电流会使机房话务员面前的接驳板上对应线路的指示灯亮起，接线员拿起话筒然后询问来电用户"请问你找谁？"，随后，将该线路插头插入被叫线路的插孔，然后被叫方的电话响铃并等待接听。接入交换系统如图 1-4 所示。

图 1-2　磁石式手摇电话机

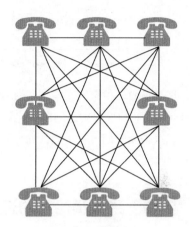

图 1-3　直连模式

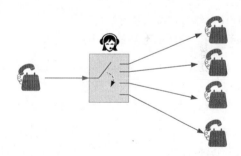

图 1-4　人工接线员（接入交换系统）

　　虽说有线通信技术从出现至今一直在不断地演进，比如从接入交换到程控交换、从模拟通信到数字通信、从单用户到多用户复用、从电缆到光纤、从语音服务到多媒体服务等，但万变不离其宗。有线通信技术发展朝着传输更远、覆盖地域更广、支持用户更多、服务质量更高的方向发展。有线通信系统框图如图 1-5 所示。

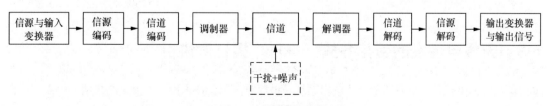

图 1-5　有线通信系统框图

虽说图 1-5 已经足够简单，但如果我们将一切条件理想化、将一切需求简单化，比如信道采用完美的没有干扰和噪声的信道（可省略图 1-5 中虚线的"干扰 + 噪声"模块）、不用考虑信息传输的效率（可省略图 1-5 中"信源编码"模块和"信源解码"模块）、不考虑信号传输的可靠性（可省略图 1-5 中"信道编码"模块和"信道解码"模块）、不用将信息传输到更远的地方（可省略图 1-5 中"调制器"模块和"解调器"模块），那么有线通信系统可以被简化成仅由 3 个部分组成的简单系统，如图 1-6 所示。

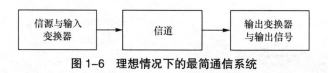

图 1-6　理想情况下的最简通信系统

其实，这个最简通信系统就是现代有线通信技术发展的起点，而具体的起点，就是声音转化成电信号进行传输，也就是电话的发明。

电话和电报带领人们进入了近代通信时代，这是一个从 0 到 1 的蜕变，虽然不算完美，但正是这次蜕变，给人们打开了一扇门。

1.2　"自由"是人类始终的追求——从有线到无线

回顾历史，在这近 200 年的时间里，电话从工作原理到外形都发生了不小的变化：从点对点通信到接入交换、程控交换；从单用户到多用户复用；从手摇发电呼叫到旋转拨号、触键拨号；从模拟通信到数字通信；从仅支持语音业务到支持多媒体数字业务。总而言之，电话的发明极大推动了现代有线通信技术的发展。

有线通信，简单来说就是以"看得见摸得着"的各种线缆为传输媒质所构成的通信系统。正是因为"线缆连接"这个特征，有线通信系统有其独特的优势，即信息被"封闭"在线缆中传输，保密性较强，信道相对稳定，干扰较小，更容易将信息传输到更远的距离。

"成也萧何，败也萧何"，也正因为需要线缆连接这个特性，有线通信的缺点和它的优点一样明显，即部署成本、维护成本高；扩容和新业务引入灵活性低；收发端必须由线缆连接，用户位置固定，不方便使用。

那么，我们有没有办法创造一个更加方便，不受线缆约束，更自由的通信系统呢？答案当然是肯定的。200 多年前的前辈们也正是因为这样的思考，用这样的逻辑去探索世界，于是，有了我们本章的主角——无线电通信。

从有线通信到无线通信，是人们的追求推动了技术的进步。这种孜孜不倦的追求让无线电技术走上了历史的舞台，并一步步改变了我们的世界。那么，无线电技术又会让我们的世界变成什么样子呢？让我们拭目以待！

1.3　无线电触发的百花齐放——从广播到对讲机

1894 年，自从马可尼发明了无线电报系统，世界对这个新技术投入了极大的热情。1901 年，在马可尼成功实现了跨大西洋的无线电信息传输后，1907 年横跨大西洋的双向电报业务已实现商业化。

但人们并不满足这种用"点"和"线"标识的"语言",希望能像电话(当时有线电话已经开始大规模商用)那样通过无线电传输音频信号,于是出现了直到现在还广泛使用的技术:无线电广播。

利用无线电实现音频的传输并且完成远距离的接收,在当时的技术条件下并非那么容易实现。首先要解决的是无线电发射机问题(马可尼的无线电报采用的是火花隙发射机,这种发射机产生的短暂无线电瞬态脉冲并不适合音频信号的传输),以及信号检测、放大的问题。

1900 年,加拿大发明家雷金纳德·奥布里·费森登完成了历史上第一个使用无线电信号传输音频的实验。在这次实验中,音频信号被成功地传输了 1.6km。随后,交流发电机发射机(产生稳定的正弦载波)和真空管技术相继出现,广播技术逐渐达到商用要求。1919 年 11 月 6 日,荷兰音乐会站(位于荷兰海牙的广播电台)开始对外广播,成为世界上第一个商业广播电台,如图 1-7 所示。

图 1-7 无线广播台

无线电广播的出现显然给予人们开发基于无线电技术的应用以极大的鼓舞。无线电广播在全球各地逐渐得到应用的同时,另外一个点对点双向通信技术也逐渐出现——民用波段无线电(CB radio)通信。1945 年,美国联邦通信委员会(FCC)允许公民使用无线电频段进行个人通信。1948 年,最初的民用波段无线电通信设备运行在 460 ~ 470MHz 上,主要应用在一些政府公共部门,如美国海岸警卫队。这种系统允许个人之间短距离点对点地进行双向语音通信,采用半双工模式,即在同一个区域内的多个无线电台共享一个频道,无线电台通常处于接收模式以接收信道上其他无线电台的信息。当用户想说话时,他们可按住"随按即说"(PTT)按钮,打开电台的发射器。这一技术原理和"对讲机"类似,只是在当时的技术条件下,这种系统的小型化成本较高,所以大多被安装在汽车上。早期的民用波段无线电通信设备如图 1-8 所示。

图 1-8 早期的民用波段无线电通信设备

随着技术的成熟和成本的降低,20 世纪 70 年代,民用波段无线电通信系统在全球范围内逐渐流行起来,成为一种在当时被广泛应用的无线电通信方式。

虽说民用波段无线电通信系统的技术原理和对讲机相似,但二者无论是在产品形态上还是在使用便利度、应用场景上都有很大的区别。在民用波段无线电通信系统开始研发并应用在民用领域时,更加便利的手持对讲机(步话机,Walkie-talkie)也逐渐出现在人们的视野中。

1935 年 5 月 20 日,第一个对讲机相关的专利由波兰工程师亨利克·马格努斯基在波兰获得授权。第二次世界大战前夕,美国军方就已经认识到无线电通信在军事上的重要价值,也因此,便携式对讲机系统得以加速发展。第一款被广泛认可的手持式、独立式"手持对讲机"设备是芝加哥的高尔文制造公司研制的无线电系统 SCR-536,如图 1-9 所示。

SCR-536 于 1940 年开始研发,1941 年 7 月批量生产,最早用于装备保护罗斯福总统的美国特工部门,是不折不扣的间谍用品。它重约 2.3kg,具备三防能力,有效通信距离约为 1 英里。SCR-536 在第二次世界大战期间名声大噪,共计生产了 13 万部。

高尔文制造公司为移动无线电系统的发展作出了极大贡献，除了出镜率很高的 SCR-536 外，还有第一款被广泛称作"对讲机"的 SCR-300。对读者而言，高尔文制造公司可能还比较陌生，但它在 1947 年更名后的名字相信是无人不晓的，那就是美国通信巨头——摩托罗拉（Motorola）。

从广播到电台，再到个人对讲，这不仅是技术的演进，更是人们开发和利用无线电技术的一次探索，是需求推动产品形态变迁的一次尝试。无线电技术的百花齐放使我们的生活有了无数的可能。但技术和需求还将继续更新……

图 1-9　高尔文制造公司研制的第一台手持对讲机 SCR-536

1.4　一个划时代的开始——从 0G 到 1G

摩托罗拉 SCR-536 的出现，让我们第一次看到了手机的影子。也是因为它，摩托罗拉凭借大量的军工订单实现了资本的积累和品牌知名度的提升。

早期的摩托罗拉主要从事民用和警用车载收音机产品的研发、生产，而 Motorola 这个名字，也源于其在 1930 年推出的一款车载收音机的品牌。自从 1940 年其生产的对讲机产品在第二次世界大战中得到广泛使用后，摩托罗拉看到了移动电话在民用领域的巨大市场潜力，1946 年推出了历史上第一个大规模商用的移动无线电话（Mobile Radio Telephone）系统——移动电话服务（MTS）系统。

移动无线电话系统是一类以无线电为媒介为用户提供电话服务的技术系统。它是我们所熟知的蜂窝电话系统的前身（0G 或 Pre-Cellular）。它和早期的其他无线电话系统（如民用波段无线电通信系统和对讲机系统）的不同之处在于，在它出现的年代，有线电话系统［公共交换电话网络（PSTN）］已经大规模商用，它作为 PSTN 的一部分为用户提供移动电话服务。它是一个开放的系统，而不像对讲机系统那样是一个封闭网络。MTS 系统是第一个大规模商用的"移动无线电话系统"，它源于电话巨头"贝尔系统"（AT&T）和摩托罗拉在 1946 年的合作。

MTS 系统的原理现在看来非常简单，用户拿着一个特殊的无线对讲机，这个对讲机并没有自己的号码，而当用户需要拨打电话时，实际上是对讲机与移动电话台话务员进行对讲式通话，告诉话务员他需要连接的电话，然后由话务员拨通有线电话后把无线对讲通话线路和有线电话通话线路进行连接，如图 1-10 所示。早期的 MTS 系统由于体积、重量大（重 36kg），最初只被作为车载通话设备使用，如图 1-11 所示。

图 1-10　MTS 系统

早期的 MTS 系统由于只有 3 个无线电频道可用（后期频道数有所增加），因此在任何一个城市均只有 3 个客户可以同时拨打移动电话，容量极其有限。它采用半双工设计，移动台没有电话号码，且接入 PSTN 需要依赖于人工接续，这使得通话效率极低。此外，该系统的无线电频道并没有进行任何加密，因此，任何一台收音机或其他终端在对应的频率上都可以听到 MTS 通话，而且它对用户的无线接入也没有任何保持机制，谁的信号

图 1-11　早期安装在汽车上的摩托罗拉 MTS 系统

强，谁就可以使用频道，信号弱的只能"掉线"。

正是因为 MTS 的诸多问题（主要是容量问题），1964 年 11 月改进的移动电话服务（IMTS）系统在美国西弗吉尼亚州查尔斯顿启用。

IMTS 提供 23 个无线电频道，实现了全双工（同时说话和接听）、自动拨号（MTS 需要人工报号）、自动频道搜索（实现了自动搜索空闲频道并占用，而 MTS 需要手动搜索）、自动接驳 PSTN（MTS 需要话务员手动接驳），因此，其性能相比 MTS 有了较大提升。摩托罗拉的 IMTS 设备如图 1-12 所示。

虽然 IMTS 相比 MTS 频道数有了增加，但仍然杯水车薪。频道数的匮乏严重限制了用户总数的增加。在 20 世纪 70 年代和 20 世纪 80 年代初期，对于希望获得移动电话服务的人来说，需要数年时间来等待其他订户退订服务。也因此，IMTS 设备购买和使用费用都非常高（IMTS

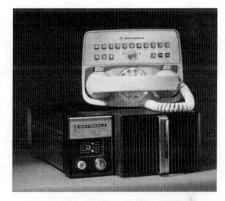

图 1-12　摩托罗拉的 IMTS 设备

设备大约为 2000 ～ 4000 美元，每分钟通话的价格为 0.7 ～ 1.2 美元）。

无论是 MTS、IMTS，还是本书中并未介绍的 ARP（芬兰第一个公共移动电话网络）、AMTS（日本第一个公共移动电话网络），MTA（瑞典第一个移动电话系统）、OLT（挪威第一个陆地移动电话网络）都属于"移动无线电话系统"，也就是 0G。它们的一个共同特征就是使用了"大区制"，如图 1-13 所示，这是区别于后续 1G 到 5G 的最核心特征。

图 1-13　"移动无线电话系统"大区制部署示意图（IMTS 为例）

大区制部署相对目前广泛采用的蜂窝部署的优点是其网络结构相对简单，基站设备较少且单一，因此网络建设的成本相对较低。但相应的缺点也同样明显。

一个最大的问题是容量，虽然移动无线电话系统从 MTS 的 3 个频道升级到 IMTS 的 23 个频

道（后续的增强系统信道数进一步增加），但整体而言，由于并未采用任何多用户复用技术（比如后期出现的 TDMA、CDMA 和 OFDMA），可支持的同时通话数有限，容量成为制约移动无线电话系统商用的主要因素，这严重影响到运营商、设备商和终端厂商的商业利益。

另一个比较严重的问题就是干扰问题，因为早期的移动无线电话系统并未采用频率复用的方法，而且无论是基站侧还是终端侧都采用很大的发射功率（IMTS 基站发射功率一般为 100～250W），所以邻近基站和邻近终端间都会出现较强的小区间干扰，这使得在实际部署方案中，基站与基站间往往需要较大距离的隔离。

此外，由于大区制单个基站需要实现极大的覆盖范围，天线高度越高覆盖范围越大，因此，这对网络部署而言是一个不小的挑战；由于大区制要求较大的发射功率，终端也很难实现小型化，电磁辐射也较大，而且因为大区制利用单基站实现大范围的覆盖，也更容易因为建筑物的遮挡而出现覆盖盲区，如图 1-14 所示。

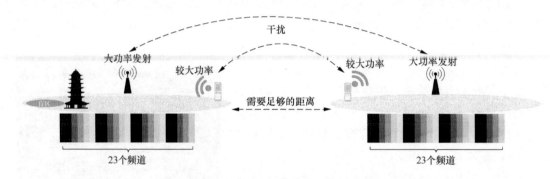

图 1-14　大区制下的跨小区干扰

正是这些问题的存在，移动无线电话系统始终没有真正地走入千家万户，而是成为那个年代的"奢侈品"。

如何解决这些问题呢？

1947 年，贝尔实验室工程师威廉·杨在给美国无线电制造商协会（RMA）的一份报告中提出了蜂窝的概念，即在每个城市中以六角形蜂窝布置许多移动电话塔，以便每个移动电话用户都能够通过电话系统利用至少一个蜂窝进行通信。1947 年 12 月 11 日，贝尔实验室工程师道格拉斯·林在另一份内部技术备忘录中称赞威廉·杨提出的六边形蜂窝布局，并扩展了威廉·杨的概念，如图 1-15 所示。虽然，这份备忘录和现在的蜂窝通信还有很多明显差异，但无论如何，这两位工程师开启了一个新的时代。

贝尔实验室对蜂窝网络的设想其实就是通过在小区中使用低功率发射机完美解决容量问题。六边形的小区布局，使频率可以在非相邻小区中重复使用而不会产生小区间干扰。小区越小，重复使用的频率就越高。当然，移动终端在小区间移动时，

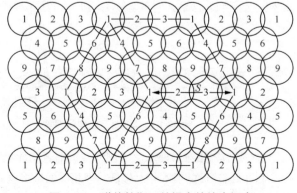

图 1-15　道格拉斯·林提出的蜂窝概念

需要切换。

　　虽然蜂窝网络被提出，但早期的应用推广并不顺利。在 20 世纪 50 年代至 70 年代整整 20 多年间，FCC 多次拒绝为蜂窝通信批准新频谱资源（当时民用波段无线电通信的商用如火如荼，拥塞和容量问题并未引起注意），但"贝尔系统"并未放弃对蜂窝通信的研究，此时蜂窝通信的商用面临着两个重大的挑战，即允许大量呼叫者同时使用相对较少的可用频率，以及允许用户从一个区域无缝移动到另一个区域而不会掉线。最终这两个问题被贝尔实验室工程师阿莫斯·爱德华·乔尔解决，并于 1970 年申请专利。

　　1973 年 4 月 3 日，摩托罗拉的美国工程师马丁·库珀博士发明了世界上第一部手持式移动电话，并完成首次通话试验，马丁·库珀被誉为"手机之父"，如图 1-16 所示。1978 年，贝尔实验室在芝加哥安装了第一个试验蜂窝网络，如图 1-17 所示。1979 年，日本电报电话公司（NTT）推出世界上第一个商用蜂窝网络，5 年内，NTT 网络已扩展到覆盖日本的全部区域，并成为第一个全国性的蜂窝网络。1981 年，北欧移动电话（NMT）系统在丹麦、芬兰、挪威和瑞典同时推出，成为第一个具有国际漫游功能的移动电话网络。1983 年 10 月 13 日，贝尔实验室和摩托罗拉合作推出高级移动电话系统（AMPS），在北美实现商用。自此，1G 正式走上历史舞台。

图 1-16　库珀和第一部手持式移动电话 DynaTAC　　　图 1-17　第一个试验蜂窝网络

　　从"大区制"的汽车电话到"小区制"的蜂窝通信，不得不说这是一个划时代的开始。那么，又是什么驱动了这项技术的下一次蜕变呢？

1.5　一次技术的革命——从 1G 到 2G

　　自从 1979 年日本运营商 NTT 推出第一个商用蜂窝网络，1G 快速取代了移动无线电话系统（如 MTS、IMTS 等）成为被广泛使用的移动电话系统。

　　相比移动无线电话系统的"大区制"部署，蜂窝网络采用了发射功率更小、覆盖面积更小的"小区制"部署方式，如图 1-18 所示。正因为蜂窝通信是为"小区制"部署而生的，因此，"大区制"部署的一些问题也被蜂窝通信"完美"地解决。

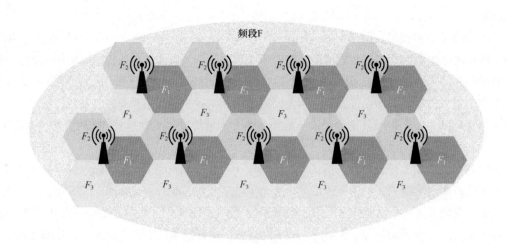

图 1-18　蜂窝网络和频率复用

首先，小发射功率更容易利用频谱复用技术来实现容量的大幅提升和干扰的降低，解决了移动无线电话系统的最大商用问题。如图 1-18 所示，假设频段 F（等于 F_1、F_2、F_3）可容纳 63 个通信信道，若采用"大区制"部署，则整个椭圆形区域内共可容纳 63 人同时通话。若将 F 频段分成 3 个子频段（F_1、F_2 和 F_3），每个子频段均支持 21 人通话。在同样的覆盖区域内使用"小区制"部署，将一个大区频率复用［也可称为空分复用（SDM）］分裂为 9 个小区，则容量提升 9 倍。因为采用了频率复用，相邻小区的频率被错开，避免了强烈小区间干扰的出现。

其次，由于蜂窝通信采用了更小的发射功率，覆盖范围较小，虽然带来了较大的覆盖成本，但也同时降低了手机的成本，以及对手机发射功率的要求，为手机小型化奠定了基础。此外，单基站更小的覆盖范围更有利于实现更精细的覆盖，避免大范围覆盖因为遮挡而出现覆盖盲区，从而为用户提供更好的服务。

正是蜂窝通信的这些优势，使得 1G 自出现后便迅速实现全面商用。但因为当时并未出现全球性的技术标准化组织，因此，各个国家和地区往往各自为阵，制定各自的技术标准。1G 的商用情况如表 1-1 所示。

表 1-1　1G 的商用情况

技术系统	商用国家 / 地区	工作频段	商用时间
NTT	日本	800MHz	1979 年
NMT	瑞典、挪威、丹麦、芬兰、法国、荷兰、瑞士等	900MHz/450MHz	1981 年
AMPS	美国、澳大利亚、新加坡、以色列等	850MHz	1983 年
第一代无线电话（CT1）	欧洲	915MHz	1984 年
全接入通信系统（TACS）	英国、意大利、澳大利亚、爱尔兰、中国、日本等	900MHz	1985 年
无线电话网络 C（C-Nets）	德国	900MHz/1800MHz	1985 年
Radiocom2000	法国	400MHz	1986 年
Mobitex	瑞典、美国、英国、加拿大等	900MHz	1986 年

续表

技术系统	商用国家 / 地区	工作频段	商用时间
RTMI（集成移动无线电）	意大利	160MHz	1987 年
Hicap（NTT 大容量系统）	日本	800MHz	1988 年
DataTAC	北美、澳大利亚等	800MHz	—
J-TACS（日本全接入通信系统）	日本	850MHz	1989 年

当然，无论这些技术标准的名字如何，但从核心技术和指标来看，都一脉相承。

1G 属于模拟通信系统，即利用时间上连续变化的模拟信号进行信息传输的通信系统。也就是说，我们传输的信息（如声音、图像等）输入变换器（如送话器、光电管）后，变换器输出连续的模拟电信号，而这个电信号的频率或振幅随输入信息的变化而变化。到了接收端，由用户设备将模拟电信号还原成非电信号（声音、图像）送至用户。此外，1G 采用的都是频分多址（FDMA），也就是系统将总带宽分隔成多个正交的信道，每个用户通话时独立占用一个信道，用不同的频率来区分和承载不同用户。

1G 相对移动无线电话系统的另外一个特征是采用了蜂窝技术，较小的覆盖范围使基站和手机侧的发射功率更小。比如 1G AMPS 的基站发射功率为 45W，手机发射功率为 3W，它相比 IMTS 系统基站 100W ～ 250W 和移动台 25W 的发射功率来说，大幅度降低。这使得 1G 终端相比 0G 终端可以做得更小，待机时间更长。1996 年 3 月，摩托罗拉推出世界上第一款翻盖手机——StarTAC3000，如图 1-19 所示，它同时也是当时最轻、最小的手机，其整机重量仅为 103g。

图 1-19　世界上第一款翻盖手机——StarTAC3000

不得不说，1G 为人们打开了一扇通往新时代的大门，让我们第一次实现了自由的通信，但这并不代表 1G 就是完美的。

首先，1G 采用的是频分多址技术，为了实现多个用户间互不干扰的双工通信，每个用户都需要独立占用两个信道。以 AMPS 为例，每个用户需要占用两个总带宽为 60kHz 的频谱资源。其中 416 个信道在 824MHz ～ 849MHz 的范围内，用于从移动站到基站的传输（上行信道）；416 个信道在 869MHz ～ 894MHz 的范围内，用于从基站到移动站的传输（下行信道）。另外，为了实现频率复用避免干扰，每个基站只能使用这些信道的不同子集来提供服务。因此，1G 提供的容量无法满足商用后期快速增长的用户需求。

其次，1G 是模拟通信系统，模拟信号同原信号在波形上几乎"一模一样"，似乎应该达到很好的传输效果，然而事实恰恰相反，1G 的语音通话效果并非想象中那么好，这是因为信号在传输过程中要经过许多处理，这难免要产生一些干扰。这些干扰很容易引起信号失真，也会带来一些噪声。失真和噪声会随着传送距离的增加而积累起来，严重影响通信质量。

最后，1G 有安全性问题。1G 基本上没有采用什么安全技术，用户信息以明文方式进行通信，这使在无线链路中窃听非常容易（虽然 NMT 在后续增加了模拟加扰技术，但其加密效果仍然不尽如人意）。移动用户的身份鉴别过程也非常简单，把移动终端的电子序列号（ESN）和由网络分配的移动识别号（MIN）一起用明文方式传输给网络，只要两者相符就可建立呼叫。因此，只要截取 ESN 和 MIN 就可以"克隆"移动电话。20 世纪 90 年代，"克隆"技术为运营商带来了数百万美元的损失，一度成为 1G "不可接受"的缺陷。

此外，1G 时代并没有出现通信国际标准化组织，因此 1G 技术只有"国家标准"而没有"国际标准"，这使得国际漫游成为一个突出的问题，如 NMT 等虽然可实现少数国家间的漫游，但可支持范围极为有限。

虽然我们现在看 1G 无论是技术还是设计都显得落伍，但它的出现确实将人们带入了一个新的时代。1G 从 20 世纪 80 年代被引入，直到 21 世纪初才逐渐退出人们的视野，为人们服务了几十年。

正是 1G 的诸多"不完美"引发了移动通信技术的再一次革命——第二代移动通信技术（2G）。引发这一次革命的关键因素仍是容量。

1.5.1 从模拟通信到数字通信

模拟通信的技术特征使 1G 信号的传输必须在时域上保持连续性，因此必须使用频率来区分不同用户，沿用这个思路，增加系统容量就势必需要成比例地增加频谱资源。这条路已经走不通了，毕竟，频谱资源也不是"天上掉下的馅饼"。

那怎么办呢？答案是：数字化。

1. 数字化的第 1 个挑战：如何将连续信号离散化

"将连续信号离散化"是指将一个时间和幅度都连续的模拟信号转化为离散时间信号，这样采样出来的离散值可以完全重建出原来的连续信号。

解决连续信号离散化问题的理论基础是"采样定理"，它搭建起从模拟信号到数字信号之间的桥梁。

提到"采样定理"，不得不提到瑞典裔美国物理学家哈里·奈奎斯特。1928 年 4 月，奈奎斯特在发表的论文 *Certain Topics in Telegraph Transmission Theory*（《电报传输理论的若干问题》）中提出了与采样定理相关的问题，他证明了"一个带宽为 B 的系统可以发送最多 2B 个独立的脉冲"。不过他没有直接处理连续信号采样及重建的问题。1933 年苏联科学家弗拉基米尔·科捷尼科夫首次用公式严格地表述了这一定理。1948 年信息论的创始人克劳德·艾尔伍德·香农对这一定理加以明确说明并正式作为定理引用。因此，"采样定律"被称为"奈奎斯特采样定理"或"香农采样定理"。其中，采样定理的时域表述如下。

"当时间信号函数 $f(t)$ 的最高频率分量为 f_{Max} 时，$f(t)$ 的值可由一系列采样间隔小于或等于 $1/(2f_{Max})$ 的采样值来确定，即采样点的重复频率 $f \geqslant 2f_{Max}$。"

2. 数字化的第 2 个挑战：如何将"离散时间信号"转化为"有限离散近似值"

奈奎斯特采样定理完成了从"连续时间信号"到"离散时间信号"的转化，但此时采样获得的离散时间信号的幅度取值仍然是连续的（无限多个可能值）。因此，接下来的一个问题是，如何将离散时间信号映射到一个较小的有限取值集合，也就是利用"舍入"操作和"截断"操作将"时间离散但幅度连续"的采样值转化为一个"时间离散且幅度也离散"的有限离散近似值。

量化信号最简单的方法是用最接近原始模拟信号振幅的有限离散值来表示，如图 1-20 所示，黑色实线为原始模拟信号（连续时间信号），黑圆点为量化信号（离散时间信号），虚线是原始信号与重建信号之间的量化误差。

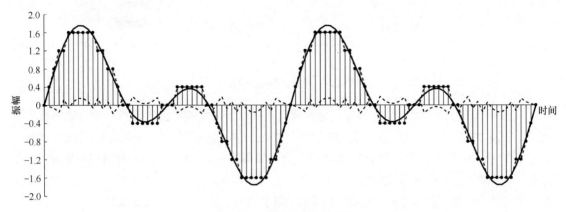

图 1-20　量化和量化误差

量化精度是指可以将模拟信号分成多少个等级，量化精度越高，所采集到的信号与原始信号越近似。量化精度由量化级或量化位数来表示，量化位数指要区分所有量化级所需要的二进制数，量化级数 $M=2^n$，n 为量化位数。不同的量化精度可获得最终量化不同的"分辨率"，如图 1-21 所示。

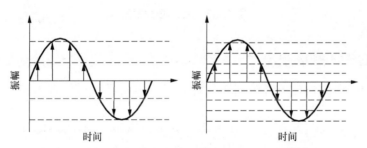

图 1-21　4 级（2 位）和 8 级（3 位）量化分辨率

3. 数字化的第 3 个挑战：如何将量化获得的"有限离散近似值"转化为比特流

将"有限离散近似值"转化为比特流的过程就是编码，即将图像、音频等模拟信号采样、量化后的"有限离散近似值"转化为比特流。对于音频数据而言，常用的编码方式有 PCM 编码、WAV 编码、MP3 编码等。这里需要说明的是，在日常生活中，我们往往称 PCM 编码的音频是"无损格式"的。这里的"无损格式"并非技术意义上的绝对无损，因为从模拟信号到数字信号的采样和量化原理看，无论如何都无法做到真正意义上的无损。而所谓约定俗成的无损编码，是指 PCM 代表了数字音频中最佳的保真水准（CD、DVD 采用的编码格式），并不意味着 PCM 就能够确保信号绝对保真。

图 1-22 给出了采样、量化、编码 3 个过程，这 3 个过程可以顺利地将一个模拟信号转化为数字信号，即比特流。

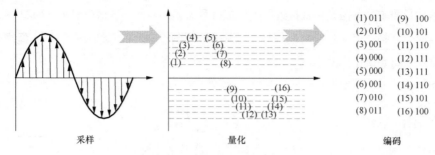

图 1-22　采样、量化和编码过程

随着模拟信号成功地转化为数字信号，通信系统也会随之从模拟通信系统变为数字通信系统。因为在 20 世纪 90 年代，通信系统传输的大多数信号还是模拟信号，比如声音、图像，因此，如图 1-23 所示，我们首先需要将模拟信号通过模数转换器转化为数字信号，通过信道传输到接收端后，再将数字信号转化为模拟信号。看到这里，可能有心的读者就会产生疑问：为什么非要将模拟信号转化成数字信号进行传输呢？转来转去比较麻烦，而且模拟信号的采样、量化也会导致信息的丢失，是否得不偿失？这样做有什么好处？

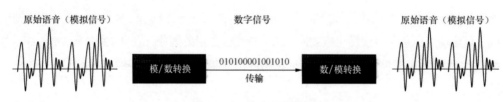

图 1-23　数字通信模型

1.5.2　GSM 的横空出世

前面提到，1G 商用后驱动技术发展最重要的推动力就是容量，那么将模拟信号数字化后对容量的提升又有什么帮助呢？

将模拟信号转变为数字信号后，时域连续的模拟信号变成了时域离散的比特流，这样就可以通过将一个信道（载频）时域划分成多个片段，每个片段发送不同用户的比特流来实现在时域上的用户复用，如图 1-24 所示，进而实现系统容量的大幅提升。这个在时域上实现多用户复用的技术就是时分多址（TDMA），它就是 2G 时代的核心技术之一。TDMA 最终推动了 2G 中的全球移动通信系统（GSM）的出现。

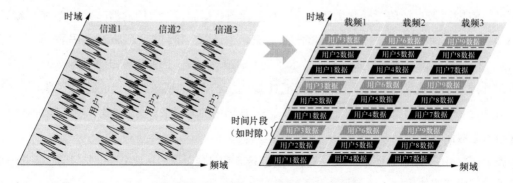

图 1-24　1G 的 FDMA 和 2G 的 TDMA

GSM 是由欧洲电信标准组织（ETSI）制定的 2G 标准。

1983 年欧洲邮政和电信会议（CEPT）成立了 GSM 委员会并开始制定基于数字蜂窝语音通信的欧洲标准。1987 年，来自 13 个欧洲国家的代表在哥本哈根签署了一份谅解备忘录，用于在整个欧洲开发和部署通用蜂窝电话系统，并通过了欧盟规则，使 GSM 成为强制性标准。这个备忘录最终造就了全球第一个统一的、开放的、强制性的、基于标准的通信网络。1987 年 2 月，第一个 GSM 规范由 CEPT 制定完成，该规范随后在 1989 年由 CEPT 交由 ETSI 继续维护。2000 年，ETSI 又将 GSM 的演进维护工作全权交给刚成立的标准化组织 3GPP 管理。

不得不说，GSM 是一个伟大的技术产品。从 1991 年 12 月首次在芬兰部署到 2011 年，GSM 标准已经占据 80% 的移动通信市场份额，在超过 212 个国家和地区为超过 20 亿人提供服务，这使 GSM 技术在众多 2G 标准中成为应用最广、使用人数最多的 2G 标准。

1.5.3　CDMA 的由来

了解通信发展史的读者可能会问，2G 中除了 GSM 外，还有码分多址（CDMA）技术，那 CDMA 技术又是如何发展而来的呢？

从无线电被应用到通信技术以来，人们对无线电的认识和利用都首先从频域开始。因而频谱资源也就顺理成章地成为一种重要的战略资源。在大多数国家，频谱资源由国家机构统一管理和分配，这就意味着频谱的使用并不能随心所欲。因此，移动通信技术从 1G 的 FDMA 向 2G 的 TDMA 发展。虽然 TDMA 技术的引入确实使网络容量相比 FDMA 有了大幅度的提升，但相比正迅速崛起的移动通信市场而言，TDMA 带来的容量提升还远远不够。

在这种技术背景下，探索新的提升网络容量的方法变得迫在眉睫。CDMA 的起源问题我们暂且不谈，而 CDMA 进入移动通信领域，在很大程度上归功于美国电气工程师、商人欧文·雅各布斯。

1985 年 7 月，雅各布斯等其他 6 位联合创始人在美国圣地亚哥成立了一家科技公司，公司因 "Quality Communications"（高质量通信）而命名为"高通"（Qualcomm）。雅各布斯凭借其早期参与的有关跳频和卫星保密通信的经验，开展蜂窝 CDMA 技术的研究和推动，并于 1986 年 10 月申请了第一个 CDMA 专利（US4901307A）。正是因为该专利，高通公司在 CDMA 领域的绝对垄断地位得以建立。当然，每一个新技术、新概念从出现到被接受都必须要经历一些"磨难"。蜂窝 CDMA 技术的出现，并未迅速获得其他通信业巨头的支持。1989 年 11 月，高通公司在圣地亚哥进行了一次 CDMA 的测试演示，这次演示证明了 CDMA 技术相比模拟 AMPS 技术，系统容量提高了 10 倍（理论容量是 AMPS 的 40 倍）。最终，CDMA 凭借其高系统容量和高质量的语音表现，在北美获得了这场 CDMA 与 TDMA 标准之争的最终胜利。1993 年，美国无线电信和互联网协会（CTIA）决定用 CDMA 技术作为北美数字蜂窝标准（IS-95A 标准，也被称为 CdmaOne），CDMA 技术正式成为 2G 家族中的一员。

1995 年第一个商用的 CDMA 网络在中国香港地区建成，截至 1997 年，CDMA 网络已经拥有了 57% 的美国市场，到 2007 年高通公司的 CDMA 技术（含后期演进）已应用于超过 105 个国家 / 地区，而高通公司也因此成为移动通信行业的"另一极"。

说了这么多，那 CDMA 到底为何物？它凭什么具有和 TDMA 分庭抗礼的能力？

CDMA 技术是以扩频通信为基础发展而来的一种多址技术。扩频简单来说就是频谱扩展，它起源于第二次世界大战时期的美国军方。当时由于窄带通信的信号带宽只有几十千赫兹，因此干扰窄带通信只需要使用一个具有相同发射频率且功率足够大的发射机就可以实现。CDMA 技术的思路就是通过特殊的码型处理，把信号能量扩展到一个很宽的频带上，使之湮灭在噪声中。而在接收端只能通过相同的码型才能恢复信号（整个过程就像加密、解密一样）。由于信号湮灭在噪声里，敌方很难侦测到，因此，这种技术早期在军事领域被广泛应用。

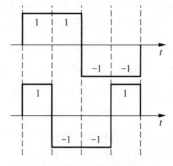

CDMA 的基本原理简单说就是利用彼此间没有相关性的正交序列对多用户的有用信号进行"加密"。因为加密的序列相互正交，所以经过加密的多个用户的数据也相互正交（相互不影响）。在接收端，用户用自己的加密序列可以完全解密出自己的有用信号，而如果用其他加密序列进行解密，则会因为所有加密序列之间是正交的，接收信号最终为 0。

图 1-25　正交序列

首先，让我们来看看什么是正交。图 1-25 给出了两个相互正交的序列，分别是 {1,1,-1,-1}、{1,-1,-1,1}，正交有一个特征，就是序列相乘的结果加起来等于 0，也就是 $(1 \times 1)+1 \times (-1)+(-1) \times (-1)+(-1 \times 1)=1-1+1-1=0$。

接下来，我们再来看看"加密"这个过程。其实这里的"加密"就是用"加密序列"和有用信号进行按位的异或运算。而 CDMA 的"加密"过程，还顺带增加一个"扩频"的效果，即使用比有用信号频率高的"加密序列"进行加密实现扩频的效果，而这里的"加密序列"就是扩频码。

CDMA 的数据加密和解密过程如图 1-26 所示。

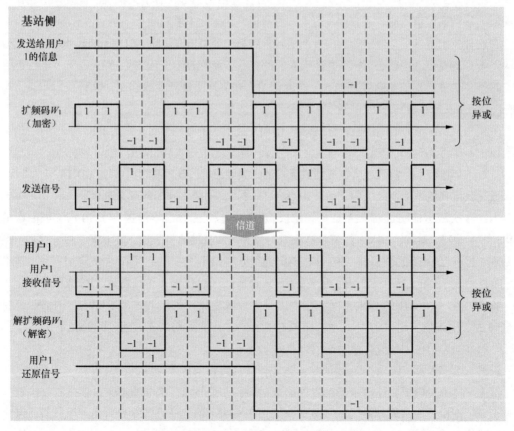

图 1-26　CDMA 的数据加密和解密过程

首先，假设待传输给用户 1 的用户比特是一个低频信号 {1,-1}。扩频码的速率是用户比特的 8 倍，因此将扩频 8 倍。对用户比特和扩频码进行异或（XOR）操作（异或操作规则是 1 XOR 1=0；1 XOR 0=1；0 XOR 1=1；0 XOR 0=0，也就是"不同"为 1，"同"为 0），则获得扩频（加密）后的发射信号；假设信道为理想信道（误码率为 0），则用户 1 接收到的信号等于发射信号；用户 1 使用网络分配的解扩频码（解密码）进行解扩频操作（这个解扩频码其实就是基站侧的扩频码），同样是异或操作。最终可以顺利还原出用户 1 的数据比特 {1,0}。

有读者可能会问，无线电是广播式的，每个用户都能收到在一定范围内基站发射的信号，那么，发送给用户 1 的信息如果被其他用户收到后会被怎么处理呢，是否会产生干扰？

这里不得不提前面讲的扩频码之间的正交性。这就是我们接下来要探讨的过程——干扰消除。

如图 1-27 所示，基站侧将低频比特流 {1,0} 发送给用户 1，使用分配给用户 1 的扩频码 W_1 加密完成发送；此时用户 2 "不幸"接收到了该比特流，他尝试用基站分配给自己的解扩频码 W_2 进行解扩频，当然，同样进行按位异或操作，将高频的数据恢复成低频数据。在低频信号的两个码元内进行积分，结果为 0。这样的结果也就代表如果用户收到发给其他用户的数据，因为扩频码的正交性，干扰都可以被过滤。这种设计精妙而完美。

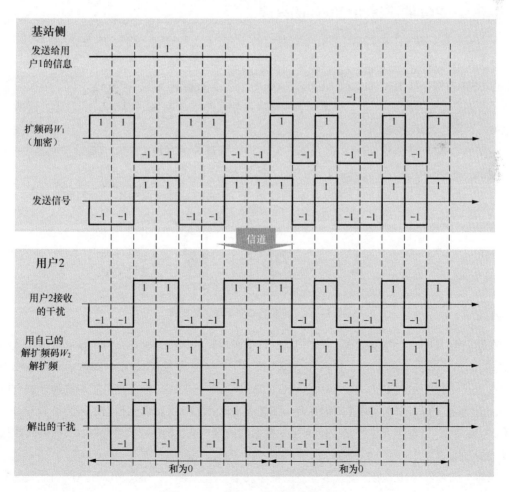

图 1-27 CDMA 的干扰消除过程

从技术角度看，由 AMPS 技术演进而来的数字 AMPS（D-AMPS）、日本的小灵通（个人手持电话系统，PHS）、欧洲的 CT2（由 CT1 发展而来）、日本的个人数字蜂窝（PDC）等技术标准都可以被称作 2G，但真正得到广泛应用并获得成功的只有 GSM 和基于 CDMA 技术的 CdmaOne（IS-95）。也正是 CDMA 的精妙设计和优异性能，使 CdmaOne 后来居上，与 GSM "平分秋色"！

现在看来，无论是 GSM 还是 CDMA，相比 1G 的 AMPS、NMT 都实现了性能的极大提升，那么，又是什么推动了技术的下一次演进呢？

1.6 一次 "需求" 引发的变革——从 2G 到 3G

不得不说 2G 是一个非常成功的技术。为什么这么说呢？

虽然从技术层面看，2G 已经是过去式了，但从商业层面看，它才刚刚离开，甚至还没离开。

根据笔者的统计，到目前为止仍有不少的 2G 网络在商用，比如美国运营商 T-Mobile 的 GSM 和 IS-95、沃达丰的 IS-95 等。因此，从 1991 年第一个 2G 网络在芬兰部署以来，2G 网络已经为人们服务了 30 余年。可能会有读者觉得诧异，什么样的技术可以使用 30 年还不过时？

1.6.1 2G 的演进和互联网的兴起

我们现在使用的 2G 和 20 世纪 90 年代商用的 2G 有很大的区别，因为 2G 在由 3G 取代之前，其自身也在不断地演进。

以 GSM 为例，从 1987 年 2 月 CEPT 完成第一个版本的制定以后，GSM 也经历了两次明显的更新，分别是通用分组无线业务（GPRS）和增强型数据速率 GSM 演进（EDGE）技术，这两个技术也被分别称作 2.5G 和 2.75G。

初期的 GSM 网络架构如图 1-28 所示，它由接入网部分的基站（BTS）、基站控制器（BSC），核心网部分的移动交换中心（MSC）和归属位置寄存器（HLR）组成。GSM 网络是一个完完全全的 "电话" 系统。也就是说，早期的 GSM 系统只支持语音通话业务，而不支持数据业务。

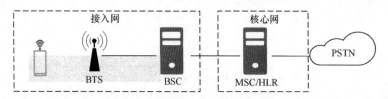

图 1-28 初期的 GSM 网络架构图

在欧洲推出 GSM 标准的同时，曾在 1G 时代引领风骚的 AMPS 也并未停止技术演进步伐。在 "北美系"（如 AT&T）的推动下，1996 年 AT&T 推出了一个名为 "蜂窝数字分组数据系统"（CDPD）的技术并进行了商用。CDPD 技术利用 AMPS 的 800MHz ～ 900MHz 未使用的频率资源来进行数据传输，速度达到 19.2kbit/s。另外，1999 年，日本运营商 NTT DoCoMo 也推出了一个类似 CDPD 的技术 "i-mode"，实现了互联网接入。这两个技术的出现成为 GSM 这个纯 "电话" 网络向数据业务发展的直接动力。

当然，如果要说什么是这场技术演进的根本动力？毫无疑问，那就是以互联网为代表的数据业务的发展和涌现出来的新需求、新机会。

互联网技术发源于 20 世纪 60 年代美军关于分组交换的研究，其先驱"阿帕网"（ARPAnet）在 20 世纪 70 年代建成，主要服务于学术和军事网络的互联。20 世纪 90 年代初，商业网络和企业的接入标志着正式进入现代互联网时代。互联网的发展极为迅速，到 20 世纪末，在发达国家，已经有 1/3 的人使用互联网（1996—2017 年互联网用户增长趋势如图 1-29 所示）。在这种大的背景下，电信行业巨头们敏锐地意识到"无线互联网"（Wireless Internet）的良好商业前景，这催生了 CDPD、i-mode 及 GRPS 等互联网技术的出现。

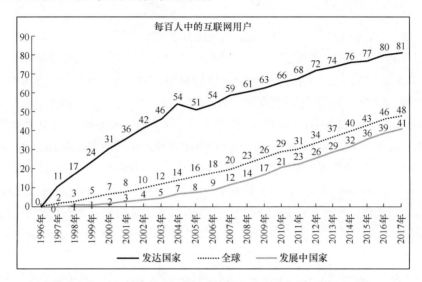

图 1-29　1996—2017 年互联网用户增长趋势（来源于 ITU）

另外一个数据业务的典范就是我们非常熟悉的短信业务（SMS）。第一个基于 GSM 网络的短信业务在 1992 年 12 月正式测试成功。这种业务因为具有比通话相对便宜的收费和便利性，成为 2G 时代应用最为广泛，也最为成功的数据业务。在 2000 年前中国很多手机还不具备中文短信收发功能，中国移动于 2000 年下半年推出手机短信业务。2000 年下半年，短信业务平均每月增加 4000 万条。2001 年，全国短信业务量为 189 亿条，收入为 20 亿元。其中中国移动的短信业务量为 159 亿条，超过预期目标 59%，中国联通的短信业务量为 30 亿条。短信的迅速发展证实了人们对数据业务发展的预测，也从侧面坚定了移动通信网络向数据业务发展的决心。

GPRS（GSM Release 97）的技术构想来源于德国的伯恩哈德·沃克教授。1991 年他提出了用于 GSM 分组交换的 CELLPAC，这推动了 ETSI 对 GPRS 技术标准的制定。事实上，GPRS 空口协议很多内容都遵循 CELLPAC 1993 版本。

图 1-30 所示为 GPRS 网络架构，它与早期的 GSM 网络相比，主要增加了服务 GPRS 支持节点（SGSN）、网关 GPRS 支持节点（GGSN）两个核心网节点，以支持 IP 分组数据的发送和接收。

在 GPRS 网络中，网络会为终端分配一个 IP，通过这个 IP，终端和网络都可以实现相互寻址和路由。SGSN 负责对终端进行鉴权、移动性管理和路由选择；而 GGSN 则扮演外部数据网络网关和路由器的角色，同时它还负责计费。所以简单地说，在升级到 GPRS 后，终端就相当于一个处在公司内网环境的计算机，电信网络就是公司内网，终端使用路由器（GGSN）分配的 IP 地址通过它连接到外部网络。

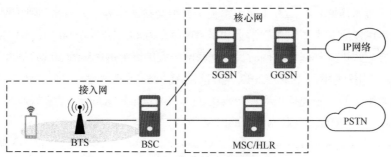

图 1-30　GPRS 网络架构

　　GPRS 出现后，终端实现了通过无线应用协议（WAP）访问互联网，其数据业务的理论最高数据速率达到 171.2kbit/s。2000 年第一批 GPRS 开始商用，2001 年中国的第一个 GPRS 网络由中国联通在深圳启用，这让我们第一次感受到移动互联网的魅力。

　　随后，GSM Release 98 发布，这就是 GSM 的第二次较大的技术升级——增强型数据速率 GSM 演进（EDGE）技术，这次升级并未对 GPRS 的网络架构和基本功能进行大的改动，而是通过对调制方式和编码方式的增强再一次提升了 GSM 网络的速度。2003 年，AT&T 在美国部署了 EDGE 网络，它可实现 473.6kbit/s 的理论最高数据速率。2007 年，GSM 由 3GPP 负责制定和维护，发布了 GSM R7——演进的 EDGE（Evolved EDGE），将 GSM 的理论最高数据速率提升到接近 1Mbit/s 的水平。

　　另外一个 2G 技术方向是 CDMA，其发展和 GSM 类似。第一个 CDMA 的蜂窝网络 CdmaOne（IS-95）于 1993 年 7 月正式发布，该版本仅支持语音业务。此后，分别发布了两个增强版本 IS-95A 和 IS-95B。其中，在 1999 年发布的 IS-95B 支持 64kbit/s 的分组交换数据服务，成为 CDMA 系的 2.5G。

　　说到这里，2G 的故事就接近尾声了，虽然 3GPP 和 3GPP2（制定 CDMA 族标准的标准化组织）继续对 GSM 和 CDMA 进行增强和维护，但随后就逐渐被 3G 所取代。在 2020 年 7 月，3GPP 宣布停止对 GSM 的技术维护。自此，从技术层面上，GSM "寿终正寝"。

1.6.2　两个重要事件

　　看到这里，读者可能会问，2G 又是如何发展成 3G 的？　3G 又为何出现？

　　这里不得不插叙两个移动通信史上的重要事件："IMT 计划" 和 "3GPP 的出现"。

　　"IMT 计划" 指的是国际电信联盟（ITU）的无线电通信部门（ITU-R）自 1997 年发布的一系列关于 "国际移动电信"（IMT）的建议书。

　　我们从前面的几个章节可以看到，无论是 0G 还是后面出现的蜂窝通信 1G、2G，都并不算是全球移动通信系统。0G 属于小众产品，应用在一些公共部门（比如警局）或者特定行业（出租车行业），因此，技术的制定相对比较随意，满足需求就行。1G 是蜂窝通信的萌芽，实际上各个国家的技术标准各不相同，基本上都位于行业标准或国际标准的层面。2G 时代这种各自为阵的情况有所改变，两大标准 GSM 和 CDMA 都有一定的区域性特点，GSM 来源于欧洲，CDMA 来源于北美。正是这种相对比较分散的技术标准，导致我们越来越意识到一个问题——如果没有一个统一的技术标准，那么很难实现漫游，也就无法实现 "任何人" "任何地点" 都可以进行信息交换的通信梦想。

也许正是在这种梦想的推动下，这个全球通信行业的"领头羊"ITU 终于在 1997 年 2 月 28 日，在众多成员国的支持下批准了《ITU–R M.687–2–1997》，发布国际移动通信2000（IMT–2020）建议，旨在向全球各个国家和组织征集可以实现全球漫游和兼容性的 3G。自此，移动通信技术终于找到了"组织"。每一代移动通信技术都由 ITU 研究发布需求，在由各个组织制定具体技术标准后，由 ITU 评估并最终向全球发布。比如后续的 4G（IMT–Advance，国际高级移动电信）、5G（IMT–2020）。

众所周知，通信行业是一个具有垄断性的技术密集型行业，因为涉及面广，而且作为基础设施，毫不夸张地说，它直接影响到国民经济发展。因此，每个国家都想将核心技术抓在自己手中。但如果大家向 1G、2G 那样各自为阵，又无法实现真正的全球漫游和无处不在。于是，3GPP 孕育而生。

3GPP 的全称是"第三代合作伙伴计划"，是一个全球范围的移动通信标准化组织。其成立目标是响应 ITU 的 IMT–2000 建议，设计 3G 的技术规范和技术报告。3GPP 成立于 1998 年 12 月，7 个国家或地区的电信标准组织为主要成员（3GPP 组织合作伙伴如表 1–2 所示）。具体的标准研究和制定工作由具备独立法人的公司（被称为"个人会员"）共同参与制定。截至 2020 年 12 月，3GPP 拥有全球"个人会员"719 个，基本可以代表全球和移动通信产业相关的各行各业。

表 1–2　3GPP 组织合作伙伴

组织	国家 / 地区
无线电工业和商贸联合会（ARIB）	日本
电信行业解决方案联盟（ATIS）	美国
中国通信标准化协会（CCSA）	中国
欧洲电信标准组织（ETSI）	欧洲
电信标准发展协会（TSDSI）	印度
电信技术协会（TTA）	韩国
电信技术委员会（TTC）	日本

提到 3GPP，不得不提到另外一个名字——第三代合作伙伴计划 2（3GPP2）。首先要说明的是，3GPP 和 3GPP2 实际上并没有任何关系，非要说有什么关系，那只能说它们之间存在某种竞争关系。

3GPP2 同样成立于 1998 年 12 月，成立背景可以归纳为如下几点。

（1）响应 IMT–2000 建议，制定 3G 标准。

（2）代表北美和亚洲，发展基于 CDMA 的 3G 技术。

（3）应对来自 3GPP 的竞争（其实就是应对 GSM 的竞争，虽然并没有明说）。

3GPP 代表的是欧洲主导的 GSM（至少成立之初是如此），而 3GPP2 代表的是北美主导的 CDMA 体系，进一步说，3GPP2 代表的是高通公司主导的 CDMA 体系。

有竞争才有发展，在这两个组织中，都有 CCSA（中国通信标准化协会）的身影。

1.6.3　3G 标准——为移动互联网而生

说到为什么会有 2G，答案是容量。那么为什么会有 3G 呢？答案也很明确：速度。

从前面关于 2G 技术演进的介绍可以很清晰地看到 2G 技术演进的目标：支持分组数据业务（实

现 IP 化）。当 2.5G 实现了分组数据传输后，人们第一次用手机连接到互联网。但体验完全谈不上完美，甚至可以说比较糟糕。

在移动通信技术进入了 2.5G 时代（GPRS 和 IS-95B）后，人们逐渐触碰到移动互联网的影子。但受限于终端能力，还无法使用互联网普遍采用的 HTTP，而是使用简化的 WAP 来实现互联网页面的呈现。早期的 WAP 网络如图 1-31 所示，简化后的 WAP 将用户与传统的 HTML Web 隔离开来，只保留 WAP 用户可用的本地 WAP 内容和代理内容，因此，用户可以实际获得的内容是极其有限的。再加上过于简单的页面和互操作性，WAP 虽然在早期获得了一些用户，但最后便迅速被 WAP2.0 及 HTTP 取代。当然，这些问题都和通信无关。

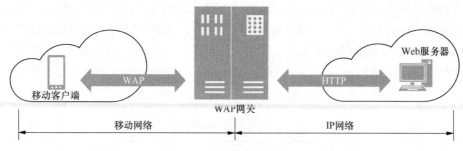

图 1-31　早期的 WAP 网络

虽然互联网技术的出现无论从技术层面还是商业层面都晚于通信技术，但它的发展和普及速度远远超过人们的预期。从 1982 年 TCP/IP 被标准化、Web 出现后，互联网技术就在以惊人的速度发展。1998—2010 年互联网流量变化趋势如图 1-32 所示。自 1995 年以来，互联网对文化和商业产生了巨大影响，电子邮件、即时消息、电话（互联网协议语音）、视频及论坛、博客、社交网络服务和在线购物网站相继出现。在这个大的背景下，人们找到了移动通信技术未来的发展方向——移动互联网。

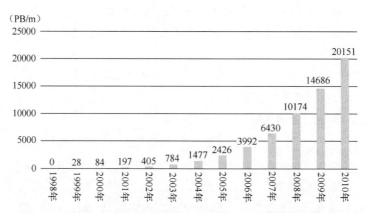

图 1-32　1998—2010 年互联网流量变化趋势（数据来自 Cisco）

1997 年，位于得克萨斯州的北电无线研发中心开发了一种全互联网协议（IP）无线网络，其内部名称为 "Cell Web"。随着概念的发展，北电推出了 "无线互联网" 的行业愿景。随后，AT&A 发起了一项名为 "3GIP" 的全球倡议，旨在推出一种 "原生" 支持互联网协议的第三代移动通信技术，这个倡议得到了很多移动通信相关公司的支持，包括英国电信、法国电信、意大利电信、北电网络、NTT DoCoMo、南方贝尔、Telenor、朗讯、爱立信、摩托罗拉、诺基亚。这个倡议直接导致 3GPP 的诞生，也最终导致第三代移动通信技术通用移动通信业务（UMTS）的出现，UMTS 就是基于 GSM 技术标准演进而来的第三代移动通信技术，它包括 WCDMA 和 TD-SCDMA。它的对手就是由 3GPP2 制定的 cdma2000。

其实，在 ITU 的定义中，符合 IMT-2000 要求的 3G 技术一共有 6 种，分别如下。

（1）IMT-2000 CDMA Direct Spread（IMT-2000 CDMA 直接扩频，IMT-DS）：即 WCDMA，又称为 UTRA-FDD，由 3GPP 制定。

（2）IMT-2000 CDMA Multi-Carrier（IMT-MC）：即 cdma2000 1xEV-DO 第 0 版（TIA/IS-856），由 3GPP2 制定。

（3）IMT-2000 CDMA TDD（IMT-TC）：即 TD-SCDMA，又称为 UTRA-TDD LCR（低码片速率），由 3GPP 制定。

（4）IMT-2000 TDMA Single-Carrier（IMT-SC）：增强型 GPRS，由 3GPP 制定。

（5）IMT-2000 FDMA/TDMA（IMT-FT）：增强型数字无绳电信系统（DECT），由 ETSI 制定。

（6）IMT-2000 OFDMA TDD WMAN：IEEE 802.16 和 802.16.1，由 IEEE 制定。

在这 6 种 3G 技术中，WCDMA、cdma2000（严格来说应该是 cdma2000 1xEV-DO 第 0 版，本书中用 cdma2000 指代）和 TD-SCDMA 是使用最为广泛的 3 种技术，它们分别在欧洲、北美和亚洲被广泛应用。截至 2007 年（4G 标准完成的前一年），全球已经有 2 亿个 3G 用户接入网络。其中，最初引入 3G 的日本、韩国的 3G 普及率超过 70%，其他 3G 商用的主要国家尼泊尔、英国、奥地利、澳大利亚和新加坡，3G 普及率达 32%。截至 2013 年，中国 3G 移动电话用户达 4 亿，3G 普及率达到 32.7%。但随着 2008 年 4G LTE 技术的出现，3G 用户数逐渐呈现下降趋势。

虽然从现在看来，3G 的时代已经逐渐远去。但无论如何，正是 3G 的到来让我们真正进入了移动互联网的时代（2015—2017 年移动互联网流量变化趋势如图 1-33 所示），而这个时代影响了我们的过去和未来。

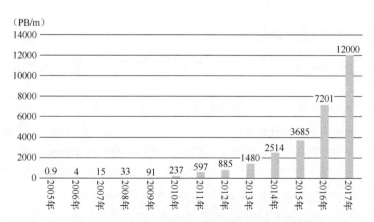

图 1-33　2015—2017 年移动互联网流量变化趋势（数据来自 Cisco）

2G 因"容量""数字通信"而生，3G 因"速度""移动互联网"而生。那么，又是什么推动了技术的下一次演进呢？

1.7 一次"速度"引发的变革——从 3G 到 4G

1.6 节详细介绍了 2G 的后期演进和 3G 技术的诞生。在 ITU 认可的 6 种 3G 技术中，WCDMA、cdma2000 和 TD-SCDMA 是 3 种应用最广的主流 3G 技术。这 3 种 3G 技术分属 3 个"势力"，代表 3 个区域市场，也意味着 3 种不同的演进路线。

2001 年 5 月，世界首个 3G 网络在日本由运营商 NTT DoCoMo 推出，采用的是 WCDMA 技术。WCDMA 由 3GPP 制定，基于 GSM 技术发展而来，是由欧洲主导的 3G 技术规范。WCDMA 的支持者主要是以 GSM 为主的欧洲厂商和部分日本企业，包括爱立信、阿尔卡特、诺基亚、朗讯、北电，以及日本的 NTT、富士通、夏普等。该标准提出了 GSM（2G）→ GPRS（2.5G）→ EDGE（2.75G）→ WCDMA（3G）的演进策略。因为技术一脉相承，这套系统能够部署在已有的 GSM 网络上，设备商和运营商可以较轻易地实现技术过渡。也因此，在 GSM 相对普及的亚洲，WCDMA 技术的接受度也相对较高（如中国联通的 3G 网络）。因此 WCDMA 技术具有先天的市场优势，是当前世界上采用的国家及地区最广泛的、终端种类最丰富的 3G 标准，占据全球 80% 以上的市场份额。

2002 年 1 月，世界首个基于 cdma2000 1xEV-DO（简称 cdma2000）技术的 3G 网络由韩国运营商 SK Telecom（韩国电信）推出。cdma2000 由标准化组织 3GPP2 制定，是基于窄带 CDMA（CdmaOne）发展而来的宽带 CDMA 技术，它由美国高通公司主导提出。这套系统是从窄带 CdmaOne 数字标准衍生而来的，可以从原有的 CdmaOne 网络直接升级到 3G，因此建设成本相对低。但由于使用 CdmaOne 的地区只有日本、韩国和美国，因此 cdma2000 的支持者不如 WCDMA 的支持者多。该标准提出了 CdmaOne（2G）→ cdma2000 1x → cdma2000 1xEV-DO（3G）的演进策略。

2009 年，首个基于 TD-SCDMA 技术的 3G 网络由运营商中国移动建成并投入使用，这是第一个带有中国印记的移动通信网络。TD-SCDMA 即时分同步 CDMA，该标准由中国主导，由 3GPP 制定。因为该标准无 2.5G 中间过渡技术支撑，因此只能从 2G 直接向 3G 过渡。TD-SCDMA 虽然相对 cdma2000 和 WCDMA 起步较晚，技术不够成熟，但它对于我国的意义重大，正是 TD-SCDMA 的出现，使我国逐渐进入全球移动通信标准化领域的核心圈，实现从"2G 跟随"到"3G 突破"的关键一步，为后续的"4G 同步、5G 引领"奠定了坚实的基础。

1.7.1 3G 主要技术特征

既然是 3 种不同的 3G 标准，那么当然就有 3 种不同的技术路线，接下来我们再从技术上看看它们之间的差异。

正如 1.5 节中的介绍，虽然 CDMA 并非高通公司（以下简称高通）发明，但将 CDMA 带入移动通信，确实是高通的功劳。CDMA 技术将人们对频谱资源的利用从"平面思维"带入"立体思维"，让移动通信系统"凭空"获得了"保密性"的特征，相比 TDMA 和 FDMA 技术也实现了系统容量和频谱利用率的大幅提升。正是因为自身的技术优越性，CDMA 一时独占风头，这让一些 TDMA 的"坚定支持者们"的态度产生了从排斥到徘徊再到接纳的变化。

正如图 1-34 所示，WCDMA 的方式很像 CDMA，说得更直接一点，WCDMA 是宽带版的 CdmaOne。WCDMA 将 CdmaOne 的系统带宽从 1.25MHz 提升到 5MHz，利用对称的两段 5MHz 实现上行和下行通信。利用扩频码 [正交可变扩频因子（OVSF）码] 实现多用户在码域的复用。虽然 WCDMA 也有时域上的帧概念，但它的时域帧、时隙（Slot）并不用来区分不同用户，而是用来更方便地实现控制和流程。当然，这也并非说 WCDMA 抄袭了 CDMA，通信系统是一个非常复杂的系统，多址方式仅仅是系统里第一个"小"问题，而 WCDMA 系统在其他方面的创新才最终成就了它在 3G 标准中的"首席"地位。

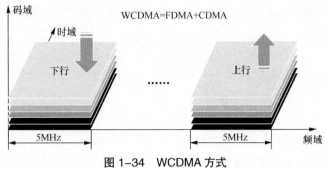

图 1-34　WCDMA 方式

看到这里有些读者可能会有疑问，高通就这么甘愿让 WCDMA 使用它的 CDMA 专利吗？当然不会。其实，在 3G 标准制定之初，就有这样的"博弈"。最终在爱立信、高通的"协调"下，高通用 CDMA 专利的许可权换取了 cdma2000 的"市场准入"。

再来看看带有"中国印记"的 TD-SCDMA 技术，它又被称为 UTRA-TDD LCR（通用陆地无线接入 - 时分双工），采用低码片速率，它相对于高码片速率的 UTRA-TDD HCR，码片速率仅为 1.28Mchip/s，如图 1-35 所示。

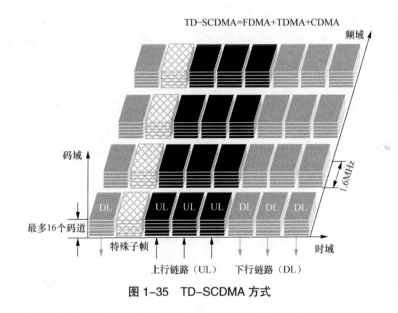

图 1-35　TD-SCDMA 方式

TD-SCDMA 由西门子和中国电信科学技术研究院联合研发，由 3GPP 完成标准制定。从技术层面看，TD-SCDMA 是 FDMA、TDMA 和 CDMA 的组合体，也就是用户可以在时域、码域和频域实现多用户复用，这有效地提升了频谱利用的灵活性，进而大幅提升了系统容量。此外，它采用了灵活的上下行子帧比例的结构，可以进一步应对互联网上下行业务不平衡，带有突发性的"潮汐效应"。它引入了联合检测、智能天线、软件定义的无线电等先进技术思想，这使得 TD-SCDMA 在竞争激烈的 3G 市场中也有自己的一席之地。从技术层面看，TD-SCDMA 和 WCDMA 有很强的技术关联性，除了物理层技术有较大改动外，空口高层协议栈和核心网部分基本与 WCDMA 保持一致。

当然，TD-SCDMA 作为一个新的技术，虽然先进，但从技术成熟度上看，WCDMA 和 cdma2000 要更胜一筹。比如从技术层面看，TD-SCDMA 严格同步导致硬件复杂度提升，覆盖范围问题导致网络规划复杂度提升，较低的工控频率导致移动性问题，无线电资源管理算法更复杂。从产业层面看，TD-SCDMA 的产业链相对薄弱带来成本问题等，这都让 TD-SCDMA 的前进道路充满荆棘。

可能有些人会问，既然国际上有 WCDMA 和 cdma2000，那我们又何必制定自己的 TD-SCDMA 呢？这值得吗？

毫无疑问，值得。

是的，多年来围绕 TD-SCDMA 的争论一直没有停止过，无论是技术层面的"好"与"坏"之争，还是非技术层面的"得"与"失"之争，都没停息。但笔者作为一个一线标准研究人员，感受或是理解可能更加深切。

> 通信技术之争不只是技术之争，更是关乎国民经济的未来之争。
>
> 首先，从宏观层面看，通信产业本身就是一个庞大的产业，它在信息产业中所占的比重很高。比如根据中国信息通信研究院预测，到 2025 年我国 5G 网络建设投资累计将达到 1.2 万亿元。5G 网络建设将带动产业链上下游及各行业应用投资超过 3.5 万亿元。5G 也将在智能终端、可穿戴设备、智能家居等方面创新出多样的消费产品，还将极大程度地丰富消费场景，创造出大量新消费。预计到 2025 年，5G 商用将带动超过 8 万亿元的信息消费。这表明通信技术领域本身就有一个巨大的市场。
>
> 其次，通信产业的带动力巨大，是结构性改革的主力军。由以往的经历我们可以看到，移动通信技术对互联网、制造业、服务业都有巨大的带动作用，以它为先锋带动起的数字经济占到 GDP 的 38.6%（2020 年数据）。
>
> 所以，毫无疑问，通信行业在国民经济中已完全居于战略性支柱产业的地位。而标准化研究，正在为这个关乎未来的战略性支柱产业争夺话语权、主导权。
>
> 标准化之争不只是利益之争，更是关乎未来的资源和能力之争。
>
> 有些人说标准化就是对隐藏在标准背后的知识产权的争夺，这一点从 GSM 和 CDMA 的发展历史中可见端倪。对于一个企业来说，标准背后的知识产权是它们唯一在乎的东西，它本身就是一个巨大的金矿（比如 CDMA 专利为高通带来的巨大收益）。但如果从宏观层面看，一个具有主导权的技术标准，带来的不仅是市场，更是人才、技术、产品、网络、服务和思维，还会通过各种曲折的创新活动本身，带来关于创新的启示、经验和教训。这些无形的东西，不仅是当前很多中国企业所缺乏的，也是中国走向工业强国的必备资源。
>
> 所以，从这个层面上来看，没有 TD-SCDMA，就没有后来的"4G 共进""5G 引领"。

我们再来看看 cdma2000。有一点需要特别说明，被 ITU 正式确定为 3G 的 cdma2000 1xEV-DO（以下简称 EV-DO）其实是一个纯分组通信网络，也就是说，这个网络不支持语音服务 [当时的语音业务必须依赖电路域网络实现，VoIP（基于 IP 的语音传输）技术还未出现]。那么如何传输语音呢？可以用一条单独的载波来承载语音业务。这样的设计看起来似乎有些不可理解，这样做不是要降低频谱利用率吗？

其实 EV-DO 这样的设计还是可以理解的。一方面，语音业务和数据业务本来从技术层面看就存在很大的不同。数据业务要求的是速度，业务具有突发特征，它不害怕时延 / 时延抖动（至少在当时看来是这样），而语音业务的速率相对稳定，害怕时延 / 时延抖动。因此，语音和数据分开传输也不失为一个好办法。当然，为了实现语音业务，EV-DO 在设计时专门使其射频特性和 IS-95/cdma2000 1X 保持完全一致（包括链路预算、码片速率和系统带宽），这样 EV-DO 便完全不需要重新进行网络部署、规划和优化。

图 1-36 给出了 EV-DO 的多址方式示意图。大家可以看到，EV-DO 其实是 TDMA 和 CDMA 的组合体，其前向信道（下行方向，即基站到用户）采用类似 GSM 的 TDMA 来复用多个用户，其系统带宽为 1.25MHz。在时域方向，一帧包含 16 个时隙，每个时隙为 1.667ms。反向信道（上行反向，即用户到基站）则采用 CDMA 的方式来复用不同信道，比如数据信道、HARQ 反馈信道、接入信道等。

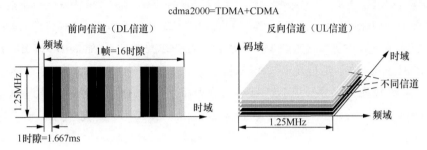

图 1-36　cdma2000 1xEV-DO 多址方式

大家若想更加清晰地对 3 种主流 3G 标准进行横向比较，可参考表 1-3。

表 1-3　三大主流 3G 标准比较

标准	WCDMA（R99）	TD-SCDMA（R4）	cdma2000 1xEV-DO 第 0 版
发布时间	2000 年	2001 年	2020 年
主要使用国家 / 地区	欧洲、日本	中国、缅甸	美国、韩国
技术主导	欧洲	中国	美国
标准组织	3GPP	3GPP	3GPP2
演进路线	GSM → GPRS → EDGE → WCDMA → HSDPA → HSUPA → HSPA+ → LTE FDD → NR	TD-SCDMA → TD-HSDPA → TD-HSUPA → TD-HSPA+ → LTE TDD → NR	CDMA IS-95 → cdma2000 1x → cdma2000 1x EV-DO 第 0 版或 EV-DV → cdma2000 1x EV-DO A 版 → cdma2000 1x EV-DO B 版 → cdma2000 1x EV-DO C 版（1x EV-DV）
工作频率	1940MHz ～ 1955MHz（上行） 2130MHz ～ 2145MHz（下行）	1880MHz ～ 1920MHz 2010MHz ～ 2025MHz	1920MHz ～ 1933MHz（上行） 2110MHz ～ 2125MHz（下行）
双工方式	FDD	TDD	FDD
多址方式	FDMA+CDMA	FDMA+CDMA+TDMA	TDMA+CDMA
系统带宽	5MHz	1.6MHz	1.25MHz
码片速率	3.84Mchip/s	1.28Mchip/s	1.228Mchip/s
峰值速率	2Mbit/s（下行） 384kbit/s（上行）	2.8Mbit/s（下行） 348kbit/s（上行）	2.4Mbit/s（下行） 153.6kbit/s（上行）
基站间同步	异步	同步	同步
功率控制	1500Hz（快速功控）	0 ～ 200Hz	800Hz（上行） 慢速 / 快速功控（下行）
切换方式	软切换	接力切换	软切换
帧长	10ms	10ms	20ms
检测方法	相干解调	联合检测	相干解调

1.7.2 "姐妹"间的战争——3GPP 和 3GPP2 的标准博弈

2000 年 5 月，随着 ITU-R 正式确定 IMT-2000 技术标准方案（WiMax 在 2007 年 10 月被增补进 IMT-2000），3G 格局已经逐渐清晰，即 cdma2000 由高通主导，由 3GPP2 制定；WCDMA 和 TD-SCDMA 分别由欧洲和中国主导，但都由 3GPP 制定。也就是说，3GPP 和 3GPP2 形成了事实上的竞争关系。但它们中的大部分会员单位都同时加入了两个组织。

当然，"竞争"使技术更快速进步。

2000 年第一季度，3GPP 发布了技术版本 R99（Release 99，即 3GPP 内部的标准版本号），这个版本就包含了 WCDMA 技术。2001 年第二季度，3GPP 又发布了 R4，其中包含低码片速率 TDD（LCR TDD），也就是我们更加熟悉的 TD-SCDMA。在 3GPP2 这边，cdma2000 1x EV-DO 第 0 版于 2000 年 12 月正式发布。通过表 1-3 我们可以看到，此时，在三大主流 3G 标准第一个版本的竞争中，WCDMA 以先为优势开局，EV-DO 第 0 版在下行峰值速率上相比 WCDMA 略占优势，但被与 WCDMA 在同一个阵营的 TD-SCDMA 迅速赶上。接下来，3GPP 又对 3 种技术进行了持续的优化。

3GPP 分别在 2002 年第一季度和 2004 年第四季度发布 R5 和 R6，这两次版本升级使 WCDMA 的系统性能得到大幅提升。在这两个版本中，分别引入了高速下行链路分组接入（HSDPA）和高速上行链路分组接入（HSUPA），它们被合称为高速数据接入（HSPA）。经过这两次升级的 WCDMA 系统被称为 3.5G。

具体而言，HSPA 通过引入快速调度、自适应调制编码、高阶调制、多码并行传输等技术，使下行理论数据传输速率从第一版本的 2Mbit/s 提升至 14Mbit/s，上行理论数据传输速率从第一版本的 384kbit/s 提升至 5.76Mbit/s。此外，因为部分基站控制功能的下移，又采用了快速调度技术，因此，数据业务的往返时延从 R99 的 150ms 缩短到 100ms。在容量方面，下行链路的系统容量相比第一版本提升 5 倍，上行链路的系统容量相比第一版本提高 2 倍。

如前面提到的，TD-SCDMA 和 WCDMA 其实在 3GPP 看来是一个技术系统，除物理层外，其他协议层基本保持一致。因此，HSPA 技术也同样让 TD-SCDMA 的性能得到大幅度提升。对于 TD-SCDMA 来说，HSPA 相当于 TD-HSPA（TD-HSDPA 和 TD-HSUPA）。

再看看 3GPP2 的动作。在 3GPP 项目发布 HSDPA 和 HSUPA 的同时，3GPP2 对 CDMA 技术族的标准工作也并未停滞不前。2004 年 EV-DO 迎来了一个新的版本 EV-DO A 版。与 EV-DO 第 0 版相比，在 EV-DO A 版中不仅前向链路峰值速率从 2.4Mbit/s 提升到了 3.1Mbit/s 的新高度，更重要的是反向链路得到了质的提升。随着应用增量传送及灵活的分组长度的结合，以及 HARQ 和更高阶调制等技术在反向链路中引入，EV-DO A 版实现了反向链路峰值速率从 EV-DO 第 0 版的 153.6kbit/s 到 1.8Mbit/s 的飞跃。此外，在这一版本中，还引入了服务质量（QoS）的概念，改善了 CDMA 网络对为用户提供的服务质量把控，进而为 EV-DO 支持 VoIP 提供了可能。

从这 3 种技术标准的第一轮演进结果看，我们可以发现，CDMA 技术族在性能上全面落后于 3GPP 的 UMTS 技术族（包含 WCDMA 和 TD-SCDMA）。第一场"战役"3GPP 完胜。

第二场"战役"我们先从 3GPP2 说起。

完成了 EV-DO A 版的演进后，3GPP2 马不停蹄地开始了 EV-DO B 版的制定工作，最终于 2006 年 3 月正式对外发布。在 EV-DO B 版中，终端与基站之间可以在前向信道或反向信道的多个载波上同时传输数据，系统因此可以获得更高的峰值传输速率和更大的系统吞吐量。此外，EV-DO B 版的前向链路增加了 64QAM 调制技术和 8192bit 数据包。EV-DO B 版可分为两个阶段，其中第一个阶段引入多载波技术，在 3 个载波聚合的情况下，前向链路峰值速率达到 9.3Mbit/s，反向链路峰值速率也提升到了 5.4Mbit/s；在第二个阶段，在前向链路引入 64QAM，这样在 3 个载波聚合的情况下，前向链路峰值速率达到 14.7Mbit/s，反向链路峰值速率未变，仍为 5.4Mbit/s。

在 3GPP 这边，UMTS 也从 HSPA 升级到演进的高速分组接入（HSPA+），时间比 3GPP2 稍慢，HSPA +于 2007 年第四季度发布。在这次大的升级中，UMTS 引入了 64QAM、多载波技术和 MIMO（2×2 MIMO）技术，这让 UMTS 的速率得到了大幅提升。其下行信道峰值速率达到 56Mbit/s，上行信道峰值速率达到 22Mbit/s（每 5MHz 载波）。

第二次较量的结果不言而喻，UMTS 的优势依然明显。虽然后续的 cdma2000 技术族又有了升级版本（EV-DO C 版），但与 UMTS 的进步速度相比，仍然处于劣势。UMTS 后续又先后推出了 R8 的双小区 HSDPA（DC-HSDPA）（峰值速率达到 84.4Mbit/s）、R9 的双小区 HSUPA（DC-HSUPA）、R11 的多载波 HSPA（MC-HSPA）。

其实，竞争的残酷性远比 3GPP2 估计得要严重。3GPP 一方面在继续演进 UMTS 系统，另一方面，也吹响了自己通往 4G 的号角。从 R8 开始，并行于 UMTS，3GPP 便开启了其 4G 标准的制定工作。虽然，3GPP2 为了应对这样的挑战也在 2006 年推出了自己的超移动宽带（UMB）计划，但这也无法扭转它处于被动位置的局面。2008 年 11 月高通宣布停止对 UMB 系统的技术开发，自此，3GPP2 时代结束。

1.7.3 吹响 4G 的号角

技术标准的制定并非一蹴而就，和 1G、2G 时代不同，那时各个国家或地区各自为阵，用什么技术、怎么用自己说了算，没有统一的设计和规划。但从 3G 开始，ITU 挑起了大梁，开始整体统筹和规划移动通信技术的演进。

2006 年，ITU-R 完成技术报告 M.1645，对 IMT-2000 演进的技术趋势及 IMT-2000 后续演进的框架和目标进行了初步定义。在这个技术报告中，对 Beyond IMT-2000 系统（IMT-Advanced）的性能设计目标为在高速移动下支持 100Mbit/s 的速率，在低速移动下支持 1Gbit/s 的速率。这里的 IMT-Advanced 就是第四代移动通信技术（4G），自此，4G 标准争夺战的号角正式吹响。

号角的第一声由 WiMax 吹响！

WiMax 是全球微波接入互操作性，是由 IEEE 制定的无线宽带通信标准。需要注意的是，WiMax 是"无线"接入技术而非"移动"接入技术。这里的用词是准确的，因为根据 ITU 对无线通信技术的整体布局（如图 1-37 所示），无线通信系统可分为 3 种，分别是无线数字广播系统、游牧 / 本地无线接入系统、移动无线接入系统。而游牧 / 本地无线接入系统（比如 Wi-Fi）的特征就是不支持高移动性，但相对移动通信会更加注重吞吐量（信道环境更加简单）。

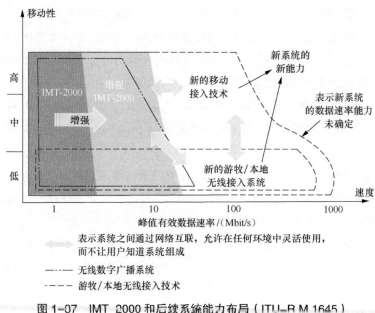

图 1-07　IMT 2000 和后续系统能力布局（ITU-R M.1645）

也正因为这样，在 WiMax 论坛上有人这样描述 WiMax 技术：一种基于标准的技术，提供最后一英里无线宽带接入，进而使之成为电缆和 DSL 接入的替代方案。这个描述让人想到 Wi-Fi，而不是传统移动通信领域的其他技术。所以，其实 WiMax 更像加强版的 Wi-Fi，虽然这样说不够严谨。

看到这里可能很多读者会有疑问，WiMax 是移动通信吗？为什么会对 WCDMA、TD-SCDMA 形成威胁？为什么它会成为 3G、4G 候选方案呢？

要回答这几个问题，我们首先要介绍一下后 3G 时代的"国际局势"。从 2G 到 3G，欧洲凭借 GSM 及 WCDMA 取得巨大成功，在电信行业占据了绝对的主导地位。这可以从排名靠前的通信企业名单看出，即爱立信（瑞典）、诺基亚（芬兰）、阿尔卡特（法国）、西门子（德国）。尤其是爱立信，直到现在也仍然是通信界的巨头之一。再看看美国，虽然 1G 的 AMPS 占有很大的市场份额，其有强大的"贝尔体系"，但在进入 2G 时代之后，因为各种原因（比如因为反垄断导致"贝尔体系"崩塌）略显颓势，其通信设备商当时只有摩托罗拉和朗讯。当然，虽然美国凭借高通的 CDMA 技术在 2G 领域中也占据了一席之地，但一方面高通主业是芯片而非设备；另一方面，高通也并非坚定的"策略执行者"。而此时的美国，互联网行业保持巨大优势，比如英特尔、IBM、微软。

如何在 4G 中"扳回一局"是美国需要考虑的问题。此时，WiMax 来了。虽然它并非移动通信，但并未被排除在 IMT-Advanced 以外。

2005 年，英特尔宣布了一项加速发展 IEEE 802.16e 的推动计划。首先，美国利用强大的推动力，在 2007 年推动 ITU 更新 *International Mobile Telecom System-2020* 建议书，将 IEEE 802.16 接纳为 3G 标准，并为之分配全球频谱资源（需要注意的是，3G 标准方案的最终截止日期是 1998 年 6 月）。这为 WiMax 成为 4G 候选技术奠定了基础。然后，美国发动力量推动全球各地开展 WiMax 技术的商用。英特尔、加拿大的北电（Nortel Networks）、摩托罗拉、朗讯迅速跟进，在日本、英国、韩国、马来西亚、菲律宾等建立 WiMax 的商用网络。

但结果不尽如人意。WiMax 首先面临的是无频谱资源可用的尴尬。2005 年 7 月欧盟的

WiMAX 频率分配计划被否决。再则，产业链的不完整让 WiMax 的商用困难重重，虽然有芯片商英特尔的支持，但英特尔并未预见到智能终端的崛起，因此对手机芯片并未发力。而高通，考虑到它在 UTMS 上的既得利益（2005 年高通已经停止了对自己推动的技术 UMB 的投入，转投 3GPP 族 4G LTE 技术，和 WiMax 联盟产生矛盾，并在实际行动中为 WiMax 的商用设置障碍（美国联邦贸易委员在 2017 年起诉高通，指控其在 2007 年用其专利的免费许可权要求苹果不得生产和销售支持 WiMax 的手机）。在没有频谱，又没有芯片的困难状态下，2010 年 WiMax 的最大支持者英特尔宣布放弃 WiMax，而曾经辉煌一时并孤注一掷专注于 WiMax 的加拿大北电（曾经属于"贝尔系统"）于 2009 年宣告破产保护，另一个支持者朗讯（曾经属于"贝尔系统"）也被阿尔卡特收购。

再次回顾 3GPP、3GPP2 和 WiMax 之间的"恩怨情仇"，不禁唏嘘。人们对核心技术，以及核心技术背后利益的争夺，其激烈程度和残酷程度永远超出我们的想象。ITU 标准的争夺，从来不仅仅是技术本身的问题，而是强国之间角力、对抗、联合、妥协的过程。WiMax 这个"搅局者"，在当时来看似乎是格格不入，是 IT 向电信的"入侵"。但如果用现在的眼光来看，也许这是技术发展的必然性，我们在后面的章节中，也逐渐看到了类似的技术趋势。

在 WiMax 的压力之下，3GPP 加速了原本继续演进 3G 的标准规划，在 2004 年启动了一个名为"LTE（长期演进）"的标准制定，此版本最终于 2008 年底发布，这就是我们熟悉的 4G LTE（R8）。

LTE 这一技术版本到底是不是 4G，一直存在争议。在早期，LTE 被电信公司夸大宣传成"4G LTE"，所以很多人都在 LTE 和 4G 之间画上了等号。其实，如果仅从技术角度看，LTE 在某些指标上并未达到 ITU-R 对 IMT-Advanced 的定义，而真正被 ITU 认可的 4G 技术是 2011 年第一季度发布的 R10 LTE-Advanced。但考虑到"各种原因"，2010 年 12 月，ITU-R 还是承认 LTE 技术及其他不满足 IMT-Advanced 要求的超 3G 技术仍然可以被视为 4G。

2012 年 1 月 18 日，ITU 正式发布 ITU-R M.2012 建议书《先进国际移动通信（IMT-Advanced）地面无线电接口的详细规范》。正式将 LTE-Advanced（R10）和 WirelessMAN-Advanced（即 802.16m）确定为 IMT-Advanced 技术，也就是真正的 4G。

1.7.4　4G 的底层创新

虽然 LTE 并非技术意义上的 4G，但从全球范围来看，各大运营商仍然将 LTE 作为它们的 4G 网络规划的开始，一方面是因为 LTE 的技术性能相比其他 3G 技术确实有了很大的提升；另一方面，LTE-Advanced 属于 LTE 技术的平滑演进，因此，从 LTE 开始部署并不会对网络带来大的影响。

在 2008 年底 3GPP 发布 LTE 标准后，2009 年 12 月 14 日，瑞典运营商 TeliaSonera 在瑞典首都斯德哥尔摩和挪威首都奥斯陆开通了世界第一个公开可用的 LTE 网络。2010 年 9 月，世界上第一款 LTE 手机三星 SCH-R900 发布，自此，LTE 网络在各大洲走向商用。随着 2011 年 Q1 3GPP 正式发布"真 4G"LTE-A（LTE-Advanced），3GPP 系统在全球最终站稳了脚跟。截至 2019 年 3 月，全球移动供应商协会报告称，全球有 717 家运营商拥有商用的 LTE 网络。

但从 ITU-R 的定义来看，LTE 并不能被称作 4G（下行峰值速率仅为 100Mbit/s）。在 2008 年 11 月 ITU-R 发布的 M.2134《与 IMT-Advanced 无线接口技术性能相关的要求》中，定义了 4G 系统的技术要求。

- 全 IP 分组交换网络。

- 本地接入场景，满足 1Gbit/s 的峰值速率；在移动场景下，满足 100Mbit/s 的峰值速率。
- 能够动态共享和使用网络资源，以支持每个小区的更多并发用户。
- 使用 5MHz ～ 20MHz 的可扩展信道带宽，40MHz 带宽为可选要求。
- 下行链路的峰值链路频谱效率为 15bit/s·Hz^{-1}，上行链路的峰值链路频谱效率为 6.75bit/s·Hz^{-1}。
- 系统频谱效率在室内情况下，下行链路的系统频谱效率为每小区 3bit/s·Hz^{-1}，上行链路的系统频谱效率为每小区 2.25bit/s·Hz^{-1}。
- 支持跨异构网络的平滑切换。

为了应对 LTE 在技术指标上和 ITU 标准的不匹配，3GPP 在 2008 年 4 月决定将 LTE 的演进技术 LTE-Advanced 作为提报 ITU-R 的 4G 候选方案。2011 年第一季度，3GPP 发布 R10，即 LTE-Advance 技术，该版本通过载波聚合技术最终实现了满足 ITU 标准的 1Gbit/s 的峰值速率。

毫无疑问，无论是 3GPP 的 3.9G LTE 还是"真 4G"LTE-A，它们都是非常成功的移动通信技术，一方面是因为经历了 3GPP2 的没落和 WiMax 的退出，3GPP 的 LTE 技术族成为实际意义上唯一的 4G 技术；另一方面得益于 LTE 技术创新和用户体验的显著提升。

从整体上看，LTE 及其演进版本引入了两个核心底层技术创新，即 OFDM 和 MIMO。

（1）OFDM，即正交频分复用。它由贝尔实验室的 Robert W. Chang 在 1966 年提出，它的主要思想是利用多个频谱相互紧密重叠的正交子载波信号实现并行的数据传输。1971 年，贝尔实验室的两位工程师 S. Weinstein 和 P. Ebert 对 OFDM 进行了改进，通过引入保护间隔，在受多径传播影响的传输信道中提供更好的正交性。

OFDM 的核心优势如下。如果在每个 OFDM 子载波上以低码率进行数据调制，则一方面能够实现 OFDM 在相似的总带宽条件下获得与传统单载波方案相似的总数据速率；另一方面，OFDM 系统单载波中多个"缓慢"调制的窄带信号（如图 1-38 所示），使得在符号之间可以使用保护间隔，从而消除符号间干扰（保护间隔的作用如图 1-39 所示），进而提高信噪比，从而使 OFDM 可以应对更加恶劣的信道环境而不需要采用复杂的均衡。此外，因为各子载波之间紧密重叠，所以频谱利用率远高于其他技术。传统 FDM 频谱和 OFDM 频谱比较如图 1-40 所示。

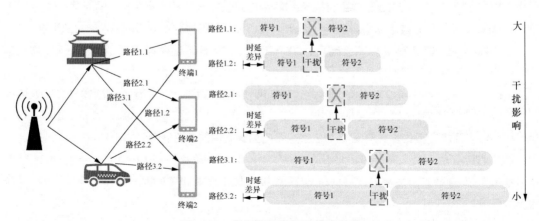

图 1-38　并行低速数据的传输优势

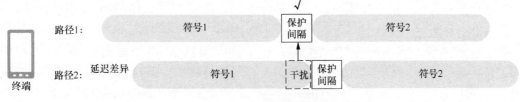

图 1-39　保护间隔的作用

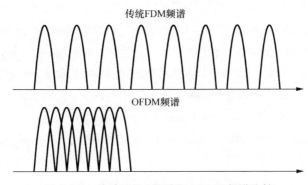

图 1-40　传统 FDM 频谱和 OFDM 频谱比较

（2）MIMO，即多输入多输出。和 OFDM 一样，MIMO 从理论的提出到应用也经历了"漫长"的时间。20 世纪 70 年代，为了解决当时的实际问题，学术界出现了大量研究多通道数字传输系统和有线通信语音串线的论文。这些处理数字干扰的研究从侧面证明了 MIMO 技术的可行性。1985 年贝尔实验室工程师萨尔茨发表了《交叉耦合的线性信道中的数字传输》论文，提出了一种多用户数字传输系

统。1991 年，空分多址（SDMA）概念被提出，它通过使用定向或智能天线实现了同一频率、同一基站范围内不同位置的用户进行通信而相互之间没有干扰，并由美国工程师理查德·罗伊申请了第一个发明专利，如图 1-41 所示。

1993 年，美国工程师阿罗加斯瓦米·保拉吉提出了一种基于 SDMA 的复用技术，他在申请的发明专利中提出了一种高数据速率广播方法，该方法通过将一个高速率信号"分割成若干个低速率信号"，由"空间分离的发射机"发射，并由接收天线阵列根据"到达方向"的差异进行恢复——这被认为是 MIMO 技术的正式发明。1996 年和 1998 年，思科和贝尔实验室分别建立自己的 MIMO 原型系统并进行了测试。自此，MIMO 逐渐应用。

第一个采用 MIMO 技术的是 IEEE 802.11n，2005 年，在博通、意法半导体、德州仪器、英特尔、索尼、高通等公司的支持下，IEEE 决定

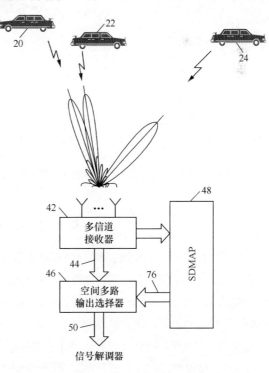

图 1-41　第一个 SDMA 系统专利

在 40MHz 的带宽上采用 4×4 的 MIMO 方案实现吞吐量的大幅度提升。第二个采用 MIMO 技术的是 IEEE 802.16e。在 IEEE 802.16e 协议中采用了"OFDM+MIMO"的超强组合，再加上 64QAM 的高阶调制手段，最终实现了 138Mbit/s 的速率。在 IEEE 的启发下，3GPP 也开始在自己的系统中引入 MIMO 技术，在 2007 年第四季度发布的 HSPA+ 中就引入了 2×2 的 MIMO，这让 HSPA+ 的速率从 14Mbit/s 提升到了 56Mbit/s。而在 LTE 中，MIMO 的引入也使系统吞吐量达到 300Mbit/s 的惊人高度。

关于 MIMO 技术原理相信读者应该都比较清楚。MIMO 有 3 种主要应用方式——波束赋形、空间复用、空间分集。波束赋形简单地说就是多个天线以受控的时延或相位偏移来发射信号，利用无线电波的干涉原理，产生定向的干涉波瓣。我们可以利用这个定向的波瓣来避免干扰，以提高信噪比。空间复用则是通过在不同天线上同时发送相互独立的不同信号来实现通信系统的高数据率和高频谱利用率。空间分集则是通过在不同天线上发送相互独立的相同信号来实现通信系统传输数据的高可靠性。

那么在实际的通信系统中如何应用 MIMO 呢？毕竟衰落、干扰来无影，去无踪。我们要做的就是用概率来分析它，用信道估计的方式来预测未来的可能性。

我们首先要做的是在多发射天线、多接收天线间创造相互独立、相互不关联的信道，充分发挥多天线布局的作用。方法其实也很简单（如图 1-42 所示）——加大发射天线间和接收天线间的距离。增加间距是为了让它们各自发出的信号经历的路径尽可能不同。基站大线往往架设在较高位置，四周开阔，少有反射体和遮挡物；而终端附近往往环境复杂，反射体丰富。因此，通常在基站侧要拉大天线间距，使其至少为波长的 5～10 倍；而在终端侧，将天线间距保持为波长的 0.5～1 倍即可。

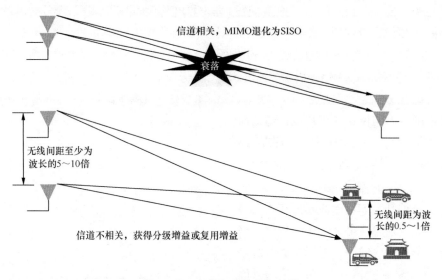

图 1-42　衰落和衰落的相关性

那么问题来了，虽然我们人为拉大了天线间距，但对于实际时变的信道，我们如何知道实时的信道状态，以及子信道间是否相互独立呢？在无线通信中使用的方法是人为发送一系列已知信号，通过对已知信号接收情况的分析来估计未来信道的状态。显然，这种估计是有误差的，而且估计的结果也是有时效性的。不过无论如何，这为我们提供了一种用概率解决问题的方法。

我们假设有一个 2×2 的 MIMO 系统，如图 1-43 所

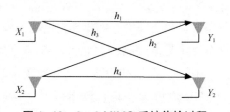

图 1-43　2×2 MIMO 系统传输过程

示，两根发射天线的发射信号分别为 X_1 和 X_2，两根接收天线的接收信号分别为 Y_1 和 Y_2。发射天线和接收天线间两两信道传输函数分别用 $h_1 \sim h_4$ 来表示，那么数学表达式如下。

$$\begin{bmatrix} Y_1 \\ Y_2 \end{bmatrix} = \boldsymbol{H} \begin{bmatrix} X_1 \\ X_2 \end{bmatrix} = \begin{bmatrix} h_1 & h_2 \\ h_3 & h_4 \end{bmatrix} \begin{bmatrix} X_1 \\ X_2 \end{bmatrix} \tag{1-1}$$

这里的 $\boldsymbol{H}$ 则为获得的信道传输矩阵。当然，信道传输矩阵有随机性，我们最希望看到的 $\boldsymbol{H}$ 是全 1 的对角矩阵，这样，X_1 和 X_2 与之矩阵相乘依然得到 X_1 和 X_2，这代表两个信道间相互独立没有任何干扰和相关性。但实际情况并非如此，这时就需要我们利用数学的方法来处理，即奇异值分解（SVD 分解），如图 1-44 所示。

所谓的奇异值分解就是对一个矩阵进行数学处理，假设矩阵 $\boldsymbol{A}$ 为 $m \times n$ 的矩阵，则奇异值分解会将 $\boldsymbol{A}$ 分解为 3 个矩阵，如式（1-2）所示。

$$\boldsymbol{A} = \boldsymbol{U}\boldsymbol{S}\boldsymbol{V}^{\mathrm{T}} \tag{1-2}$$

其中，$\boldsymbol{U}$ 是一个 $m \times m$ 的矩阵，$\boldsymbol{S}$ 是一个 $m \times n$ 的矩阵，$\boldsymbol{S}$ 除了对角线上的元素外，其他全为 0，将对角线上的每个元素称为奇异值。$\boldsymbol{V}$ 是一个 $n \times n$ 的矩阵。

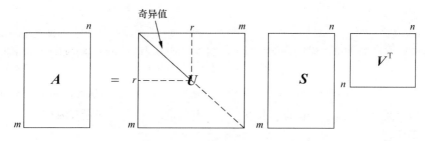

图 1-44　奇异值 SVD 分解

这里的 $\boldsymbol{U}$ 和 $\boldsymbol{V}$ 都是酉矩阵，它们满足的条件如下。

$$\boldsymbol{U}^{\mathrm{T}}\boldsymbol{U} = \boldsymbol{I}, \boldsymbol{V}^{\mathrm{T}}\boldsymbol{V} = \boldsymbol{I} \tag{1-3}$$

这样操作有什么好处呢？我们接着往下看。如果我们对信道传输矩阵 $\boldsymbol{H}$ 进行奇异值分解并带入式（1-2），并利用式（1-3）的特征进行变换，则得到式（1-4）。

$$\begin{bmatrix} Y_1 \\ Y_2 \end{bmatrix} = \begin{bmatrix} H \end{bmatrix} \begin{bmatrix} X_1 \\ X_2 \end{bmatrix}$$

$$\begin{bmatrix} Y_1 \\ Y_2 \end{bmatrix} = \begin{bmatrix} U \end{bmatrix} \begin{bmatrix} S_1 & 0 \\ 0 & S_2 \end{bmatrix} \begin{bmatrix} V \end{bmatrix}^{\mathrm{T}} \begin{bmatrix} X_1 \\ X_2 \end{bmatrix}$$

发射端预处理

$$\begin{bmatrix} U \end{bmatrix}^{\mathrm{T}} \begin{bmatrix} Y_1 \\ Y_2 \end{bmatrix} = \begin{bmatrix} U \end{bmatrix}^{\mathrm{T}} \begin{bmatrix} U \end{bmatrix} \begin{bmatrix} S_1 & 0 \\ 0 & S_2 \end{bmatrix} \begin{bmatrix} V \end{bmatrix}^{\mathrm{T}} \begin{bmatrix} V \end{bmatrix} \begin{bmatrix} X_1 \\ X_2 \end{bmatrix} \tag{1-4}$$

$$\begin{bmatrix} U \end{bmatrix}^{\mathrm{T}} \begin{bmatrix} Y_1 \\ Y_2 \end{bmatrix} = \begin{bmatrix} S_1 & 0 \\ 0 & S_2 \end{bmatrix} \begin{bmatrix} X_1 \\ X_2 \end{bmatrix}' \qquad 其中，\begin{bmatrix} X_1 \\ X_2 \end{bmatrix}' = \begin{bmatrix} V \end{bmatrix} \begin{bmatrix} X_1 \\ X_2 \end{bmatrix}$$

我们可以将上述过程理解为如果对多天线发射数据和接收数据进行某种预处理（对信道估计出来的传输函数进行奇异值分解，用其酉矩阵进行预处理），就可以将传输过程描述为一个对角矩阵和"发送信号"矩阵相乘。而获得的这个对角函数 S 就携带了我们所需要的关于信道的信息。我们列举一种 S 矩阵来看看它们蕴含了什么含义，具体如下。

$$\begin{bmatrix} 1 & 0 \\ 0 & 1 \end{bmatrix} \begin{bmatrix} 2 & 0 \\ 0 & 0 \end{bmatrix} \begin{bmatrix} 4.3 & 0 \\ 0 & 0.3 \end{bmatrix}$$

第 1 个 S 矩阵当然是我们最希望看到的，对角线上的元素均非零，且两个奇异值一样。这就表示该信道有两个相互独立互不干扰的信道，其自由度为 2；第 2 个 S 矩阵只有一个奇异值，这代表虽然是 2×2 的系统，但两个输入值只有一个能够通过子信道，另一个却"消失"了，也就是自由度为 1；第 3 个 S 矩阵有两个奇异值，一个数值特别大，一个特别小，换句话说，这个信道支持 1 个路数据传输绰绰有余，支持 2 个路数据传输效果就没有那么好了。

如果基站获得了上述信息，就可以在发射端选择合适的传输模式。比如，如果自由度大于 1，而且信噪比较好，就可以用空间复用来实现高吞吐量；如果自由度大于 1，但信噪比较差，就可以使用空间分集来提高传输的可靠性。这就是 MIMO 系统的奇妙之处。

OFDM 和 MIMO 被公认为 4G 的技术标志。在这两个技术的推动下，LTE 从 2008 年的 R8 的初始版本到 2021 年还未发布的 R17 版本，LTE 仍在继续演进。这足以表明 LTE 技术旺盛的技术生命力。

伴随着历史的滚滚车轮，我们从第一台可用有线电话开始，一路走到 2011 年 3GPP 发布的第四代移动通信系统 LTE-Advanced。短短的 100 多年也许相比于人类数千年的文明史来说，只是白驹过隙，但也正是这短短的 100 多年，让人们对无线电技术的认知从牙牙学语般的探索，走向了踌躇满志的全面应用。而我们的通信技术，也从有线走向无线、从模拟走向数字、从低速走向高速……

毫无疑问，这种改变，还在继续。

第2章　历史车轮留下的印记——移动通信的推动力

第1章带读者详细回顾了从1876年电话发明到2011年4G推出，百余年的近现代通信技术的发展史。

正如本书"前言"和"阅读指南"中所说，"以人为鉴可以知得失，以史为鉴可以知兴替"，本书希望通过对移动通信演进史的清晰整理，梳理出技术演变和发展的动力，然后用这些从历史中提取的规律来理解当下的变化和未来的可能性。这就像在给历史进行一次"信道估计"，用已知的东西去估计未来的可能性，虽然这种估计难免存在误差，但也确实提供给我们一种以概率来探索未来的可行方法。

系统观 1　移动通信编年演进史

为了帮助读者对第1章梳理的移动通信发展史有一个全局性的理解，笔者绘制了一张无线通信编年图（见本书首页）。

下面，我们将从1747年本杰明·富兰克林提出电荷守恒定律到2030年3GPP发布6G共计284年的时间大致划分为4个阶段，分别命名为部落时代、战国时代、帝国时代和共和时代。

"部落时代"起始于1747年富兰克林提出的电荷守恒定律，结束于1895年伽利尔摩·马可尼首次2英里的无线电传输实验。在这149年的时间里，人们开始认识到电的存在，并开始探索电的规律，尝试对电的应用。从1747年富兰克林发现电荷守恒定律开始，人们逐渐建立起对电的认识，静电学、静磁学（Magnetostatics）、电磁学（Electromagnetism）、电学（Electricity）逐渐形成体系。这些对电的认识，最终推动了1837年莫尔斯第一台有线电报机和1876年贝尔的第一台有线电话的发明。1886—1888年德国物理学家亨利希·鲁道夫·赫兹发现电磁波并用实验证实了电磁波的存在，无线电波的发现最终直接推动了1895年马可尼无线电报的发明，进而开启了战国时代。

在部落时代，人们对电学的认识从无到有，从探索到应用，这是一个理论、知识的积累过程。"乱世"出枭雄，这个时代的枭雄确实不少。比如1877年7月9日贝尔电话公司在美国波士顿成立。贝尔电话公司的出现，不仅让有线电话走向全面商用，也在各个阶段推动了通信技术的进步。贝尔电话公司后续演变出了一系列通信行业的领军企业，比如大名鼎鼎的贝尔实验室（1925年）及1865年和1876年成立的两个电信巨头——诺基亚和爱立信。

"战国时代"起始于1895年马可尼无线电报的发明，结束于1987年ETSI发布的第一个2G GSM技术版本。之所以称之为"战国时代"，是因为在这段时间里，出现了太多的技术和产品，比如无线电报、无线电广播、各种民用波段无线电系统、步话机和0G。这些技术和产品往往是行业定制的并在某个特定区域范围内被应用，比如早期的民用波段无线电系统就被应用在警察系统、出租车中。技术标准"各自为阵"，没有形成统一的标准和体系。比如0G时代，美国的MTS和IMTS、芬兰的ARP、日本的AMTS、瑞典的MTA、挪威的OLT；1G时代，北美的AMPS，欧洲的 NMT、CT1、TACS，日本的 NTT 和 Hicap，德国的 C-Nets，法国的 Radiocom2000，意大利的 RTMI 等。

在这个时代，材料技术和电子元器件的进步为技术发展提供了巨大的推力。比如 1904 年真空二极管的发明使无线电的接收、探测灵敏度大幅提升，真空三极管的出现实现了信号的放大，进而最终推动了商业无线电广播的出现。1959 年，金属－氧化物半导体场效应晶体管的出现使电子产品的小型化、集成化成为可能，这也是无线电话从车载形态到移动电话形态的主要推动力。

在这个年代，信息论和 OFDM 原理也被提出，这是后续数字通信系统和 4G、5G 的理论基础。此外，1928 年摩托罗拉成立，正是它发明了世界上第一部手机。1925 年贝尔实验室成立，正是它带给我们蜂窝的思想，从而将我们带入了蜂窝通信时代，当然，这个伟大的存在对移动通信的贡献远远不仅如此，前面提到的 OFDM 技术、金属－氧化物半导体场效应晶体管及后面将要提到的 MIMO 技术等（包括香农信息论也和他在贝尔实验室的工作经历有关）也都是它的杰作。

"帝国时代" 起始于 1987 年 ETSI 发布第一个 2G GSM 技术版本至 2027 前后 6G 标准化工作的启动。这个时代就是从 "分裂" 走向 "统一" 的过程，特别是 1997 年 ITU-R 发布 *International Mobile Telecom System 2000* 建议书以后，这个趋势更加明显。在 IMT-2000 的推动下，各国开始联合起来，组建通信技术标准化组织。1998 年成立的 3GPP 成为当今最重要的移动通信标准化组织，在它的推动下，从 2G 的区域性标准，到 3G 的 "三国鼎立"，再到 4G、5G 的 "一统江湖"，移动通信技术的全球覆盖和全球漫游最终得以实现。当然，除了移动通信技术，还有活跃在 "最后一公里" 的本地无线接入 IEEE 802.11 和 IEEE 802.16，它们既是对移动通信的有益补充，又是移动通信技术进步的驱动力。

在这个年代，用户需求的不断扩大，成为推动移动通信技术不断进步和演进的主要动力。从 1G 到 2G，重点满足的是人们对通信网络容量和覆盖的需求，从 2G 到 3G 在继续提高容量的同时，速度、安全和漫游能力成为技术发展的主线；从 3G 到 4G 再到 5G，移动互联网的兴起引发了人们对多媒体业务的更高要求，高速度、业务多样性、高通信质量，业务的灵活编排成为移动通信网络追求的目标。表 2-1 给出了 1G～5G 的主要特征比较。

表 2-1　1G～5G 主要特征比较

技术特征	1G	2G	3G	4G（LTE）	5G（NR）
峰值速率		GPRS：171.2kbit/s CDMAone：64kbit/s	WCDMA：2Mbit/s TD-SCDMA：2.8Mbit/s cdma2000：2.4Mbit/s	1Gbit/s	10Gbit/s
带宽	AMPS：30kHz	GSM：200kHz DAMPS：30kHz PDC：25kHz	CDMA：1.25MHz WCDMA：5MHz TD-SCDMA：1.6MHz	1.25MHz～20MHz 100MHz（载波聚合）	FR1:100MHz（R15） FR2:400MHz（R15） 可利用非授权频率
调制方式	FM	GSM：GMSK GPRS：GMSK	EDGE：8PSK CDMA2000：QPSK，OQPSK WCDMA：QPSK，OQPSK UMTS：QPSK HSDPA：QPSK，16QAM	BPSK QPSK 16QAM 64QAM	BPSK QPSK 16QAM 64QAM 256QAM

续表

技术特征	1G	2G	3G	4G（LTE）	5G（NR）
编码方式		卷积码	Turbo 码	Turbo 码	LDPC 码 Polar 码 分组码
		分组码	卷积码	卷积码	
调制编码方案（MCS）		固定	有限的灵活性	中等灵活性	高灵活性
波形		固定形状（GMSK）	固定形状（RC）	加窗和滤波	自适应加窗和滤波
		固定类型 （上下行一致）	固定类型（上下行一致）	上行：SC-FDE 下行：OFDM	上行：OFDM/SC-FDE 下行：OFDM
多址	FDMA	TDMA	CDMA	上行：SC-FDMA 下行：OFDMA	上行：SC-FDMA 下行：OFDMA
载频	AMPS：800MHz NMT：450MHz	900MHz 和 1800MHz	800MHz ～ 2.1GHz	600MHz ～ 2.5GHz	600MHz ～ 6GHz 6 ～ 300GHz
蜂窝规划	频率复用 -7	频率复用 -3,4,7,12	频率复用 -1	部分频率复用软频率复用	
天线特征	SISO	SISO	SISO	MIMO	mMIMO

当然，在这个年代，移动通信技术还和很多其他技术发生了化学反应。除了前面提到的"移动通信＋互联网"带来的"移动互联网时代"外，在5G时代，人工智能、算力、存储推动了移动通信的下一次演进。此外，移动通信也从传统的"通信领域"延伸到各行各业，"5G+"成为通信技术赋能各行各业的热搜词。

在帝国时代之后就是包含5G-Advance和6G的"共和时代"，所谓"共和"并非意识形态的统一，而是理念、框架和形态的趋同。虽然这个时代还有很多的不确定性，但移动通信技术连接万物、万业成为生产力工具几乎已经成为定局。

系统观 2 "旧动力"和约束力

在系统观1中，我们将移动通信的发展史分成了4个阶段，分别为"部落时代""战国时代""帝国时代""共和时代"。"部落时代"是无线通信理论的启蒙时代，"战国时代"是无线电应用的"百家争鸣"时代，而到了"帝国时代"，移动通信技术从"各自为阵"走向统一和融合。在本节中，让我们对这跨越200多年的历史进行一次更为细致的梳理，看看哪些东西推动了技术的进步。

当然，需要解释的是，这里所说的"旧动力"仅仅是因为它们是从历史中得到的启示，它们是相对于在后面章节中将要提到的"新动力"而言的，并不代表"旧动力"已经失去了推动技术发展的能力。

Ⓐ 技术"发动机"——理论的推动力和实现的约束力

和任何技术一样，移动通信技术的演进和发展绝不是孤立的，而是多个技术相互影响、相互促进、不断迭代的结果。

我们先来看看无线电的发明及其应用。回首这段历史，思想的启蒙来自人们对电的认识和应用。1747 年，富兰克林提出著名的电荷守恒定律（其实也是富兰克林发现了电流的存在），这为人们进一步认识电、应用电奠定了基础。随着人们对电的认识不断深入，人们又发现了电场、电磁力。以这些发现为基础，最终 1865 年麦克斯韦通过他的方程组（麦克斯韦方程组）预言了电磁波的存在，他认为电磁波传播速度就是光速。麦克斯韦的理论预言最终被赫兹在 1888 年用实验证明。接下来 1895 年马可尼实现了第一次无线电报的传输，自此无线通信的历史开启。马可尼最初的无线电报并不完美，信号无法实现较远距离的传输，这主要受制于接收机的检测灵敏度。1904 年，真空管被发明，真空管的发明使得信号放大和声音的侦测成为可能，从而无线电广播得以大规模商用。1948 年晶体管被发明，它取代了体积巨大的真空管，实现了电子设备的小型化，这让无线电台和移动无线电话（最初的电话是车载形态）小型化并最终成为目前手机的样子。

接下来，我们再来看看移动通信史中几次重要的技术跳跃。

从 1983 年的 1G 商用到 2018 年的 5G 发布，在 30 多年的时间里，移动通信技术的每一次代次交替都意味着一次重要的技术革新。

第一次技术跳跃毫无疑问是从模拟通信到数字通信的技术革命。这次跳跃基于两个很重要的理论基础。第一个重要的理论基础是 1928 年奈奎斯特提出的采样定理。正是这一定理的出现，使我们可以将连续的模拟信号转化为连续的离散信号，并最终向数字信号转化。第二个重要的理论基础是 1948 年香农提出的信息论，其为我们提供了一种运用概率论和数理统计的方法来研究信息、信息熵、数据传输、数据压缩等问题的有效方法，也为我们不断地提升数据传输的系统容量梳理了一个看得见的目标。

第二次技术跳跃是多址技术的跳跃，这以 CDMA 的出现和应用为标志。毫不夸张地说，这也是移动通信历史上的又一次技术革命。从 1G 到 2G 的 GSM，人们利用无线电波的方法从频域发展到时域，虽然这样的改变也具有历史意义，但毕竟时域是相对好理解，容易想到的。而从时域到码域则不同，这使我们对无线电的应用从二维扩展到三维，极大程度地提升了网络容量。此外，这也给我们带来了一个新的扩容思路：无线电传输的某种特征可以让我们利用其创造传输数据的新维度，进而实现速率和容量的提升。正是在这种思想的影响之下，移动通信技术不断进步。

多址方式的变迁如图 2-1 所示。

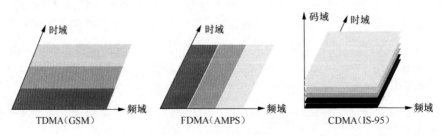

图 2-1　多址方式的变迁

第三次技术跳跃是 OFDM 和 MIMO 的应用。OFDM 技术利用多个载波相互正交并紧密重叠实现了频谱利用率和容量的大大提高。而 MIMO 技术则在时域、频谱、码域的基础上又引入了空域的概念。一方面它为我们找到了一条"突破"香农容量（香农容量描述的是单链路）的方法，提升了系统速率；另一方面它还帮助我们将多径变废为宝，实现传输可靠性的提升。

从以上分析可以看到，技术理论的创新是移动通信技术演进的一个最重要的驱动力。这种推动力往往是革命性的、颠覆性的。但现实往往更加残酷，技术从理论到实现，往往受制于实现能力、材料、工艺，也受到成本、复杂度的影响。

▶▶ 阅读指引

在本章的后续小节中，我们将对本章梳理出的"旧时代"推动移动通信技术进步和演进的"驱动力""约束力"进行提炼和编号，并以此为索引，帮助大家在后续章节中更好地理解 5G R15～R18 及 6G 技术演进。

Ⓑ "生理"需求——对容量和覆盖的追求

估计很多读者都听说过"需求层次理论"，它是由美国心理学家马斯洛对人类成长阶段和动机推移脉络提出的一个心理学理论。这个理论将需求分成了 7 个层次，如图 2-2 所示。

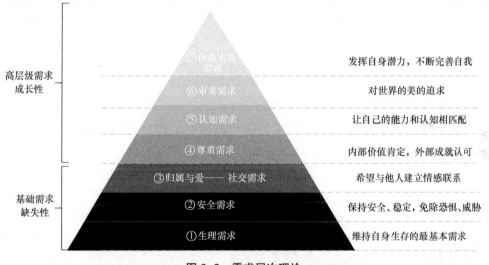

图 2-2 需求层次理论

这个理论认为人类生存的最基本、最迫切的需求叫作"生理需求"，即满足生理的食物、水、空气、睡眠。生理需求具有缺失性，即当个人存在这类需求时，主观上可以体验到某种缺失感。而只有这些基本需求先得到满足后，人们才有动力去实现更高层次的需求。对于通信技术来说，人们对技术最低层次、最迫切的缺失性需求就是"容量""覆盖"，这方面的技术解决的是"有"和"无"的问题。

首先来看"容量"这个需求。

大家可以回顾一下 1.4 节和 1.5 节，从 1946 年推出的 MTS 到 1964 年升级的 IMTS、1979 年的 AMPS，再到 2G 1991 年的 GSM 和 1995 年的 CDMA IS95，推动技术在接近 50 年的时间里进行自我革命和演进的动力就是容量。

在从 MTS 到 IMTS 的技术演进过程中，我们使用的是"简单粗暴"的增加频谱资源的方式，将可用无线电频道从 3 提升到 23；在从 OG 到 1G 的技术革命中，我们引入了贝尔实验室提出的"蜂窝概念"，通过覆盖的小型化和频率复用技术，使频谱利用率和容量第一次实现跨越性的提升；在从 1G 到 2G 的技术革命中，我们实现了从模拟到数字的跳跃，进而引入了更高效的多址技术 TDMA 和 CDMA，这也让人们探索无线电的思路跳出了时频域的二维空间，进入了码域的三维空间。

虽然到 2G 以后，容量的问题暂时得到了极大缓解，但"终端"概念的拓展（如物联网等）使得我们不得不再次考虑容量问题。只不过对容量的追求从"系统整体的容量"慢慢向赋予新内涵的"连接密度"变迁。我们可以看到 TD-SCDMA 对时域、频域和码域进行的综合利用（FDMA+TDMA+CDMA），这一技术就是为了解决我国人口密度大这个现实问题。而 4G LTE 的 OFDM 技术利用频谱的正交重叠实现了更大的单位接入能力，进而触发了物联网的蓬勃发展。

再来看看"覆盖"这个需求。

从第 1 章开始阅读的读者可能还记得，移动无线电话系统的一个技术共性就是采用了"大区制"。"大区制"就是像无线电广播那样用单个高功率发射机覆盖广域的范围。大区制当然有它的优点，但缺点也很明显。首先，在没有采用频率复用技术的大区制下，由于基站和终端的发射功率都很大，在邻近基站和邻近终端间都会出现较强的小区间干扰，为此不得不在实际部署时拉大基站间的距离以实现隔离，这就造成了覆盖的不连续特征。另外，"大区制"利用单基站实现大范围的覆盖，也更容易因为建筑物的遮挡而出现覆盖范围内的盲区（参见 1.4 节）。这个问题被 1G 的"蜂窝网络"解决：用更小的小区和频率复用技术实现无缝的网络覆盖。同时，因为小区变小，覆盖范围内的盲区问题也更容易处理。

在 1G 之后的技术演进中，"覆盖需求"从单纯追求覆盖的广度逐渐向追求覆盖质量和深度转变。一方面人们仍然尝试用各种技术手段进一步改善网络的覆盖能力，比如为了解决室内覆盖而出现的 3G 时代的无源室分系统，4G 时代的 Small Cell（有源微站）、Relay（中继站）、Home eNodeB，HeNB（家庭基站）和公共安全引入的"临近服务"终端直接通信（D2D），以及现在 5G 的 Sidelink（副链路），这都让我们的覆盖能力进一步得到了提升。当然，要实现真正的无处不在的连接，我们仍然还需要继续努力（比如 6G 提出的"空天地海一体"网络就是要解决真正的无处不在问题）。另一方面，"覆盖质量"问题是移动通信技术从未改变的核心动力。简单来说，就是如何提高信噪比。当然，提高信噪比的方法很多，比如利用新型的编码技术、MIMO 的空间分集和波束赋形方法等，在这里就不再一一叙述了。

再从非技术层面来看，最初的商用无线电话系统并未实现大范围的民用，仅仅是在一些特殊领域使用（比如出租车和警察系统等），因此普通消费者无法享受技术带来的便利。大规模的普惠性服务从 1G 时代开始，并在 4G 时代基本实现。从 2018 年工业和信息化部（以下简称工信部）公布的数据看，截至 2018 年底，我国的移动电话用户总数达到 15.7 亿，这代表每个中国人平均拥有 1.12 台手机。

那么是否从这个角度看，我们的覆盖需求就消失了呢？其实并非如此，或者说另一种覆盖需求才刚刚显露。我们目前实现的覆盖还仅仅是针对人的覆盖，也就是实现了大部分有人区域的覆盖。而未来，我们需要进一步拓展的是针对物的覆盖，而这种覆盖可能涉及很多无人区域，比如高空、水下、陆上无人区等，这与 6G "空天地海一体"的概念相呼应（参见 7.6 节、8.2.1 节）。

从上面的分析中大家可以看到，从满足人的需求的角度来看，容量和覆盖是人们对通信网络最底层的基本需求，也是推动移动通信技术演进的基本动力。虽然容量和覆盖的需求本身随着技术和上层需求的变化也会改变，但它的重要性从未减弱。

ⓒ 从"高层次"需求回落到"生理"需求——速度

如果问从 1G 到 5G，移动通信技术对用户来说最大的变化是什么？相信答案会非常统一，那就是速度。

是的，对用户来说，速度是一个非常显性的体验"项目"。图 2-3 给出了从 1G 到 5G 的各个移动通信系统速度（理论速度）的变迁。从 2.5G 的 64kbit/s 发展到 5G 的 10Gbit/s，我们仅仅用了 20 多年。

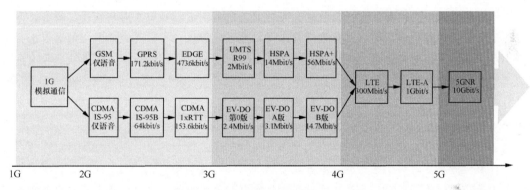

图 2-3　移动通信系统速度提升（下行）

我们回顾这 20 多年的时间会发现，对于"速度"这个特征的需求，并非自古有之，最初的移动通信技术仅是为语音而生，比如 0G、1G。但事物都是变化的，唯一不变的是变化本身，对速度的需求也是如此。随着互联网技术的不断成熟和普及，业务的推陈出新，人们最终步入了移动互联网时代。从图 1-37 中我们可以看到，从 2005 年开始，移动终端产生的流量需求第一次进入了人们的关注视野，而 2010—2017 年移动流量加速的趋势逐渐显现。

为了搞清楚为什么会发生这种变化，让我们来看看这些年相关领域到底发生了什么。

首先，2004 年 3GPP 和 3GPP2 分别发布了 2.5G 技术 HSPA 和 EV-DO A 版，这让移动互联网打开市场成为可能。在通信底层技术的刺激下，产业界也看到巨大的商业价值，开始行动起来。2005 年 Google 公司收购了早期开发 Android 系统的 Android 公司，并在 2007 年联合 84 家硬件制造商、软件开发商及电信营运商成立开放手持设备联盟来共同研发 Android 生态，2008 年 9 月，世界上第一部 Android 手机发布。同样是 2005 年，Apple 的乔布斯开始筹备他的智能终端 iPhone，并提出了"把 Mac 缩小"融入手机的想法，两年之后的 2007 年，iOS 随 iPhone 的亮相被首次推出。看到这里，已经不难理解为什么移动流量会在 2010 年左右爆发了。

流量的爆发，直接引发的一个结果就是"速度"从"高层次需求层面"逐渐回落到"生理"需求层面，而追求"速度"的战鼓也迅速敲响。从 xMbit/s 到 xxMbit/s，从 xxMbit/s 到 xxxMbit/s，然后再到 1Gbit/s，最终到达目前的 10Gbit/s，我们仅仅用了不到 20 年的时间。从技术层面看，移动通信的系统带宽越来越宽，从 3G 的 5MHz，到 4G LTE 的 20MHz，再到 5G NR 的 100MHz（毫米波最高 400MHz 带宽）。不仅如此，在载波聚合的情况下，4G 实现了 100MHz 的聚合带宽，5G 更是达到理论最大带宽 6.4GHz（注意，协议最多支持 16 个载波聚合。在 6GHz 以下频段，单载波最大为 100MHz。在 6GHz 以上频段，单载波最大为 400MHz。但在当前的实现能力下，FR1 和 FR2 的最大聚合带宽分别为 240MHz 和 1.2GHz）。此外，MIMO 技术的引入让我们的系统吞吐量进一步提升，这种提升"超越"了信息论对单载波容量上限的限制，成为当前提升速率的一个有效方式。调制编码方式也从 BSK，到 QPSK，再到 16QAM、64QAM、256QAM……

总之，似乎移动通信技术的几个代次的演进都是为了提升速度。

看到这里，我们可以毫不犹豫地说，对速度的追求，是过往移动通信技术发展和演进的核心驱动力。但未来还会这样吗？

Ⓓ 商业"指挥棒"——上层应用的推动和约束

我们已经看到了"速度"这一驱动力在移动通信技术演进过程中发挥的作用。那么，为什么"速度"的推动效果如此明显呢？这得益于上层应用的需求。人们对"速度"的追求，其实就是上层应用对底层技术提出的需求。

其实，上层应用对底层技术的"指挥棒"效应非常广泛，而且这种推动效果也非常明显。从某种程度上来说，上层应用的需求才是移动通信技术演变和进步的"本源动力"。因为移动通信系统不仅是技术系统，更是商业系统。

回首通信技术发展史，我们可以看到很多这样的例子。例如，摩托罗拉的崛起。摩托罗拉公司从车载收音机和对讲机的生产，到移动电话的研制，这些变化由"利"推动，或者应该说是人们对无线通信的需求推动了摩托罗拉的这种转型；2G 从纯电路域的语音业务转变到支持分组业务，运营商也因此受到了 SMS 业务获得巨大商业利益的启发，完成了从提供语音服务，到提供数据传输业务，再到提供管道业务的华丽转身；4G、5G 网络向全 IP 化的演进，其实就是运营商为了使电信网络和互联网技术全面兼容而从互联网发掘业务触发的技术革命；4G 到 5G 网络时延的变化，其实就是为了满足网络游戏、车联网、工业物联网等上层应用对时延的需求而进行的技术提升……

当然，"理想是美好的，但现实是残酷的"。从技术层面看，移动通信技术往往走在其他产业的前面，从而发挥其赋能的作用，而移动通信技术的标准化研究，更是位于移动通信产业的前沿。因此，标准研究的目标不仅是为"已有需求"提供标准，更是为"未来需求"提供标准。这势必对那些长期奋战在标准前线的研究战士们提出了极大的针对前瞻能力的考验。为了应对这种考验，3GPP 在制度层面也进行了顶层设计，比如吸引多个行业组织和联盟成为其"市场代表合作伙伴"；从技术层面，鼓励非通信行业的企业以会员身份参与 3GPP 的标准制定工作；在技术组中设立 SA1 服务技术组，专门从事上层应用需求的研究工作。

当然，再好的顶层设计也无法保证绝对的准确。因此，就算是严谨如此的 3GPP，仍然无法做到使每一个技术都完全契合应用或商业实现。比如，在 4G 时代，被广泛商用的是 R9 和 R10，而 R10 以后的很多技术增强都没有得到商用。

说到这里，其实那些看似"偏航"的技术增强并非没有意义，因为技术的发展本身是一个孵化、探索，最终走向成熟的过程。而这个过程，也许就是标准研究的意义之一。

Ⓔ 思想统一和利益平衡——标准组织的价值

回顾通信发展的 4 个历史阶段，细心的读者可能已经发现，在跨越过百家争鸣的"战国时代"后，移动通信技术在"帝国时代"以"10 年一代"的速度加速发展。不得不说，这是因为在这之前的 200 多年时间里，基础学科和实现技术的蓬勃发展为移动通信技术的爆发积蓄了巨大的能量，为通信技术注入了源源不断的动力。另外一个很重要的原因就是标准化组织的推动[1]。

我们之所以将 2G 标准的发布作为"战国时代"和"帝国时代"的分水岭，是因为 GSM 是首个由国际/区域标准化组织制定的技术标准，虽然制定 GSM 的是欧洲电信联盟，而它并不能代表全球的通信行业，但仍然是一个进步。

在 1.4 节和 1.5 节中可能大家已经注意到，在标准化组织出现之前，通信技术标准几乎都是以国家为单位制定的。比如 1G 时代，全球拥有多达 12 个不同的 1G 技术标准。这些标准彼此之间不兼容，无法实现互联互通和相互漫游。而这对如欧洲这样国家众多，各国家国土面积较小，而且相互之间交流频繁的区域来说是不利的。正是在这种背景下，ETSI 牵头制定了第一个区域性技术标准 GSM。

也许是 ETSI 的强大影响力，也许是人们逐渐意识到了移动通信系统支持全球漫游的必要性。1997 年在 ITU-R 的牵头下，*International Mobile Telecom System-2000* 建议书发布。IMT-2000 建议书明确提出，全球的漫游和兼容性是主要目标。

在 IMT-2000 和 ETSI 的推动下，划时代的 3GPP 和 3GPP2 成立了。之所以用"划时代"这个词来形容，是因为它们的出现让移动通信技术进入了一个"健康快车道"。

相比标准组织成立之前多达 12 个技术标准的 1G 时代来说，2G 时代的技术标准数量要少得多。而真正实现规模商用的只有 3GPP 的 GSM 系列（包括后续演进版本）和 3GPP2 的 CDMA 系列。

这种趋势在后续的代次演进过程中更加清晰，1999 年 3GPP 发布 3G UMTS 技术族，2002 年 3GPP2 发布 3G cdma2000 技术族。如果算上 2007 年因各种因素"候补"进的 IEEE 802.16 技术，被 ITU 认可并广泛商用的仅有 3 个技术。到 2008 年 3GPP 发布 4G LTE 后，最终移动通信技术走向了统一，这个统一的势态一直持续到了 5G 时代。

当然，标准化组织对移动通信技术发展的贡献还远非如此。它一方面通过制定统一的目标使各国步调一致，保障了通信技术演进方向的一致性；另一方面，通过共同参与、成果共享的工作方式，实现了各方利益的平衡，进而保障技术在最大程度上获得认可，也进一步实现了从技术到产品的商用节奏协调。

统一目标、方向一致的优点不用多说，但利益平衡和协调商用节奏的意义值得探讨。

从严格意义上来说，3GPP 和 ITU 的性质是完全不同的。ITU 是以国家为单位，以政治属性主导的标准协调组织，而 3GPP 是技术属性的"民间组织"。虽然 3GPP 的组织合作伙伴（如表 1-2 所示）是带有政府性质的国家通信标准"主管部门"，但实际开展标准制定工作的是来自

1　速度本质上也是上层应用需求驱动的一个表现，但考虑到速度在发展历史中的特殊性，单独作为一个推动力因素来表述。因此，此处的"上层应用需求驱动"仅指除速度以外的其他需求，如时延、可靠性等。

各个地区和国家的企业。企业一般都会有天生的利益诉求，再加上各个国家对移动通信技术这个"新型基础设施"的前瞻属性的争夺，使得在标准化组织中，"利益"是除"技术合作"以外的最大主题。

也许读者还记得 2016 年我国主导的技术方案被写入 3GPP 标准带给国人的鼓舞。这里，我们不去探讨这是否意味着我们已"拿下 5G"，但可以确定的是，从这个技术路线的争夺过程中，足以看出标准制定过程中利益争夺的激烈。笔者专门翻看了 2016 年 11 月 3GPP RAN1（物理层）组会议纪要，发现当年的技术方案争夺异常激烈。方案讨论的主体可分成两大阵营，即以中国公司为主的阵营和以欧美公司为主的阵营。在多轮讨论、协商无果后，最终走到了投票环节，通过我们的努力，华为最终获胜。所以从某种程度上来说，这次技术选择的胜利不是某一个公司的胜利，而是中国的胜利。

其实，在 3GPP 中，类似这样用投票方式来处理分歧的做法还是非常少见的。更多时候大家对"利益"这个话题都默守着"那层没戳破的窗户纸"，在尽可能保持"技术中立性"的原则下，在人们看不到的地方进行着综合实力的角力和交换。从表面看，仍然是"一团和气"。因此，我将标准化形容为"一场没有硝烟的战争"，而那些活跃在标准会场上的工程师们，则是这场"没有硝烟的战争"的"战士"。

看到这里，读者可能会有疑问。标准化难道不应该以技术为主导，遵循技术至上的原则吗？为什么还搞得如此"乌烟瘴气"呢？

其实在笔者看来，这些利益争夺都是正常的，也是良性的。无论是角力、妥协还是利益的交换，都是各自在用利益来换取广泛的认可。也正是因为这种广泛的认可，才让移动通信技术可以在全球范围内形成难得的统一认知。3GPP 的竞争对手 3GPP2 完全不同，3GPP2 因为 CDMA 的绝对主导和垄断地位，最终走向了没落。可以试想一下，如果没有标准化组织的规则约束，每个国家都各自为战，哪能实现全球漫游和兼容？如果没有技术竞争、利益竞争，有几个运营商还能在投入如此巨大的移动通信行业中良性地生存下去，并保持"10 年一代"的商用节奏？如果没有这样良好的商业节奏，又如何去用技术孵化产业和推动经济呢？

因此，总结起来标准化组织的真正价值在于通过最广泛的参与和开放，实现基本的技术公平；通过广泛的利益分配和平衡来换取最终的技术认同并维护一个统一的市场。

Ｆ "青春永驻"的秘密——竞争与创新融合

此外，移动通信技术保持"10 年一代"的速度取得进步，也是技术竞争和创新的结果。

先来说说"竞争"。

如果大家问我，在 1G 到 5G 中，哪一个技术在商业上是最成功、生命周期最长的？答案肯定是 GSM。虽然 GSM 的第一个版本并不是 3GPP 制定的，但 GSM 的成功得益于 3GPP 对其进行的一系列增强。正是这些增强使作为一个 2G 技术的 GSM 直到现在仍然有不小的市场。3GPP 对 GSM 的增强非常密集和高效：R96 于 1997 年发布，R97 于 1998 年发布（GPRS），R98 于 1999 年发布（EDGE）。如此之高的标准化效率首先得益于 3GPP2。在这个时期，3GPP 相对 3GPP2 并不具备明显优势，甚至可以说 GSM 因为多址技术，在底层技术上还有一定劣势。但因为有 3GPP2 这个强大的对手，3GPP 通过自己的不断创新最终赢得了胜利。

所以，3GPP 的成功与它的对手密不可分，而可持续竞争的最大优势是超过竞争对手的创新能力。

我们再来看看"创新"。

提到移动通信技术的创新技术，很多人可能首先想到的是 CDMA、OFDM、MIMO 之类的"颠覆性"核心技术。如果谈到如何创新，很多人可能会想到"原创"。

但事实上创新并不等于原创。笔者认为，原创性的、颠覆性的创新当然是创新。基于"拿来主义"后的再创新，或是业务、服务、流程上的微创新、应用的创新，也仍然是创新。创新最终要看其对效果的改变。

标准化的任务并非追求理论的、原创性的、突破性的创新，而是基于已有的理论创新，结合产业实现能力，实现产业应用的创新，并推动产业进步。可以试想一下，如果让我们在 1966年就将 OFDM 用到当时的 MTS 上，会有什么后果？

"不管黑猫白猫，能抓住老鼠就是好猫"，标准化应该秉持的思维是"开放"，不排斥技术的融合。3GPP 的成功，可能就和这个不容易被看到的因素有关。在移动通信技术中，"融合"的元素并不少见。例如，在 0G 和 1G 百家争鸣的时代，技术标准虽多，但底层原理几乎大同小异，在很多情况下只是因为换了一段频谱就换了一个名称。

"创新"的例子有很多，比如从电路域到全分组域的改变就是互联创新的结果、4G 的非授权频谱辅助接入技术(LAA)的出现就是 Wi-Fi 创新的结果，同样，Wi-Fi 也在不停地向蜂窝学习。

技术无国界，正是移动通信技术一直以来"以竞争、学习、包容的态度"来保证技术的优越性，才使得其发展充满活力。

启航篇

"新"开始——5G R15

系统观 2 对推动通信技术演变的背后驱动力、约束力进行了整理分析, 可以梳理出 7 个旧动力和 3 个约束力, 如表 3-1 所示。

表 3-1 旧动力和约束力

旧动力	约束力
• 旧动力 A : 技术理论创新驱动 • 旧动力 B : 容量驱动 • 旧动力 C : 覆盖驱动 • 旧动力 D : 速度驱动 • 旧动力 E : 应用需求驱动 • 旧动力 F : 标准化组织的推动 • 旧动力 G : 良性竞争和创新的推动	• 约束力 A : 实现能力的约束 • 约束力 B : 应用和市场的约束 • 约束力 C : 利益制衡

在本篇中, 我们将认真地来审视一下已经商用的 5G 第一个技术标准 R15, 看看从 4G 到 R15 发生了什么, 在技术的演进过程中, 又出现了哪些新的动力。

第 3 章　"优雅"的 R15

2017 年 12 月，3GPP 正式对外发布了第一个 5G 标准版本。5G 已经被广泛商用，它的优势从何而来？它与 4G 有哪些不同？

3.1　从需求到技术——5G 时代的到来

"预研一代、标准化一代、商用一代"，在 4G 商用逐渐展开的同时，2012 年初，ITU-R 启动了"2020 年及以后的 IMT"开发计划，拉开了 5G 技术前期研究的序幕。2015 年 6 月，ITU 制定了 5G 移动发展的总体路线图，并正式将 5G 命名为"IMT-2020"。

2015 年 7 月，ITU 发布 ITU-R M.2370《2020—2030 年移动通信 IMT 流量预估报告》，对未来 5G 业务驱动力和趋势进行了预测，ITU 认为，有 3 个主要因素推动移动数据流量增长，即视频类业务的爆发增长、移动设备的普及、下载 / 更新应用程序需求旺盛。除了这 3 个主要驱动力，图 3-1 所示的一些发展趋势也是推动移动数据流量增长的重要因素。

图 3-1　移动数据流量增长的驱动力

在 ITU-R M.2370 报告中，ITU 还提交了对 2020—2030 年移动数据流量增长的预测，如图 3-2 所示。报告预测，2020—2030 年移动数据流量（含 M2M 流量）将以每年大概 55% 的速度增长。预计到 2025 年全球每月移动通信流量将达到 607EB，2030 年将达到 5016EB[1]。

1　EB 即 Exabyte，$1EB=10^{18}B$。

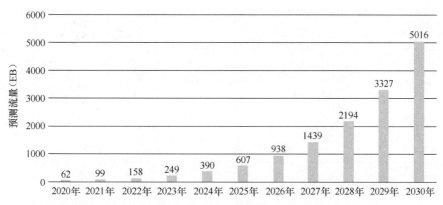

图 3-2　2020—2030 年移动数据流量增长预测（含 M2M 流量）

从图 3-2 中我们可以看到 ITU 对流量需求的基本趋势判断：2020—2030 年，全球移动流量将增长 10 ~ 100 倍。正是在这个报告的驱动下，最终确立的 IMT-2020 技术最低需求提出下行峰值速率 20Gbit/s、上行峰值速率 10Gbit/s、下行用户体验速率 100Mbit/s 和上行用户体验速率 50Mbit/s 的要求。

2015 年 9 月，ITU 发布 ITU-R M.2083 建议书《IMT 愿景 -2020 年及之后 IMT 未来发展的框架和总体目标》。这个建议书定义了我们所熟悉的三大应用场景，即 eMBB、URLLC 和 mMTC。还对未来 IMT-2020 系统的发展趋势和驱动力进行了详细分析。除了一些传统的需求外，值得注意的是物联网、机器通信带来的低时延、高可靠性需求及跨行业应用引入的业务多样性的需求等。

2017 年 11 月，ITU 发布 ITU-R M.2410《IMT-2020 无线电接口的技术性能有关的最低要求》技术报告，具体数据如表 3-2 所示。

表 3-2　IMT-2020 无线电接口的技术性能有关的最低要求

能力	描述	要求	场景
下行峰值速率	技术必须支持的最小、最大数据速率	20Gbit/s	eMBB
上行峰值速率		10Gbit/s	eMBB
下行用户体验速率	密集城市测试环境中 95% 用户的数据速率	100Mbit/s	eMBB
上行用户体验速率		50Mbit/s	eMBB
峰值下行频谱效率	每单位频谱资源的吞吐量	$30\text{bit/s} \cdot \text{Hz}^{-1}$	eMBB
峰值上行频谱效率		$15\text{bit/s} \cdot \text{Hz}^{-1}$	eMBB
用户面时延	无线空口数据包时延	4ms	eMBB
		1ms	URLLC
控制面时延	IDLE 态到激活态的转换时延	20ms（建议为 10ms）	eMBB/URLLC
可靠性	数据包传输的错误率	10^{-5}	URLLC

续表

能力	描述	要求	场景
移动性	支持切换和 QoS 要求下的最大速度	500km/h	eMBB/URLLC
移动中断时间	移动中用户终端不能与任何基站交换用户平面包的最短时间	0ms	eMBB/URLLC
连接密度	单位面积设备总数	$10^6/km^2$	mMTC
能源效率	数据发送 / 接收的单位能耗	与 4G 相同	eMBB
流量密度	覆盖区域的总流量	$10Mbit/s \cdot m^{-2}$	eMBB
带宽	最大聚合系统带宽	100MHz	—
		1GHz	高频场景下

在 ITU 的整体指导下，3GPP 于 2016 年 3 月开启 5G NR（新空口）的研究工作（3GPP 5G R15 发布时间表如图 3-3 所示）。2017 年 12 月，3GPP 发布了 5G R15 的第一个阶段版本（仅包含非独立部署场景），该版本在 2018 年第一季度正式冻结。2018 年第二季度 3GPP 推出了 5G R15 的第二个阶段版本（包含独立部署场景），该版本在 2018 年第三季度冻结。2019 年第一季度，3GPP 推出了 5G R15 的最后一个阶段版本，该版本于 2019 年第二季度冻结。至此，第一个 5G 技术标准 NR 完成制定工作。

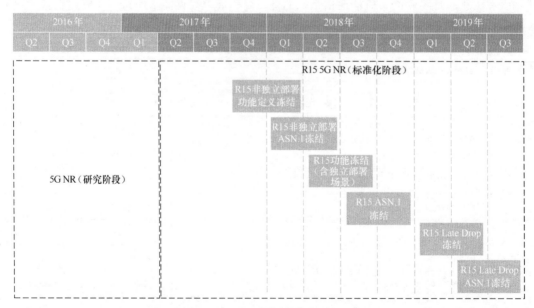

图 3-3　3GPP 5G R15 版本发布时间

2018 年 12 月 1 日，韩国三大运营商 SK、KT 与 LG U⁺ 同步在韩国部分地区推出 5G 服务，形成全球首个 5G 商用网络。2019 年 6 月 6 日，工信部正式向中国电信、中国移动、中国联通、中国广电发放 5G 商用牌照，中国正式进入 5G 商用元年。截至 2021 年 9 月 13 日，我国建成全球最大规模移动通信网络。5G 基站、终端连接数全球占比分别超过 70% 和 80%。

2021 年 2 月，ITU-R 发布了 M.2150 建议书[1]，正式对外公开了被 ITU 最终认可的 IMT-2020 方案。除了 3GPP 提出的 5G NR 被最终正名外，最终被认定为 5G 方案的还包括 3GPP 的 NR+LTE 和印度的 5Gi[2]。

3.2 "没有创新"的 R15？

从 2017 年 12 月 3GPP 发布了 R15 第一阶段技术标准以来，5G 的商用已经全面铺开。虽然各种原因（参见第 4 章）导致对于大众来说 5G 网络与 4G 相比没有多少改进，但这并不代表 5G 就没有创新。

从性能角度来看，4G 到 5G 的演进毫无疑问是革命性的。从表 3-3 给出的 4G 与 5G 核心技术指标比较我们可以看到，在大部分的技术指标上，5G 相比 4G 都有至少 10 倍的提高。

表 3-3　4G 与 5G 核心技术指标比较

指标	4G	5G（ITU 定义[3]）	5G 性能提升
峰值速率（上行链路）	1Gbit/s	20Gbit/s	20 倍
用户体验速率（下行链路）	10Mbit/s	100Mbit/s	10 倍
用户面时延	10ms	1ms ～ 4ms	1/10 ～ 2/5
流量密度	0.1Mbit/s·m^{-2}	10Mbit/s·m^{-2}	100 倍
连接密度	10 万 /km^2	100 万 /km^2	10 倍
移动性	350km/h	500km/h	1.4 倍

那么，5G 是如何实现这些革命性的能力提升的呢？我们来看看下面的分析。

3.2.1　"一力降十会"——NR 的速度指标

我们首先来看看关于"速度"的创新话题。速度仍然是 5G 系统的一个核心能力。那如何提高系统峰值速率和用户体验速率呢？ 5G NR 又是如何做的呢？

1. 提高峰值速率的手段

根据 ITU 建议书 M.2410 的定义，峰值速率就是在无差错传输使用最高调制格式在将基站所有"可分配资源"分配给一个用户时可以达到的最高速率。这里的"可分配资源"指的是扣除物理层的同步信号、参考信号等所有开销。

从定义可以看出，峰值速率并不代表用户的感知速率，而是代表技术可提供能力的上限。

从整体来看，提高系统峰值速率的方法分为两大类，如表 3-4 所示，分别是增加可用频谱资源、提高频谱效率。

1　虽然 5G 的正式商用始于 R15 技术标准，但因为部分 R15 指标并未达到 ITU 要求，因此，3GPP 最终基于 R16 进行了自评估，并将其提交给 ITU 作为 IMT-2020 的候选方案。所以从这个层面来说，真正的 5G 商用始于 R16 标准。
2　5Gi 是由印度电信标准发展协会（TSDSI）提出的 5G 技术标准，其针对印度特有的国情，在 3GPP NR 标准基础上进行了少量修改（TSDSI 自表述为 3% ～ 5% 的修改），以满足低移动性、大蜂窝场景要求。
3　这里给出的 5G 技术指标指 ITU 定义的最低能力，并非 3GPP NR 系统的实际能力。

表 3-4 提高系统峰值速率的方法

方案	备注
第一类：增加可用频谱资源	
增加系统带宽	增加连续的系统带宽
增加聚合带宽	利用载波聚合技术，整合零散资源
开发新的频谱资源	非授权频谱
第二类：提高频谱效率	
采用新波形 / 新多址	如 OFDM、FOFDM、NOMA 等
采用高阶调制方式	如 256QAM 等
采用信道编码	编码效率
采用多天线技术	如空间复用、多用户 MIMO
降低开销	降低同步、信道估计等所有非通信资源的开销

第一类方法可以说是最直接、最有力的，当然也是效果最明显的"笨"方法。其中，前两种方式在历代 IMT 系统中被广泛采用。

（1）增加系统带宽

对于该方法，我们可以从表 3-5 中看到 1G 到 5G 的单载波系统带宽的变化趋势。

表 3-5 1G ～ 5G 的单载波系统带宽的演进

系统	系统带宽（单载波 / 频点）	峰值速度
1G AMPS	上下行各 30kHz	—
2G GSM	200kHz	171.2kbit/s（GPRS）
2G CdmaOne（IS-95）	1.25MHz	64kbit/s（IS-95B）
3G WCDMA	5MHz	2Mbit/s
3G TD-SCDMA	1.6MHz	2.8Mbit/s
3G cdma2000 1xEV-DO 第 0 版	1.25MHz	2.4Mbit/s
4G WiMax	20MHz	1Gbit/s
4G LTE	20MHz	1Gbit/s
5G NR（R15）	100MHz（FR1）/400MHz（FR2）	10Gbit/s

在 5G NR 中，单载波系统单块从 LTE 的 20MHz 提升到了 100MHz，此外，在超 6GHz 频谱资源上，单载波带宽高达 400MHz。

（2）增加聚合带宽

由于被 IMT 系统使用且未被现有系统使用的空闲频谱资源非常紧张，特别是成片的连续频谱更加稀缺，因此人们考虑将多段不连续的频谱聚合在一起使用，这就是载波聚合（CA）技术的技术背景和原理，我们可以通过增加聚合带宽来提升系统峰值速率。载波聚合技术的演进如表 3-6 所示。

表 3-6　载波聚合技术的演进

系统	技术	说明
HSPA+	双小区（Dual Cell）	2008 年推出，支持 2 个载波聚合，实现 10MHz 的聚合带宽、42.2Mbit/s 的下行速率
LTE/LTE-A	载波聚合	2011 年推出，支持 2 ～ 5 个 LTE 载波聚合，最大实现 100MHz 的聚合带宽，可以实现 2Gbit/s 的下行速率（CA+MIMO+256QAM）
5G NR（R15）	载波聚合	最大支持 8 个子载波聚合，最大聚合带宽为 400MHz（FR1）/1200MHz（FR2）

（3）开发新的频谱资源

开发新的频谱资源指的是移动通信网络开发使用非 IMT 系统专用的频谱资源，比如 Wi-Fi 使用的免费频谱资源。这个思路对运营商来说是非常具有诱惑性的，这是因为对于全球大部分运营商而言，电信网络所使用的 IMT 系统频谱资源都由国家统一管理，大部分采用拍卖的方式分配（我国由国家无线电管理委员会分配），也就是说，运营商需要为频谱支付巨额的费用（截至 2001 年美国 5G 频谱拍卖为其联邦政府获得了 809 亿美元的"毛收入"）。因此，LTE 就引入了授权频谱辅助接入（LAA）技术，以实现 LTE 网络对非授权频谱的使用。

在 R15 中，针对标准开销问题，该标准并未引入类似 LTE LAA 的技术，但在 R16 中引入了 LAA 的 5G 升级版本——5G 非授权频谱（NR-U）技术，在 5G 底层架构的基础上，实施了对免费的非授权频谱资源更为高效、合理的使用手段。

第二类提升速率的方法是移动通信系统物理层技术，一般被称为底层核心技术。对于这部分技术的创新，3GPP 往往格外"慎重"。

（4）采用新波形 / 新多址

在新波形 / 新多址方法中，5G 相比 4G 并无大的改动。NR 的下行仍然采用 LTE 下行的 CP-OFDM 方案，而上行既可以使用 LTE 上行的 DFT-s-OFDM 又可以使用下行的 CP-OFDM。但其实在标准讨论过程中，各个厂商也提出了新的波形方案，比如讨论比较多的是滤波的 OFDM（F-OFDM）、滤波器组多载波（FBMC-oQAM）和通用滤波 OFDM（UF-OFDM），但最终因为各种因素，标准并未引入新的波形，而是采用定义 NR 的有效载波带宽、邻道泄露、带外辐射等具体的指标，具体如何实现这些指标，由各厂商决定。

（5）采用高阶调制方式

该方式也是一种提高频谱利用率的有效手段。当然，高阶调制方式并非万能，因为它相应地也要求更高的信噪比。1G ～ 5G 调制方式的演进可以参考表 3-7。

表 3-7　1G ～ 5G 调制方式的演进

系统	调制方式
1G AMPS	n/4QPSK
2G GSM/GPRS	GMSK
EDGP	GMSK/8PSK
2G CdmaOne（IS-95）	QPSK
3G UMTS（WCDMA/TD-SCDMA）	BPSK（上行）/QPSK（下行）
3.5G HSPA/HSPA+	16QAM、4QAM
3G cdma2000 1xEV-DO 第 0 版	QPSK、8PSK、16QAM
4G WiMax	QPSK、16QAM、64QAM

续表

系统	调制方式
4G LTE	QPSK、16QAM、64QAM
LTE–A	QPSK、16QAM、64QAM、256QAM
5G NR（R15）	π/2BPSK、QPSK、16QAM、64QAM、256QAM

（6）采用信道编码

信道编码通过人为增加信息冗余的方式来提高信道信息传输可靠性。既然是冗余，那么对用户来说就是开销。因而，信道编码效率从某种程度上影响了峰值速率。当然，作为编码技术，开销、编码的纠错性能及计算复杂度都是重要的考虑因素。

3GPP 38.214–Table 5.1.3.1 给出了目前 NR 采用的各个 MCS 格式对应的编码效率。当中提到，目前 NR 最高的编码效率为 0.926。

（7）采用多天线技术

MIMO 是 3G 到 4G 的一个核心底层创新，MIMO 的出现让我们发现了除时间、频率和码域外的另外一个维度——空间。MIMO 之所以"好用"，是因为我们从 MIMO 身上找到了一种可以"突破"单载波信息论实现更高吞吐量的思路。

图 3-4 给出了 3GPP 体系中 MIMO 的演进过程。首次出现多天线技术的 3GPP 系统是 4G 的增强版 HSPA+。在 R8 LTE 中，MIMO 被发扬光大，除了传统的单用户 MIMO 的分集、复用和波束赋形 3 种经典用法外，还引入了多用户 MIMO（MU-MIMO）的概念，即在同一时频资源块，基站同时调度多个 UE。R9 对波束赋形进行了增强，实现了从 R8 的单流升级到双流波束赋形的转变，在"真 4G"LTE-A 中，对 MIMO 技术进行了较大的升级。首先，天线数从 4 升级到 8（DL），还增加了上行 MIMO 的概念（最大的 4×4 天线矩阵），此外，对 MU-MIMO 也可以在新的传输模式下（TM9）实现最多 4 个 UE，每个 UE 单流，或支持 2 个 UE、每个 UE 2 流的多用户 MIMO。R13（3GPP 称之为 LTE-A Pro）引入了 3D MIMO 的概念，使 MIMO 从平面操作扩展到三维空间；还引入了协同多点传输技术（CoMP），可以将这个技术理解为虚拟 MIMO，CoMP 最终发展到当前的大规模 MIMO。MIMO 演进过程如图 3-5 所示。

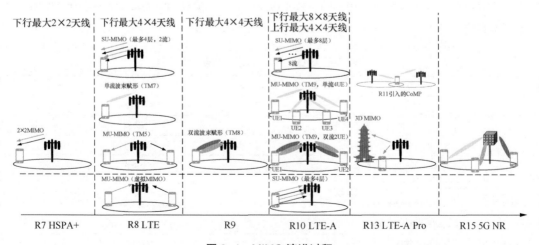

图 3-4　MIMO 演进过程

图 3-5　R15 MIMO 技术

MIMO 技术从 R8 到 R15 的演进呈现如下几个趋势。

- 天线端口数从少到多。
- 参考信号从简单到复杂。
- 信道反馈方式从简单到复杂。
- 工作频率从低频到高频。
- 波束从二维到三维。
- 传输模式从多模走向统一。
- 实现复杂度越来越高。

最后需要说明的是，在多天线技术的众多应用中，只有空间复用可以直接有效地提升频谱效率和峰值速率，MU-MIMO 提升的是系统吞吐量（小区整体的吞吐量）而非用户的吞吐量。

（8）降低开销

从前面提到的峰值速率定义中可以看到，"可分配资源"指的是扣除物理层的同步信号、参考信号等的所有开销。因此，降低开销会间接增加可用资源，进而影响到峰值速率。

在 NR 设计之初，考虑到开销因素，取消了类似 LTE 公共导频 CRS 和 PDCCH 的 "always on" 的设计，进而使 NR 的开销有所降低，NR 的导频等开销为 0.08 ～ 0.18，如表 3-8 所示。

表 3-8　5G 系统开销比例（R15）

频率范围	DL	UL
FR1	0.14	0.08
FR2	0.18	0.1

2. 提高用户体验速率的方式

根据 ITU 的定义，用户体验速率是用户吞吐量的累积分布函数（CDF 曲线）的第五百分位（5%）。也就是小区内最差的第 5% 点处 UE 的吞吐量，换一种说法就是小区内 95% 的用户都可以达到的吞吐量值。这个吞吐量的值可以被定义为一段时间内正确接收到的比特数。从定义可以看出，用户体验速率就是在用户使用网络时可以感知到的真正速度，似乎这个指标对用户来说更有意义。

影响用户体验速率的因素非常多。第一个是系统的峰值速率，这是用户吞吐量的上限；第二个是用户数；第三个是边缘用户的信道状态。根据用户体验速率的定义，哪怕 90% 的用户的吞吐量极高，但如果仍有 5% 的用户信道条件很差，导致吞吐量很低，那么这个用户体验速率也很低。

因此，从这个角度看，峰值速率表征的是系统的技术能力，而用户体验速率不但表征了技术能力，还表征了运营商的部署能力。当然，从技术角度看，我们可以通过如下几个方式来提高用户体验速率，如表 3-9 所示。

表 3-9 提高用户体验速率的方式

方式	备注
小区分裂与异构化	如 HeNB、Relay 等
提高"小区边缘"用户性能	如波束赋形，Multi-TRP、CoMP 等
流量卸载	如 Sidelink 空口、网络切片等

（1）小区分裂与异构化

说到小区分裂，其实大家并不陌生。从 0G 的大区制到 1G 的蜂窝制就是"小区分裂"，或者说，这和"小区分裂"的技术思路是一样的。小区分裂的原理并不复杂，就是通过"压缩"小区覆盖范围，实现更多的频谱复用，进而实现容量的成倍提升。当然，在容量提升的同时，相同的带宽服务的用户数变少，对于用户来说，可分配资源也就变得更多，用户体验速率也相应提升了。

异构化也被称为异构化网络（HetNet），如图 3-6 所示。

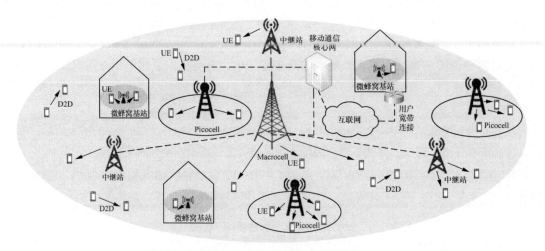

图 3-6 异构网络示意图

异构化网络的思路如下。改变传统蜂窝网络由单一的宏基站（Macrocell）进行覆盖的单层拓扑结构，由宏基站与其他类型接入点结合，如家庭基站（Home eNB）、中继站（Relay）、微小区（Small Cell），射频拉远头（RRH），实现多层覆盖。这样可以再次对频谱进行复用，提供高数据吞吐率、较强移动能力并实现优质的用户体验。

（2）提高"小区边缘"用户性能

第二个提高用户体验速率的方式是提高"小区边缘"用户性能。这里将"小区边缘"打上了引号其实是想说明其并非是严格意义上的距离基站较远的小区覆盖边缘，而是指信道质量较差的 UE。进行过系统仿真的读者可能知道，定义用户体验速率的"用户吞吐量的累积分布函数"是对小区内所有用户的吞吐量进行排序，第五百分位处的 UE 并不一定是在小区覆盖边缘，也有可能是在衰落或干扰信噪比较低的小区内。因此，提高用户体验速率就是要避免小区覆盖范围内信道质量的巨大差异的影响。

单就 OFDM 系统而言，因为载波间的正交性，用户间不存在干扰（小区间干扰是主要干扰），很多信道质量较差的 UE 确实也存在于小区覆盖边缘。因此，提高"小区边缘"用户性能，在很大程度上确实也反映为如何扩大小区覆盖边缘的覆盖问题。在这方面，从 4G 开始 3GPP 就进行了很多研究工作。比如在 LTE 时期提出的 eICIC 技术、CoMP 技术等。

eICIC 技术即增强的小区间干扰协调技术。它在 R10 中被引入 LTE-A 系统，图 3-7 给出了 eICIC 技术的原理。eICIC 技术的原理并不复杂，就是通过配置空白子帧的方式来避免小区边缘用户受到强烈干扰。当然，该技术也会带来频谱资源的浪费。

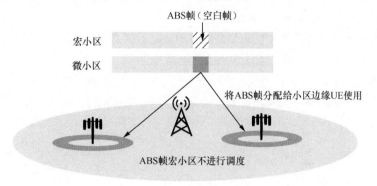

图 3-7　eICIC 技术原理

CoMP 技术在 2012 年被引入 R11。图 3-8 给出了 CoMP 技术的 3 种基本模式。其中，协调调度 / 波束赋形（CS/CB）通过基站间频率分配和预编码的协调，实现干扰避免；动态传输点选择（DPS）则是通过 UE 的测量反馈，为边缘 UE 动态选择为其服务的传输点；联合传输（JT）则通过多个基站同时向 UE 传输相同的数据，进而提高边缘 UE 数据接收可靠性。

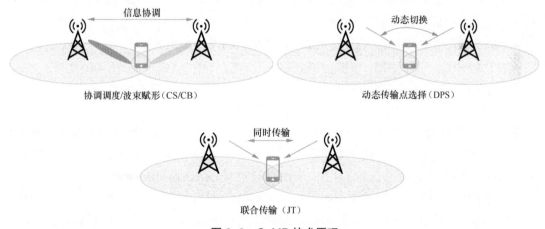

图 3-8　CoMP 技术原理

无论哪种模式都在很大程度上提高了边缘 UE 的性能。所以从这个角度看，该技术也是提高小区整体用户体验速率的有效手段。

除了上面介绍的技术外，其实在 NR 中也引入了很多类似的可提升边缘用户性能的技术。比如大规模 MIMO 技术，R16 引入的多传输点（Multi-TRP）技术、交叉和远程干扰管理（CLI&RIM）技术，R17 引入的覆盖增强技术（参见 7.4 节）等。

（3）流量卸载

流量卸载就是将用户流量从原来的小区卸载到其他地方。那么它们和提升用户体验速率有什么关系呢?

通俗地讲就是要匹配不同用户的不同需求，想办法对用户或业务进行分类，并分类卸载到其他地方，进而让留下来的用户可以获得更多的有用资源。比如，R16 的 Sidelink（参见 6.4 节、7.9 节和 7.11 节）技术就是对短距离通信用户进行分流，避免他们的业务需求影响到其他用户;5G 的网络切片则是根据用户类型和业务类型对用户进行分类，在为切片分配隔离资源后，各个切片内的用户可以更好地使用有限资源，避免相互影响。

流量卸载对提升用户体验速率的贡献是间接的，但通信系统本就是一个整体，如果我们不从整体角度去设计系统，则无法获得系统层面的性能提升。

3. 峰值速率的计算

3GPP 协议给出了 NR R15 的峰值速率计算方法，如式（3-1）。

$$\text{data rate} = 10^{-6} \cdot \sum_{j=1}^{J} \left(v_{\text{Layers}}^{(j)} \cdot Q_m^{(j)} \cdot f^{(j)} \cdot R_{\max} \cdot \frac{N_{\text{PRB}}^{BW(j),\mu} \cdot 12}{T_S^{\mu}} \cdot \left(1 - OH^{(j)} \right) \right) \quad (3-1)$$

其中:

- J 为载波聚合的载波数。
- v_{Layers} 为 MIMO 的最大层数。
- Q_m 为最大调制阶数。
- $f^{(j)}$ 为扩展系数，表示不同帧中的上下行配比。
- μ 为对应子载波间隔的参数集（见 3GPP TS 38.211）。
- T_S 为子帧中平均 OFDM 符号长度。
- N_{PRB} 为载波带宽内所包含的最大 PRB 数（参见 3GPP TS 38.101）。
- OH 为开销。
- $R_{\max}$ 为最高频谱效率的最大码率，R15 中 $R_{\max}$=948/1024=0.925（参见 3GPP TS 38.214）。

我们根据式（3-1）可以尝试计算 NR 的理论峰值速率。

若假设采用 <6GHz 的频段，30kHz 的子载波间隔（对应 μ=1），100MHz 的载波带宽，调制方式为 256QAM（对应 Q_m=8），单用户 4 层 MIMO，扩展系数为 0.8（大致对应 DDDSU），下行开销为 0.14（1 个 PDCCH 符号和 1 个 DMRS 符号），则峰值速率为 1.87Gbit/s。

如果我们采用 240kHz 的子载波间隔（μ=4），400MHz 的单载波带宽，3 个载波聚合，总带宽为 1200MHz，PRB 数为 264，单用户 8 层 MIMO，调制方式为 256QAM（对应 Q_m=8），扩展系数为 1（全下行），下行开销为 0.18，则峰值速率高达 103.43Gbit/s。当然这样的极限速率并不是所有部署场景都能满足的（其实，3GPP 在提交给 ITU 的评估报告中并未"火力全开"，如对于 NR 的 FDD 制式，仅评估了子载波间隔分别为 15kHz、30kHz、60kHz 的情况，FR2 并未提交）。

3.2.2 "时间就是金钱"——NR 的时延指标

和速度一样，时延是一个从"高层次"需求回落到"生理"需求的典型代表。在 3G 之前的移动通信网络中，最主要的业务形态仍然是语音，而语音业务对传输时延要求不高。但随着 4G 的出现，人们步入了移动互联网时代，各种各样的新兴业务蓬勃发展，也对移动通信网络提出了前所未有的挑战。其中一个重要的挑战就是时延。

对于很多业务来说，时延相比速度和可靠性都更加重要，比如在网络游戏和互动类的交互式视频服务中。对于这些业务来说，偶尔丢失一两个视频帧是可以接受的，但如果存在可感知的时延，是无法接受的。

在新兴业务的推动下，时延终于从非必要的"高层次"需求回落成必须满足的、最根本的"生理"需求。

ITU M.2410建议书《IMT-2020无线空口技术性能最低需求》对5G系统的时延提出了明确需求。ITU在时延方面给出了两个技术指标，即用户面时延和控制面时延，如表3-2所示。下面我们一起来看看3GPP的NR是如何满足ITU要求的。

1. 用户面时延的定义和评估

ITU将用户面时延定义为将一个应用层数据包/消息从无线空口一端的无线协议栈层2/3"入口"成功传输并递交给无线空口另一端的无线协议栈层2/3"出口"所消耗的时间。

3GPP的技术报告中给出了对用户面时延的分解，如图3-9所示。

我们以下行为例来看看用户面时延由哪些部分组成。

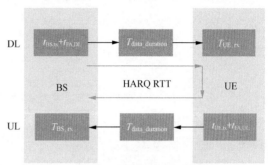

图3-9 NR用户面时延分解

- 下行数据传输时延：$T_1=(t_{BS,tx}+t_{FA,DL})+t_{DL\_duration}+t_{UE,rx}$。
- 基站处理时延 $t_{BS,tx}$：为数据到达和数据包生成之间的时间间隔。
- 下行帧对齐时间 $t_{FA,DL}$：包括帧对齐和等待下一个可用下行时隙的时延。
- 下行数据包传输 TTD：$t_{DL\_duration}$。
- 终端处理时延 $t_{UE,rx}$：为PDSCH被接收到数据被解码的时间间隔。
- 重传时间：$T_{HARQ}=T_1+T_2$，其中，$T_2=(t_{UE,tx}+t_{FA,UL})+t_{UL\_duration}+t_{BS,rx}$。
- 终端处理时间 $t_{UE,tx}$：为数据被译码到 ACK/NACK 应答报产生的时间间隔。
- 上行帧对齐时间 $t_{FA,UL}$：包括帧对齐和等待下一个上行时隙的时延。
- ACK/NACK 传输 TTI：$t_{UL\_duration}$。
- 基站处理时间：T_1。

总的下行用户面时延为：$T_{DL}=T_1+n\times T_{HARQ}$，$n$ 为重传次数，且大于或等于0。

从上面的描述已经看到，这里所说的时延仅仅是空口传输时延，而对上层应用而言更有参考价值的是端到端时延。当然，因为各种移动通信的不可控因素，在其他环节时延无法完全受控的情况下，也只能用空口时延来表征5G的底层能力基础。

通过上述模型，3GPP对NR系统进行了自评估[1]，对FDD和TDD的各种配置条件下的用户面时延进行了详细的评估，如表3-10所示。

1　3GPP 并未对R15进行独立的技术评估，而是通过R16提交到ITU。但截至2021年10月，所有的5G商用网络都基于R15实现。所以从严格的意义上来说，R16似乎才能被称为5G。当然，用基础版本来提前商用的做法也不是第一次出现，比如R8的LTE其实也并未达到ITU的4G要求。

表 3–10　FDD 模式的下行用户面时延（ms）

资源分配方式	OFDM 符号数（M）	重传概率	UE 能力 1				UE 能力 2		
			子载波间隔				子载波间隔		
			15kHz	30kHz	60kHz	120kHz	15kHz	30kHz	60kHz
资源映射模式 1	$M=4$	$p=0$	1.37	0.76	0.54	0.34	1.00	0.55	0.36
		$p=0.1$	1.58	0.87	0.64	0.40	1.12	0.65	0.41
	$M=7$	$p=0$	1.49	0.82	0.57	0.36	1.12	0.61	0.39
		$p=0.1$	1.70	0.93	0.67	0.42	1.25	0.71	0.44
	$M=14$	$p=0$	2.13	1.14	0.72	0.44	1.80	0.94	0.56
		$p=0.1$	2.43	1.29	0.82	0.51	2.00	1.04	0.63
资源映射模式 2	$M=2$	$p=0$	0.98	0.56	0.44	0.29	0.49	0.29	0.23
		$p=0.1$	1.16	0.67	0.52	0.35	0.60	0.35	0.28
	$M=4$	$p=0$	1.11	0.63	0.47	0.31	0.66	0.37	0.27
		$p=0.1$	1.30	0.74	0.56	0.36	0.78	0.45	0.32
	$M=7$	$p=0$	1.30	0.72	0.52	0.33	0.93	0.51	0.34
		$p=0.1$	1.49	0.83	0.61	0.39	1.08	0.59	0.40

　　我们从表 3–10 可以看到，NR 的空口数据面时延是非常低的，3GPP 对不同的资源映射模式、不同的 TDD 上下行配比等参数组合进行了大量的估算（FDD 有 84 种参数组合，TDD 有 368 种参数组合），为了方便读者了解 NR FDD 和 NR TDD 各种配置下的用户面时延的整体分布，笔者将测算值绘制成 CDF 曲线的形式，如图 3–10 所示。从图中可以看出，TDD 模式下因为资源的不连续，数据面的时延整体高于 FDD 模式的时延。在 FDD 模式下，最低时延为 0.23ms，最高时延为 2.43ms，50% 的配置时延低于 0.61ms；在 TDD 模式下，最低时延为 0.27ms，最高时延为 3.19ms，50% 的配置时延低于 0.82ms。相比 LTE FDD 的最低时延 0.63ms 和最高时延 2.58ms，TDD 的最低时延为 2ms，最高时延为 3.14ms，NR 时延大幅降低。

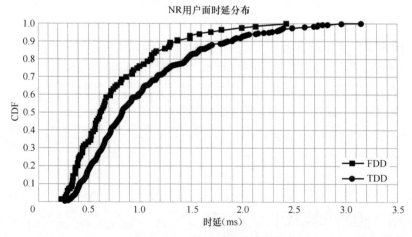

图 3–10　NR 用户面时延分布

备注：由于3GPP并未对R15进行独立的性能评估，而是基于增强后的R16版本进行自评估并提交给ITU。因此在本节中，相关指标的评估数据都来源于R16。但为了更好地区分R15和后续版本之间的技术差别，本节给出的提升各指标的潜在技术手段均基于R15。

2. 降低NR用户面时延的手段

时延的降低不像速度的提升，有明确的方向和方法，往往涉及整个协议流程设计的方方面面，每一个环节的增强都无法一次性获得明显的效果，而整体时延的降低都是各个流程中一点一点累加起来的结果。

对于用户面时延的降低，我们从ITU定义的空口时延涉及范围进一步将核心网的相关技术囊括进来，将时延的降低从空口扩展到"端到端"的角度（不考虑电信网络以外的部分，如互联网的时延）。NR用户面时延的降低手段分类如表3-11进行分类。

表3-11　NR用户面时延的降低手段分类

分类1	分类2	具体手段
空口时延	物理层	可变资源结构
		可配置调度技术
		迷你时隙
		解调导频映射类型B
		硬件处理能力和调度时序
		自包含子帧
		中断传输指示
	接入网高层	MAC PDU 结构
		RLC 预处理
		RLC 层乱序递交
	其他	Sidelink 技术
		接入网结构
核心网时延	网络架构	网络切片
		用户面与控制面分离
	本地卸载	多用户锚点
		本地数据网络
		边缘计算

下面具体介绍降低NR用户面时延的主要手段，首先，我们来看看物理层的设计中的资源结构。

（1）可变资源结构

LTE 和 NR 系统的资源结构比较如图 3-11 所示。从结构图中可以很明显地看到，LTE 的帧结构是非常固定的，也就是 1ms 是系统分配资源、调度资源的基本时间单位。因此，无论其他流程如何设计，至少在接收数据、发射数据的环节都必须有 1ms 的时间。

但 NR 系统不同，NR 系统可配置 5 种不同的子载波间隔，每种子载波间隔对应不同的时隙长度和 OFDM 符号时域长度。考虑到资源分配的灵活性，分配资源和调度资源的基本单位从 LTE 固定的 1ms 的子帧，降维到长度可变的时隙甚至 OFDM 符号级别。这样的改变让 NR 系统在处理 URLLC 业务时可以获得极低的时延。

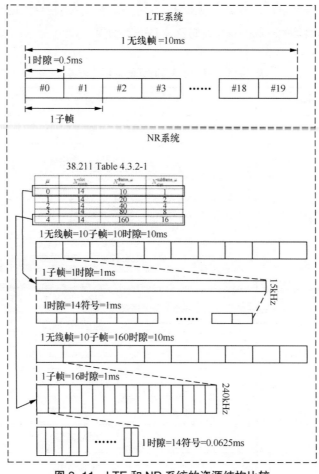

图 3-11　LTE 和 NR 系统的资源结构比较

（2）可配置调度技术

动态调度是移动通信系统惯用的调度方式，但在实际的应用中，动态调度也并不一定是最高效的。比如当用户有大数据需要接收或者发送时，或者在用户接收和发送的数据量比较稳定时，网络完全可以预测出未来一段时间内用户持续的资源需求。在这种情况下，动态调度机制也会带来一些时延和信令开销。为了解决这个问题，LTE 中引入了半静态调度（SPS）技术，半静态调度技术就是指网络一次性为用户分配资源，用户可以多次利用这些资源发送数据。

在 NR 系统中，对 LTE 的 SPS 进行了进一步的增强，我们将可以由网络配置资源的分配方式叫作可配置调度，该技术示意如图 3-12 所示。在 NR 中，可配置调度又被分为下行可配置调度和上行可配置调度。下行可配置调度沿用了 LTE 中的 SPS 概念。在上行中，可配置调度被命名为 "Configured Grants"（CG）。

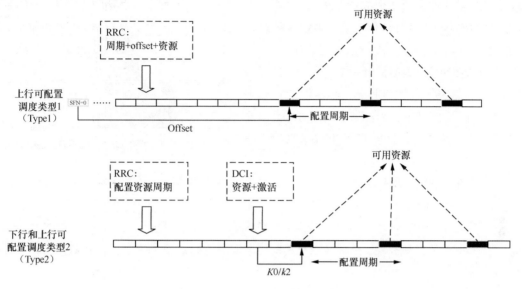

图 3-12 可配置调度技术示意

下行可配置调度和上行可配置调度类型 2(Type 2) 和 LTE 的 SPS 类似，即网络只会利用 RRC 信令 UE-specific 配置 SPS 的周期，而具体的配置时频域资源则由 PDCCH DCI(下行链路控制信息) 指示。而上行可配置调度类型 1(Type 1)RRC 信令除了要配置调度周期，还要配置时频域资源位置。

从分析来看，下行可配置调度和上行可配置调度类型 2 相对动态调度节约了因为多次数据传输而需要多次监听 PDCCH 带来的时延；而上行可配置调度类型 1 进一步节约了因为需要 DCI 激活而引入的时延。

当我们读到本书的后面章节时可以发现，在 R16 之后的很多项目中，都利用了 CG 特性，实现了各自场景下的时延优化。比如 R16 的 URLLC 技术、IIoT 技术及 R17 的非激活态小数据包传输技术。

（3）迷你时隙和解调导频映射类型 B

我们已经在前面的描述中提到，有别于 LTE 系统，NR 系统的调度行为以时隙为单位进行。这样的设计使得与 LTE 相比，数据传输可以以更小的颗粒度进行，进而极大地降低了数据传输时延。在一般情况下，一般业务将采用基于时隙的方式来调度资源，如图 3-13 所示，用户数据以时隙为单位，除了控制信道和必要的开销（如导频开销），用户的下行数据和上行数据将占满一个时隙。

但考虑到一些极限时延业务的需求，特别是那种小数据包低时延传输业务，仍然无法实现 "数据随到随传"，因为系统必须要等到下一个时隙边界到来才能进行数据调度。因此，NR 引入了迷你时隙的概念。

迷你时隙，简单而言就是支持数据的发送在时隙的任何位置发起（而无须等待下一个时隙边界到来），而数据部分可仅占用时隙子帧的部分 OFDM 符号。

另外，数据的解调是需要参考符号的，在一般情况下 NR 解调参考信号（DMRS）被映射在一个时隙的固定第 3 个和第 4 个符号位置。为了进一步实现"数据随到随解"，NR 引入了 DMRS 的映射模式 B（TypeB），如图 3–13 所示。在这种模式下，DMRS 被映射到紧跟数据的第一个符号处。这样可以让用户在解调小数据包时，只解调位于 PDSCH 前的一个符号的 DMRS，而不用解调在时隙前段的多个 DMRS。这样的设计实现了小数据包的快速解调。

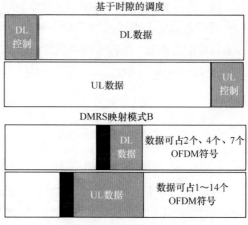

图 3–13　基于时隙的调度和 DMRS 映射模式 B

（4）硬件处理能力和调度时序

因为硬件能力的提升，NR 系统相对于 LTE 系统极大压缩了调度和 HARQ 时序关系。如图 3–14 所示，调度环节产生的时延由 3 个部分组成，分别是收到下行调度到接收下行数据的时间间隔（K_0）、收到下行数据到接收反馈 ACK/NACK 的时间间隔（K_1）、上行调度到上行数据发送的时间间隔（K_2）。

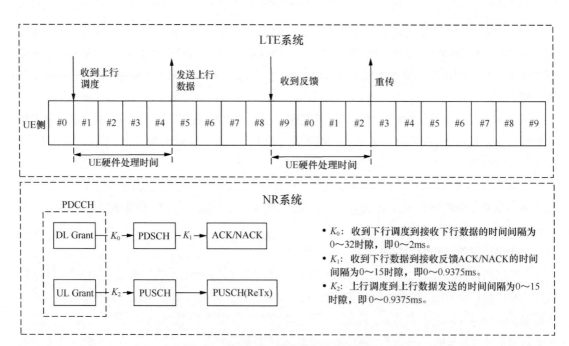

图 3–14　LTE 和 NR 数据传输和反馈时序比较

LTE 受制于当时硬件的处理能力，K_0、K_1、K_2 取值大于或等于 4 个 TTI，即大于或等于 4ms。而 NR 考虑到硬件能力的提升，以及自包含子帧等协议设计，使这 3 个时间间隔大大压缩。K_0 压缩为 0 ~ 32 个时隙，即 0 ~ 2ms；K_1、K_2 压缩为 0 ~ 15 个时隙，即 0 ~ 0.9375ms。

（5）自包含子帧

通过前面的介绍，我们已经知道，收到下行调度到接收下行数据、收到下行数据到接收反馈 ACK/NACK、上行调度到上行数据发送的时间间隔都是以时隙为单位的。

为了进一步降低这个看似已经很低的时延，NR 系统又引入了自包含子帧的概念，如图 3-15 所示。NR 系统允许将数据和反馈信道包含在同一个时隙

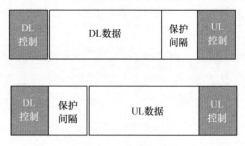

图 3-15　自包含子帧

内。例如，对于下行数据接收来说，UE 可以在同一个时隙内实现数据的接收和对应数据接收情况 ACK/NACK 的反馈。自包含子帧的概念再一次印证了"时延是从点点滴滴中而来"。

（6）中断传输指示

这里要讲的最后一个物理层降低时延的设计就是"中断传输指示"。这个技术对那些突发性的 URLLC 业务而言极为重要。

在实际网络中，URLLC 业务和其他业务（如 eMBB 业务）很有可能共享频谱资源。根据正常的数据调度流程，基站会根据用户数据的优先级来安排数据调度，如果网络侧已经完成了一轮调度（已经将调度信令通过 PDCCH 告知了 UE），而此时突然发生了 URLLC 事件（比如自动驾驶中需要发送一个紧急的碰撞避免消息），那么很有可能因为网络已经完成了下一个时刻的资源调度而没有资源可以分配给刚刚触发的 URLLC 传输需求。因此，NR 引入了中断传输指示概念。

当上述情况发生时，URLLC 业务可以抢占其他非 URLLC 业务已经分配的资源。当然，为了尽可能地降低对被抢占 UE 的影响，网络会向被抢占 UE 发送一个中断传输指示，告知其资源已经被抢占（也就是告知在其收到的资源中存在并非发送给自己的资源），如图 3-16 所示。

接下来，我们继续来看在物理层之上，接入网高层为降低时延所做的努力。

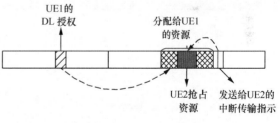

图 3-16　中断传输指示

（7）MAC PDU 结构

MAC 层是靠近物理层的第一个 L2 子层，在上行方向，它会将处理的数据递交给物理层进行传输。在下行方向，它会从物理层接收数据包，通过解包操作后递交给上层。因此，MAC 处理包的速度也直接影响到了用户面时延。

我们从图 3-17 中可以看出，LTE 的所有子头被放置在 PDU 的头部，而 MAC CE 和 SDU 被紧跟着放置在头部后面。由于 SDU 和 MAC 子头都是可变结构，因此，MAC 必须完成对所有包头的解析，才能处理后面的数据部分。

但在 NR 系统中，对 MAC PDU 结构进行了改动，所有的 SDU 和 CE 紧跟对应的子头放置。这样的布局更有利于加快 MAC 对数据的处理速度，形成类似于"流水线"的结构，进而降低了初始时延，也减少了字头的大小。

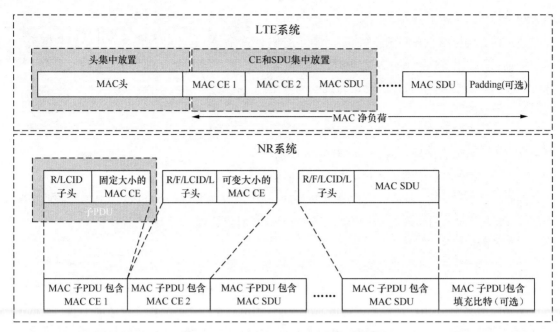

图 3-17　LTE 和 NR MAC 包结构比较

（8）RLC 预处理

RLC 层的主要工作是根据 MAC 发送的"传输机会通知"将上层数据包分割成当前 MAC 需要的数据包大小。LTE 和 NR 系统 RLC 处理流程比较如图 3-18 所示。

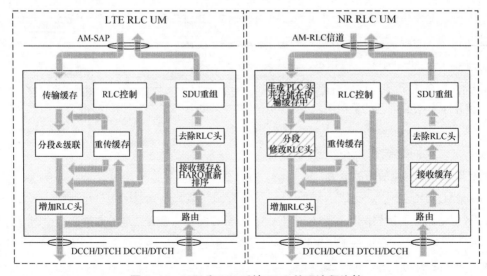

图 3-18　LTE 和 NR 系统 RLC 处理流程比较

大家可以看到，NR 的流程中有一个"生成 RLC 头并将其存储在传输缓存中"的操作，这个和 LTE 的有明显差异。第二个差别是在第二步中，NR 只有分段操作，没有级联操作。

在 LTE 中，只有当 MAC 层通知 RLC 实体有一个传输机会，并同时告诉 RLC 实体在这次传输机会中可传输的 RLC PDU 的总大小时，RLC 层才会分段 / 级联 RLC SDU 以生成一个匹配 MAC 层指定大小的 RLC PDU。也就是说，针对一个逻辑信道，一次传输机会只会发送一个 RLC PDU，该

PDU 可能由一个或多个 RLC SDU 或 RLC SDU 分段组成。

为了进一步提升 RLC 的处理速度，对 NR 流程进行了一些改动。在 NR 系统中，RLC 层无须等待 MAC 层指示的传输机会，可直接预先将每一个 RLC SDU 构造成一个 RLC PDU。当 MAC 层指示的可发送 RLC PDU 的大小不是已准备好的 PDU 的整数倍时，RLC 层将对某一个 RLC PDU 进行分段处理。这样，多个预处理的完整 RLC PDU 加上刚完成分段的 PDU 组成了递交给 MAC 层的数据包。这样的处理相当于让 RLC 层具备了预处理的能力，这种能力让 RLC 层数据包处理速度得到进一步提高，降低了处理时延。

（9）RLC 层乱序递交

对于下行来说，RLC 解包的数据需要发送给 PDCP 层进行最后的解密才能递交给应用层。受 MAC 层的 HARQ 操作的影响，MAC 递交给 RLC 层的数据包很可能是乱序的。所以在 LTE 中，RLC 层会对接收到的数据包进行重排序，并按序将重组后的 RLC SDU 发送给 PDCP 层。也就是说，RLC SDU#n 必须在 RLC SDU#$n+1$ 之前发送给 PDCP 层。但这样的操作会为 PDCP 层的解密操作带来较高的时延。假如 RLC 层在 SDU#n 之前成功接收到了 SDU#$n+1$，那么 PDCP 层需要等到 RLC 层收到 RLC SDU#n 并递送给 PDCP 之后才能收到 RLC SDU#$n+1$。

为了加快这个过程，NR 系统中移除了 RLC 层的重排序功能，即 RLC 层不需要按序递送 RLC SDU 给 PDCP 层。RLC 层在收到一个完整的 RLC SDU 后，就立即递送给 PDCP 层处理，PDCP 层也可以提前进行解密操作，在 PDCP 层再进行数据包的排序工作。这样的改动，虽然增加了 PDCP 的工作量，但整体而言，排序工作的处理时延远远低于解密工作的处理时延，因此，整体时延也得到了降低。

（10）接入网结构

除了降低协议层面的时延，3GPP 还在部署场景上进一步考虑如何在提高资源利用率、实现资源共享的同时尽可能地降低时延。图 3-19 给出了 4G 基站和 5G 基站实际部署中的功能划分。

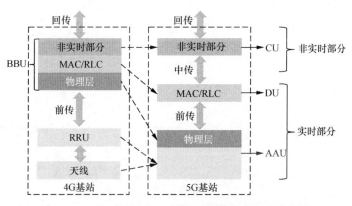

图 3-19　4G 基站和 5G 基站实际部署中的功能划分

大家可以看到，相比 4G 基站，5G 将接入网系统拆分成 CU（集中单元）和 DU（分布单元）两部分。其中 CU 主要处理对实时性要求不高的部分，比如 RRC 层、PDCP 层；而 DU 则主要处理对实时性要求高的部分，比如 RLC 以下的协议层。这样的硬件架构让降低用户面时延最终可以实现。

最后我们再来看核心网侧的一些低时延设计。

虽然核心网的时延并未被包含在 ITU 定义的用户面时延考虑范围内，但从用户的角度来看，这段时延也不能忽略，甚至更应该被关注。

如图 3-20 所示，在用户可感知的端到端时延中，空口时延仅仅是其中一段。数据在核心网及互联网传输时的时延主要来源于两个方面：(1) 数据包传输过程中的处理时延（比如拥塞时的排队优先级等）；(2) 距离产生的时延。

图 3-20　移动通信网络的端到端时延

处理产生的时延受制于互联网相关的协议标准（如 IETF 制定的 IP、STCP 等标准），所以并不在 3GPP 的处理范围内。但由于对数据包的处理策略是网络可配的，因此，是否可以降低时延取决于网络是否可以为业务配置匹配的策略。

NR 系统中引入了网络切片功能，如图 3-21 所示，网络切片技术通过在一个物理网络上逻辑隔离出多个虚拟网络进而实现虚拟网络之间资源、策略和后台的独立配置。对于一些时延敏感的业务，如果运营商采用特定的网络切片来支持，就可以有针对性地配置一些排队、拥堵策略，以降低时延。

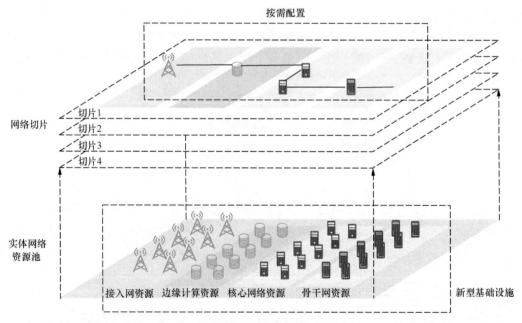

图 3-21　网络切片

另外一个降低时延的思路是缩小端到端的距离。这个思路看似是"无稽之谈"，但其实并非完全不可行。

要缩短路径，首先需要使用用户面和控制面解耦。在 NR 之前的核心网，核心网节点的控制面和用户面在很多情况下是合设在一个物理节点的。但控制面和用户面具有完全不同的特征和需求，即控制面处理信令的特征导致其有集中、少量部署的特点；而用户面因为其传输用户数据的特征需要分布式、多部署以提供更丰富的数据路由路径。因此，控制面和用户面的分离提供了用户面独立发展的可能性，为用户数据避免拥塞和实现边缘计算提供可能。对于控制面和用户面分离及其他核心网的发展趋势，可以在系统观 9 中找到细节。

分离之后的用户面可以实现更多低时延的设计，比如多用户锚点技术、本地数据网络技术、边缘计算技术。这些技术的一个共同特点是允许用户就近接入业务访问点，缩短数据传输的距离，进而实现时延的降低。

Sidelink 技术也是缩短数据传输距离的一个典型技术，甚至可以说，Sidelink 是某些场景下唯一可满足极限时延需求的技术，比如在车联网和自动驾驶场景。当然，Sidelink 技术并不属于 R15，所以我们将在 6.4 节、7.9 节和 7.11 节再来介绍。

3. 控制面时延的定义和评估

用户面时延的降低让用户在体验低时延业务（高清视频、网络游戏）时不会出现卡顿的现象，而控制面时延的降低，则让用户发起业务更加快速。正如 ITU 在 5G 愿景中提到的："人们希望体验瞬间连接，即应用需展现'瞬间'性能，而无须等待时间：点击后立即反应"，这就是控制面时延。根据 ITU 的定义，控制面时延是指从空闲状态跃迁到开始连续进行数据传输的激活状态的过渡时间。在 3GPP 技术报告中，将控制面时延过程对应为从 RRC 的非激活状态（INACTIVE 态）跃迁到激活状态的过程。NR 系统控制面时延分解如图 3–22 所示。

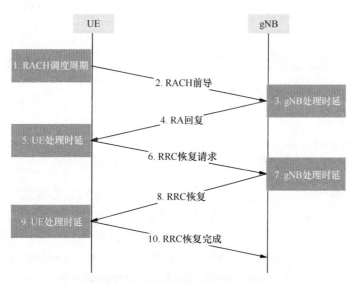

图 3–22　NR 系统控制面时延分解

3GPP 分别对不同的 PRACH 长度、不同的 TDD 上下行配比，以及资源分配模式等参数组合进行了时延的测算（FDD 有 94 种参数组合，TDD 有 254 种参数组合）。为了方便大家了解 NR FDD 和 NR TDD 在各种配置下的控制面时延的整体分布，笔者将测算值绘制成 CDF 曲线，如图 3–23 所示。从图 3–23 中可以看到，因为 TDD 资源不连续，所以时延整体比 FDD 高。在 FDD 模式下，最低时延为 11.3ms、最高时延为 17ms，50% 的配置时延低于 13ms；在 TDD 模式下，最低时延为

11.5ms，最高时延为 18.8ms，50% 的配置时延低于 13.8ms。相比 LTE FDD 的 20ms 时延和 TDD 的最低时延 17.4ms、最高时延 18.8ms，NR 的时延降低了不少。

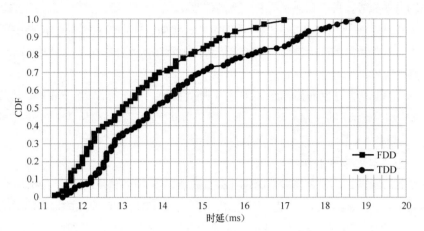

图 3-23　NR FDD 和 NR TDD 在各种配置下的控制面时延整体分布

4. NR 系统控制面时延降低手段

虽然根据 ITU 的定义，控制面时延仅包括终端从空闲态迁移到激活态的时延，但站在用户角度，影响用户接入体验的不仅如此。为了让读者更加全面地理解控制面时延，下面的内容将扩大控制面时延的范围，将初始接入、切换等时延也都包含其中。在表 3-12 中，我们暂且将 ITU 定义的控制面时延称作"RRC 状态转换时延"。

表 3-12　NR 系统控制面时延降低手段

分类	具体手段
RRC 状态转换时延	用户面时延的降低
	新 RRC 状态的引入
初始接入时延	初始接入过程

（1）用户面时延的降低

用户面时延的降低显然也有利于控制面时延的降低，因为所有的 RRC 信令和 NAC 层信令都被"嵌套"在 PDSCH 上由物理层当作用户数据发送。我们在图 3-22 中可以看到步骤 3、5、7、9 的基站或 UE 的处理时延，处理时延的降低一方面得益于 UE 和基站处理能力的提升；另一方面也得益于协议设计的改进。比如，步骤 3 的处理时延主要是基站侧发送调度信息的时延；步骤 5 的处理时延主要是 UE 解码调度信息的时延；步骤 7 和 9 的处理时延主要是 L2 和 RRC 处理时延。由于物理层资源结构、调度时延和 L2 的处理时延得到降低，因此，控制面时延也都相应降低。

我们针对不同 TTI 长度和不同处理能力（假设 LTE 处理时延为 100%，在 NR 处理能力提升后，将处理时延提升为 LTE 的 100%、50% 和 33%），对控制面时延进行了简单的比较，如表 3-13 所示。

表 3-13　控制面时延比较

步骤	LTE R13 1ms TTI 100% 处理时延	NR Case1 1/7ms TTI 100% 处理时延	NR Case2 1/7ms TTI 50% 处理时延	NR Case3 1/7ms TTI 33% 处理时延
1	0.5	1/14	1/14	1/14
2	1	1/7	1/7	1/7
3～4	2+1	2+1/7	1+1/7	2/3+1/7
5	5	5	2.5	5/3
6	1	1/7	1/7	1/7
7	4	4	2	4/3
8	1	1/7	1/7	1/7
9	15	15	7.5	5
10	1	1/7	1/7	1/7
总时延	31.5ms	26.8ms	13.8ms	9.5ms

从表 3-13 我们可以看到，若 NR 的硬件处理能力和 LTE 相当，但因为 TTI 变短，则控制面时延相比 LTE 从 31.5ms 降低为 26.8ms。当将 NR 硬件处理能力提升为 LTE 的 2 倍时，同时考虑 TTI 缩短和处理能力提升的综合效果，控制面时延降低到 13.8ms。若将 NR 硬件处理时延提升为 LTE 的 3 倍，则控制面时延进一步降低到 9.5ms。

（2）新 RRC 状态的引入

说到控制面时延，不得不提到 RRC 状态。在移动通信系统中，不同 RRC 状态的引入其实就是"良好的通信性能"和"可接受的电池消耗"之间的平衡。研究表明，在 LTE 系统中，无线设备从节能（空闲态）状态到连接状态的转换是网络中最频繁的高层信令事件，每天发生约 500 ～ 1000 次。状态的转换导致了设备和网络间，以及网络节点间的大量信令开销，这导致了无法忽视的用户面时延和高电池消耗问题。

随着低时延、低能耗业务的出现（如物联网业务），人们开始思考传统的设计（IDLE-CONNECTED 双态）的增强方案。在 LTE 的 R13 引入了 RRC 状态的挂起和恢复两个流程。在挂起过程中，UE 从连接态回退到空闲态时，基站将继续为 UE 存储其空口配置和安全参数。而当 UE 再次进入连接态时，这些保存的参数可实现连接态的快速建立，进而降低时延。

挂起、恢复这两个流程的引入为 5G NR 引入新的 RRC 状态奠定了基础。R15 在 R13 基础上对高层协议进行了进一步增强，正式引入了新的 RRC 状态——非激活态，在表 3-14 中，我们对 3 个 RRC 状态，以及 R13 的挂起 / 恢复"模式"进行了比较。

表 3-14　RRC 状态比较

系统功能	IDLE 态	CONNECTED 态	R13 挂起 / 恢复模式	5G 非激活态
移动性管理	核心网	接入网	核心网	接入网
寻呼触发	核心网	N/A	核心网	接入网
终端配置数据存储	核心网	核心网和接入网	核心网和接入网	核心网和接入网
基站侧的用户面上下文	否	是	是，但下行待接收数据包不缓存在基站	是，下行待接收数据包将缓存在基站

3GPP 提交 ITU 进行控制面时延评估使用的是从非激活态到 CONNECTED 态的跃迁过程。所以我们可以通过图 3-24 直观地看到新增非激活态后，UE 进入连接态的流程和可见的时延差异。

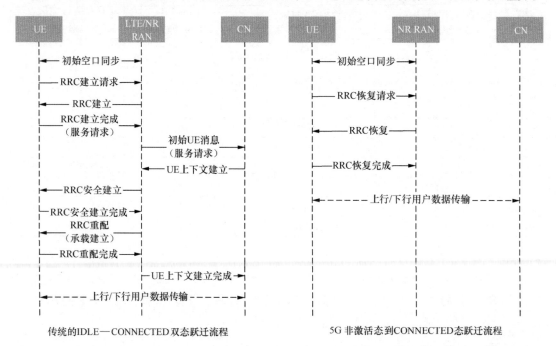

传统的 IDLE—CONNECTED 双态跃迁流程　　　　　　　5G 非激活态到 CONNECTED 态跃迁流程

图 3-24　传统的 IDLE—CONNECTED 双态跃迁流程与 5G 非激活态到 CONNECTED 态跃迁流程比较

5G 的非激活态相比 R13 的挂起/恢复模式，除了 UE 配置数据都在核心网和接入网进行保存外，最大的区别就是移动性管理和寻呼功能由核心网下沉到更靠近用户的接入网侧，这样的改变会极大地降低寻呼时延及寻呼带来的信令开销。

（3）初始接入时延

虽说 ITU 定义的控制面时延只包含了 UE 从节能状态到激活态的转换时间，而并未包含其他信令流程。但这并不代表其他过程的时延就可以忽略而不受重视。比如，初始接入时的时延就直接关系到用户体验的好坏，人们显然不希望开机后需要等数十秒才能接入网络。因此，3GPP 在协议设计时，一直都将时延作为一个重要的考虑。

在终端开机后，需要搜网、同步、系统消息接收等步骤才能最终完成注册过程进而驻留网络。因此，初始接入过程的时延降低，直接影响到用户接入网络并完成注册过程的速度。

在 LTE 中，同步信号和 MIB 是独立映射到物理资源上的。MIB 以 20ms 为周期发送，PSS 和 SSS 以 5ms 为周期发送。这意味着 UE 在初始接入过程中要完成同步和 MIB 的接收，在最差情况下需要至少 20ms 的时间。在 NR 中，将 MIB 和 PSS、SSS 打包为同步信号和 PBCH 块（SSB）发送（如图 3-25 所示），用户可以在进行同步的同时，完成 MIB 的接收，这大大降低了初始接入的时延。

另外，在 NR 设计之初，由于采用了毫米波技术，因此不得不在物理层通过 Beamforming 技术来增强信号强度和覆盖。而 Beamforming 技术无疑导致了波束过窄而需要利用多个波束才能覆盖大角度的问题。考虑到基站和 UE 都采用了多波束，不同的发送和接收波束获得的信号质量不同，因此，需要采用扫描的方式来实现信号的发送和接收。扫描机制在设计之初被众多人怀疑会为时延带来极大的负担。

经过 3GPP 的研究，最终确定了 SSB 将在 5ms 内完成所有角度的扫描，如图 3-25 所示。也就是说，在 5ms 内用户将完成同步和 MIB 接收。相比 LTE 的同步和 MIB 接收时间，NR 不仅没有受到毫米波负面因素的影响，还极大地降低了时延。

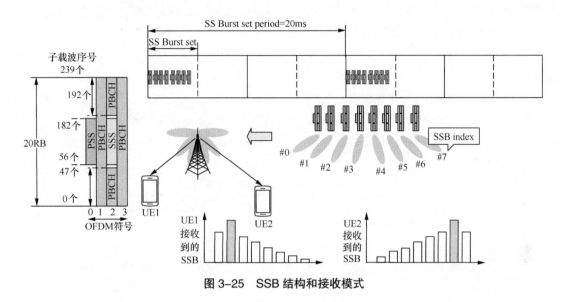

图 3-25　SSB 结构和接收模式

3.2.3　"老树新花"——连接密度和流量密度

1.连接密度、流量密度的定义和评估

如表 3-2 所示，在 IMT-2020 定义的性能指标中，对连接密度和流量密度提出了具体的要求。这两个指标可以说是移动通信演进的传统动力"旧动力 B：容量驱动"的加强版本。

在传统的驱动力中，"容量驱动"满足的是消费者 ToC 场景的接入需求。这很好理解，因为 5G 之前的通信网络提供的主要业务还是以人为中心的语音和数据业务。但这个情况在 4G 后期逐渐发生了变化，个人消费者已经可以很好地享用移动通信网络提供的服务，但另一类"用户"悄然兴起，那就是物联网用户。

物联网用户的特征和普通消费者有一些明显的区别。

第一个特征是用户数量庞大。物联网涉及我们生活的方方面面，从广义来看，可分为个人物联网、工业物联网和公共物联网。其中，个人物联网涵盖了个人无线设备，如智能手表、智能眼镜等；工业物联网则是将具有感知、监控能力的各类采集、控制传感器或控制器，以及移动通信技术等与工业生产过程的各个环节相结合，它是智能制造的重要环节；而公共物联网指公共设置的物联网设备，比如智慧城市、智能交通领域的物联网设备，如智能水表、智能电表、智能监控等。物联网的用户数量非常庞大。根据物联网研究机构 AWS IoT Analytics 的预测，2019—2025 年，全球物联网设备连接数将保持 13% 的复合增速，到 2025 年，全球将拥有 309 亿台物联网设备。而在我国，2021 年 9 月的世界互联网大会预测，我国的物联网连接数将从现在的 45.3 亿发展到 2025 年的百亿规模。

第二个特征是地域的集中和时域的并发。物联网设备相对个人用户来说，存在的地域更加集中。比如个人物联网和公共物联网大多集中在人口密集的居住区，而工业物联网则集中在工业区，这种集中的部署不仅对系统支持的连接数总量提出了挑战，也对系统单位面积内可支持的连接密度提出了要求。另外，在时域上数据的并发也是需要关注的一个特征。在很多情况下（比如公共物联网的水电表设备），物联网设备会在一个相对集中的时间醒来（连接网络），然后在相对集中的时间发送数据，这样大量的数据和信令并发，很容易导致网络的拥塞，再加上普通个人用户业务，网络不得不考虑单位面积内可以支持的流量密度问题。

正是因为物联网的这些特征，5G 网络有必要在连接密度和流量密度两个指标上实现跨越式的能力提升。

根据 ITU 建议的定义，连接密度就是在 99% 的服务等级（GoS）的情况下，每单位区域（每平方千米）实现特定服务质量（在 10s 内成功接收 32byte 的数据包）的设备总数。3GPP 根据 ITU 的评估假设进行了链路和系统仿真的评估，在各种配置情况下 5G NR 系统可达到的连接密度如表 3–15 所示。

表 3–15　5G NR 系统连接密度评估

公共假设： 1x2SIMO 系统、子载波间隔为 15kHz、样本数为 4、系统带宽为 180kHz		
	小区直径 =500m	小区直径 =1732m
信道模型 A	36 323 844 设备 /km^2	1 267 406 设备 /km^2
信道模型 B	36 007 832 设备 /km^2	1 503 394 设备 /km^2

从表中可以看到，3GPP 定义的 NR 系统相比 ITU 提出的 100 万设备 /km^2 的连接密度要求，在各种配置情况下都有不小的能力余量。

根据 ITU 建议的定义，流量密度就是单位地理区域提供的总流量吞吐量（单位为 Mbit/s · m^{-2}）。吞吐量是指在一段时间内正确接收到的比特数。3GPP 为了让评估结果可信可靠，针对多种网络和空口配置进行了独立的评估。为了方便读者了解各种配置下的 NR 流量密度表现的整体情况，笔者将评估值绘制成 CDF 曲线的形式，如图 3–26 所示。

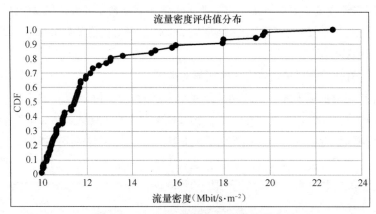

图 3–26　3GPP 流量密度评估值分布

从图 3–26 中可以看到，相对 ITU 对流量密度的最小要求 10Mbit/s · m^{-2}，3GPP 在各种配置下均满足要求，并有不小的能力余量。

2. 连接密度、流量密度的增强手段

流量密度的增强相对直观，旨在尽可能地提高系统理论速率和频谱利用率。具体的手段在

3.2.1 节中已经进行了详细的描述，此处不再赘述。下面我们主要看连接密度是如何提高的，提升连接密度的方法如表 3-16 所示。

表 3-16　提升连接密度的方法

分类	具体方法
接入网	大带宽
	频谱利用率
	多址方式与资源颗粒度
	多等级覆盖范围
核心网	MICO 模式
	网络切片

（1）大带宽

提高连接密度很直接的一个方案就是引入更大的带宽，毕竟蛋糕大了，可以分给更多的人。对于这个思路我们在 5G 之前的移动通信系统中已经屡试不爽（参见系统观 2-B）。相对于 4G 系统最高 20MHz（载波聚合条件下最高 100MHz）的系统带宽，NR 的带宽已经提升到了 100MHz（FR2）和 400MHz（FR2），在 R15 的载波聚合条件下，系统带宽更是提高到最高 1200MHz。所以，在其他技术和上层应用的带宽需求不变的情况下，连接密度可提高 5 ～ 20 倍。当然，连接密度提高显然没有这么"简单"，但无论如何，大带宽对连接密度的提高有决定性的作用。

（2）频谱利用率

在资源总数和应用的带宽需求不变的情况下，频谱利用率的提高，也可以使相同的资源容纳更多的用户。频谱利用率其实也是 ITU 提出的 IMT-2020 建议指标之一。在 3GPP 的评估报告中也对频谱利用率进行了详细的评估。

在 3GPP 评估报告中，同样针对不同的制式（FDD 和 TDD），以及不同配置组合条件下的频谱利用率进行了评估。为了方便读者了解各种配置下的 NR 系统频谱利用率表现的整体情况，笔者将评估值绘制成 CDF 曲线，如图 3-27 所示。从图 3-27 中可以看到，3GPP 一共提供了 145 种配置组合的频谱利用率的估计值，相比 LTE 系统平均频谱利用率有所提高（LTE 系统为 41.5bit/s · Hz^{-1}，NR 系统为 42.7bit/s · Hz^{-1}），最高频谱利用率也有所提高（LTE 系统为 47.15bit/s · Hz^{-1}，NR 系统为 48.9bit/s · Hz^{-1}）。

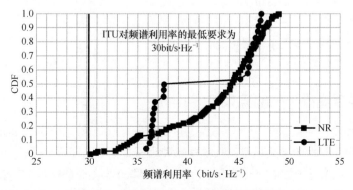

图 3-27　NR 和 LTE 系统频谱利用率比较

（3）多址方式与资源颗粒度

多址方式是提升连接密度的有效方法，就如从 2G 到 3G，从 FDMA 到 CDMA 的过程，系统容量和连接密度得到了较明显的提高。由于某些原因，在 NR 的第一个版本中并没有引入新的波形和多址方式，而是采用 LTE 的 OFDMA（进行了一些改进）。

资源颗粒度的变化也会影响连接密度。在 LTE 时代，资源调度的最小颗粒度是时域 1ms 的子帧，而 NR 系统的最小资源颗粒度是 OFDM 符号，根据不同的子载波间隔，OFDM 符号长度从 0.0625ms ~ 1ms。也就是说，在相同系统带宽情况下，NR 系统可以将资源分配给更多的用户使用（当然，分配给每个用户的时域资源的长度也就变小了）。因此，在 mMTC 的假设下（大部分用户发送小数据包），可支持连接的用户数也增多了。

（4）多等级覆盖范围

大区制到蜂窝制的演变告诉我们一个很简单的原理，即在系统资源相同的情况下，在一个地理区域内部署的基站数越多，可接入的用户数也越多。其实这个原理在 5G 标准化的前期被广泛研究和讨论，这就是当时非常热的一个技术概念 "Small Cell"（微小区）。虽然在 NR 系统中并未对微小区的相关技术进行特别优化，但 NR 系统从协议层面仍然支持多种覆盖范围的基站类型，如在 3GPP TS 38.104-6.2.1 中定义了 3 种覆盖范围的基站，分别为广域基站（基站发射功率无上限，各国家对 EIRP 分别进行规定）、中域基站（基站发射功率小于 38dBm）、局域基站（基站发射功率小于 24dBm）。

（5）网络切片

提高蜂窝网络的连接密度，从本质上来看是无线空口设计的工作范畴，比如前面我们提到的通过提高系统带宽和频谱利用率、采用新的多址方式等手段。但从另外一个角度来看，如果不同类型的业务可以更加高效地使用频谱，那么也可以提高连接密度。

如果我们将 eMBB 业务的终端和 mMTC 业务的终端放在同一个网络中而不进行任何处理，这些业务不同的特征导致空口需要使用不同的配置组合，因此，从系统角度看，这样的网络运行效率也无法最大化。在这种思路的指导下，5G 核心网吸收了"专网专用"思路实现了系统效率的提高。比如网络切片技术，它使得我们可以在一个物理网络中，利用切片"虚拟"出多个逻辑网络，通过对不同逻辑网络资源的隔离和配置参数的优化，实现对上层业务针对性的优化。

（6）MICO 模式

核心网引入的 MICO 模式（如图 3-28 所示）允许大量的物联网终端处在不可寻呼而不用占用网络资源的状态。这种状态变相地提高了网络可支持的终端数量，为超高容量奠定基础。

3.2.4 绿色通信——能源效率

1. 能源效率定义和评估

在 ITU 提出的 "IMT-2020 无线空口技术性能最低需求"中还提出了一个并未量化的技术指标，那就是能源效率。能源效率这个指标一方面是降低能源消耗和降低碳排放的社会背景推动的结果；另一方面它能够满足特殊的业务需求，提高用户

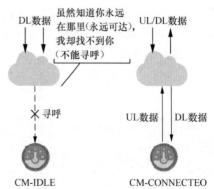

图 3-28　MICO 技术

体验。比如在公共物联网场景下，部署在偏远地区的传感器终端就提出了超过 10 年待机时间的极限需求，而这样的极限需求，就需要在协议设计时有针对性地进行考虑。

虽然 ITU 并未给出能源效率的定量标准，但提出了将能源效率指标转化为网络和终端需要具备的两个能力，即高睡眠比例和长睡眠时间。

在 3GPP 自评估报告中，研究人员对网络和终端侧在空负载条件下，以及各种参数配置下的睡眠比例和睡眠时间进行了评估，我们先来看网络侧能源效率的情况。网络睡眠比例和时间（时隙层面）如表 3-17 所示。

表 3-17　网络睡眠比例和时间（时隙层面）

SSB 配置		SSB Burst Set 周期 P_{SSB}					
子载波间隔（kHz）	每个 SSB Burst Set 内包含的 SSB 数量	5ms	10ms	20ms	40ms	80ms	160ms
15	1	80.00%	90.00%	95.00%	97.50%	98.75%	99.38%
	2	80.00%	90.00%	95.00%	97.50%	98.75%	99.38%
30	1	95.00%	97.50%	98.75%	99.38%	99.69%	99.84%
	4	80.00%	90.00%	95.00%	97.50%	98.75%	99.38%
120	8	90.00%	95.00%	97.50%	98.75%	99.38%	99.69%
	16	80.00%	90.00%	95.00%	97.50%	98.75%	99.38%
240	16	90.00%	95.00%	97.50%	98.75%	99.38%	99.69%
	32	80.00%	90.00%	95.00%	97.50%	98.75%	99.38%

表 3-17 给出了网络在空载情况下，仅发送同步和系统信息块时网络的睡眠比例。从表中可以看到，在各种参数配置下，网络睡眠比例最低为 80%，最高达到 99.84%。根据表中给出的 SSB Set 周期，我们又可以折算出网络的睡眠时长最短为 4ms（5ms 的周期，80% 的睡眠比例），最长为 159ms（160ms 的周期，99.84% 的睡眠比例）。对比 LTE 系统睡眠比例为 80%、睡眠时长为 4ms，NR 系统网络侧的能源效率得到大幅提高。

再来看终端侧的能源效率评估结果。在 3GPP 自评估报告中研究人员分别对 UE 的 IDLE 态、非激活态和 CONNECTED 态的终端睡眠比例和时间进行了评估，如表 3-18 和表 3-19 所示。

表 3-18　IDLE 态和非激活态终端睡眠比例

寻呼周期（ms）	子载波间隔（kHz）	SSB 数量	SSB 接收时间（ms）	SSB 周期（ms）	SSB Burst Set 数量	每个 DRX 内的 RRM 测量时间 (ms)	过渡时间 (ms)	睡眠比例
320	240	32	1	—	1	3.5	10	95.5%
2560	15	2	1	—	1	3	10	99.5%
2560	15	2	1	160	2	3	10	93.2%

表 3-19　CONNECTED 态终端睡眠比例

DRX 周期 (ms)	SSB Burst Set 数量	连续监听 PDCCH 时间 (ms)	每个 DRX 内的 RRM 测量时间 (ms)	过渡时间 (ms)	睡眠比例
320	1	2	3.5	10	95.2%
320	1	10	3	10	92.8%
2560	1	100	3	10	95.6%
10240	1	1600	3	10	84.2%

　　表 3-18 和表 3-19 分别给出了在不同 DRX 配置和 SSB 配置等参数组合下，终端在 IDLE 态、非激活态、CONNCECTED 态下的睡眠比例。由此也可推断出终端在 IDLE 态下的最长睡眠时间为 2546ms（2560ms 的寻呼周期），在 CONNECTED 态下的最长睡眠时间为 8627ms（10240ms 的 DRX 周期）。

2. 能源效率提升手段

　　从定义和描述看，ITU 要求的能源效率评估仅仅覆盖了"节能"的部分场景，即在空载条件下，网络和终端的能耗情况并未包含在负载常规条件下的能耗情况（ITU 提出了在负载情况也需要考虑能耗，但未给出具体的评估方法）。

　　从 3GPP 自评估报告中我们可以看到，相对于 LTE 系统，NR 系统大幅度提高能源效率的手段主要是对同步、系统消息（同步信号和 PBCH 块）的发送，对发送过程和非连续接收（DRX）过程进行了优化。我们在前面的章节中已经提到 SSB 的发送，NR 系统将同步和系统消息进行了捆绑，并将 LTE 的固定的 20ms 发送周期变为更加灵活、更加紧凑的发送周期，这让网络有更多的时间处在低能耗状态，进而提升能源效率。而 DRX 技术在 NR 系统中也进行了一定程度的优化，主要是延长了 DRX 周期长度。

　　当然，除了 ITU 评估的 SSB 和 DRX 外，其他因素也会直接影响网络和终端的能源效率，特别是终端的能耗。表 3-20 给出了一些重要的 NR 系统降低能耗的手段。

表 3-20　NR 系统降低能耗的手段

分类	具体手段
接入网手段	BWP 自适应
	取消 Always on 的设计
	非激活态
	Scell（微小区）的激活 / 去激活
核心网手段	MICO

（1）BWP 自适应

　　BWP 自适应即带宽部分自适应。BWP 是 NR 系统中一个非常重要的概念。根据 3GPP TS 38.211-4.4.5 的定义，BWP 是"在指定的载波和 Numerology 下，从公共资源块（CRB）的连续子集中选择出来的一组连续的物理资源块"。简单地说，就是在系统带宽下，独立出来的一段连续的物理资源块。这段连续的物理资源块可根据需求配置为不同于其他资源块的 Numerology（如子载波间隔等）。

那为什么 NR 系统要在系统带宽内定义这种独立的、有不同参数配置的连续资源，而不是统一的配置呢？这一方面是为了匹配上层业务的需求，针对业务实现不同的带宽；另一方面也是为了实现 UE 的低能耗。为什么会有节能的效果？接下来我们用一个典型的 BWP 自适应过程来说明这个问题，如图 3-29 所示。

当 UE 刚刚开机时，因为此时 UE 并没有发起任何业务，所以可以配置一个很小的 BWP，在这种情况下，射频可以工作在一个相对窄的射频带宽内，能耗也相应地缩小；当 UE 发起业务时，网络可以为 UE 配置一个和其业务匹配的系统 BWP，从而实现其上层业务对带宽的需求。

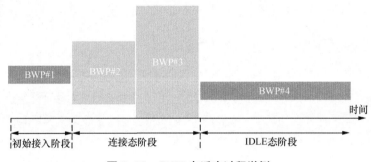

图 3-29　BWP 自适应过程举例

（2）取消 Always on 的设计

在 LTE 系统中，为了尽可能地降低协议复杂度，在物理层协议中有很多"Always on"的设计。比如我们熟悉的公共参考信号（CRS），之所以称之为公共参考信号，是因为它被设计为一个"通吃"的参考信号，在 LTE 系统中同时发挥了数据解调、信道估计、时频跟踪等作用。CRS 被映射到所有的频谱资源上，而无论网络此时是否有数据需要传输。当然，CRS 的高密度发送对确保小区覆盖和保证与用户的良好连接是必要的。但这种设计大大降低了网络的休眠比例、缩短了休眠时长。而 NR 系统摒弃了这种 Always on 设计，采用了按需发送的设计。具体来说就是根据目的的不同，设计不同的参考信号，比如用来进行信道状态估计的信道状态信息参考信号（CSI-RS）、用于解调数据的 DMRS、用于相位跟踪的相位跟踪参考信号（PTRS）和用于上行探测的探测参考信号（SRS），并且这些信号是在有需要的时候才进行发送。这样的设计显然避免了高密度发送参考信号导致的能耗。

另一个 Always on 设计就是 PDCCH。在 LTE 系统中，PDCCH 会在每个子帧中出现，就算该子帧并没有 UE 的调度信息，UE 也必须监听 PDCCH，这样会带来大量无意义的能耗。因此，在 NR 系统中，PDCCH 资源由 Search Space 和 CORESET 两套参数相对灵活地确定。因此，UE 什么时候监听 PDCCH 完全由配置决定而不需要重复监听。

（3）其他手段

除了前面提到的几个比较重要的手段外，NR 系统中的一些设计也和节能相关。比如前面多次提到的新的 RRC 非激活态、Scell 的激活和去激活、MICO 等。

非激活态同时具备 IDLE 态和 CONNECTED 态的一些特征，特别是在能耗方面，更加接近 IDLE

态。因此，非激活态的引入也是降低能耗的一个重要技术。此外，针对非激活态的 UE 利用随机接入过程来发送小数据的方法虽然并没有写入 R15，但在后续的 5G 版本中被引入，它会进一步降低物联网终端的能耗，这部分内容我们将在 7.10 节中介绍。

Scell 的激活和去激活技术类似于 LTE 系统的 Small Cell On-off 技术，即小区可以根据需要进行关闭和开启操作。这里所谓的"需要"指业务量需求、用户量需要等。因此，关闭不需要的、额外的小区无疑也是一个实现网络侧节能的直观方式。

MICO 技术主要针对那些只需要上行模式，或者不需要独立的下行模式（下行数据只会发生在有上行数据之后）的物联网终端而定义。UE 只会在有上行数据需要发送时才会连接网络并接收下行数据，这样的设计很适合物联网终端实现节能。

以上介绍并没有完全包含 R15 中所有有关节能的设计和考虑，3GPP 在整个协议设计工作中，一直将节能作为系统设计的一个重要角度，在很多细节设计上也都考虑了能源效率因素。

3.2.5 "多面手"——业务多样性

在众多 5G 场景中，最引人瞩目的应用场景应该是类似于自动驾驶和工业物联网的垂直行业应用场景，这是移动通信技术影响整个 ICT 产业的发力点。但这些垂直行业对移动通信技术的需求是多样化的，如图 3-30 所示。比如自动驾驶（车联网），它既要求高可靠性又要求超低时延（这两个技术从某些方面来看在某种程度上是相互矛盾的）。此外，在某些特殊场景下，自动驾驶还要求极高的传输速率；工业物联网场景也有类似的需求，特别是在可靠性上，工业物联网对移动通信技术的要求很高。

虽然 ITU 并未明显提出业务多样性问题并设置最低需求，但这些需求的存在，使移动通信网络运营商必须通盘考虑其底层设计。这也就是业务多样性技术的由来。

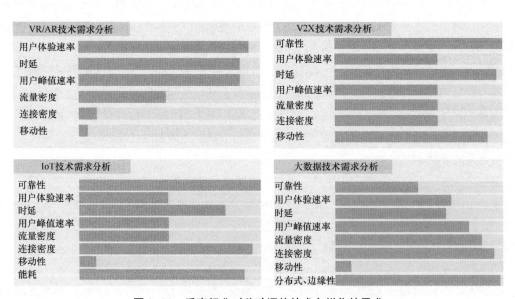

图 3-30　垂直行业对移动通信技术多样化的需求

表 3-21 整理了 NR R15 中有利于实现业务多样性的手段。

表 3-21　NR 实现业务多样性手段

分类	实施手段
接入网手段	灵活的 Numerology
	灵活的带宽配置
	灵活的 UL/DL 资源配比
	灵活的调度和资源分配模式
网络侧手段	灵活的网络部署形态和边缘计算
	QoS 体系
	网络切片
	用户面卸载 / 分流
	面向服务的网络架构

1. 接入网手段

接入网是所有终端接入到移动通信网络的入口，正因为多种类型和能力的终端，以及多样化的上层应用的存在，接入网应对这种多样化采取的策略就是让其各种配置尽可能灵活。从表 3-21 中我们可以看到 NR 系统关于"灵活"的诠释。

首先要提到的是灵活的 Numerology。在 3GPP 中用 Numerology 这个英文单词来定义这种多变的资源结构。不同的 Numerology 首先意味着不同的子载波间隔，当然这并不是重点，不同的子载波间隔最终造就了我们所需要的不同的时域资源颗粒度。子载波间隔与 OFDM 符号长度之间存在反比例关系，因此子载波间隔越大，时域的 OFDM 符号长度越小，而相应地可以利用的资源的颗粒度也就越小，这对很多低时延业务是有利的。因此，在 NR 系统的第一个版本 R15 中定义了 5 种 Numerology、5 种不同的 OFDM 符号时域长度。

其次要提到的是灵活的频率，也就是灵活的系统带宽。有了灵活的时域长度，如果频域的系统带宽无法灵活调整，那么也会约束上层业务，比如网络游戏，既要求低时延，也需要高带宽。因此，紧随灵活的 Numerology 之后，3GPP 定义了灵活的带宽配置，即 BWP。在 R15 中，一方面 UE 可以在上行和下行根据业务需要预配置多个 BWP（意味着不同的 Numerology 和带宽），一个 UE 可以配置最多 4 个下行 BWP 和 4 个上行 BWP；另一方面，UE 还可以根据需要在配置的 BWP 之间进行切换，以适应当前上层应用的需求。

最后要提到的是灵活的 UL/DL 资源配比。针对 TDD 模式我们可以根据业务的需求来灵活配置上 / 下行资源的配比。用户可以在 254 种上 / 下行资源配置中进行自由选择，此外还可以利用高层信令进行自定义。

综上，NR 在资源的配置上是非常灵活的。那么这么灵活的资源配置又如何被使用呢？这就涉及资源的映射和调度。

对 NR 系统物理层协议有所了解的读者可能已经发现，在 NR 系统物理层协议中充斥着各种"Type"。比如频域资源分配模式 Type 0、Type 1，可配置调度模式 Type 1、Type 2，DMRS 映射的 Type A、Type B 等；还有各种参数集，比如定义 PDSCH/PUSCH 时域起始位置和时域长度的参数集 SLIV、定义频域起始位置和频域长度的 RIV、定义 PDCCH 时频域映射的参数集 CORESET 和

Search Space（搜索空间）。这些概念相对晦涩、复杂且变化繁多。之所以如此复杂是因为 3GPP 希望实现配置灵活性和信令开销最小化的平衡。

得益于这些复杂的"Type"和参数集，NR 系统被设计得极为灵活。比如确定 PDSCH/PUSCH 时域起始位置和时域长度的参数集 SLIV 支持多达 104 种不同的参数组合（仅 R15 阶段）；NR 系统可以以时隙为单位进行调度，也可以基于 OFDM 符号调度，且数据可以从任何 OFDM 符号开始传输并持续任意多个 OFDM 符号（上行数据长度为 1 ~ 14 个 OFDM 符号，下行数据长度为 2 个、4 个、7 个 OFDM 符号）。

2. 网络侧手段

实现接入网协议层面的灵活性是应对业务多样性的一个有效方法，但这并不是万能的，有些问题还需要利用网络侧解决。

了解过 NR 协议或者进行过网络规划的读者应该知道，对 NR 的接入网系统进行 CU 和 DU 的分离，针对不同的上层业务特征，可采用不同的接入网部署方案，比如，如图 3-31 所示，对于时延要求高的用户，DU 可以被大量分布式地部署在靠近用户的网络边缘，而考虑到资源的共享，CU 可部署在综合机房处。针对有较大计算量或者数据量的业务（比如云计算业务、人工智能业务等），还可以利用边缘计算技术，将边缘计算节点部署在 CU 上，以进一步满足时延需求和计算需求。这对 V2X、人工智能、视频点播等业务是有极高现实意义的。

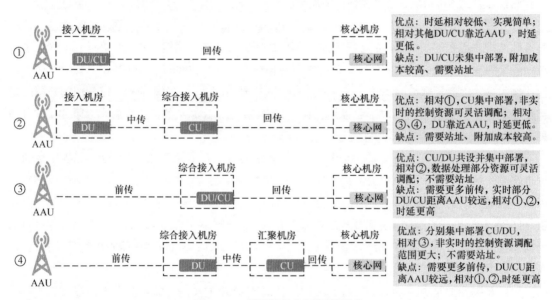

图 3-31　灵活的接入网部署形式

网络侧的手段当然不止这些。

QoS 是移动通信网络满足业务多样性的一个传统手段。简单来说，就是根据上层应用的特征（比如数据包时延预算、误报率、数据率等）对数据流进行标记，在核心网的各个处理节点根据这个标记对数据流进行有针对性的处理和保障。5G 的 QoS 相对 LTE 的 QoS 也进行了一些增强，比如从控制颗粒度来看，QoS 从 LTE 的承载级细化为 5G 的 QoS Flow 级别，这样就可以更好地精细控制业务流的转发保障规则。

但人们逐渐意识到这种"用一个网络支持所有业务"的思路无法适应当下业务需求差异越发

巨大的情况。因此，网络切片技术应运而生。

QoS 的思路是共享资源，而网络切片的思路是共享硬件资源，但通过"软件"的隔离实现资源、配置的独立。这就像我们在计算机上安装虚拟机一样，硬件设备是公共的，但通过软件的隔离，资源和配置都可以实现独立。通过网络切片技术我们就可以完全针对特定的业务需求对网络进行有针对性的配置，而不需要考虑对其他业务的影响，进而更好地满足业务的需求。

接下来要介绍的是核心网引入的各种用户面卸载 / 分流技术，比如多用户锚点技术和本地数据网络（LADN）技术。这两个技术为用户面数据包的传输提供了更加多样的传输路径选择，在图 3-32 所示的场景下，出于安全和保密的需要，只允许用户在特定区域访问特定的服务器，即有一些业务要求数据访问有地域限制。

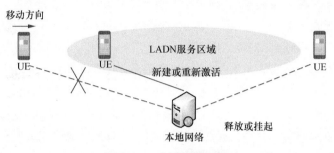

图 3-32　本地数据网络

另外，在边缘计算场景下，业务需要将特定的数据流分流 / 卸载到特定的服务器上进行处理，这就需要用到多用户锚点技术。

随着移动通信网络能力的不断提高，人们越来越意识到，一个强大的接入网系统，如果没有一个灵活、高效、易扩展、可定制、可快速针对业务需求进行业务编排的后台网络，那么其能力也无法充分发挥。于是就有了 5G 核心网技术，即基于服务的网络架构（SBA）。

基于服务的网络架构的思路来源于互联网的"云原生""微服务"概念。这个思想简单来说就是将原本"定制"在特定硬件上且大而全的核心网功能实体，拆分为功能相对单一的网络功能服务，利用轻量化且经过路径优化的基于服务的接口连接，以对"外"提供服务。

基于服务的网络架构将功能的"生产者""消费者"分离开来，实现了更好的扩展性，可以更加灵活、快速和低成本地实现核心网功能的扩展，最终实现核心网业务的快速编排，如图 3-33 所示。

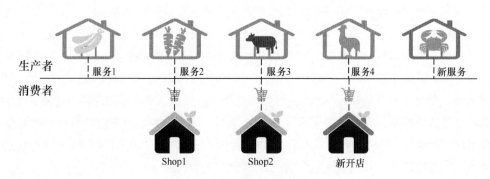

图 3-33　基于服务的网络架构

基于服务的网络架构对业务多样性而言意义重大，它的出现推动了移动通信网络从"专网专用"转向"专网多用"，也拉开了移动通信网络从能力创新到业务创新的序幕。

到这里，我们基本上完成了对 R15 中技术创新的综合描述，相信各位读者从上述的描述中可以感受到 3GPP 在 R15 协议中投入的精力和满满的诚意。如果说 R15 中的技术是没有创新的，那显然不够客观。

系统观 3 5G 在"缺乏创新"条件下的历史使命

在 3.2 节中，我们集中对 5G 第一个技术版本 R15 的主要技术特征进行了梳理。这样的梳理一方面是为了从技术角度来探究 5G 和 4G LTE 的技术差异和能力变化，另一方面也是为梳理 R15 的新技术演进动力奠定基础。

从技术角度看 5G 相对 4G 的能力提升。

5G 不仅满足了 ITU 的最低技术要求，还有足够的技术余量（如图 3-10、图 3-23、图 3-26、图 3-27 所示）。但我们也可以看到，5G 相比 4G 的创新与 4G 相比 3G、3G 相比 2G 及 2G 相比 1G 的创新都有所不同。从 1.4 ～ 1.7 节介绍的移动通信从 0G 到 4G 的发展过程我们可以很清晰地看到，每一次技术迭代都有一些背后的"英雄"。这些背后的"英雄"一方面是指"上层应用需求"，另一方面指"颠覆性"的技术创新。

"上层应用需求"让移动通信技术的革新有强烈的、不可抗拒的原动力。比如从有线到无线、无线通信从"奢侈品"到"日用品"、上层业务从语音业务到数据业务再到移动互联网业务，这些业务需求推动着技术一代代地演变。而"颠覆性的技术创新"则是实现"上层应用需求"的基石和手段，比如无线电技术、蜂窝技术、数字通信技术、多址计算技术、MIMO 技术等。

但 4G 到 5G 的演变似乎有些与众不同。从底层技术来看，5G R15 相比 4G 并没有太多"颠覆性"的技术创新。比如物理层，我们很多时候看到的不是变革而只是演进，更多是量的变化（比如带宽、MIMO 天线数），而非质的变化。这反映的是当人们最低层次的需求被满足后，需求会向更高层次转换，但在需求还未完全展现之前（比如来自各类 5G+X 行业应用的高层次需求，需要在不断地技术实践过程中才能最终被人们客观地认识和理解），底层技术正在用"量的积累"积蓄再一次"颠覆性"的技术创新的力量。基于这些"量的积累"和更加清晰的上层应用需求进行一次突破性的变革。

之所以需要"量的积累"，是因为那些"高层次需求"相比以往的"低层次需求"要复杂很多。笔者作为多届"绽放杯"5G 应用征集大赛的复赛评委有很深的亲身体会：当移动通信技术从传统的 ToC 业务向面向行业的 ToB 业务转变时，上层应用需求变得更加系统化。这些系统化的需求往往是多种指标和能力的复杂组合（比如在 IIoT 场景中，需要"时延 + 可靠性"组合）。从技术角度看，这些能力组合不是"1+1=2"的简单关系（比如实现低时延往往会牺牲可靠性，而高可靠性往往需要牺牲时延来实现），而是需要移动通信从底层技术到网络架构、流程体系，再到服务体系的复合式创新。这种复合式创新的难度，以及其改变世界的效果绝不亚于我们以往所认知的"颠覆性"的底层技术创新。

正是基于上述原因，笔者坚持认为 5G 并不是缺乏创新的一代。

当然，若单从 5G R15 来看，正如我们在前面提到的"量的积累"过程，在让人们"眼前一亮"

的5G应用被孵化出来之前，对于普通消费者来说，看到的更多是5G相比4G的"平庸"。但当以"复合式创新"为目标的R16、R17及其后续5G演进版本商用后，相信会有大量5G专属的应用出现。届时，5G才能真正为自己正名！

当然，这个正名的过程不会一帆风顺，正如我们即将在第4章描述的，5G从ToC到ToB的过程将经历一个不可避免的"阵痛期"！

第 4 章　R15 "未完成的任务"

也许，在当下，人们眼中的 5G 充斥着矛盾：一方面是"5G 改变社会，充满无限可能"的高歌猛进；另一方面是"5G 时代总会到来，但目前似乎跟我们没什么关系"的感叹。5G 正处在"阵痛期"，这个"阵痛期"为何而生，又如何化解？

在本章中我们将一起来看看目前 5G 遇到的阶段性问题，看看 5G 还有哪些未完成的任务。

4.1　5G 产业的"阵痛期"

在第 1 章中，我们对移动通信技术发展的历史进行了回顾：从 0G 到 1G，从 1G 再到 4G。说到移动通信技术，笔者作为一个标准的 80 后，算是亲历者。每一代技术几乎都有一些标志性应用。比如 1G 的语音、2G 的短信、3G 的快速上网、4G 的播放视频……说到 5G，或许是 AR、VR，或许是超高清视频和直播，或许是智慧城市和智慧医疗，或许是自动驾驶……

是的，就如很多 5G 用户感到的那样：5G 除了快一点，好像没有太大的改变，而且这个"快"并不明显。

2020 年 11 月，《日经亚洲评论》报道：韩国因 5G 质量低劣、覆盖范围不足和收费高昂等原因，有多达 562 656 人已从 5G 切换回 4G 服务。

如果韩国的这 56 万多人退网的原因仅仅是认为 5G 网络质量不好，费用高昂，我觉得这还可以接受，也容易解决。毕竟一个新技术从 0 到 1 全面铺开是需要时间的，随着技术的成熟和部署的完善，这些问题都会被解决。但答案并非如此。

我们决不能回避这个问题，而是要找到问题出现的原因。显然，我们不能简单地将原因归结于"缺乏应用创新"。

我们通过马斯洛"需求层次理论"来尝试找出原因。

在通信技术成功地满足了人们的基础性需求后，人们的需求逐渐向更高层次转变。我们不再满足于手机可以打电话、聊天和上网，还希望获得更优质的服务（观看高清视频），实现自我价值（自媒体、短视频），甚至希望用它创造更大的价值（赋能垂直行业），去探索未知的世界（人工智能、数字孪生）。这些需求是成长性的高层次需求，相比低层次需求更加复杂。比如自动驾驶技术，它显然不是通信行业传统意义上的"自留地"，而是一个跨越通信、交通、汽车制造、市政建设，甚至法律法规等行业和领域的庞大系统工程。实现这样庞大的系统工程显然需要技术、社会和思想的融合、沉淀和蓄势，这是一个漫长的过程。

这个过程之所以会非常漫长，是因为我们需要完成一系列的转变，涉及赋能思维、技术互信、技术消化和再创新，以及技术的"变现"等。

这个转变过程也是 5G 的"阵痛期"，使 5G 处于"阵痛期"的第 1 个因素是通信技术的赋能问题。

这是通信行业需要仔细思考的问题。我们可喜地看到，至少在我国，三大电信运营商和几个设备商已经行动起来了。例如，中国移动牵头推出了 100 个集团级的 5G+ 龙头示范项目、2000 多个省级特色示范项目，这是从技术源头进行的一次关于赋能思想的传播。当然，要想让这些行业的示范应用项目从"样板房"升级为"商品房"还要经历很多挑战。通信技术赋能垂直行业面临的挑战如图4-1所示。

图4-1　通信技术赋能垂直行业面临的挑战

第1个挑战是技术信任。例如，对于整车企业来说，企业的产品直接关系到用户的安全，如何让整车企业信任一个由不同行业制定出的车联网标准呢？如果出了交通事故，责任如何界定？对于医疗系统来说，我们呼吁用通信系统来进行远程手术，医疗界可以信任我们的低时延和可靠性吗？所以，技术信任是个复杂、需要时间积累才能解决的问题。

第2个挑战是技术消化和再创新。隔行如隔山，对于通信行业来说，其他行业就是"山那边"的世界。对于其他行业来说，通信行业也是如此。虽说我们现在可以通过"样板房"的方式来推动跨行业的联合，但"样板房"终究不是"商品房"，最终决定买不买的还是用户。所以我们首先要做的就是让跨行业的专家理解5G、吃透5G，这样才能更好地利用5G。我们希望最终实现的不是他们直接的"拿来主义"，而是他们基于"拿来主义"的技术，结合自身的需求进行再实践，再创新。只有这样，"5G+"的赋能才是可持续的。

第3个挑战是如何让技术"变现"。这个问题是一个非技术问题，但它有时候决定了一个技术是否最终可以被市场接受。所谓"变现"，简单来说就是用合理的商业模式让这个技术的发展可持续。再简单一些就是除了实现"技术有增益，用户喜欢"，还要实现"有利可图，运营商愿意用"。对于很多技术来说，这不是问题。但对于某些技术来说，这决定着其能否生存。比如Sidelink技术（在LTE中被称为D2D）。坦率地说，笔者一直看好这项技术，因为它突破了传统的基站到终端的空口技术，可在网络辅助或者完全自主的情况下实现终端与终端之间的直接通信，应用场景涉及可穿戴设备和自动驾驶，可以说非常广泛。但Sidelink的数据传输不经过运营商核心网，因此无法套用传统的计费方案和商业模式。如果没有一个清晰的商业模式，那么运营商部署动力不足。所以，D2D从R12引入LTE-A后，至今仍未实现商用。但从技术角度来看，如果缺少了这种直接通信的手段，自动驾驶只是一句空话（数据绕道，网络侧时延无法达到要求）。

使5G处于"阵痛期"的第2个因素也许是规模。正如中国工程院院士邬贺铨所说："移动通信很多新业态是在网络覆盖和用户数达到一定规模后才出现的，为了加快这一新业态的进程，网络能力需要更好地开放。5G时代一定会产生现在还想象不到的新应用，5G在垂直行业应用将会激发出更多更大规模的新业态。"这里的规模一方面是指用户规模，另一方面是指产业实践中"商品房"的规模。前者是ToC业务的基础，后者是ToB业务的基础。无论是ToC还是ToB，都需要在形成一定规模后，再出现一两个让人有深刻体会的成功案例，则"雪球"就会越滚越大。

使5G处于"阵痛期"的第3个因素是技术就绪度，包括实现技术的就绪度和标准规范的就绪度。实现技术的就绪度其实就是商用网络和终端的技术成熟度，它直接关系到用户感受到的网络覆盖、网络质量、终端价格、终端发热和能耗等。相信，随着 5G 商用的不断深化，实现技术就绪度这个问题可以很快解决。

另一个就绪度是标准规范的就绪度。我们在前面已经提到，当前商用的是 3GPP 在 2017 年、2018 年发布的 5G R15。而这个技术版本的主要任务是完成 5G 基本协议架构及 eMBB 功能的规范制定，对于直接影响到垂直行业的 URLLC 应用场景和 mMTC 应用场景并未进行专项增强。虽然从技术层面 R15 已经满足了 ITU 对 5G 的定义，但仍然有很多可提升的地方。比如，我们要实现自动驾驶场景中的极限时延（3ms 的端到端时延），用传统的数据传输路径（终端到基站间，再到核心网）可能无论如何都是无法实现的。因此，针对终端间直接通信的 NR 技术就显得十分必要了，这就是在 5G R16 阶段定义的 Sidelink 技术。

正因为这 3 个因素，让我们眼里的 5G 充满了矛盾。

当然，我们在这里强调 5G 正处于"阵痛期"，并不是唱衰 5G。相反，只有正确对待 5G 面临的阶段性问题，才能不留于浮躁的表面，真正深入产业的"细枝末节"，去找寻在时间催化下，5G 产业这棵大树上长出的新芽。

4.2 R15"未完成的任务"

5G R15 的主要任务是完成 5G 整体协议架构和基本功能的制定，重点完成 eMBB 应用场景的功能定义。某一代技术第一版协议的发布并不代表这一代技术的结束，而是代表一代技术演进的开始，5G R15 也是如此。因为各种原因（比如制定第一版协议的时间限制），5G R15 有很多"未完成的任务"，这些"未完成的任务"就体现于本书后面章节中的主角——R16、R17 及后续版本。

1. 基本能力扩展

作为 5G 的第二个技术版本 R16，它最重要的任务就是基于 R15 对因为时间原因在 R15 未实现的基础功能进行补齐，使 NR 的性能全面满足 ITU 对 IMT-2020 提出的最低性能需求。比如，移动性增强、随机接入技术增强（两步随机接入）、MIMO 增强、双连接和载波聚合技术、UE 节能技术及核心网的增强 SMF 和 UPF 拓扑（ETSUN）、网络切片增强（e_NS）等。其中，对移动性和随机接入技术的增强是两个典型的基本能力技术。

如果大家阅读了 ITU-R M.2410 建议书《IMT-2020 无线空口技术性能最低需求》，一定会注意到，除了峰值速率、用户体验速率、用户面和控制面时延、连接密度和流量密度、能源效率外，ITU 其实还定义了一些其他最低需求指标，比如移动中断时间。移动中断时间指"在移动过程中，用户终端不能与任何基站交换用户数据包的最短时间。它包括所有执行无线接入过程、资源控制信令和基站与用户间信息交换的时间，ITU 对移动中断时间的能力要求是 0ms。看到这个定义，我相信绝大部分读者会想到切换过程。但如果仔细阅读过 3GPP 自评估报告或者提交给 ITU 的评估报告的读者会发现，3GPP 在递交给 ITU 的自评估报告中并未评估切换的中断时间，而是对"波束移动性"（用户在移动时，服务波束的切换）和"载波聚合移动性"进行评估。当然，这种"顶包"的行为从技术层面看是没有问题的。只是，从某种意义上来说也显示了 NR 系统在切换性能上并没有十足的底气。其实，在 R15 讨论时，3GPP 各参与公司都关注到 0ms 这个比较麻烦的最低需求，但由于各种原因（主要是时间问题），并未将相关解决方案写入 R15，而是在 R16 中进行了单独的立项进行增强。

另外一个技术的代表是控制面时延性能，从图 3-23 中大家会发现，虽然 3GPP 在给出的所有配置集合下，所有方案都满足了 ITU 定义的控制面时延 20ms 的最低需求，但并未达到 10ms。3GPP 的自评估数据来自传统的 4 步随机接入过程。其实在 R15 的讨论过程中，很多公司都提出了对 4 步随机接入过程进行增强的想法，提出了两步随机接入（2-Step RACH）的方案。但，也是因为时间问题，最终并未在 R15 阶段完成标准化工作，而是在 R16 时期单独成立两步随机接入项目进行研究和增强。

类似移动性增强和两步随机接入这样的基础功能增强的例子还有很多，比如双连接和载波聚合项目通过利用更早的测量报告，将载波聚合激活过程由 3 步简化为 2 步，进而节约激活时间；在 MIMO 增强项目中，对边缘用户上下行性能和均峰比的增强；在终端节能（UE power saving）项目中引入更长的 DRX、唤醒信号（Wake Up Signal），放宽 RRM 测量等功能，进而实现终端能耗的降低。这些技术的增强将在第 5 章中进行详细介绍。

2. 垂直行业能力扩展

除了基本能力增强的新项目，3GPP 在 R16 及其后续版本中还引入了很多针对垂直行业的能力扩展项目。笔者对这批项目引入的技术满怀期待，这些项目才是 5G 的精髓，它们是 5G 应用场景的关键，是移动通信技术从通用技术向定制化转换的主干道。

对垂直行业的赋能是目前大家公认的 5G 技术最为重要的发展方向和服务。在 ITU 提出的 5G 三大应用场景中，URLLC 和 mMTC 的主要商用场景就属于垂直行业应用场景，比如自动驾驶、远程医疗、远程教育、智能制造、智能工厂、智慧城市、智能电网。

垂直行业对底层移动通信网络的技术需求和对传统移动业务的需求是有很大区别的。这一点我们可以在 ITU-R M.2083-0 建议书《IMT 愿景—2020 年及之后 IMT 未来发展的框架和总体目标》中看到，如图 4-2 所示。从整体而言，垂直行业相比传统的 ToC 业务对时延、连接密度、移动性和能耗有更高的要求。因此，在移动通信运营商的传统思维下的通用解决方案往往并不适用于垂直行业。"垂直"的另一层意思就是"细分"，因此，对支持垂直行业需要实现深度的产品和方案的定制化。

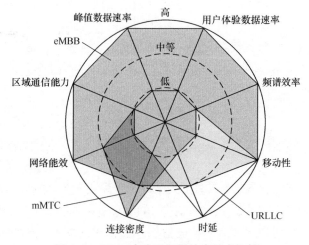

图 4-2　5G 三大应用场景技术需求比较

如何定制化呢？ 3GPP 给出的答案如下。

3GPP 标准化布局

首先在 R15 中构建一个基本能力和功能较强的基础网络，然后基于这个基础网络结合垂直行业的特征进行专项的能力增强。与此同时，利用基于服务的网络架构提供灵活、高效的，基于"云原生"的编排能力，最后用网络切片技术实现逻辑层面资源、数据、配置策略独立的定制网络。

正因为这样，3GPP 从 R16 开始，对一些垂直行业需要的技术能力开展了研究和标准制定工作，包括 IIoT 项目、NPN 项目、URLLC 项目、5G 车联网项目、非授权频谱（NR-U）项目、NR 定位项目等。我们将在第 6 章中对这一部分进行详细介绍。

3. 自动化和智能化能力扩展

基于在本节最开始给出的 5G 标准化的整体思路，我们可以看到，在对 5G 基础网络能力进行增强、针对垂直行业的特殊需求进行能力扩展后，亟待解决的一个问题是如何快速地适应技术和需求的迭代，如何快速地进行业务的发布、重组和编排。因此，我们需要实现网络自动化和智能化。也就是说，最终要更简单、快速、低消耗地利用这些已定义的 5G 先进技术。比如 R16 的服务化架构增强（eSBA）项目、5G 自组织网络（SON_5G）项目、SON/MDT 数据收集增强（NR_ENDT_SON_MDT_enh）项目、层 2 测量（L2 Measurement）项目、5G 网络智能化和 NWDAF（网络数据分析功能）项目等，都是对现有网络进行自动化改造，以提高智能化程度，降低网络和服务部署、维护的人为开销的相关技术。

4. 探索类技术扩展

除了"基本能力扩展""垂直行业能力扩展""自动化和智能化能力扩展"3 类技术外，在 3GPP 的后续技术版本（如 R18、R19）中，还出现了一个新的技术类别——探索类技术。

探索类技术并非一个独立的技术分类，它们大多数出现在比较靠后的 5G 版本中，考虑到商用的可能性大大降低，所以带有一定的技术探索性质。

虽然探索类技术并不一定会被商用，却非常重要。它们是对新技术的一种探索和尝试，并为其在下一代移动通信技术中实现落地奠定技术和商用基础。比如在 LTE R13 中首次引入的 RRC Resume 过程（RRC 挂起／恢复过程），在进行了不断的技术探索后，最终在 5G R15 中优先写入 5G 协议，并获得了商用。这类技术其实还有很多，比如 LTE 的 D2D 技术、双连接技术等。对于这类技术，我们将在第 8 章中进行详细介绍。

系统观 4 5G 涌现的"新"趋势

在第 1 章中，我们对移动通信发展的历史进行了全面的梳理。通过对这些过往历史的梳理，我们在第 2 章中归纳出了通信技术发展的"旧"动力和约束力。在第 3 章中，我们又对 5G R15 的技术能力进行了分析，并在第 4 章中梳理了 5G R15 目前面临的阶段性问题和未完成的任务。在第 3 篇"演进篇"中，我们还将完整细致地为读者展开 5G 的演进全过程，介绍在 5G R15 后有哪些新技术和特性出现。

2015 年 9 月，ITU 发布 ITU-R M.2083 建议书《IMT 愿景 –2020 年及之后 IMT 未来发展的框架和总体目标》。这个建议书不仅定义了三大应用场景，即 eMBB、URLLC 和 mMTC，还详细地对未来 5G 系统的业务需求进行了分析，如表 4-1 所示。

表 4-1　5G 系统业务需求分析

业务需求	描述	关键词
支持时延极低、可靠性高且以人为中心的通信	ToC 场景，实现更高能力的通信，包括云服务、VR、AR，以有力推动医疗、安全和娱乐等其他新应用领域的发展	低时延、高可靠性
支持时延极低、可靠性高且以机器为中心的通信	ToB 场景，实现更高能力的通信，包括自动驾驶、实时交通管制、紧急情况和灾难响应、智能电网、工业通信等	低时延、高可靠性
支持高用户密度	并发数量庞大（手机、机器 / 设备）	连接密度、流量密度
高移动性下的高质量	保障移动的用户和静止的用户获得类似质量的体验。保障在高速移动条件下的用户体验	高移动性、高用户体验
增强多媒体服务	支持应用于多领域（医疗、安保、安全）的高清多媒体业务。用户具备更强的媒介消费能力，比如高清显示，多视角高清显示，移动 3D 投影，沉浸式视频会议，AR、混合现实（MR）显示和交互界面等	高速率
物联网	所有可以受益于互联互通的对象均可能连接网络，包括从低复杂度到高复杂度的设备：智能手机、传感器、执行器、照相机 / 摄像机及车辆等	多等级的能耗、传输功率、时延要求、成本和其他指标
应用聚合	应用类型越来越丰富	业务多样性
超精准定位应用	完善急救服务，支持无人驾驶或无人机陆基导航服务	高精度定位
移动宽带情景增强	中继、小基站、多媒体广播和多播服务、无线局域网、近距离通信等多种不同的接入场景可提供更加人性化和高质量的体验	多"空口"
网络和终端能效	可以通过降低 RF 发射功率和节约电路功率来提高网络能效。为了增强能效，应充分研究不同用户的流量变化特点，以实现自适应性资源管理。相关例子包括非连续传输（DTX）、基站和天线静音及多种无线接入技术（RAT）间的流量平衡	节能
隐私和安全	新无线电技术、新服务和新部署案例将带来诸多安全和隐私威胁，因此未来 IMT 系统需要提供强有力且安全的解决方案予以应对	安全性、隐私性
IMT-2020 与其他接入系统之间的关系	用户应能够随时随地访问服务，各类接入技术间的互通合作至关重要，这或许包括结合不同的固定、地面和卫星网络。IMT-2020 将与无线局域网（RLAN）、广播网络和其在未来可能出现的增强形式等其他无线接入系统互通合作	多"空口"

表 4-1 给出了 5G 业务需求趋势。下面我们先对第 2 章中给出的旧动力和约束力进行总结，并结合 ITU 给出的业务需求趋势，来看看旧动力和约束力的变化趋势，如表 4-2 所示。

表 4-2　旧动力和约束力的变化趋势

动力和约束力	演进
旧动力 A：技术理论创新驱动	技术理论的创新显然在新时代仍然具有核心作用。但基于"约束力 C：利益制衡""约束力 A：实现能力的约束"，无法满足需求的技术和大大超越了需求的技术显然都不是我们的追求
旧动力 B：容量驱动	仍然发挥较大的驱动作用，但从以往满足"人"的连接需求，改变为应对物联网满足"物"的连接需求；从接入用户总数的需求，改变为对连接密度的需求
旧动力 C：覆盖驱动	驱动力自 2G 后明显降低，但从 5G 开始覆盖从对人转向支持物的覆盖，从广度发展到深度发展
旧动力 D：速度驱动	仍然是一个重要的演进驱动力，但由于其他需求的出现，其重要性有所降低，速度并不是唯一的技术追求； 从单纯的速率需求演进为流量密度的需求。此外，人们越来越重视一些以往被忽略的场景：边缘用户体验和上行速率的增强
旧动力 E：应用需求驱动	从单纯的互联互通需求演进为对时延、可靠性、安全性、隐私性、能耗等更丰富的技术指标的需求，且不同业务对技术的需求差异较大
旧动力 F：标准化组织的推动	标准化组织的推动作用仍然巨大，但对 3GPP 的直接"威胁"在减弱（3GPP2 的没落和 IEEE WiMAX 的出局），3GPP 如何自我驱动而获得良性发展，并继续保证标准的统一，值得关注
旧动力 G：良性竞争和创新的推动	如何与其他接入技术（如 Wi-Fi、卫星通信）和跨领域技术（人工智能、云计算等）融合，如何让移动通信技术再次迸发活力至关重要
约束力 A：实现能力的约束	实现能力继续制约新技术的引入
约束力 B：应用和市场的约束	应用和市场的约束继续制约新技术的商用进程
约束力 C：利益制衡	利益的制衡，继续维护标准的统一，也制约新技术的引入

　　正如表 4-2 所示，"旧"动力的内涵在"新"时代不断演进。就整体而言，旧动力仍然会继续推动移动通信技术的发展。另外，不少的新动力、新趋势也在萌芽，比如垂直行业驱动等。接下来我们就来分析一下 5G 展现出来的一些新趋势。

Ⓐ　新趋势之"物的连接"

　　所有可以受益于互联互通的对象均可能连接网络，这是移动通信技术从 0G 发展到 4G 的演进规律。笔者认为移动通信系统连接会经历人与人的连接、人与物的连接和物与物的连接 3 个阶段。其中第 1 个阶段人与人的连接在 0G 到 3G 已经实现，在那个时代移动通信网络的主要服务对象是人，主要业务是语音业务。第 2 个阶段从 4G 时代开始出现，主要的表现就是智慧城市、可穿戴设备和物联网的出现。人与物的连接的主要服务对象仍然是人，只不过通过连接，物和人产生的关联、应用开始多样化，连接数开始增多，这个阶段会和第 3 个阶段长期并存，共同发展。在第 3 个阶段，网络将同时为人和物提供服务或者说为人和社会提供服务。移动通信技术开始在创造生产资料的领域发挥价值，比如工业物联网和工业 4.0。

　　连接对象的转变会导致两个明显的变化，即连接数量级的变化和业务需求的明显差异化。前者就是连接密度、流量密度这两个指标的根源，正如我们在 3.2.3 节中提到的诸多手段。业务需求的明显差异化，将有别于普通的业务多样性。此外，由于"物"的存在范围比"人"的存在范围更加广泛，所以在一些人迹罕见的区域也需要网络的连接，这也侧面触发了非地面通信

（NTN）及后续空天地一体通信的需求。

在这些变化中，对网络整体架构影响最大的是业务需求的差异。在物与物连接的世界，很多技术指标已经超越了"人"可感知的范畴，如在物联网场景下，对可靠性和时延的要求。然而，业务之间的差异化已经超越了传统思维下解决业务多样性问题的解决方案（如 QoS 系统），进而催生了新的定制化、个性化方案，如网络切片。

Ⓑ 新趋势之"业务的定制化、弹性和智能化"

一直以来，移动通信网络都以人为服务对象，为人们提供优质的通信服务。但随着应用场景的快速变化，移动通信网络的服务对象也在发生变化，而移动通信网络的后台管理手段也随之发生改变。

从 0G 到 2G 的语音，到 3G、4G 的移动互联网，万变不离其宗，移动通信网络的服务对象一直没有脱离"人"的范畴，也因此，上层业务需求的变化导致的技术能力的变化一直未超过人"理解"的范围。

在以人为中心的通信系统中，我们通常利用 QoS 体系来处理业务多样性，即对不同数据流根据其技术的需求进行分类，并加上一个标签。数据流在网络中进行传输时，网络会根据这个标签进行一些差异化的处理，比如排队策略、优先级策略、丢包策略等。它本质上是用一套通用的硬件设施和方案来尽可能地处理差异化的需求，但网络的服务对象从人变为物后，类似这种"什么都想要"的处理方式就变得捉襟见肘。

在进入 5G 时代后，为了处理这种巨大的需求差异，我们最终选择用"差异化"来应对"差异化"，即用网络能力的"定制"来应对细分的技术需求。如何实现网络能力的定制化呢？5G 之前的做法是单独定制一个网络，即专网。但这种方法浪费资源，而且付出的成本巨大。因此，5G 网络切片出现了。

网络切片就是基于一套硬件设施，通过软件的方式来实现各切片资源、安全和配置的独立。既然要用同一套硬件设施来实现不同的网络能力，就要求网络具备很好的弹性。比如从接入网的角度来看，网络需要支持不同的带宽、不同的子载波间隔、不同的资源分配和调度方式、不同的终端能力集合等。从网络角度来看，网络需要具备不同的部署模式、不同的拓扑结构、灵活的用户面传输路径、灵活的功能编排、灵活的计费和用户策略等。通俗地说，就是用户需要网络在非常大的范围内实现动态配置。这也是为什么 5G 协议中充斥着各种"Type"、各种"Mode"和各种"Congfig#"。

网络的弹性还反映在设备的通用化上，即用"通用硬件 + 专用软件"来取代"专用硬件 + 专用软件"。这让我们的网络在应对多变的需求时不仅"有能力"，还可以做到"低成本""快速反应"，比如软件定义网络（SDN）和网络功能虚拟化（NFV）。

在动态能力和硬件通用化后，接下来要做的一件事情就是如何让服务的选择"菜单化"。这就是 5G 引入基于服务的网络架构的目的。

但问题是，如果网络如此灵活和动态，那么运营商如何进行快速的网络配置和优化呢？以往网络配置和优化几乎完全依赖人工来完成，但这在"可配置参数"达到一个巨大数量级的时候，人工方案就会显得笨拙、低效率和反应速度过慢。于是，网络的智能化需求被提上日程。一方面我们要用智能化解放人的开销，如自组织网络（SON）技术、移动性鲁棒性优化（MRO）、移动性负载均衡（MLB）、最小化路测等；另一方面，我们也可以利用智能化来处理一些传统方法和算法无法很好地处理的问题。此外，具备智能的网络还可以进一步为外部提供服务。

因此，从上述角度来看，业务多样性触发的网络功能的复杂化及对定制化能力的需求最终推动了网络弹性和智能化。这将是移动通信网络从以人为中心向以人和物为中心发展的一个重大转变。

Ⓒ 新趋势之"低能耗和节能"

碳排放和低能耗现在已经变成了社会上的热门话题，也成为各行各业（包括通信行业在内）共同追求的目标。为什么通信行业还要考虑碳排放呢？让我们来看一下从某运营商年报中看到的一些数据，如图 4-3 所示。

读者也许注意到了图 4-3 中显示的 56% 的空调电费，是不是非常难以想象？那是因为接入网系统的室内基站处理单元（BBU）发热量巨大，没有全天候能力，所以必须将其安置在室内并采取降温措施。为了降低这个碳排放"大户"的碳排放量，4G 阶段出现了基站系统云化、池化的趋势，如图 4-4 所示。

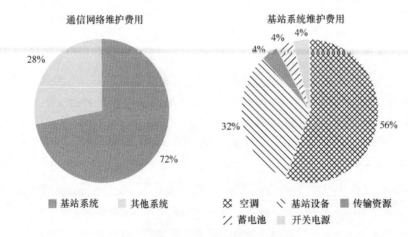

图 4-3　某运营商的网络维护费用

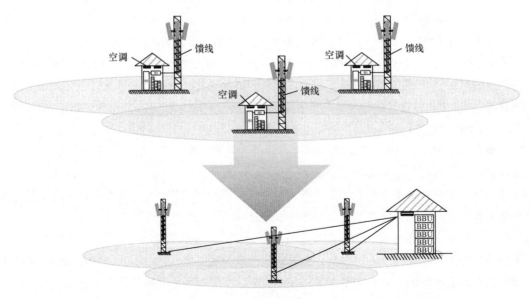

图 4-4　接入网系统的云化、池化

在这个阶段的接入网系统云化过程中，人们对没有全天候能力的 BBU 进行云化和池化，并进行集中部署，然后对有全天候能力的 RRU 和天线进行分布式部署。这就有效地降低了空调能耗导致的巨大能耗。当然，池化和云化也很好地实现了资源灵活共享。

在 5G NR 中，能耗效率这个指标十分重要，不仅在进行 R15 阶段的基础协议架构设计时采用了一些针对性设计，在 R16 及后续的演进过程中，能耗效率也被看作是一个非常重要的演进方向。首先需要解决的是直接影响到用户体验的终端能耗问题，这一方面基于降低碳排放的需求，另一方面也是提升 5G 终端能力的需要。然后需要解决的是网络的能耗问题，对降低各大运营商及垂直行业的运营成本而言非常重要。

Ⓓ 新趋势之"技术与市场的渗透和融合"

在我们国家的学科门类中，通信技术被分类到工学门类下的信息与通信工程学科，它与计算机科学与技术、电子科学与技术是同一门类下的不同学科。也就是说，通信技术是一个独立的学科。

但随着通信技术的发展，我们发现学科间的渗透和融合成为一个不可逆的趋势。从图 4-5 中可以看到，从 2G 开始，移动通信技术就开启了和计算机技术相互渗透和融合的过程。首先是 GPRS 通过引入 SGSN 和 GGSN 两个核心网节点实现了 IP 数据包的传输、将移动通信网络首次连接到互联网。在后续的 3G 时代，IP 化趋势得到演进，最终在 4G 时代实现了全 IP 网络。

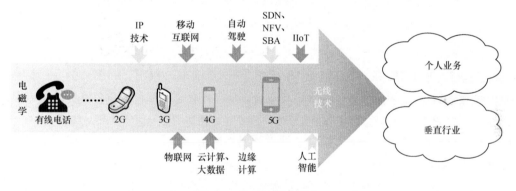

图 4-5　技术渗透和融合

在 5G 时代，计算机与通信技术的渗透和融合趋势更加明显，比如在 R15 中就将发源于计算机领域的 SDN、NFV 和 SBA 概念融入 5G 核心网，从而实现了网络的弹性，并最终实现了业务的灵活编排；5G 核心网在完成控制面和用户面分离后，引入了多用户锚点等技术，使数据可以就近接入更靠近用户的网络边缘，为边缘计算奠定基础。在后续的几个 5G 版本中，3GPP 还在考虑将通信与人工智能相结合，一方面，一些学者在研究如何利用人工智能技术来增强移动通信网络；另一方面，一些人也在研究如何将人工智能"原生"在移动通信网络中，以实现网络的智能化（参见 8.2.4 节）。

移动通信技术对其他垂直行业的支持也可以看作通信技术与其他技术领域融合的结果。虽然这种融合更多地表现为服务和市场的融合，这也迫使移动通信技术从业者不得不认真地去理解其他技术领域的需求，也从侧面推动了技术的融合。

从上面的分析中我们可以看到一个大趋势，即移动通信技术将会与其他技术和行业领域相融合。笔者相信，这个趋势将在后 5G 及未来的 6G 时代得以实践并大放异彩。当然，这也为移动通信技术带来了不小的挑战，至少对从事移动通信标准研究的工程师来说，对其他领域知识的学习就变成了一项必须完成的任务。

Ⓔ 新趋势之"网络拓扑异构和接入方式的多样性"

在 4G 时代，出现了一个技术名词——异构网络（HetNet），异构网络指的是相对传统的单层网络而言，其具有多频段、多制式、多形态特点并由不同大小的覆盖区域构成的立体网络结构。如图 4-6 所示，在异构化的网络架构下，在同一个覆盖区域内可能存在多种类型的覆盖，比如 3GPP 在 LTE 系统引入的微小区技术、中继技术、家庭基站技术和近场通信技术。

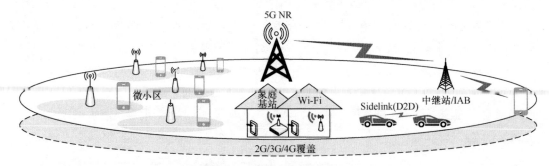

图 4-6　网络拓扑的异构化

可能有些读者会问，为什么要采用这种复杂的拓扑结构呢？

我们知道，根据 ITU 的建议，虽然 5G 的流量密度已经从 4G 的 0.1Mbit/s·m^{-2} 大幅提升至 10Mbit/s·m^{-2}，但坦白地说，即便如此，考虑到连接终端数的增加，这样的流量密度对于某些业务场景（如 AR/VR）而言也仍然存在无法满足的可能，或者说，为了支持这些极限业务，可能会因为抢占了过多资源而影响到相同小区的其他用户的体验。因此，我们可以用小区分裂的方法来进一步地提升用户体验速率。小区分裂其实就是通过缩小小区覆盖范围，让频谱可以更多地复用，进而成倍提升系统容量和用户体验速率。

当然，采用异构化的网络拓扑结构有一些"不得不为"的原因。其中一个原因是 5G 在采用了更高的频段后覆盖能力下降，这让我们在某些时候必须利用异构网络来"弥补"有可能出现的盲点。

另外一个非常重要的原因是不同的应用场景对空口技术具有不同的需求。一方面，从商业和用户习惯的角度考虑，我们在某些场景下已经习惯了使用某些技术接入网络。比如我们习惯在静止状态下用 Wi-Fi 连接网络，以享受免费的高速网络；在物联网场景下，我们可能希望在不升级设备的情况下，仍然可以通过 NB-IoT(窄带物联网）甚至 2G 来接入网络，这对用户和运营商来说也是充分利用已有投资的需求。我们需要尊重用户的需求并尽可能地为之提供便利。另一方面，从技术角度看，在某些情况下，传统的空口技术（基站到终端间的传输技术）也无法完全应对多样的场景和技术需求。比如在高铁或者应急情况下，我们无法采用有线的方式新增基站，因此，需要采用中继站或集成接入和回传（IAB）的方式来进行网络部署；在自动驾驶场景下，要在极低时延的要求下实现汽车与汽车之间的信息交互，更加现实的办法是让汽车间具备直接通信的能力，而非利用传统空口让基站和电信网络进行数据的"中转"。

因此，灵活的、立体的异构网络是未来网络发展的一个必然趋势。在这个趋势的推动下，在 4G 时代，LTE 网络就实现了对 3GPP 系统的 GSM 和 WCDMA 的支持、与非 3GPP 系统的 cdma2000 和 Wi-Fi 的互联互通；定义了 D2D 技术、LAA 技术和 NB-IoT 技术，以提供丰富的接入场景。而在 5G 时代，3GPP 也为异构网络定义了多等级的覆盖范围，实现了与其他接入技术（如 Wi-Fi、4G 等）的互联互通，在 R16 中定义了 Sidelink 技术、NR-U 技术、集成接入和回传技术、非地面通信技术。这些技术的引入，都是"网络拓扑异构和接入方式的多样性"趋势的实践，这些技术让移动通信网络从平面覆盖转向立体覆盖。

演进篇

"再"出发——从"打补丁"到"筑基础"

前面，笔者花费了 100 多页的篇幅讲述了通信技术的过去，主要是为了让读者可以更好地理解移动通信的现在和未来。只有这样，有志于投身移动通信行业的你，目光才能不局限于"跟随""追赶"，而是变得更有信心地去"引领""创造"。

从本篇开始，正式进入本书的主体部分，我们用前面章节梳理的历史、规律和现象来看看现在 R16 和 R17 的变化，以及未来可能发生的变化。下面，我们将前两个篇章中的旧动力、新动力和约束力进行整理总结，如表 5-1 所示。

表 5-1　旧动力、新动力和约束力

旧动力	新动力	约束力
旧动力 A：技术理论创新驱动	新趋势 A：物的连接	
旧动力 B：容量驱动	新趋势 B：业务的定制化、弹性和智能化	约束力 A：实现能力的约束
旧动力 C：覆盖驱动		
旧动力 D：速度驱动	新趋势 C：低能耗和节能	约束力 B：应用和市场的约束
旧动力 E：应用需求驱动	新趋势 D：技术与市场的渗透和融合	
旧动力 F：标准化组织的推动	新趋势 E：网络拓扑异构和接入方式的多样性	约束力 C：利益制衡
旧动力 G：良性竞争和创新的推动		

注：
为了让读者更加清晰地知道 R15 和后续演进版本技术层面的差异，后续的几个章节将重点关注演进版本和 R15 之间的"技术差异"。对于 R15 的基本功能和能力不进行重点描述，这并非说明这些基本功能和能力不重要，只是限于篇幅，读者可参考本书的姐姐篇《从局部到整体：5G 系统观》或者其他相关图书。

第5章 "打补丁"——增强型技术（R16）

正如在第 4 章提到的，5G R15 完成了 5G 整体协议架构和基本功能的制定，但因为各种原因，这一版本的 5G 并不是我们追求的那个"终极 5G"，它还有很多方面需要继续增强。

本章将介绍在 R16 阶段，3GPP 各技术组标准化的"增强型技术"。笔者将"增强型技术"定义为"对 5G 系统基本能力进行提升的技术"。这些"基本能力"的提升并不直接服务于或创造出特定的新场景或新应用（当然可能对新场景、新应用有增强效果），甚至往往还带有某些"旧思维"和"惯有方式"，但这并不能磨灭它们对系统性能提升做出的重要贡献。R16 增强型技术的主要影响与技术效果如表 5-2 所示。

表 5–2 R16 增强型技术的主要影响与技术效果

增强型技术	主要影响与技术效果
随机接入技术增强	实现从 IDLE 态或非激活态迁移到 RRC 连接态的过程中控制面和用户面时延的降低；实现终端能耗、信令开销降低
移动性增强	双激活协议栈（DAPS）切换技术实现降低切换过程中的用户面中断时延；条件切换（CHO）、条件 PSCell 改变（CPC）技术和基于 T312 计时器的快速切换失败恢复技术实现切换和 SCG 变化过程中的可靠性和鲁棒性
UE 节能	降低终端能耗，延长终端待机和工作时间
交叉链路干扰和远距离干扰管理	干扰避免，提升覆盖性能和用户体验
集成接入和回传技术	提供更加灵活的网络拓扑和接入方式；改变网络形态；有利于实现更高的覆盖性能和用户体验
多天线技术增强	Enhanced Type II 码本功能降低了高精度码本反馈开销，并在开销可接受的前提下，将最多支持层数从 2 提升到 4；Multi-TRP 在 eMBB 应用场景极大地提高了边缘 UE 的速率；在 URLLC 应用场景下，实现了数据传输可靠性的提升；通过引入新的 L1 测量量，波束的选择更加精准；新引入的辅小区波束恢复流程，提升了用户在辅小区的服务稳定性；低 PAPR 的 DMRS 引入，减少了对硬件的限制
5G 网络 SMF 和 UPF 拓扑增强	实现区域性业务的跨区域访问；实现跨 SMF 移动的业务连续性；提高业务的质量、用户体验，也实现了对某些私有网络和垂直行业的特征访问
服务化架构增强	间接通信模式通过引入业务请求和发现的中间代理提高可扩展性，降低信令开销，进而减少了大量并发信令导致的网络稳定性问题；功能集合服务集通过建立上下文共享的热备份功能，提升网络稳定性、容灾能力

5.1 随机接入技术增强

5.1.1 2-Step RACH 项目背景

本节介绍的"随机接入技术增强"指的是 R16 引入 5G 标准的 2-Step RACH 过程。如表 5-3 所示，它由中兴通讯推动立项，近 30 家公司联署立项，最终于 2019 年 12 月写入 3GPP R16 协议。虽然该项目的立项时间是 2018 年，但实际对于 2-Step RACH 的需求和技术讨论在 R15 时就已经开始，最终由于 R15 标准化时间紧张，并且考虑到非正交接入增益在常用场景增益不大，未在 R15 时进行标准化层面的定义。

表 5-3　2-Step RACH 项目信息总览

基本信息	备注
技术缩写	NR_2step_RACH
3GPP 项目编号	820068
立项文档（WID）	RP-200085
关联项目	无
主要涉及工作组	RAN1、RAN2
立项和结项时间	2018 年 12 月～ 2019 年 12 月 [1]
牵头立项公司	ZTE（中兴通讯）
主要支持公司	MTK、中国电信、OPPO、vivo、小米、中国移动、Intel、InterDigital、富士通、沃达丰、中国联通、大唐、Google、松下、爱立信、高通、苹果、SONY、NTT DOCOMO、Nokia、LG、华为、三星、摩托罗拉、联想等
主要影响 / 技术效果	实现从 IDLE 态或非激活态迁移到 CONNECTED 态的过程中控制面和用户面时延的降低；实现终端能耗降低、信令开销降低（从 4-Step RACH 到 2-Step RACH）
主要推动力	新趋势 A：物的连接 新趋势 C：低能耗和节能

终端从 IDLE 态向 CONNECTED 态转变不仅影响控制面时延，也会增加终端能耗。在 LTE 系统中，无线设备从节能（空闲态）状态到连接状态的转换是网络中最频繁的高层信令事件，每天发生约 500 ～ 1000 次。状态的转换导致了设备和网络间，以及网络节点间需要进行多回合的信令交互，这也导致了无法忽视的用户时延增加和电池消耗大的问题。因此，通过改造随机接入过程实现降低控制面时延、UE 能耗成为 R16 的一个重点关注方向。这对一些对时延敏感的场景，比如物联网场景尤为重要。根据前面章节总结的新 / 旧推动力，2-Step RACH 项目明显受到上层应用对低时延、低能耗需求的推动，这也体现了物的连接和低能耗的 5G 技术发展趋势。

5.1.2 从"四小步"到"两大步"

随机接入是一个非常重要的物理层过程，它是物理层"串联"高层信令的一个关键步骤。《从局部到整体：5G 系统观》的系统观 6 对随机接入过程及相关联的高层过程进行了详细串讲。

随机接入过程也是 ITU 评估控制面时延定义的过程（参见 3.2.2 节）。但细心的读者可能已经

1　项目信息表格中的信息均来自 3GPP "Work_Plan" 文档和立项文档，其中"结项时间"表示的是涉及多个技术组的项目包的结项时间，比如 RAN1 牵头的项目，若涉及 RAN4 和 RAN5，则结项时间以最后的结项时间为准。因此，"结项时间"可理解为该技术最终具备商用条件的时间。

发现，3GPP 对控制面时延的自评估使用的是 RRC 连接的挂起 / 恢复过程，而非"常规"的初始接入过程，这其实是 3GPP 对现有的随机接入过程的一种"信心不足"的表现。

众所周知，传统的随机接入过程采用传统的 4-Step RACH 方案。在 R16 阶段，3GPP 对其进行了大刀阔斧的改革，如图 5-1 所示。简单来说，就是将原本的 4 步随机接入压缩为 2 步随机接入，并在随机接入过程中实现了小数据包的直接发送（目前只支持连接态 UE 通过随机接入过程发送小数据包，在非激活状态下不支持）。

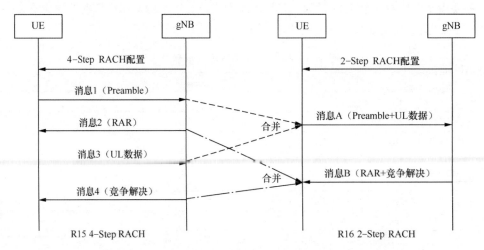

图 5-1　R15 4-Step RACH 和 R16 2-Step RACH 比较

R16 2-Step RACH 的优势是显而易见的。

（1）降低控制面时延：更快地进入 CONNECTED 态。

（2）降低上行用户面时延：在 CONNECTED 态下，消息 A 可携带用户数据。因此，上行用户面时延也有所降低。

（3）降低终端能耗：4-Step RACH 到 2-Step RACH 的改变可以降低 UE 在随机接入过程中监听网络发送下行响应的时长，对 NR-U 这种需要利用先听后说（LBT）机制来接入网络的场景，终端也可以减少 LBT 尝试次数，降低终端能耗。

随机接入技术的增强将影响多个场景和流程，根据 3GPP TS 38.300-9.2.6 的描述，随机接入技术将使用在如下场景中，除了最后一个针对 NR-U 场景的新增触发条件外，其他和 R15 相同。

随机接入触发场景

（1）空闲态下的初始接入；

（2）RRC 连接重建；

（3）上行或者下行数据到达但上行未同步（CONNECTED 态下的同步丢失）；

（4）上行数据待发送但没有 PUCCH 资源用作发送调度请求（SR）；

（5）调度请求（SR）失败；

（6）通过 RRC 的同步重配置（如切换等）；

（7）在第二 TAG（跟踪区域组）上建立上行时间同步；

（8）NR 系统新增场景：从非激活态转换到 CONNECTED 态；

（9）NR 系统新增场景：有额外系统信息的请求；

（10）NR 系统新增场景：波束失败恢复；

（11）R16 NR 系统新增场景：5G NR-U（5G 非授权频谱接入）场景下连续的 LBT 失败。

在 2-Step RACH 的设计过程中，3GPP 将 2-Step RACH 和 4-Step RACH 尽可能保持一致的处理方式如下。

（1）2-Step RACH 和 4-Step RACH 一样，也可被分为 CBRA（基于竞争的随机接入）和 CFRA（基于非竞争的随机接入）。

（2）在触发条件上，绝大部分情况下 4-Step RACH 的触发条件也适用于 2-Step RACH[1]。

（3）随机接入前导 Preamble 选择和传输与 4-Step RACH 过程相同，UE 在选择随机接入前导时遵循类似的 4-Step RACH 过程。

（4）所有在 R15、R16 和 TEI（本文编码倡议）定义的前导格式和 PRACH 配置索引，2-Step RACH 都可以使用。

（5）4-Step RACH 的 SSB 和 PRACH 发送时机之间的映射关系也重用于 2-Step RACH，而且 2-Step RACH 可以和 4-Step RACH 共享 PRACH 发送时机。

下面我们来看看 2-Step RACH 的具体运行规则。

5.1.3　随机接入模式选择和整体流程

既然在 R16 中定义了 4-Step RACH（也被称为 Type-1 RACH）和 2-Step RACH（也被称为 Type-2 RACH）这两种 RACH 模式，那么 UE 在具体使用时应如何选择呢?

在基于竞争的随机接入模式下，如果 UL BWP 只配置了 ASN.1 5-1 中的 IE ①（灰底部分），则 UE 只能使用 4-Step RACH 过程；若只配置了 ASN.1 5-1 中的 IE ②（灰底部分），则 UE 只能使用 2-Step RACH 过程；若①、②同时配置，则根据在②中配置的参数 msgA-RSRP-Threshold 来进行随机接入模式的选择。如果实测参考信号接收功率（RSRP）高于该门限值，则选择 2-Step RACH 过程；否则选择 4-Step RACH 过程。

ASN.1 5-1　基于竞争的随机接入模式选择

BWP-UplinkCommon ::=	SEQUENCE {
genericParameters	BWP,
① rach-ConfigCommon	SetupRelease { RACH-ConfigCommon }
pusch-ConfigCommon	SetupRelease { PUSCH-ConfigCommon }
pucch-ConfigCommon	SetupRelease { PUCCH-ConfigComm
...,	
[[	
rach-ConfigCommonIAB-r16	SetupRelease { RACH-ConfigCommon }
useInterlacePUCCH-PUSCH-r16	ENUMERATED {enabled}

1　在基于竞争的随机接入中，2-Step RACH 只适用于配置了 CA 的 PCell 场景；在基于非竞争的随机接入中，2-Step RACH 只适用于切换场景。

② msgA-ConfigCommon-r16   SetupRelease { MsgA-ConfigCommon-r16 }

  ]]

}

  在基于非竞争的随机接入模式下，终端将根据 RRC 参数 rach–ConfigDedicated IE 来确定采用什么随机接入模式。如果在该 IE 中包含了参数集合 cfra，如 ASN.1 5–2 中的①（灰底部分），则采用 4–Step RACH 过程；如果包含了参数集 cfra–TwoStep–r16，如 ASN.1 5–2 中的②（灰底部分），则采用 2–Step RACH 过程。此外，根据 3GPP 38.331–9.2.6 的描述，网络不会同时为用户配置①和②这两个基于非竞争的随机接入资源，只会配置其中一个。在基于非竞争的随机接入模式下，2–Step RACH 模式只允许在切换场景使用。

ASN.1 5–2 基于非竞争的随机接入模式选择

```
RACH-ConfigDedicated ::=        SEQUENCE {
 ①  cfra                       CFRA
     ra-Prioritization          RA-Prioritization
     ...,
     [[
     ra-PrioritizationTwoStep-r16   RA-Prioritization
 ②  cfra-TwoStep-r16           CFRA-TwoStep-r16
     ]]
}
```

  2–Step RACH 的整体流程如图 5–2 所示。

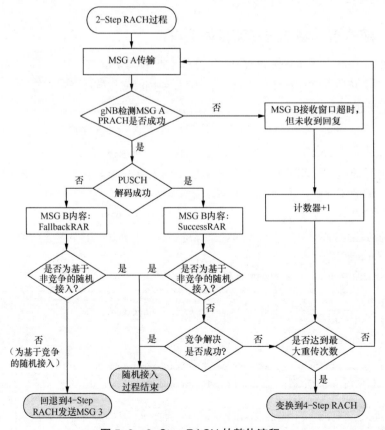

图 5–2 2–Step RACH 的整体流程

5.1.4　2-Step RACH 的实现细节

1. MSG A 的内容

MSG A 包含两个部分，即随机接入 Preamble 和载荷部分 PUSCH。其中 Preamble 就是 4-Step RACH 中 MSG 1 的内容，而载荷部分 PUSCH 类似于 MSG 3 的内容。

值得注意的是，从物理层的角度来看 PUSCH 属于载荷部分，可能是用户面数据，也有可能是高层的控制面信令，但对物理层来说并没有区别。

MSG A 载荷部分根据 RACH 触发场景的不同，其内容也有所区别，表 5-4 给出了各 RACH 触发场景及对应场景下 MSG A PUSCH 的内容。

表 5-4　各 RACH 触发场景及对应场景下 MSG A PUSCH 的内容

场景分类	RACH 触发场景	MSG A PUSCH 内容
高层场景	空闲态下的初始接入	RRCSetupRequest 消息
	RRC 连接重建	RRCReestablishmentRequest 消息
	RRC 的同步重配置	C-RNTI MAC CE 和 RRCReconfigurationComplete 消息
	从非激活态下恢复到 CONNECTED 态	RRCResumeRequest 消息
	其他 SI 请求	RRCSystemInfoRequest 消息
底层场景	上行或者下行数据到达但上行未同步	C-RNTI MAC CE
	上行数据待发送但没有 PUCCH 资源用作发送调度请求（SR）时	C-RNTI MAC CE 和 BSR MAC CE
	波束失败恢复	C-RNTI MAC CE 和 BFR MAC CE
	SPCell 中连续的 LBT 失败	C-RNTI MAC CE 和 LBT failure MAC CE

2. MSG A 物理层资源分配和高层配置

MSG A 的传输包括两个过程，即 Preamble 的传输和与之关联的 PUSCH 的传输。

首先，UE 根据 MSG A 负载大小或者 Pathloss 来选择 Preamble 组 A 或者 Preamble 组 B。然后根据自己选择的 SSB 和 Preamble 组来选择 Preamble 序列。

然后，类似于 4-Step RACH，UE 根据选择的 SSB 来确定可用作发送 Preamble 的随机接入时机（RO），当然，此时使用的是 2-Step RACH 相关参数。

PUSCH 的传输时频位置基于 Preamble 位置来确定。

首先，UE 根据发送 PRACH 的时隙来确定 PUSCH 所在时隙位置，这个偏移时隙数由 RRC 参数集合 MsgA-PUSCH-Config IE（如 ASN.1 5-3 所示）中的参数⑦ msgA-PUSCH-TimeDomain Offset-r16 确定，如图 5-3 所示。连续的 PUSCH 时隙数量由参数⑪ nrofSlotsMsgA-PUSCH-r16 确定。

ASN.1 5-3　Msg A配置参数

MsgA-PUSCH-Config-r16 ::=	SEQUENCE {
msgA-PUSCH-ResourceGroupA-r16	MsgA-PUSCH-Resource-r16

```
    msgA-PUSCH-ResourceGroupB-r16              MsgA-PUSCH-Resource-r16
    msgA-TransformPrecoder-r16                 ENUMERATED {enabled, disabled}
    msgA-DataScramblingIndex-r16               INTEGER (0..1023)
    msgA-DeltaPreamble-r16                     INTEGER (-1..6)
}
MsgA-PUSCH-Resource-r16 ::=                    SEQUENCE {
    msgA-MCS-r16                               INTEGER (0..15),
  ⑪nrofSlotsMsgA-PUSCH-r16                     INTEGER (1..4),
  ⑥ nrofMsgA-PO-PerSlot-r16                    ENUMERATED {one, two, three, six},
  ⑦ msgA-PUSCH-TimeDomainOffset-r16            INTEGER (1..32),
  ⑧ msgA-PUSCH-TimeDomainAllocation-r16        INTEGER (1..maxNrofUL-Allocations)
  ⑨ startSymbolAndLengthMsgA-PO-r16            INTEGER (0..127)
  ⑩ mappingTypeMsgA-PUSCH-r16                  ENUMERATED {typeA, typeB}
  ⑤ guardPeriodMsgA-PUSCH-r16                  INTEGER (0..3)
  ② guardBandMsgA-PUSCH-r16                    INTEGER (0..1),
  ④ frequencyStartMsgA-PUSCH-r16              INTEGER
                                              (0..maxNrofPhysicalResourceBlocks-1),
  ① nrofPRBs-PerMsgA-PO-r16                    INTEGER (1..32),
  ③ nrofMsgA-PO-FDM-r16                        ENUMERATED {one, two, four, eight},
    msgA-IntraSlotFrequencyHopping-r16         ENUMERATED {enabled}
    msgA-HoppingBits-r16                       BIT STRING (SIZE(2))
    msgA-DMRS-Config-r16                       MsgA-DMRS-Config-r16,
    nrofDMRS-Sequences-r16                     INTEGER (1..2),
    msgA-Alpha-r16                             ENUMERATED {alpha0, alpha04, ......, alpha1}
    interlaceIndexFirstPO-MsgA-PUSCH-r16       INTEGER (1..10)
    nrofInterlacesPerMsgA-PO-r16               INTEGER (1..10)
    ...
}
```

在一个 PUSCH 时隙内，第一 PUSCH 发送时机具体的起始 OFDM 位置和时域 OFDM 长度可使用常规用作指示 PUSCH 映射的 SLIV 参数（起始和长度指示符）来确定，其中，⑨ startSymbolAndLengthMsgA–PO–r16 和⑩ mappingTypeMsgA–PUSCH–r16 分别给出了 SLIV 值和映射类型（Type A 或 Type B）。当然，也可以使用在 PUSCHConfigCommon IE 中预定义的 PUSCH–TimeDomainResourceAllocationList 参数来确定，其中，⑧ msgA–PUSCH–TimeDomainAllocation–r16 给出了预配置参数表的序号。因此，参数⑧和⑨不能同时配置。

在一个 PUSCH 时隙内，PUSCH 发送时机在时域上的数量由参数⑥ nrofMsgA–PO–PerSlot–r16 确定，PUSCH 的频域长度由参数① nrofPRBs–PerMsgA–PO–r16 确定；频域上一个 PUSCH 发送时机相对 PRB#0 的位置由参数④ frequencyStartMsgA–PUSCH–r16 确定；频域上的 PUSCH 数量由参数③ nrofMsgA–PO–FDM–r16 确定；多个时机间的时域保护间隔由参数⑤ guardPeriodMsgA–PUSCH–r16 确定。多个时机间的频域保护带宽由参数② guardBandMsgA–PUSCH–r16 确定。读者可参考图 5–3 来直观地了解各参数意义。

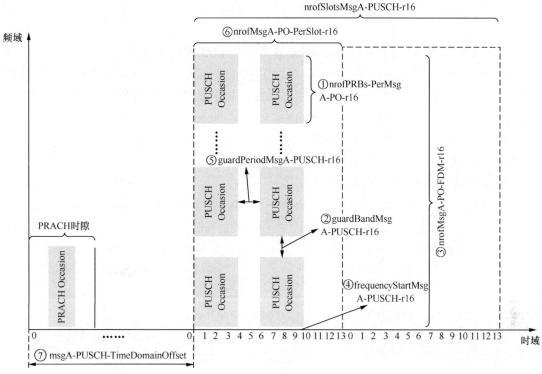

图 5-3　PUSCH 发送

3. MSG B 的内容

根据前面的描述，MSG B 将承担 4-Step RACH 中 MSG 2 和 MSG 4 的功能。简单来说，其大体功能为调度、上行同步和竞争解决等。从具体内容来看，不同的 RACH 触发场景下 MSG B 的内容也有所不同。表 5-5 给出了各 RACH 触发场景下的 MSG B 内容。

表 5-5　各 RACH 触发场景下的 MSG B 内容

场景分类	RACH 触发场景	MSG B 内容
高层场景	空闲态下的初始接入	TAC（定时提前命令）+ CRID（竞争解决标识符）+ RRCSetup 消息
	RRC 连接重建	TAC + CRID + RRCReestablishment 消息
	RRC 的同步重配置	TAC
	从非激活态恢复到 CONNECTED 态	TAC + CRID + RRCResume 消息
	其他 SI 请求	CRID
底层场景	上行或者下行数据到达但上行未同步	Absolute TAC MAC CE
	上行数据待发送但没有 PUCCH 资源用作发送调度请求（SR）时	UL Grant（上行调度）
	波束失败恢复	C-RNTI PDCCH
	SPCell 中连续的 LBT 失败	UL Grant（上行调度）

首先，MSG B 是多个有不同作用、不同协议层面的内容的集合。因此，从 MAC 层的角度来看，MAC 层需要将这些有不同作用、不同协议层面的内容打包在一起发送，因此 MAC 层定义了一个 MAC PDU（参见 3GPP TS 38.321-6.1.5a）。

这个新定义的 MAC PDU 可由一个或多个 MAC 子 PDU(subPDU) 及填充比特构成。将子 PDU 分为以下几种类型。

（1）BI MAC：指定了 UE 重发 Preamble 前需要等待的最大时间范围。

（2）MAC 子头 + FallbackRAR：FallbackRAR 内容和 4–Step RACH 的 RAR 相同，当接收到 FallbackRAR，UE 将回退到 4–Step RACH，根据 FallbackRAR 的内容发送 MSG 3。

（3）MAC 子头 + SuccessRAR：指示 UE 完成 MSG A 的接收。

（4）MAC 子头 + MAC SDU：携带 MSG B 中的高层内容，如 RRC 信令。

（5）MAC 子头 + padding(填充比特)。

MSG B 的 MAC PDU 的组成和结构如图 5–4 所示。

结合 5.1.3 节对 2–Step RACH 整体流程的描述，gNB 将根据接收到的 MSG A 的内容，以及接收的 MSG A 结果来决定 MSG B MAC PDU 的具体内容组成。其中，在 2–Step RACH 新定义的 MAC 子 PDU 载荷 FallbackRAR 和 SuccessRAR 将用来指示 MSG A 两个部分（Preamble 和 PUSCH）的处理结果，并为 UE 的后续行为提供参数：

（1）FallbackRAR：指示 Preamble 接收成功，但 PUSCH 未解码成功。因此，FallbackRAR 将指示 UE 回退到 4–Step RACH 的 MSG 3，再次发送 PUSCH。

（2）SuccessRAR：指示 Preamble 和 PUSCH 都接收成功。因此，SuccessRAR 将指示 UE 进行竞争解决（对 CFRA 则结束流程），并提供需要的参数，如 CRID。

如果此时 RACH 的场景为高层场景，则 MAC PDU 将以子包 "MAC 子头 +MAC SDU" 的形式传输 RRC 信令。

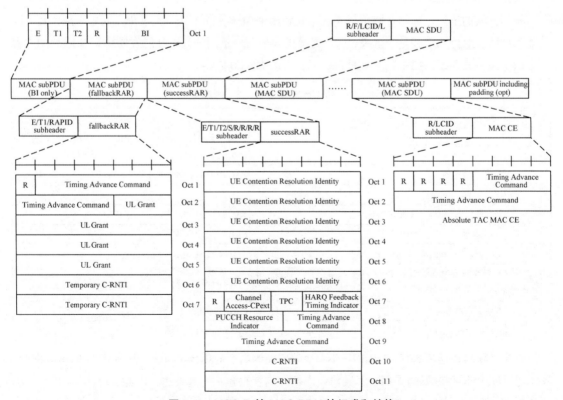

图 5–4 MSG B 的 MAC PDU 的组成和结构

5.2 移动性增强

5.2.1 移动性增强项目背景

R16 的移动性增强项目由 Intel 牵头在 3GPP 立项并开展技术研究，虽然项目的正式立项和结项时间为 2018 年 6 月 15 日～ 2019 年 12 月 15 日，但和 2–Step RACH 一样，早在 R15 阶段就已经展开了大量的讨论，但因为时间问题最终没有在 R15 阶段引入 3GPP 协议。移动性增强项目信息总览如表 5–6 所示。

表 5–6 移动性增强项目信息总览

基本信息	备注
技术缩写	NR_Mob_enh
3GPP 项目编号	800087
立项文档（WID）	RP–192534
关联项目	无
涉及工作组	RAN1 ～ RAN4 等
立项和结项时间	2018 年 6 月 15 日～ 2019 年 12 月 15 日
牵头立项公司	Intel
主要支持公司	CATT、LG、Verizon、AT&T、Samsung、CMCC、Apple、华为、Qualcomm、SK telecom、MTK、Ericsson、中国电信、中国联通、vivo、Nokia 等
主要影响 / 技术效果	双激活协议栈（DAPS）切换技术实现降低切换过程中的用户面中断时延； 条件切换（CHO）、条件 PSCell 改变（CPC）技术和基于 T312 计时器的快速切换失败恢复技术实现提升切换和 SCG 改变过程的可靠性和鲁棒性
主要推动力	旧动力 E：应用需求驱动

ITU 对 5G 提出的最小技术需求中有一项指标为"移动中断时间"，如表 3–2 所示。该指标要求用户终端在移动中不能与任何基站交换用户面包的最短时间为 0ms。3GPP 在对该指标进行自评估时并未对切换过程进行评估，而是取而代之对"波束移动性"（用户在移动时，服务波束的切换）和"载波聚合移动性"（用户在配置了 CA 的 PCell 中，SCell 改变）进行了评估，与 2–Step RACH 一样，切换性能也是 3GPP 在 R15 中并未解决的一个重要问题。

R15 的切换流程其实和 LTE 并无区别，即网络通过测量报告控制终端移动性。和 LTE 类似，源 gNB 通过向目标 gNB 发送切换请求触发切换，在源 gNB 收到目标 gNB 的确认后，通过发送带有目标小区配置信息的切换命令发起切换。最后，在应用了 RRC 重配消息中的目标小区配置后，终端向目标小区发起随机接入，完成切换。

但相比 LTE 系统，由于 NR 系统采用了更高的频率，其必须采用波束赋形的方式来避免覆盖能力的降低。在切换过程中，波束扫描流程会增加用户面的中断时间。而高频通信本身的特征也会直接影响到通信的可靠性，当用户移动或旋转时（拿手机姿势的改变），UE 会经历非常快的信号退化。此外，在 NR 系统中，LoS（视距场景）和 NLoS（非视距场景）之间的信道条件差异巨大，据 3GPP 评估，在多个波束间或 LoS 和 NLoS 间的信号强度可以相差几十 dB。这也会导致更高的切换失败概率和切换乒乓概率。

通信网络的移动性能将直接影响用户在移动场景下（如高铁、高速公路等）的用户体验。考虑到这种"断与续"对用户体验的严重影响，而高速移动又是现代交通的一个基本特征。因此，NR 系统的移动性能的增强极为重要。

通过一年多的技术讨论，3GPP 最终完成了对 NR 移动性能的提升，并将其写入 R16 协议。在该项目中最终实现了以下两个技术目标。

（1）减少切换过程的用户面中断时间，该目标由 DAPS 技术实现。

（2）提升切换和 SCG 改变过程的可靠性和鲁棒性，该目标由 CHO 技术、CPC 技术和基于 T312 计时器的快速切换失败恢复技术实现。

接下来我们一起来看看在本项目中引入的 4 个技术功能。

5.2.2 双激活协议栈切换技术

DAPS 技术的基本原理非常简单，即基于 R15 的切换流程，UE 在接收到源基站发来的 RRC 重配消息（包含 NAS 切换命令）后，仍然保持与源 gNB 的 RRC 连接，并可继续从源基站接收和发送用户数据，直到 UE 成功随机接入目标 gNB，再释放与源小区的连接，具体过程如图 5-5 所示。

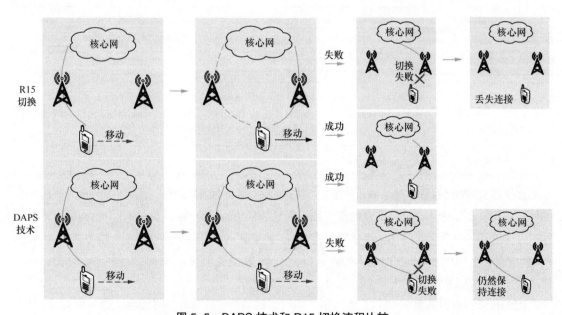

图 5-5　DAPS 技术和 R15 切换流程比较

5.2.3 基于 T312 计时器的快速切换失败恢复技术

我们知道，在 R15 的机制下无线链路失败（RLF）需要多个计数器和计时器配合处理，NR 系统无线链路监控（RLM）和无线链路失败（RLF）的基本原理如图 5-6 所示，NR RLF 恢复过程需要先后经历以下 3 个阶段。

（1）问题确认阶段：物理层通过监控 RLM-RS 向 RRC 层上报 Out-Of-Sync 指示，如果上报连续 N310 个 Out-Of-Sync 指示，则确定无线链路出现问题，启动 T310，进入第 2 阶段。

（2）被动恢复阶段：物理层继续监控 RLM-RS，如果在 T310 内没有收到连续 N311 个 In-Sync 指示或切换命令，则在 T310 超时后 RRC 层宣布无线链路失败；否则认为无线链路已恢复。

（3）主动恢复阶段：若宣布了无线链路失败，则 RRC 尝试在 T311 内完成 RRC 重建。若成功重建，则继续保持在 CONNECTED 态；否则进入 IDLE 态。

显然，R15 启动 RLF 主动恢复的条件是 T310 超时。设置 T310 并在 T310 启动期间持续检测 In-Sync 指示是为了避免因为信道的暂时波动而触发过多的 RRC 重建，这样的设计在大多数情况下是合理的。但在切换场景中，过长的 T310 会导致用户切换后延，从而导致业务中断。

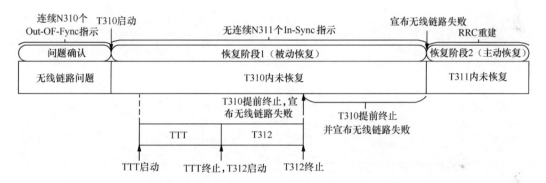

图 5-6　NR 系统无线链路监控（RLM）和无线链路失败（RLF）的基本原理

因此，在 R16 中对无线链路失败的机制进行了增强，新增 TTT 和 T312 两个计时器。

当终端在服务小区检测到与服务小区不能同步时，终端启动 T310。在 T310 运行期间，终端若测得切换事件满足了持续触发时间（TTT）并触发测量报告，则会启动 T312，如果直到 T312 超时，都没有收到连续 N311 个 In-Sync 指示或切换命令，虽然此时 T310 仍未超时，终端会立刻宣布无线链路失败（不需要等到 T310 超时再宣布无线链路失败），并执行 RRC 重建过程，尽快恢复业务连接。

5.2.4　CHO 技术和 CPC 技术

（1）CHO 技术和 CPC 技术的基本原理

我们知道，在 R15 和 LTE 中，源 gNB 根据 UE 的测量报告来决定什么时候进行切换，切换到哪个小区。源 gNB 收到来自目标 gNB 的切换确认后，源 gNB 将发送切换命令给 UE，随后 UE 进行切换。但因为 5G NR 采用了更高的频谱，信道质量的变化相比 LTE 更快。在从终端执行信道测量到测量报告发送，再到基站完成切换准备，UE 最后接收切换命令的这段时间内，信道质量可能已经发生了比较大的变化，这可能会导致 UE 切换失败。

因此，从信道测量到切换执行的时间间隔的大小直接影响切换的可靠性和乒乓概率。因此，R16 引入了 CHO 技术。

简单来说，CHO 就是指在满足配置的执行条件时才执行的切换过程。支持 CHO 的网络可向 UE 提供多达 8 个用于执行 CHO 的候选小区配置。UE 在接收到配置后，仍然保持与源 gNB 之间的连接，并开始评估各候选小区的 CHO 执行条件。如果有一个候选小区满足相应的执行条件，则 UE 从源 gNB 断开，激活保存的该候选小区配置，同步到候选小区并通过发送 RRCReconfigurationComplete 消息完成 RRC 切换过程。在成功完成 RRC 切换过程后，UE 释放存储的 CHO 配置。

如图 5-7 所示，相比 R15 的切换流程，在 CHO 过程中，被用作最终切换决策的测量行为到执行切换之间的时间差比 R15 要小很多，这大大避免了切换失败和乒乓概率，特别是针对高速移动场景。

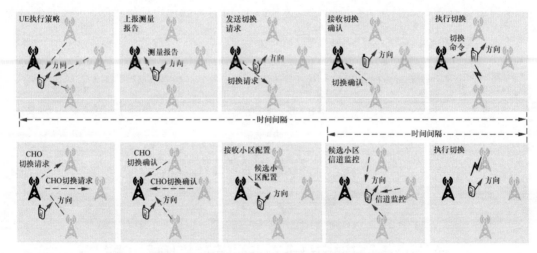

图 5-7　CHO 和 R15 切换测量时间间隔比较

另外一个和 CHO 非常类似的就是 R16 的 CPC 技术。

为了提高 PSCell 改变的鲁棒性，支持 CPC 的网络可向 UE 提供 8 个用于执行 CPC 的候选小区配置。当 UE 收到包含 CPC 的 RRCReconfiguration 时，UE 仍然保持与源 PSCell 的连接，并开始评估候选 PSCell 的 CPC 执行条件。如果至少有一个候选 PSCell 满足对应的 CPC 执行条件，则 UE 从源 PSCell 断开，激活保存的该 PSCell 配置，并同步到候选 PSCell。如果无线信令承载 #3（SRB3）未配置，UE 通过发送给主节点（MN）的 ULInformationTransferMRDC 消息来完成 CPC 过程，则该消息包含发送给新 PSCell 的 RRCReconfigurationComplete 消息；如果 SRB3 已经配置，则直接向新的 PSCell 发送 RRCReconfigurationComplete 消息。

（2）CHO 技术与 R15 切换流程比较

图 5-8 给出了 R16 CHO 和 R15 切换流程的比较。

大家从流程中可以看到，R15 切换和 R16 CHO 的主要区别在于切换准备和切换执行两个部分。

在切换准备阶段，对于 R15 来说，基站将根据 UE 的测量报告最终决定目标小区；而 R16 的 CHO 则在图 5-8 的步骤 2 决定 CHO 切换，并确定一个或多个潜在的目标基站。在步骤 3～步骤 5

中，R15 的切换流程中唯一的目标小区会做好切换准备；而在 R16 的 CHO 流程中将通知所有的候选目标基站都做好切换准备。

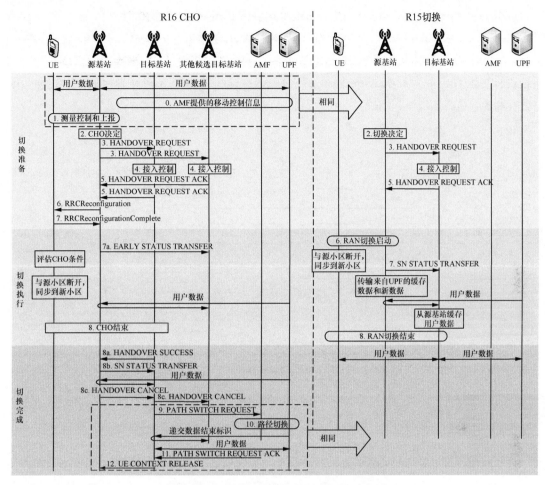

图 5-8　R16 CHO 和 R15 切换流程的比较

此外，在切换准备阶段，CHO 还会通过 RRCReconfiguration 消息将候选小区的配置参数、评估条件发送给 UE，UE 将保存这些数据并开启评估，如 ASN.1 5-4 所示。

ASN.1 5-4　RRCReconfiguration消息中针对CHO的更新

```
RRCReconfiguration-v1610-IEs ::=        SEQUENCE {
    otherConfig-v1610                   OtherConfig-v1610
    bap-Config-r16                      SetupRelease { BAP-Config-r16 }
    iab-IP-AddressConfigurationList-r16 IAB-IP-AddressConfigurationList-r16
    conditionalReconfiguration-r16      ConditionalReconfiguration-r16
    daps-SourceRelease-r16              ENUMERATED{true}
    t316-r16                            SetupRelease {T316-r16}
    ......
    targetCellSMTC-SCG-r16              SSB-MTC
    nonCriticalExtension                SEQUENCE {}
}
```

我们从图 5-9 中可以看到，conditionalReconfiguration-R16 IE 包含 3 个内容，其中，cond ReconfigToRemoveList-r16 IE 用作指示移除的目标小区，IE 取值为索引目标小区配置和门限的 ID CondReconfigId-r16；condReconfigToAddModList-r16 IE 用来设置新增的目标小区，该 IE 包含了索引 ID CondReconfigId-r16，用作配置 CHO 执行条件的 condExecutionCond-r16 IE（链接某测量 ID）和目标小区具体配置参数 condRRCReconfig-r16 IE。在 R16 协议中，配置给同一 UE 的候选目标小区数最多为 8（maxNrofCondCells-r16），这样的结构在 3GPP RRC 信令中普遍采用，它更有利于参数集的增添和修改。

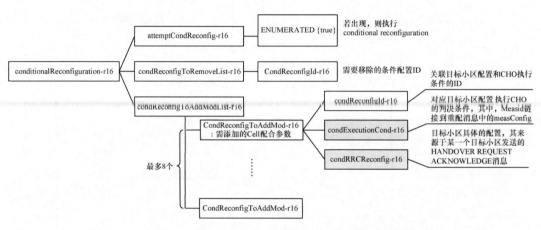

图 5-9　conditionalReconfiguation 参数集结构

从切换执行过程看，R15 切换和 R16 CHO 的主要区别如下。R15 的切换只有在收到基站切换命令后才立即执行。而在 R16 CHO 中，UE 将提前接收测量配置和执行条件，在测量满足条件后，自己执行切换。

（3）测量机制的增强

CHO 之所以比 R16 机制更加有效，是因为它基于测量机制的增强，实现了对潜在切换对象的提前评估。

如图 5-10 所示，根据 condExecutionCond-r16 IE 链接的测量 ID，UE 可以获取测量对象配置、测量上报配置，其中，针对 NR 系统的测量上报配置 ReportConfigNR IE 中包含了用作 CHO 的触发条件 condTriggerConfig-r16 IE。

ASN.1 5-5 给出了 R16 新增的针对 CHO 的触发时间条件 CondEventA3 和 CondEventA5，它们的定义分别如下。

● CondEventA3：条件切换的候选小区信道质量比 PCell/PSCell 信道质量好于一个偏移值③ a3-offset。

● CondEventA5：Serving PCell/PSCell 的信道质量差于④绝对门限值 1，且条件切换的候选小区信道质量好于⑤绝对门限值 2。

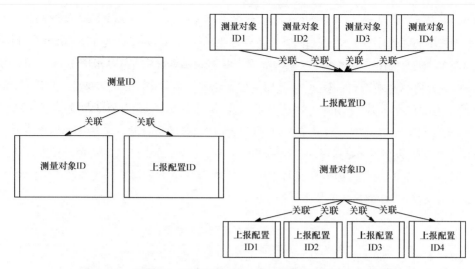

图 5-10 测量 ID、测量对象 ID、上报配置 ID 三者之间的关系

ASN.1 5-5 R16新增的CHO触发配置

```
CondTriggerConfig-r16 ::=        SEQUENCE {
    condEventId                      CHOICE {
①  condEventA3                      SEQUENCE {
③      a3-Offset                        MeasTriggerQuantityOffset,
        hysteresis                       Hysteresis,
        timeToTrigger                    TimeToTrigger
    },
②  condEventA5                      SEQUENCE {
④      a5-Threshold1                    MeasTriggerQuantity,
⑤      a5-Threshold2                    MeasTriggerQuantity,
        hysteresis                       Hysteresis,
        timeToTrigger                    TimeToTrigger
    },
    ...
    },
    rsType-r16              NR-RS-Type,
    ...
}
```

对于 CHO 和 CPC，系统也需要设置参数 Time To Trigger（TTT），以在乒乓概率和测量的准确性之间进行平衡。该参数需要根据场景进行设置，设置过小容易造成乒乓切换，设置过大虽然可以保证测量报告的准确性，但也有可能导致切换过慢。

5.3 UE 节能

5.3.1 UE 节能项目背景

正如 3.2.4 节中介绍的那样，在 NR 设计之初，低能耗就成为 NR 研究的一个重要的设计目标和原则。虽然在 NR 的第一个版本 R15 中，在各个协议层设计过程中已融入了很多低能耗的设计，比如 DRX（非连续接收）技术、BWP 自适应、非激活态和各种非连续监听的物理层信号（如 PDCCH、导频等），且在空载情况下，NR UE 已经达到很高的休眠率。但因为引入了大带宽、高频段、多天线、多射频通道和多载波，所以 UE 能耗仍然有进一步优化的必要。

因此，在 2018 年 6 月，3GPP 正式成立"Study on UE power saving in NR"项目，该项目基于 R15 研究 UE 节能的潜在方案并对其节能效果进行评估。该项目并非一个正式的标准项目，而是一个研究项目（SI），其目的是通过一系列的研究和评估，为后续的正式标准项目奠定基础。

基于该 SI，3GPP 正式于 2019 年 3 月 1 日立项 R16 UE 节能项目，如表 5–7 所示，将 SI 阶段的部分研究成果写入 5G 的第 2 个技术标准 R16。

表 5–7 UE 节能项目信息总览

基本信息	备注
技术缩写	NR_UE_pow_sav
3GPP 项目编号	830075
立项文档（WID）	RP-200494
关联项目	Study on UE power saving in NR（FS_NR_UE_pow_sav）
涉及工作组	RAN1、RAN2、RAN4
立项和结项时间	2019 年 3 月 1 日～ 2020 年 3 月 1 日
牵头立项公司	CATT
主要支持公司	vivo、Apple、AT&T、CATT、CMCC、中国联通、中国电信、Blackberry、Ericsson、华为、Intel、LG、Lenovo、MTK、Motorola、Nokia、OPPO、Qualcomm、Samsung、Sony、小米等
主要影响 / 技术效果	降低 UE 能耗，延长 UE 待机和工作时间
主要推动力	旧动力 G：良性竞争和创新的推动 新趋势 A：物的连接 新趋势 C：低能耗和节能 新趋势 D：技术与市场的渗透和融合

UE 节能项目虽然由中国网络设备供应商大唐电信牵头立项（技术的主要受益者为终端公司），但该项目得到了绝大多数终端公司的全力支持，特别是立项的主要推动力方 vivo。

因为 UE 能耗直接关系到用户使用 5G UE 的时长，因此，UE 节能项目在"马斯洛需求层次理论"中属于较低的基础缺失性需求。因为它也会直接影响到物联网产品的能耗，因此，"新趋势 C：低能耗和节能""新趋势 A：物的连接"是该项目的主要推动力。当然，进一步降低 5G 物联网 UE 能耗也是为了应对其他广域物联网技术给 5G 物联网带来的竞争，UE 节能也是移动通信跨入物联网的关键能力。

5.3.2 用一切可用的手段

在 ITU 对 5G 系统提出的最小技术需求中，首次对能源效率提出了技术需求，提出的"能源效率"指标涉及以下两个方面。

（1）负载情况下的高效数据传输，以平均频谱效率衡量。

（2）无数据时的低能耗，以休眠比例衡量。

相比 4G UE，5G UE 能耗存在如下挑战。

（1）工作带宽更大，时隙更短。

（2）多波束操作导致更多的复杂度开销和信令开销。

（3）部分手机 5G Modem 并未采用集成式的设计。

（4）5G 相比 4G 有更多的接收通道（如 4Rx）和发送通道（如 2Tx）。

（5）5G 支持 EN-DC，4G、5G 模块需要同时工作。

因此，根据一些研究可以预估，5G UE 的使用时长比 4G UE 的使用时长在相同情况下要少 20% ～ 30%。进一步降低 UE 能耗成为提高用户体验的核心需求。

那么，我们如何降低 UE 能耗呢？

根据 LTE 网络实际的商用经验和路测数据，在 UE CONNECTED 模式下，UE 的能耗占 UE 所有能耗的绝大部分。因此，在 R16 阶段，3GPP 在 R15 的基础上重点考虑 CONNECTED 态下的 UE 节能技术。

基于 R16 UE 节能项目在前期研究阶段的评估，最终 3GPP 将如下几个技术特征写入 R16 协议，如表 5-8 所示。

表 5-8　UE 节能项目中引入的新技术特征

支持状态	技术类别	新增技术特征（R16）
CONNECTED 态	时域	DRX 自适应
		辅小区休眠技术
		快速脱离 CONNECTED 态技术
	处理时序	跨时隙调度
	天线	最大 MIMO 层自适应
空闲态和非激活态	测量	RRM 测量放松技术
信令支撑		UE 辅助信息上报

接下来，我们大致介绍以上技术特征的基本原理和实现细节。

5.3.3　"该休息就休息"——DRX 自适应、辅小区休眠技术和快速脱离 CONNECTED 态技术

1. 时域节能的基本原理

DRX 自适应是移动通信网络中的一种重要且常规的 UE 节能技术。在 LTE 和 R15 中都有使用。简单来说，就是网络配置两种 DRX 状态，即 DRX ON 和 DRX OFF，在 DRX ON 状态下，UE 可以正常进行 PDCCH 等下行信号和信道的监听，并进行用户数据的接收；在 DRX OFF 状态下，UE 关闭收发单元，不进行 PDCCH 等下行信号和信道的监听，进而达到节能的目的。在 R15 协议中，网络可以根据不同的业务类型，为 UE 相对动态地配置 DRX 参数，DRX 参数一旦配置完成，则 UE 将基于计时器来控制 DRX 状态的切换。但这种所谓的"动态"配置，从 UE 的角度来说仍然是基于统计的和相对较长周期的"半静态"的配置（通过 RRC 信令），无法和 UE 的实时业务相匹配。也就是说，网络给 UE 的配置是基于统计的，在 UE 配置的 DRX ON 阶段，也有很大的概率并没有数据到达，因此，UE 的此次被唤醒就显得没有必要。

DRX 自适应技术是在 DRX ON 周期开始之前，通过基于 PDCCH 的唤醒信号（WUS）来指示 UE 在接下来的 DRX ON 周期中是否有数据到达，若有数据到达，则指示 UE "醒来"，UE 将激活本次 DRX ON 周期并开始检测 PDCCH；否则，UE 可以在接下来的 DRX ON 周期不醒来，也就可以不再检测 PDCCH。为了实现唤醒信号功能，3GPP 在 R16 中引入了新的 PDCCH 格式 DCI Format 2_6，DRX 自适应技术如图 5-11 所示。

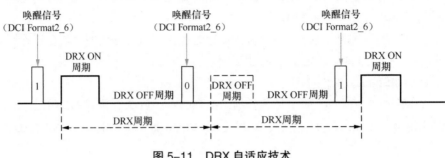

图 5-11　DRX 自适应技术

大量仿真数据显示，DRX 自适应技术对比非自适应技术来说，其节能增益范围为 8% ～ 50%。DRX 周期越短，节能增益越大，DRX ON 周期越短，节能增益越小。当 DRX 周期较长或者流量负载较大时，节能增益只能达到 5% ～ 10%。因此，该技术在流量较高的智能 UE 产品上表现出的节能效果可能并不算显著（相对较高负载），但在一些物联网设备上的节能效果还是比较显著的（业务到达较稀疏）。

在 R15 协议中，NR 引入了载波聚合和双连接模式，UE 在数据传输过程中所使用的载波数量可通过 RRC 配置流程、重配流程和 MAC CE 激活或去激活命令来进行配置。然而，由于 UE 业务负载量的变化相对较快，而 RRC 或者 MAC CE 的调整方式生效时间响应较长。因此，在实际的应用过程中，往往无法实现对 UE 实时业务需求的匹配。从而导致实际传输数据时载波数不够，需要临时激活更多载波，进而引入较高时延；或者激活载波数太多，在 UE 传输数据时无法及时去激活，导致无意义的能耗产生。

因此，R16 UE 节能项目引入了利用休眠信号实现的辅小区（载波）休眠功能。休眠和去激活有本质区别。当 UE 在某辅小区（载波）没有数据需要传输时，基站可利用休眠信号指示 UE 在该小区（载波）仍然保持 "激活" 状态，但不再需要检测 PDCCH 和 PDSCH，进而大大降低 UE 能耗。

关于辅小区休眠技术，大量仿真数据显示，如果 SCell 中零星的数据传输或长时间的无数据传输导致 SCell 有大量的 PDCCH 监听，此时辅小区休眠技术会带来 12% ～ 57.75% 的节能增益。如果 PDCCH 监听较少，则节能增益范围为 2% ～ 7%。平均时延增加幅度在 0.1% ～ 2.6% 之间。

快速脱离 CONNECTED 态技术其实就是在没有数据到达时，UE 可以通过发送包含其状态倾向建议（释放 / 挂起 RRC 连接）的协助信息给基站，实现 UE 更快速、主动地脱离高耗能的 CONNECTED 态。

2. 唤醒信号和 DCI Format 2_6

为了实现 DRX 自适应技术和辅小区休眠技术，R16 的 UE 节能项目引入了新的 PDCCH DCI 格式 DCI Format 2_6，这样避免了使用 RRC 信令或者 MAC CE 导致的不灵活和不及时问题。新的 DCI Fromat 2_6 可同时实现 DRX 自适应技术和辅小区休眠技术。

在具体地学习 DCI Format 2_6 之前，我们先来看 DCI Format 2 系列的用途，如表 5-9 所示。其中 DCI Format 2_4 ～ DCI Format 2_6 均为 R16 中的新增内容，将在对应技术章节中为大家介绍。

表 5-9　DCI Format 2 系列的用途

DCI 格式	用途
DCI Format 2_0	通知时隙格式、信道占用时间、可用 RB 集和搜索空间组的切换
DCI Format 2_1	通知一组 UE 的优先抢占指示（指示哪些 PRB 和 OFDM 不传输数据）
DCI Format 2_2	传输 PUCCH 和 PUSCH 的功率控制信令
DCI Format 2_3	传输 SRS 的功率控制信令
DCI Format 2_4	用作指示取消来自 UE 的相应 UL 传输的 PRB 和 OFDM 符号
DCI Format 2_5	通知可用的软资源（用作 IAB 技术，其数据传输方向即上行或下行，可改变）
DCI Format 2_6	用作通知一个或多个 UE 的 DRX 活动时间之外的节能信息，如本节提到的唤醒信号和休眠信号

用于承载唤醒信号和休眠信号后的 DCI Format 2_6 包含 1bit 的唤醒指示和 0 ～ 5bit 的辅小区休眠指示。对于唤醒指示来说，取值为"1"表示 UE 需要醒来接收 PDCCH；取值为"0"表示 UE 不需要醒来接收 PDCCH。对于休眠信号来说，因为 UE 最多可配置 15 个辅小区（载波），为了节约信令开销，辅小区（载波）最多可分成 5 组，每组用 1bit 来显示信息。其中，若取值为"1"，则表示该组辅小区（载波）应工作在非休眠 BWP；若取值为"0"，则表示该组辅小区（载波）应工作在休眠 BWP。UE 将根据休眠指示来切换自己工作的 BWP 类型。

考虑到 DCI 的传输效率，DCI Format 2_6 指示多用户复用。如图 5-12 和 ASN.1 5-6 所示，对于单个用户来说，DCI Format 2_6 包含 1 ～ 6bit（唤醒指示一定存在，长度为 1bit，但休眠指示长度可为 0 ～ 5bit）。当 DCI Format 2_6 携带多个用户信息时，网络通过 RRC 信令指示每个用户的唤醒信号在 DCI 中的起始位置①，并指示 DCI 的总长度②（DCI Format 2_6 的最大长度为 140bit）和加扰 PDCCH 的 PS-RNTI ③。

图 5-12　DCI Format 2_6 的多用户复用

ASN.1 5-6　DCI Format 2_6 相关配置

```
DCP-Config-r16 ::=                    SEQUENCE {
  ③ ps-RNTI-r16                       RNTI-Value,
  ⑤ ps-Offset-r16                     INTEGER (1..120),
  ② sizeDCI-2-6-r16                   INTEGER (1..maxDCI-2-6-Size-r16),
  ① ps-PositionDCI-2-6-r16            INTEGER (0..maxDCI-2-6-Size-1-r16),
  ④ ps-WakeUp-r16                     ENUMERATED {true}
```

| ps-TransmitPeriodicL1-RSRP-r16 | ENUMERATED {true} |
| ps-TransmitOtherPeriodicCSI-r16 | ENUMERATED {true} |

}

考虑到如果出现信道恶化，可能会出现漏检唤醒信号的现象，或因为网络瞬时负载过大而出现无法发送唤醒信号的情况。在这些情况下，UE 是否启动 DRX ON 状态及进行 PDCCH 检测由高层信令④配置（如果该 IE 出现，未检测到唤醒信号，则 UE 仍然需要激活 DRX ON 状态并检测 PDCCH）。

下面要确定唤醒信号（DCI Format 2_6）的监听资源问题。

首先，要确定 PDCCH 监听的起始位置，根据 3GPP 的讨论，最终确定用 RRC 消息直接配置，如 ASN.1 5-6 参数⑤所示。

然后要确定 PDCCH 监听的结束位置，因为 UE 在监听到 PDCCH 完成解码到 DRX ON 之间需要有一段时间预留给 UE 唤醒设备并完成初始化，所以 PDCCH 监听的结束位置需要由 UE 的处理能力来决定。3GPP 根据不同的子载波间隔和不同的 UE 能力确定了这个最小间隔值 X，如表 5-10 所示。其中，值 1 代表高能力 UE，值 2 代表低能力 UE。最小时间间隔（MinTimeGap-r16）由 UE 上报给基站。

表 5-10　DRX ON 前的唤醒信号监听的最小时间间隔

子载波间隔（kHz）	最小时间间隔 X（时隙）	
	值 1	值 2
15	1	3
30	1	6
60	1	12
12	2	24

最后需要说明的是，用作 DRX 自适应的唤醒指示只能由 DCI Format 2_6 承载；而用作辅小区休眠技术的休眠指示在非激活期内可和唤醒信号一起由 DCI Format 2_6 承载，在激活期内，由其他 DCI 格式（DCI Format 0_1 和 DCI Format 1_1）承载。

综合前面的描述，我们可以以图 5-13 为例回顾一下 DRX 自适应和辅小区休眠的实际过程。

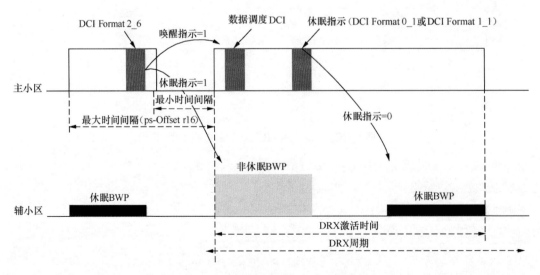

图 5-13　DCI Format 2_6 的应用

UE 根据自身能力上报最小时间间隔（MinTimeGap–r16），接收来自网络配置的最大时间间隔 ps–Offset–r16。根据这两个值，以及网络配置的 PS-RNTI 在对应位置盲检 PDCCH。在这里，UE 在主小区的 DRX 非激活时间内检测到 DCI Format 2_6。根据 DCI 内容唤醒指示和休眠指示配置值 均为 1，则 UE 在接下来的 DRX ON 阶段醒来监听 PDCCH，并将辅小区从休眠 BWP 切换到非休 眠 BWP。在 DRX 激活时间内，UE 检测到调度信息，并进行数据调度。完成数据传输后（处在 DRX 激活时间内），如果 UE 检测到网络发送的休眠指示等于 0（使用 DCI Format 0_1 或 DCI Format 1_1），则将辅小区从非休眠 BWP 切换到休眠 BWP，实现 UE 能耗的降低。

5.3.4 "降低调度的确定性"——跨时隙调度技术

1. 跨时隙调度技术基本原理和效果

在 R15 中，3GPP 引入了多种子载波间隔，进而实现了灵活、可扩展的帧结构。这种灵活的帧 结构使 UE 可以满足多种业务对资源和时延的不同需求。在 R15 中，3GPP 还引入了迷你时隙和自包 含子帧，使 UE 可以以 OFDM 符号为单位传输数据并且可在一个时隙内完成数据传输和结果反馈。

灵活的帧结构也对应着灵活的调度模式，用户监控 PDCCH 获得调度信息与发送 / 接收数据的 时间间隔在 3GPP NR 协议中被定义为 $K0$ 和 $K2$，它们的取值范围都为 0 ~ 32，这意味着 R15 可 实现单时隙调度和多时隙调度。同时隙调度、跨时隙调度和调度能耗如图 5–14 所示。

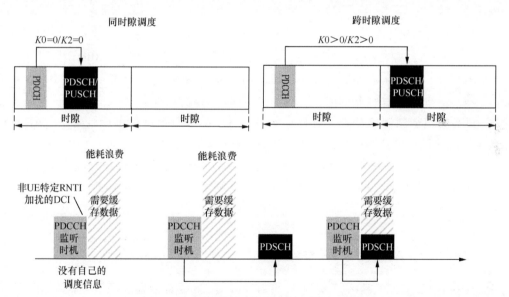

图 5–14　同时隙调度、跨时隙调度和调度能耗

为了实现如此灵活的数据调度，PDCCH 的监控变得格外重要，因为 UE 必须时刻监控 PDCCH 进而清楚地知道未来的数据调度（PDSCH 或 PUSCH）将会在哪个时隙发生（获取 $K0$ 和 $K2$）。因此， 在 UE 完成 PDCCH 解码并获得调度信息前，UE 无法获知自己的本次调度 $K0/K2$ 的值。正因为这 种不确定性的存在，下行方向在 PDCCH 解码期间，为了不"漏掉"在 $K0=0$ 时与 PDCCH 同一个 时隙被调度的用户数据，UE 不得不缓存 PDCCH 解码期间全 BWP 上的所有下行信号。这就使得 UE 在每个 PDCCH 监控时机都会缓存全带宽数据（除非 DCI 扰码 RNTI 是 UE 特定的，且根据解 扰确定该 PDCCH 无自己的数据），即使当前没有数据被调度或者调度的数据距离 PDCCH 很远（$K0$

> 0），因此，这会带来射频上的功率损耗。

如果我们保证 $K0$ 或 $K2$ 都为 0，则不仅有足够的时间预留给 UE 解码 PDCCH，还不需要缓存数据。因此，跨时隙调度相比同时隙调度来说，消除了数据调度时隙的不确定性，节约了缓存数据的能耗，此外，在 PDCCH 与 PDSCH/PUSCH 之间还可使 UE 处于微睡眠状态（关闭射频，降低硬件处理时钟频率和电平），以进一步降低能耗。当然，这种操作必然会带来用户面时延的增加。

因此，在 R16 中引入了跨时隙调度节能技术，该技术通过基站配置 $K0$ 和 $K2$ 的最小值来实现跨时隙调度，实现 UE 的节能。

关于跨时隙调度节能技术，大量仿真数据显示，当最小 $K0=1$ 时，跨时隙调度节能技术的节能增益为 13% ～ 28%，用户面时延降低 0.3% ～ 5%；当 1< 最小 $K0$<4 时，跨时隙调度节能技术的节能增益为 13% ～ 25%，用户面时延降低 7% ～ 13%；当最小 $K0 \geq 4$ 时，跨时隙调度节能技术的节能增益为 2% ～ 25%，用户面时延降低 32%。综上，当最小 $K0$>1 时，随着 $K0$ 的增大，节能增益逐渐减小，用户面时延增加。

2. 跨时隙调度的协议实现

跨时隙调度的基本原理简单来说就是动态地为 UE 配置一个最小调度偏移，使 UE 可以在这个最小偏移时间中避免缓存全 BWP 数据，并可通过关闭射频和降低时钟频率的方式来实现 UE 能耗的降低。

在 5.3.6 节中的 UE 辅助信息上报中，我们将会看到 UE 在能力上报时可将自己是否支持上报最小调度偏移的能力上报给基站，如果 UE 支持上报此功能，则会在后续的 RRC 配置过程中开启 UE 针对该信息的上报功能。于是，UE 可以通过 UEAssistanceInformation 消息上报最小调度偏移的信息。当然，基站是否使用 UE 的这个上报值，以及如何使用由基站决定。

因为 UE 的负载情况是动态变化的，所以在 R16 的跨时隙调度节能技术中，3GPP 采用 DCI 来实时指示最小调度偏移值的使用。在 DCI Format 0_1 和 DCI Format 1_1 中分别增加参数 IE "Minimum applicable scheduling offset indicator"，若该 IE 未出现，则表示 RRC 层并未配置最小调度偏移 $K0$ 和 $K2$ 预设值。如果该 IE 出现（仅 1bit），则根据 1bit 的取值来获得预配置的最小 $K0$ 和 $K2$。

ASN.1 5-7　最小 $K0$ 和 $K2$ 的预设值

```
PDSCH-Config ::=                       SEQUENCE {
  ……
 ① minimumSchedulingOffsetK0-r16            SetupRelease { MinSchedulingOffsetK0-Values-r16 }
  ……
}
MinSchedulingOffsetK0-Values-r16 ::=   SEQUENCE (SIZE (1.. ③
maxNrOfMinSchedulingOffsetValues-r16))  OF INTEGER (0.. ④ maxK0-SchedulingOffset-r16)
PUSCH-Config ::=                       SEQUENCE {
  ……
 ② minimumSchedulingOffsetK2-r16            SetupRelease { MinSchedulingOffsetK2-Values-r16 }
  ……
}
```

ASN.1 5-7 给出了网络在 RRC 连接建立 / 修改 / 恢复流程中为 UE 配置的当前激活 BWP 的最小偏移 K0 和最小偏移 K2 的 ASN.1 代码。参数①和②分别给出了预配置的最小 K0 和最小 K2。在 R16 协议中，网络预配置的最小偏移预配值的最大数量（参数③）为 2，而每个预配值的取值范围均为 0 ~ 16(参数④)，也就是网络最多可配置两个取值为 0 ~ 16 的最小 K0 和最小 K2。

我们可以这样理解具体的执行过程，如下。

若在 UE 接收到的 DCI Format 0_1 或 DCI Format 1_1 中包含参数 Minimum applicable scheduling offset indicator，则 UE 将根据表 5-11 的规则来获取最小 K0 和最小 K2 的值。

（1）若 RRC 预配置了两组参数①和②

· 当 Minimum applicable scheduling offset indicator 取值为 0 时，使用预配置参数①和②的第一组最小 K0 和最小 K2。

· 当 Minimum applicable scheduling offset indicator 取值为 1 时，使用预配置的第二组最小 K0 和最小 K2。

（2）若 RRC 只预配置了一组参数①和②

· 当 Minimum applicable scheduling offset indicator IE 取值为 0 时，使用预配置参数①和②的最小 K0 和最小 K2。

· 当 Minimum applicable scheduling offset indicator IE 取值为 1 时，最小 K0 和最小 K2 取值为 0，即允许本时隙调度。

最小 K0 和最小 K2 的联合指示如表 5-11 所示。

表 5-11　最小 K0 和最小 K2 的联合指示

指示域 bit 取值	最小 K0 取值	最小 K2 取值
0	RRC 配置参数 minimumSchedulingOffsetK0 中配置的第 1 个值	RRC 配置参数 minimumSchedulingOffsetK2 中配置的第 1 个值
1	如果 minimumSchedulingOffsetK0 配置了第 2 组取值，则最小 K0 取第 2 组配置值；如果 minimumSchedulingOffsetK2 配置了第 2 组取值，则最小 K2 取第 2 组预配置值	如果 minimumSchedulingOffsetK2 配置了第 2 组取值，则最小 K2 取第 2 组配置值；如果 minimumSchedulingOffsetK0 配置了第 2 组取值，则最小 K0 取第二组预配置值

如此复杂的设计的一个优点是基站可以根据 UE 的实时负载情况灵活地调整传输时延和能耗的平衡。比如当终端数据到达率较高时，基站可以立即为终端指定一个较小的最小 K0/ 最小 K2，或者不进行限制而允许本时隙调度；当终端数据不活跃时，则为终端指定一个较大的最小 K0/ 最小 K2，以实现能耗的降低。

当然，考虑到 DCI 的解码需要时间，所以当 UE 接收到 Minimum applicable scheduling offset indicator 时，并不马上生效，而是需要延时 x 个时隙，对于 x 的取值，读者可以参考 3GPP TS 38.214-5.3.1。

5.3.5　"BWP 的深度利用"——最大 MIMO 层自适应技术

在 3.2.4 节中我们已经看到，R15 定义的 BWP 自适应技术其中一个目的就是实现 UE 的节能。UE 可以在不同的 BWP 之间进行切换，通过工作宽带的自适应来达到 UE 节能的目的。

但在 R15 阶段，并非所有空口配置都以 BWP 为单位进行独立配置，比如最大 MIMO 层数就被设置为小区层面的参数。也就是说，在 R15 协议中，BWP 的切换并不能实现最大 MIMO 层数的自适应，UE 也就无法根据当前业务状态来进行灵活的层数自适应。

MIMO 层数和 UE 节能密切相关，它将影响 UE 需要"启用"的最大天线数量。为此，R16 UE 节能项目引入了最大 MIMO 层自适应技术。

这个技术很简单，它根据业务需求，通过将 UE 动态地切换到配置了不同 DL 最大 MIMO 层数的 BWP 来实现 MIMO 层数和业务的自适应，进而实现节能效果，如图 5-15 所示。

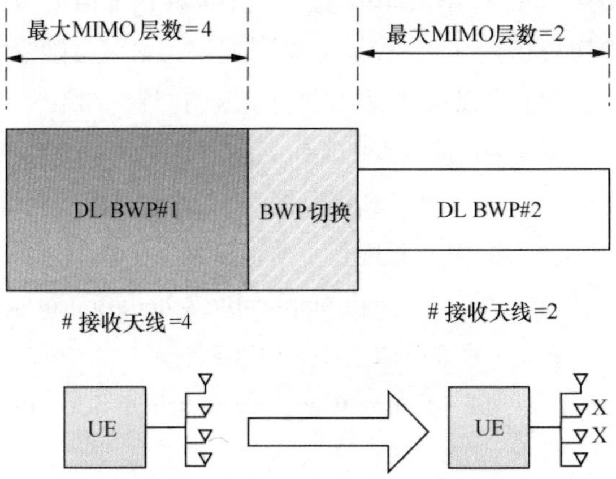

图 5-15　最大 MIMO 层自适应

关于最大 MIMO 层自适应技术，大量仿真数据显示，在动态调整的情况下，UE 自适应调整 MIMO 层数或 Tx/Rx 天线数可以提供 3% ～ 30% 的节能增益，同时也会带来 4% 的时延增加；在半静态配置的情况下，UE 自适应调整 MIMO 层数或 Tx/Rx 天线数可以提供 6% ～ 30% 的节能增益。当然，它会带来额外的网络资源消耗。

5.3.6　"让睡眠更安稳"——RRM 测量放松技术

前面提到的几种节能技术都属于 UE CONNECTED 态下的节能方案。在 UE 的 IDLE 态和非激活态，UE 本就处在一个相对低能耗的状态。但为了完成移动性管理，UE 必须进行 RRM 测量。由此可以想到，如果在某些场景下适当减少 RRM 测量也可以降低 UE 能耗。比如，在 UE 处在静止不动或者低速移动状态的情况下，信道的变化相对较慢；UE 不在小区边缘时，可以减少对邻小区的 RRM 测量频次。在这些情况下，在单位时间内减少的 RRM 测量的频次可以进一步降低 UE 能耗，而且对性能的影响也较小。

在 R15 中，对于处在 CONNECTED 态和非激活态的 UE，已引入了 RRM 测量放松的节能技术，即当 UE 在服务小区的信道质量足够好时，可以不启动针对同频小区和同等优先级或低优先级的异频 / 异 RAT 小区（比如 4G、3G）的 RRM 测量。同时，针对高优先级的异频 / 异 RAT 小区的 RRM 测量，可使用较大的测量间隔。

从图 5-16 中我们可以清晰地看到系统信息中给出的各种门限值在 RRM 测量和小区重选中发挥作用的过程，流程中的具体细节如下。

当 UE 正常驻留在服务小区（步骤①），若服务小区的小区质量大于 $S_{\text{IntraSearch}}$（$SrxLev > S_{\text{IntraSearchP}}$ 和 $Squal > S_{\text{IntraSearchQ}}$），则可以不启动 UE 的同频测量。

若此时测量发现小区质量恶化，则：当测量结果降低到 $S_{\text{IntraSearch}}$ 时（步骤②）（$SrxLev < S_{\text{IntraSearchP}}$ 或 $Squal < S_{\text{IntraSearchQ}}$），触发基于同频的小区测量，并根据 R 准则对小区质量进行排序，选择最好的小区驻留。若小区质量继续恶化，当小区质量降低到 $S_{\text{nonIntraSearch}}$ 以下时（步骤③）（$SrxLev < S_{\text{nonIntraSearchP}}$ 或 $Squal < S_{\text{nonIntraSearchQ}}$），则启动异频和异系统测量，此时优先考虑高优先级频率小区。

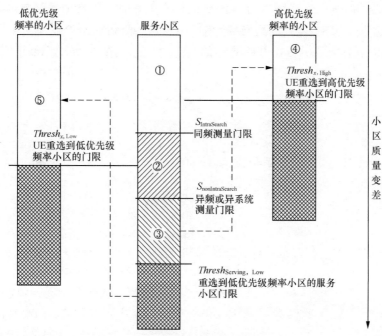

图 5-16   UE RRM 测量和重选过程

（1）如果在高优先级频率测量到某小区的小区质量在一段时间内超过门限 $Thresh_{x, High}$（步骤④）（$SrxLev>Thresh_{x, HighP}$ 或 $Squal >Thresh_{x, HighQ}$），则重选到异频或异系统的高优先级频率小区驻留。

（2）若未在异频或异系统的高优先级频率找到超过 $Thresh_{x, High}$ 门限的合适小区，但在低优先级频率发现小区质量在一段时间内大于 $Thresh_{x, Low}$（$SrxLev>Thresh_{x, HighP}$ 或 $Squal >Thresh_{x, HighQ}$），且这段时间内服务小区的小区质量已经下降到 $Thresh_{Serving, Low}$ 以下（步骤⑤）（$SrxLev<Thresh_{Serving, HighP}$ 或 $Squal <Thresh_{Serving, HighQ}$），则重选到低优先级频率的合适小区驻留。

在 R16 的 UE 节能项目中，对 NR 的 RRM 测量又引入了两个 UE 节能增强场景，即低速移动和非小区边缘场景。

首先让我们来看看网络如何判定终端处在"低速移动"状态或者"非小区边缘"状态。

若满足式（5-1），则网络可判定 UE 处在低速移动状态。

$$Srxlev_{Ref} - Srxlev < S_{SearchDeltaP} \tag{5-1}$$

在式（5-1）中，$S_{SearchDeltaP}$ 为网络配置门限，如 ASN.1 5-8 中的①所示；$Srxlev$ 为本小区测量到的参考信号接收功率（RSRP）；$Srxlev_{Ref}$ 为服务小区 $Srxlev$ 参考值，参考值可以被理解为"过去一段时间内服务小区 $Srxlev$ 的最大值"，网络通过它来判断当前小区一段时间内 RSRP 的变化。正因为它是当前测量值的参考，所以在一些情况下，这个参考值需要"重置"。根据 3GPP TS 38.304-5.2.4.9.1 的描述，在如下情况下，网络会将 $Srxlev_{Ref}$ 重置为当前的 $Srxlev$ 值。

（1）UE 小区选择或重选后（小区都换了，当然要重置标准）。

（2）当 $Srxlev_{Ref} - Srxlev>0$ 时（当前的信道质量变得更好，标准也得改变）。

（3）在 $T_{SearchDeltaP}$ 内不满足测量放松准则，如 ASN.1 5-8 ②所示。

若满足式（5-2），则网络可判定 UE 处在"非小区边缘"状态。

$Srxlev > S_{SearchThresholdP}$，并且 $Squal > S_{SearchThresholdQ}$（如果网络配置了 $S_{SearchThresholdQ}$）　　　　（5-2）

其中，$Srxlev$ 和 $Squal$ 分别为当前小区测量到的参考信号接收功率和参考信号接收质量（RSRQ）。$S_{SearchThresholdP}$ 和 $S_{SearchThresholdQ}$ 是网络配置的门限值，如 ASN.1 5-8 ③和④所示。需要注意的是，参数③ RRC 配置的是 0 ～ 31dB 的整数值，而真实的值为配置值 ×2（dB），参数④配置值为真实值。

ASN.1 5-8　测量放松RRC配置

```
SIB2 ::=                          SEQUENCE {
......
relaxedMeasurement-r16            SEQUENCE {
  lowMobilityEvaluation-r16         SEQUENCE {
    ① s-SearchDeltaP-r16              ENUMERATED {
                                        dB3, dB6, dB9, dB12, dB15,
                                        spare3, spare2, spare1},
    ② t-SearchDeltaP-r16              ENUMERATED {
                                        s5, s10, s20, s30, s60, s120, s180,
                                        s240, s300, spare7, spare6, spare5,
                                        spare4, spare3, spare2, spare1}
  }
  cellEdgeEvaluation-r16            SEQUENCE {
    ③ s-SearchThresholdP-r16          ReselectionThreshold,
    ④ s-SearchThresholdQ-r16          ReselectionThresholdQ
  }
  ⑤ combineRelaxedMeasCondition-r16  ENUMERATED {true}
  ⑥ highPriorityMeasRelax-r16   ENUMERATED {true}
}
......
}
```

在 ASN.1 5-8 还有一个参数 combineRelaxedMeasCondition-r16 IE，该值表示当 SIB2 同时配置了 lowMobilityEvaluation-r16 IE 和 cellEdgeEvaluation-r16 IE 时，如果 combineRelaxed MeasCondition-r16 IE 出现，则 UE 需要同时满足两个准则才能进行小区测量放松；如果该 IE 未出现，则 UE 只要满足一个准则就可以进行测量放松。

接下来我们来看测量放松的执行过程。

（1）仅低速场景

若 RRC 配置了 lowMobilityEvaluation-r16 IE，但没配置 cellEdgeEvaluation-r16 IE，且 UE 选择（重选）到该小区后，UE 进行正常的同频、异频或异系统测量超过 $T_{SearchDeltaP}$（参数②），而且在周期 $T_{SearchDeltaP}$ 内满足式（5-1），则

● UE 可选择执行同频小区测量的 RRM 测量放松（参见 3GPP TS 38.133-4.2.2.9）。

● 若满足 $Srxlev>S_{nonIntraSearchP}$ 和 $Squal>S_{nonIntraSearchQ}$（当前小区质量好于异频或异系统测量门限），且 RRC 配置了参数 highPriorityMeasRelax-r16 IE，则 UE 每小时测量一次（每小时测量一个频点）；如果 $Srxlev<S_{nonIntraSearchP}$ 或 $Squal<S_{nonIntraSearchQ}$（当前小区质量比异频或异系统测量门限差），则 UE 根据 3GPP TS 38.113-4.2.2.10 和 3GPP TS 38.113-4.2.2.11 执行异频或异系统的测量放松。

（2）仅非小区边缘场景

如果 RRC 配置了 cellEdgeEvaluation-r16 IE，但没配置 lowMobilityEvaluation-r16 IE，且满足式（5-2），则

- UE 根据 3GPP TS 38.133-4.2.2.9 对同频小区进行测量放松。

- 如果服务小区满足 $Srxlev \leqslant S_{\text{nonIntraSearchP}}$ 或 $Squal \leqslant S_{\text{nonIntraSearchQ}}$，则 UE 根据 3GPP TS 38.133-4.2.2.10 和 TS 38.133 4.2.2.11 对异频或异系统小区进行测量放松；如果 $Srxlev > S_{\text{nonIntraSearchP}}$ 且 $Squal > S_{\text{nonIntraSearchQ}}$，则高优先级频点、测量时间与普通场景一致。

（3）联合场景

当 RRC 同时配置了 cellEdgeEvaluation-r16 和 lowMobilityEvaluation-r16 IE 时

- 如果 UE 选择（重选）到该小区后，UE 进行正常的同频、异频或异系统测量超过 $T_{\text{SearchDeltaP}}$（参数②），而且在周期 $T_{\text{SearchDeltaP}}$ 内满足式（5-1）的低速场景测量放松准则，也满足式（5-2）的非小区边缘测量放松准则，则一小时进行一次同频、异频、异系统测量。

- 如果只满足式（5-1）或式（5-2），且没有配置 combineRelaxedMeasCondition-r16 IE，UE 根据 3GPP TS 38.133-4.2.2.9、3GPP TS 38.133-4.2.2.10 和 3GPP TS 38.133-4.2.2.11 的测量放松准则，测量同优先级或低优先级的同频、异频、异系统频点。

- 如果服务小区满足 $Srxlev \leqslant S_{\text{nonIntraSearchP}}$ 或 $Squal \leqslant S_{\text{nonIntraSearchQ}}$，则根据 3GPP TS 38.133-4.2.2.10 和 3GPP TS 38.133-4.2.2.11 的测量放松准则进行高优先级异频或异系统频点测量。

5.3.7 "信令支撑"——UE 辅助信息上报

为了实现前面介绍的各种 UE 节能技术，一个必要的前提假设是网络需要对 UE 的状态、需求做到"心里有数"。

为此，R16 增强了 RRC 消息"UE 辅助信息上报"，如图 5-17 所示。UE 上报自己的倾向配置，有利于基站为 UE 配置合适的参数，以达到节能的目的。比如 UE 可以上报自己倾向的长 / 短 DRX 周期，倾向最小调度 $K0$ 和 $K2$、辅小区配置，MIMO 配置，以便网络帮助 UE 实现节能增益。

UEAssistanceInformation 消息在 R15 阶段就已经引入协议，但 R15 的功能相对比较单一。在 R15 阶段，该消息的目的是通知网络 UE 的延迟预算报告和过热辅助信息。通过延迟预算报告，UE 可以请求网络修改其连接态 DRX 周期长度，以提高时延性能；而通过过热辅助信

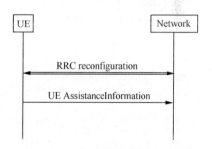

图 5-17　UE 辅助信息上报示意

息，UE 可以请求网络暂时降低载波聚合带宽和最大 MIMO 层数，以减少终端发热。当然，最终的决定权在网络侧。在 R16 阶段，UE 节能项目对该信令进行了大范围的增强。通过该消息，UE 可以上报，如 ASN.1 5-9 所示。

（1）倾向的 DRX 参数 IE（drx-Preference-r16 IE）

- DRX 非激活计时器参数 IE（preferredDRX-InactivityTimer IE）：在接收到一个新传的 PDCCH 后还需要监听 PDCCH 的时长。

- 长周期 DRX 周期长度参数 IE（preferredDRX-LongCycle IE）。

- 短周期 DRX 周期长度参数 IE（preferredDRX-ShortCycle IE）。
- 短周期持续次数参数 IE（preferredDRX-ShortCycleTimer IE）：持续多少个短周期没有收到 PDCCH 就进入长周期（Timer 为短周期的整数倍）。

（2）倾向的最大聚合带宽参数 IE（maxBW-Preference-r16 IE）：给出在解决过热或节能问题时，UE 分别在 FR1 和 FR2 频段的上行和下行倾向最大带宽。

（3）倾向的最大成员载波数量参数集（maxCC-Preference-r16 IE）：给出在解决过热或节能问题时，UE 倾向的上行和下行最大载波数。

（4）倾向的最大 MIMO 层数参数 IE（maxMIMO-LayerPreference-r16 IE）：给出在解决过热或节能问题时，UE 在 FR1 和 FR2 频段上行和下行倾向 MIMO 最大层数。

（5）倾向的最小调度偏移参数 IE（minSchedulingOffsetPreference-r16 IE）：给出 UE 在跨时隙调度时，在各种子载波间隔配置下 $K0$ 和 $K2$ 的最小取值。

（6）倾向的 RRC 状态参数 IE（releasePreference-r16 IE）：给出在 UE 希望从 CONNECTED 态迁移出去时，倾向回退到的 RRC 状态。

ASN.1 5-9　UE辅助信息ASN.1代码

```
UEAssistanceInformation-v1540-IEs ::= SEQUENCE {
    overheatingAssistance              OverheatingAssistance
    nonCriticalExtension               UEAssistanceInformation-v1610-IEs
}
UEAssistanceInformation-v1610-IEs ::= SEQUENCE {
    idc-Assistance-r16                 IDC-Assistance-r16
① drx-Preference-r16                  DRX-Preference-r16
② maxBW-Preference-r16                MaxBW-Preference-r16
③ maxCC-Preference-r16                MaxCC-Preference-r16
④ maxMIMO-LayerPreference-r16        MaxMIMO-LayerPreference-r16
⑤ minSchedulingOffsetPreference-r16  MinSchedulingOffsetPreference-r16
⑥ releasePreference-r16              ReleasePreference-r16
    sl-UE-AssistanceInformationNR-r16  SL-UE-AssistanceInformationNR-r16
    referenceTimeInfoPreference-r16    BOOLEAN
    nonCriticalExtension               SEQUENCE {}
}
MaxMIMO-LayerPreference-r16 ::=     SEQUENCE {
④ -A reducedMaxMIMO-LayersFR1-r16        SEQUENCE {
    reducedMIMO-LayersFR1-DL-r16            INTEGER (1..8),
    reducedMIMO-LayersFR1-UL-r16            INTEGER (1..4)
  }
④ -B reducedMaxMIMO-LayersFR2-r16        SEQUENCE {
    reducedMIMO-LayersFR2-DL-r16            INTEGER (1..8),
    reducedMIMO-LayersFR2-UL-r16            INTEGER (1..4)
  }
}
MinSchedulingOffsetPreference-r16 ::= SEQUENCE {
⑤ -A preferredK0-r16                     SEQUENCE {
```

```
        preferredK0-SCS-15kHz-r16              ENUMERATED {sl1, sl2, sl4, sl6}
        preferredK0-SCS-30kHz-r16              ENUMERATED {sl1, sl2, sl4, sl6}
        preferredK0-SCS-60kHz-r16              ENUMERATED {sl2, sl4, sl8, sl12}
        preferredK0-SCS-120kHz-r16             ENUMERATED {sl2, sl4, sl8, sl12}
     }
OPTIONAL,
⑤ -B preferredK2-r16                    SEQUENCE {
        preferredK2-SCS-15kHz-r16              ENUMERATED {sl1, sl2, sl4, sl6}
        preferredK2-SCS-30kHz-r16              ENUMERATED {sl1, sl2, sl4, sl6}
        preferredK2-SCS-60kHz-r16              ENUMERATED {sl2, sl4, sl8, sl12}
        preferredK2-SCS-120kHz-r16             ENUMERATED {sl2, sl4, sl8, sl12}
     }
}
ReleasePreference-r16 ::=       SEQUENCE {
   preferredRRC-State-r16       ⑥ -A ENUMERATED {idle, inactive, connected, outOfConnected}
}
```

对于上述每种类型的辅助信息，UE 首先要通过 UE 能力上报消息告知基站自己具备上报这些辅助信息的能力（如 ASN.1 5–10 所示），然后基站再通过 RRC 重配消息为 UE 配置，针对这些辅助信息的上报功能（ASN.1 5–11 所示），不同类型的配置信息上报功能由基站分别配置。UE 辅助信息上报实施流程如图 5–18 所示。

为了避免 UE 过于频繁地上报辅助信息，针对每种类型的辅助信息上报基站都会配置一个"禁止上报定时器"。UE 每次上报该类型的辅助信息后，启动该定时器。只有当该定时器超时后，UE 才能再次上报该辅助信息，如 ASN.1 5–11 中的参数⑦。

ASN.1 5–10　UE辅助信息相关的UE能力

```
UE-NR-Capability-v1610 ::=          SEQUENCE {
  ......
powSav-Parameters-r16                    PowSav-Parameters-r16
  ......
   nonCriticalExtension                  UE-NR-Capability-v1640
}


PowSav-Parameters-r16 ::=           SEQUENCE {
   powSav-ParametersCommon-r16              PowSav-ParametersCommon-r16
   powSav-ParametersFRX-Diff-r16            PowSav-ParametersFRX-Diff-r16
   ...
}


PowSav-ParametersCommon-r16 ::=     SEQUENCE {
   ① drx-Preference-r16                     ENUMERATED {supported}
   ③ maxCC-Preference-r16                   ENUMERATED {supported}
   ⑥ releasePreference-r16                  ENUMERATED {supported}
   ⑤ minSchedulingOffsetPreference-r16      ENUMERATED {supported}
   ...
```

```
}

PowSav-ParametersFRX-Diff-r16 ::=     SEQUENCE {
 ② maxBW-Preference-r16                           ENUMERATED {supported}
 ④ maxMIMO-LayerPreference-r16                    ENUMERATED {supported}
  ...
}
```

ASN.1 5-11   RRC重配消息中的上报功能配置

```
RRCReconfiguration-v1610-IEs ::=      SEQUENCE {
otherConfig-v1610                          OtherConfig-v1610
……
}


OtherConfig-v1610 ::=                 SEQUENCE {
  ……
 ① drx-PreferenceConfig-r16                    SetupRelease {DRX-PreferenceConfig-r16}
 ② maxBW-PreferenceConfig-r16                  SetupRelease {MaxBW-PreferenceConfig-r16}
 ③ maxCC-PreferenceConfig-r16                  SetupRelease {MaxCC-PreferenceConfig-r16}
 ④ maxMIMO-LayerPreferenceConfig-r16           SetupRelease {MaxMIMO-LayerPreferenceConfig-r16}
 ⑤ minSchedulingOffsetPreferenceConfig-r16     SetupRelease {MinSchedulingOffsetPreferenceConfig-r16}
 ⑥ releasePreferenceConfig-r16                 SetupRelease {ReleasePreferenceConfig-r16}
  ……
}


DRX-PreferenceConfig-r16 ::=          SEQUENCE {
 ⑦ drx-PreferenceProhibitTimer-r16        ENUMERATED {
                                             s0, s0dot5, s1, s2, s3, s4, s5, s6, s7,
                                             s8, s9, s10, s20, s30, spare2, spare1}
}
```

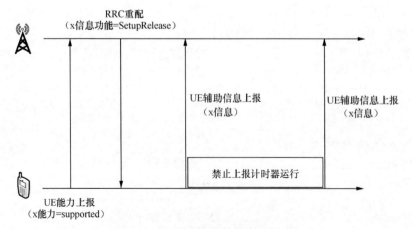

图 5-18　UE 辅助信息上报实施流程

5.4 交叉链路干扰和远距离干扰管理

5.4.1 交叉链路干扰和远距离干扰管理项目背景

移动通信技术从 3G 开始就有 TDD 和 FDD 之分，TDD 相比 FDD 来说，因为不需要对称频谱，可以在一个频谱上同时实现上行通信和下行通信，因此频谱利用效率较高。从 4G 开始 FDD 和 TDD 两种制式就一直沿用。但两种制式总归是不太方便的，不同的空口让智能 UE 无法真正地实现互联互通。因此，在 3GPP 开启 5G NR 设计之初就提出了 NR 需要同时支持成对和非成对频谱，并努力最大限度地提高技术解决方案之间的共同性的设计目标。

但 TDD 并非没有任何问题，TDD 系统也受到交叉链路干扰（CLI）和远距离干扰的影响。

如图 5-19 所示，当将相邻小区配置为不同的 TDD 上下行配置时，处在下行发送状态下的小区发射的信号就会对处在上行接收状态下的小区基站产生干扰。而对于用户来说，如果处在紧邻的两个小区边缘，处在上行发射状态的 UE 产生的信号也会对处在下行接收状态下的 UE 产生干扰，这种干扰就叫作交叉链路干扰。

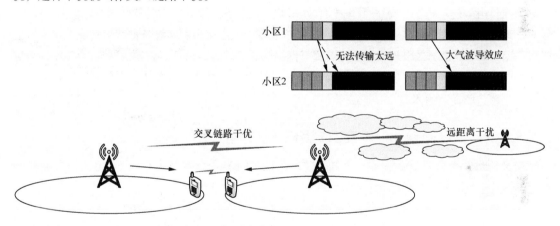

图 5-19 交叉链路干扰（CLI）和远距离干扰

另外一种干扰叫作远距离干扰。在所有的 TDD 系统中，下行资源和上行资源之间都会增加一个保护间隔，一方面是因为 UE 射频从接收到发送状态需要一个切换时间；另一方面是让下行子帧的信号不会影响到邻小区后续上行子帧的接收。如图 5-19 所示，一般情况下，两个距离不远的小区（采用了相同的 TDD 上下行配置），小区 1 下行子帧发射的信号经过一段时间传输后到达小区 2，因为保护间隔的存在，信号到来时小区 2 正处在保护间隔子帧，因此不会对小区 2 造成影响。对于距离更远的小区，因为传输距离大，信号经过长距离传输已经损失殆尽，因此也不会对其上行子帧接收造成影响。但在某种特定的气候、地形、环境条件下，无线信号的传输会形成大气管道现象（及低密度空气对信号的折射），远端基站下行信号经过长距离传输后仍然具有较高的强度，因而对本地基站的上行时隙接收信号产生干扰（传播时延超过了保护周期）。

为了处理这两种干扰，在 R16 阶段，3GPP 成立 CLI&RIM 项目（交叉链路干扰和远距离干扰管理项目），如表 5-12 所示，以进一步增强小区覆盖质量。

表 5-12　交叉链路干扰和远距离干扰管理项目信息总览

基本信息	备注
技术缩写	NR_CLI_RIM
3GPP 项目编号	800082
立项文档（WID）	RP-191546
关联项目	无
涉及工作组	RAN1、RAN2、RAN3、RAN4
立项和结项时间	2018 年 6 月 15 日～ 2019 年 6 月 15 日
牵头立项公司	LG
主要支持公司	LG、AT&T、Nokia、NTT DOCOMO、Verizon、Panasonic、CMCC、Sierra、中国电信、Ericsson、Qualcomm、HiSilicon、Intel、Motorola、Lenovo、SK 电信、Huawei、Samsung、ZTE 等
主要影响 / 技术效果	避免干扰，提升覆盖性能和用户体验
主要推动力	旧动力 C：覆盖驱动

该项目由 LG 牵头，于 2018 年 6 月 15 日在 RAN1 立项，其他技术组参与研究，最终在 2019 年 6 月 15 日结项发布标准。从立项参与公司可以发现，其主要由网络设备商和运营商主导，这主要也是因为对干扰的有效管理将很大程度提升网络的覆盖性能。该项目将解决一直困扰 TDD 系统的交叉链路干扰和远距离干扰问题，实现覆盖质量的进一步提升，所以从这个角度看，它是"旧动力 C：覆盖驱动"的体现。

5.4.2　"老问题"——交叉链路干扰协调技术

交叉链路干扰是 TDD 系统的一个老问题，在 LTE 的动态 TDD 技术环境下，也存在比较强烈的交叉链路干扰问题，NR 系统也是如此。

对于解决交叉链路干扰的问题，3GPP 引入了测量和信息交互手段。gNB 可以在 Xn 接口（基站间的连接）交换和协调其预期的 TDD 上下行资源配置，并且可以配置 UE 执行交叉链路干扰测量，以辅助网络发现和处理干扰。

3GPP 定义了两种类型的交叉链路干扰测量，分别为 SRS-RSRP 和 CLI-RSSI，具体如下。

SRS-RSRP 为上行探测参考信号接收功率，将它定义为携带 SRS 参考信号的资源元素的功率贡献值 (以 W 为单位) 的线性平均值。

CLI-RSSI 为交叉链路干扰接收信号强度指示，它被定义为在已配置的测量时间资源的 OFDM 符号中观测到的总接收功率（以 W 为单位）的线性平均值。这里的干扰包括在配置测量带宽上在所有干扰源（包括服务小区和非服务小区、相邻信道干扰、热噪声等）中观测到的总接收功率。在物理层进行测量后，将测量结果上报高层，高层根据测量结果触发事件和进行周期性的测量报告。

1. CLI 相关的 UE 能力

首先，执行交叉链路干扰测量的前提条件是 UE 具备 CLI 测量的能力。3GPP TS 38.306 为 UE 定义了参数 cli-RSSI-Meas-r16 IE 和 cli-SRS-RSRP-Meas-r16 IE，分别指出 UE 是否支持 3GPP TS 38.215 中定义的 CLI-RSSI 和 SRS RSRP 测量，并支持在 3GPP TS 38.331 中定义的周期性和事

件触发的测量上报。如果 UE 支持这两个能力，则需要同时上报 maxNumberCLI–RSSI–r16 IE 和 maxNumberCLI–SRS–RSRP–r16 IE，分别上报 UE 支持的用于测量 CLI–RSSI 和 SRS–RSRP 的最大测量资源数。这些 UE 能力将打包在 UE 的 NR 能力参数（UE–NR–Capability IE）集合中，在基站请求时上报给基站。

2. CLI 的测量资源配置

当 UE 支持 CLI 测量时，可以为配置具体的测量对象，包含 SRS–RSRP 测量资源和 CLI–RSSI 测量资源，如 ASN.1 5–12 所示。

ASN.1 5–12　CLI相关的测量配置

```
MeasObjectCLI-r16 ::=            SEQUENCE {
   cli-ResourceConfig-r16          CLI-ResourceConfig-r16,
   ...
}


CLI-ResourceConfig-r16 ::=      SEQUENCE {
   srs-ResourceConfig-r16          SetupRelease { SRS-ResourceListConfigCLI-r16 }
   rssi-ResourceConfig-r16         SetupRelease { RSSI-ResourceListConfigCLI-r16 }
}


SRS-ResourceListConfigCLI-r16 ::=   SEQUENCE (SIZE (1..  ②  maxNrofCLI-SRS-Resources-r16)) OF SRS-
                                       ResourceConfigCLI-r16


RSSI-ResourceListConfigCLI-r16 ::=  SEQUENCE (SIZE (1..  ①  maxNrofCLI-RSSI-Resources-r16)) OF RSSI-
                                       ResourceConfigCLI-r16


SRS-ResourceConfigCLI-r16 ::=       SEQUENCE {
   srs-Resource-r16                    SRS-Resource,
   srs-SCS-r16                         SubcarrierSpacing,
   refServCellIndex-r16                ServCellIndex
   refBWP-r16                          BWP-Id,
   ...
}


RSSI-ResourceConfigCLI-r16 ::=      SEQUENCE {
   rssi-ResourceId-r16                 RSSI-ResourceId-r16,
 ③ rssi-SCS-r16                        SubcarrierSpacing,
 ⑦ startPRB-r16                        INTEGER (0..2169),
 ④ nrofPRBs-r16                        INTEGER (4..maxNrofPhysicalResourceBlocksPlus1),
 ⑤ startPosition-r16                   INTEGER (0..13),
 ⑥ nrofSymbols-r16                     INTEGER (1..14),
 ⑧ rssi-PeriodicityAndOffset-r16       RSSI-PeriodicityAndOffset-r16,
   refServCellIndex-r16                ServCellIndex
   ...
}
```

如图 5-10 所示，当网络为 UE 配置 CLI 测量时，会为该测量对象参数集分配一个测量对象 ID，该 UE 与测量 ID 和测量上报配置 ID 相关联。在测量对象参数集中可为 UE 配置一个到多个（由 ASN.1 5-12 中的参数①和参数②确定）测量使用的 SRS-RSRP 资源和 CLI-RSSI 资源。

其中，对于 SRS-RSRP 测量，SRS-RSRP 测量资源的配置参数和其他 SRS 测量资源结构保持一致。包括资源类型（周期性、非周期性、半持续性）、时频域位置、SRS 资源时域 OFDM 符号长度、频域 PRB 数、起始位置等，我们在本书中不再一一描述。

对于 CLI-RSSI 测量，网络分别需要配置用作 CLI-RSSI 测量的参考子载波间隔③，在一个配置了 CLI-RSSI 测量资源的时隙内，UE 测量 RSSI 的时域开始位置⑤和结束位置（⑤+⑥-1），测量带宽的起始位置的⑦和结束位置（⑦+④-1），CLI-RSSI 测量资源的周期和时隙偏移量⑧等，如图 5-20 所示。

3. CLI 的测量上报

CLI 的配置测量上报也和其他测量一样，由 RRC 在 MeasConfig 域中的 ReportConfigToAddModList 中进行配置，并由测量 ID 与测量对象配置 ID 相关联。在 R16 中为 CLI 测量专门新增了报告类型（reportType）：cli-Periodical-r16 和 cli-EventTriggered-r16 分别针对周期性和事件触发上报。

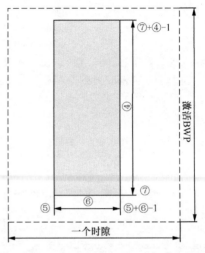

图 5-20　CLI-RSSI 测量资源

对于周期性报告，没有太多需要说明的地方，可以直接参考 ASN.1 5-13。

ASN.1 5-13　测量报告配置

```
CLI-PeriodicalReportConfig-r16 ::=        SEQUENCE {
    reportInterval-r16                        ReportInterval,
    reportAmount-r16                          ENUMERATED {r1, r2, r4, r8, r16, r32, r64, infinity},
    reportQuantityCLI-r16                     MeasReportQuantityCLI-r16,
    maxReportCLI-r16                          INTEGER (1..maxCLI-Report-r16),
    ...
}
CLI-EventTriggerConfig-r16 ::=            SEQUENCE {
    eventId-r16                               CHOICE {
        eventI1-r16                               SEQUENCE {
        ① i1-Threshold-r16                            MeasTriggerQuantityCLI-r16,
          reportOnLeave-r16                           BOOLEAN,
        ② hysteresis-r16                             Hysteresis,
        ③ timeToTrigger-r16                          TimeToTrigger
        },
        ...
    },
    ④ reportInterval-r16                      ReportInterval,
    ⑤ reportAmount-r16                        ENUMERATED {r1, r2, r4, r8, r16, r32, r64, infinity},
      maxReportCLI-r16                         INTEGER (1..maxCLI-Report-r16),
```

```
    ...
}
```

R16 为 CLI 测量的事件触发上报定义了新的触发事件 "Event I1"（参见 3GPP TS 38.331–5.5.4.10）。

$$进入条件：Mi - Hys > Thresh \qquad （5-3）$$

$$离开条件：Mi + Hys < Thresh \qquad （5-4）$$

● Mi 为测量的结果，没有计算任何小区各自的偏置，因为 CLI 都是 RSRP，所以单位为 dBm。

● Hys 即为 RRC 参数 hysteresis-r16，为此事件的滞后参数，单位为 dB，取值范围为 0～30。它是为了避免信号波动导致测量结果的波动而引入的滞后因子。

● Thresh 即为 RRC 参数 i1-Threshold-r16，为此事件的门限参数，单位为 dBm。

此外，RRC 还定义了其他参数，具体如下。

● timeToTrigger-r16 IE：事件发送到上报的时间差，只有测量事件的触发条件在一段时间内始终满足时间条件才上报该事件。

● reportInterval-r16 IE：报告间隔。

● reportAmount-r16 IE：满足上报条件的报告次数。

上述各参数，我们可以结合图 5-21 来加强理解。

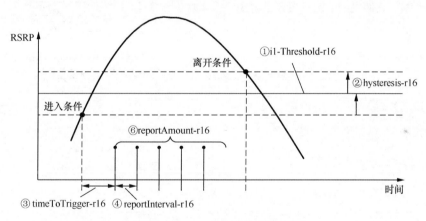

图 5-21　CLI 事件触发参数介绍

4. CLI 信令交互

为了实现小区间交叉链路干扰管理，R16 CLI&RIM 项目通过 Xn 接口和 N2 接口相互交换相关的配置信息，以使基站避免干扰。在 Xn 接口中，标准新定义了参数集 "Intended TDD DL-UL Configuration NR IE"，该 IE 将被包含在 XN SETUP REQUEST、XN SETUP RESPONSE 和 NG-RAN NODE CONFIGURATION UPDATE 消息中。如果在基站收到新定义的参数集，需要考虑使用这些信息进行干扰管理。这个新定义的 IE 中包含基站子载波间隔、循环后缀、TDD 配置等信息，如 ASN.1 5-14 所示。

ASN.1 5-14　干扰管理相关信息

```
IntendedTDD-DL-ULConfiguration-NR ::= SEQUENCE {
    nrscs                           NRSCS,
    nrCyclicPrefix                  NRCyclicPrefix,
```

```
        nrDL-ULTransmissionPeriodicity NRDL-ULTransmissionPeriodicity,
        slotConfiguration-List              SlotConfiguration-List,
        iE-Extensions                       ProtocolExtensionContainer { {IntendedTDD-DL-ULConfiguration-
NR-ExtIEs} }        OPTIONAL,
        ...
}
```

5.4.3 "新问题"——远距离干扰管理技术

虽然远距离干扰并非新事物，早在 LTE 阶段，采用了 TD-LTE 的中国运营商就发现了远距离干扰的存在，但受限于标准化开销问题未制定协议层面的处理手段。在 NR 系统中，为了从根本上解决远距离干扰的协调管理，R16 定义了远距离干扰协议层面的解决方案。

解决远距离干扰问题的思路也很简单，首先识别干扰，然后协调干扰。

因为远距离干扰可能存在于多个干扰小区和多个受干扰小区，因此，需将小区分成干扰小区集（Aggressor Set）和受干扰小区集（Victim Set）。在受干扰小区集中的所有小区，基站都可以同时发送携带了受干扰小区集标识符（Victim Set ID）的 RIM 参考信号（RIM Reference Signal）。

在 CLI&RIM 项目中，3GPP 定义了两种干扰协调的途径，即基于无线框架的 RIM 和基于有线回传框架的 RIM。它们之间的区别仅仅是避免小区干扰的方式不同，如图 5-22 所示。

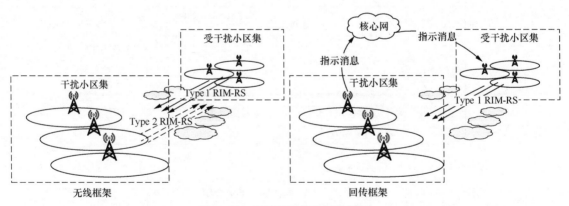

图 5-22　RIM 的无线和回传框架

1. 基于无线框架的 RIM

在基于无线框架的 RIM 机制下，Type 1 RIM 参考符号（RIM-RS Type 1）和 Type 2 RIM 参数符号（RIM-RS Type 2）被定义。基于自己的远距离干扰检测，若受干扰小区检测到远距离干扰，则受干扰小区配置发送携带了受干扰小区集 ID 的 RIM-RS Type 1，当干扰小区接收到 RIM-RS Type 1 时，执行干扰抑制措施，并发送携带了干扰小区集 ID 的 RIM-RS Type 2。基于运营商的具体算法，如果干扰小区发现大气管道效应消失，则可通过停止发送 RIM-RS Type 2 来通知受扰基站，受扰基站在没有检测到 RIM-RS Type 2 时便会停止发送 RIM-RS Type 1；如果受干扰基站发现大气管道效应消失（或者其他考虑），则也可以通过停止发送 RIM-RS Type 1 来通知干扰基站停止干扰抑制措施，并结束 RIM-RS Type 2 的发送。基于无线框架的 RIM 流程举例如图 5-23 所示。

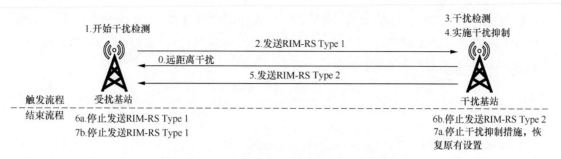

图 5-23　基于无线框架的 RIM 流程举例

在基于无线框架的 RIM 中，3GPP 定义了 RIM-RS Type 1 和 RIM-RS Type 2，3GPP RAN1 在 3GPP TS 38.211-7.4.1.6 中对 RS 序列的生成、物理资源映射、RIM-RS 配置进行了定义。

2. 基于有线回传框架的 RIM

在基于有线回传框架的远距离干扰协调机制下，干扰小区基站一旦接收到受干扰小区集小区发送的 RIM-RS Type 1，就建立干扰抑制措施，并建立与受干扰小区基站的回传协调通道。携带了"检测"或"消失"指示的回传消息通过 F1 接口在 gNB-CU 聚合，并由干扰基站通过 NG 接口发送给受干扰基站。根据回传信息的指示，受干扰基站确认大气管道现象和由此产生的远距离干扰是否已经停止。基于有线回传框架的 RIM 流程举例如图 5-24 所示。

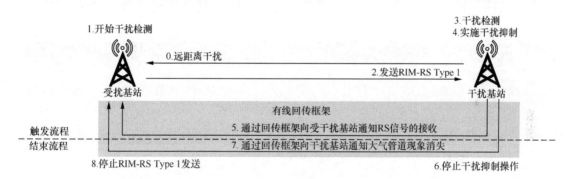

图 5-24　基于有线回传框架的 RIM 流程举例

根据前面的描述，在 RIM 的回传框架中，干扰基站需要在接收到受干扰基站发送的 RIM-RS Type 1 后，发送"检测"或"消失"指示给受干扰基站，以便受干扰基站继续发送或停止发送 RIM-RS Type 1。为了实现这个信息的传输，需要定义基站与核心网间的 RIM 信令。RIM 交互信息如图 5-25 和 ASN.15-15 所示。

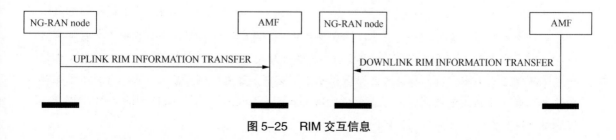

图 5-25　RIM 交互信息

在 CLI&RIM 项目中，最终在 N2 接口定义了 UPLINK RIM INFORMATION TRANSFER 和 DOWNLINK RIM INFORMATION TRANSFER 消息。当 AMF 收到 UPLINK RIM INFORMATION TRANSFER 消息时，不进行解析，而是透明传输给对方基站。

ASN.1 5−15　RIM交互信息

```
RIMInformationTransfer ::= SEQUENCE {
        targetRANNodeID                 TargetRANNodeID,
        sourceRANNodeID                 SourceRANNodeID,
        rIMInformation                  RIMInformation,
        iE-Extensions                   ProtocolExtensionContainer { {RIMInformationTransfer-ExtIEs} }
        OPTIONAL,
        ...
}

RIMInformation      ::= SEQUENCE        {
        targetgNBSetID      GNBSetID,
        rIM-RSDetection     ENUMERATED      { ① rs-detected, ② rs-disappeared, ...},
        ...
}
```

这个 RIM N2 消息中包含了源基站 ID 和目标基站 ID，以及需要交换的 RIM 信息。RIM 信息包括目标基站集 ID 和大气管道现象是否仍然存在的指示信息，即 rs−detected 和 rs−disappeared。

系统观 5　接入网系统的演变

集成接入和回传（IAB）技术是 R16 中 3GPP 引入的一个重要技术特征，它是对网络架构的一次重要的演进。IAB 技术的出现在很大程度上得益于 5G R15 引入的分布式接入网架构。在 5.5 节中会详细介绍 IAB 技术。在这之前，为了帮助读者对接入网系统架构和演进有一个更加全面和清晰的认识，笔者通过系统观章节向读者介绍接入网架构的相关内容。

Ⓐ　分布式部署和 CU/DU 分离

图 5-26 给出了接入网系统示意，其中，左图为协议层面的接入网系统，它被简单地表示为基站（5G NR 基站被称为 gNB，4G 升级后可接入 5G 核心网的基站被称为 ng-eNB，它们都被视为 5G 的接入网系统）及基站间的接口。接入网系统存在的目的就是为用户提供高质量的无线接入，由于其无线的特征，因此从功能上总结起来，接入网系统的主要工作是应对信道多变导致的可靠性风险、无线传输导致的安全风险、资源受限导致的接入能力受限、能耗受限导致的用户体验风险并最终实现高效可靠的无线传输。

从协议层面看，接入网就是由空口协议组成的一个逻辑实体。但从产品层面看，接入网系统（或者说基站系统）可被分为几个组成部分，即天线系统、馈线、射频拉远单元（RRU）和室内基带处理单元（BBU）。之所以有这样的划分，一方面是考虑功能的差异，另一方面是部署位置、条件差异所致。比如，天线系统和 RRU 都是具备全天候能力的，一般部署在室外；而 BBU 发热量很大，无全天候能力，通常被放置于室内。

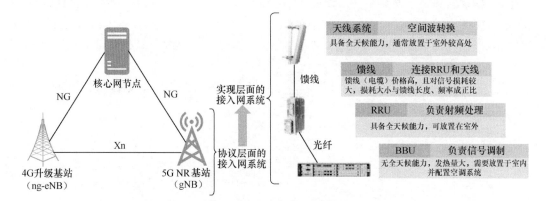

图 5-26　接入网系统示意

对于运营商来说，接入网系统是其网络最重要的组成部分。之所以这样说，一方面是因为无论是其采购成本还是运维成本都占了整个网络成本的绝大部分（我们接下来介绍的接入网演进趋势主要为了解决这些成本问题）。另一方面也是因为接入网部署的好坏直接影响用户体验。因此，对接入网系统的优化（实现层面的优化）一直没有停止过。

随着移动互联网的不断发酵，人们对移动通信网络容量、流量密度和覆盖质量的要求不断提高。除了协议层面技术的不断演进外，从实现层面看，首先需要继续提高基站的部署密度。受限于机房资源，通常通过将射频单元拉远来实现低成本的高密度部署。在 3G、4G 时代，射频单元拉远通过加长 RRU 与天线之间的馈线实现。大家知道，馈线被安装在基站与天线之间，通过跳线与基站和天线连接，用于在 RRU 和天线之间进行射频信号传输。因此，过长的馈线一方面会损失很大一部分信号功率，使小区的覆盖范围缩小（这种情况在高频下更加严重）；另一方面，大量采用馈线的高成本也让运营商无法承受，而馈线引起的网络故障也让运营商防不胜防。解决方案就是缩短 RRU 与天线之间的距离，进而用承载基带信号的光纤代替承载射频信号、成本高的馈线，实现更低成本的"射频拉远"。接入网系统分布式发展趋势如图 5-27 所示。

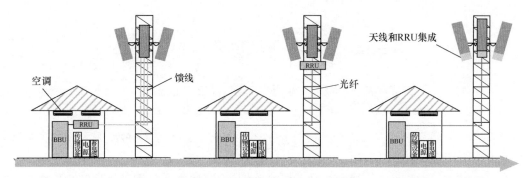

图 5-27　接入网系统分布式发展趋势

其次需要降低接入网部署时对"硬通货"机房的依赖。一方面是降低机房购买/租赁的费用；另一方面通过 BBU 的池化集中部署，大大降低为了解决散热问题而带来的高昂空调电费。另外，BBU 资源的池化、云化也可以让运营商的资源被更加合理地分配。接入网系统的云化、池化也是 4G 以来的一个发展趋势，如图 5-28 所示。

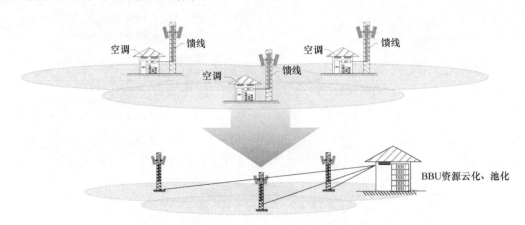

图 5-28　接入网系统的云化和池化趋势

3G、4G 时代的接入网分布式改造及云化、池化都属于实现层面的技术，在技术标准未被优化的情况下，存在不少的问题。因此，在进入 5G 时代后，3GPP 最终将接入网的分布式、池化、云化方案的优化纳入标准范畴，于是有了接下来要介绍的 CU/DU 分离。

为了进一步提高分布式、云化、池化的技术效果，3GPP 在 5G 标准中引入了 CU 和 DU 的概念。其中，CU 由空口协议栈中的非实时处理部分（控制面 RRC、用户面 PDCP 和 SDAP 层）组成，DU 由空口协议栈的实时处理部分（RLC 以下）组成，如图 5-29 所示。

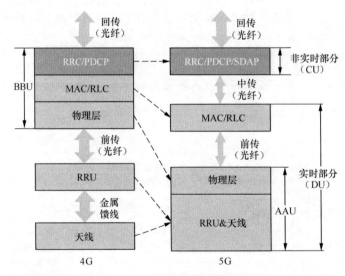

图 5-29　CU/DU 分离后的接入网架构

在实际的基站产品中，往往又将协议栈物理层、RRU 和天线集成在一起形成有源天线处理单元（AAU），这样可以省去使用金属馈线带来的能量损耗、降低成本，也有利于全天候的分布式部署。此外，将实时性要求高的协议栈部分和实时性要求不高的协议部分分离，可以让实时部分更靠近用户部署，而非实时部分可以实现资源的云化和池化，部署在相对较远的位置。

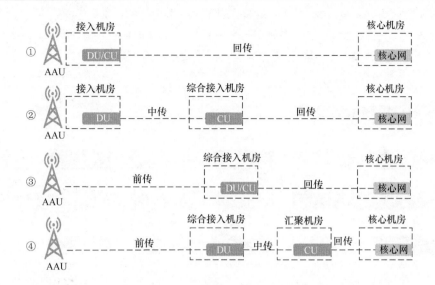

图5-30 CU/DU分离后的网络灵活部署

完成CU/DU分离后，网络的部署方案可以根据业务、资源的需求进行灵活调整。比如如图5-30所示，场景①、场景②架构实施部分部署在网络边缘，这样更有利于时延的降低，适合时延要求较高的业务；而场景②相比场景①，由于CU云化、池化部署，因此对资源的利用和成本控制效果更好；场景③、场景④更加适合对时延要求较低、但对成本要求较高及业务量波动较大的网络。

Ⓑ 核心网和接入网解耦

在系统观4中，我们梳理了进入5G时代后技术发展的新趋势，其中一个发展方向就是"新趋势E：网络拓扑异构和接入方式的多样性"。在新趋势E中，接入方式的多样性为人们提供了更加灵活的接入手段。本节提到的空口技术的多样化也是新趋势E的表现之一。在5G之前的移动通信技术中，接入网系统和核心网系统耦合，3G的接入网无法接入4G核心网，互操作只能通过核心网之间的专用接口实现信令的交互。

在5G的标准化过程中，为了实现更高的前向兼容性，4G的核心网和接入网在进行一定程度的技术升级后，也可接入5G网络成为5G网络的一部分。这就是所谓的"核心网和接入网解耦"，使核心网和特定的接入网技术分离，实现多种接入技术的汇聚。

核心网和接入网解耦的一个重要考虑是运营商网络部署的成本问题。

移动通信发展速度越来越快，在新型应用的催生下，从4G到5G的换代在短短的10年时间内完成（4G标准定稿于2008年，国内部署于2014年；5G标准定稿于2017年年底，并且5G于2019年正式商用）。对于运营商来说，5G的到来是扩展业务的好机会，但5G的部署也需要庞大的资金支持。

考虑到不同国家和运营商5G部署策略的不同，3GPP在标准化初期一方面加强了接入网系统前向兼容性的考虑，另一方面也利用"核心网和接入网解耦"定义了多种部署场景，以支持各种循序渐进的部署计划。图5-31给出了3GPP定义的5G接入网部署模式（SA和NSA）。非独立组网（NSA）指 gNB 或 ng-eNB 需要其他接入网节点（比如 eNB、gNB 或 ng-eNB）辅助作为控制面锚点接入核心网。Option 3/3A 中的 gNB 需要 LTE eNB，Option 4/4A 中的 ng-eNB 需要 gNB，Option 7/7A 中的 gNB 需要 ng-eNB 作为控制面锚点接入核心网。

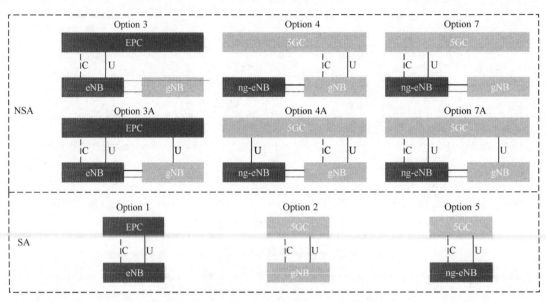

图 5-31　5G 接入网部署模式（SA 和 NSA）

虽然协议定义的多种接入网架构必然会带来产品实现的复杂化，但也为运营商提供了多种平滑演进的可能性。图 5-32 给出了一个 5G 网络平滑演进路线实例。我们可以看到，运营商可以灵活地根据自己的网络策略、资源和资金规模选择不同的平滑演进路线。

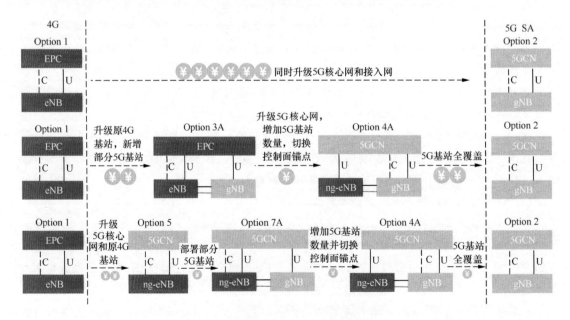

图 5-32　5G 网络平滑演进路线实例

从 1G 到 5G，接入网系统发生了很大的变化。未来将会进一步演进。

5.5 集成接入和回传技术

5.5.1 集成接入和回传项目背景

系统观 4 和系统观 5 介绍了接入网系统分布式部署和异构化的趋势。异构网络指的是相对传统的单层网络而言，具有多频段、多制式、多形态的特点，由不同覆盖大小构成的立体网络结构。

异构网络是上层应用的多样性和网络部署环境的复杂性推动的技术需求。当然，这也是在毫米波被应用后，因为部署能力的恶化，而从覆盖角度考虑的客观选择。

异构化可以采用有线的方式来实现，比如 LTE 阶段引入的家庭基站技术，它利用有线 IP 网络和家庭基站网关接入运营商核心网，让用户可以在室内环境下直接接入移动通信网络。但它也有明显的缺点，比如，因为需要借用不受运营商"控制"的 IP 网络接入运营商网络，这势必会带来较大的网络时延和安全风险。更重要的是它必须基于有线来实现数据和信令的回传（Backhaul），在家庭环境下，因为有线网络的普及比较容易实现。但在一般的室外环境下，如果要实现异构网络而大量铺设电缆或光纤，那么网络部署成本和部署的灵活性是很难跨越的障碍。

考虑到这些因素，3GPP 在 R16 阶段正式成立集成接入和回传（IAB）项目，项目整体信息如表 5-13 所示。该项目在 2019 年 3 月 7 日正式立项，之后于 2020 年 3 月 6 日结项。该项目由芯片公司高通立项，而主要的支持公司集中为运营商和网络设备供应商。

表 5-13 集成接入和回传（IAB）项目整体信息

基本信息	备注
技术缩写	NR_IAB
3GPP 项目编号	820070
立项文档（WID）	RP-210442
关联项目	LTE R10 Relay 技术
涉及工作组	RAN2、RAN3
立项和结项时间	2019 年 3 月 7 日～ 2020 年 3 月 6 日
牵头立项公司	Qualcomm
主要支持公司	Qualcomm、KDDI、Nokia、Ericsson、Verizon、Telstra、Deutsche、Sprint、Lenovo、Motorola、LG、Kyocera、ITRI、Sharp、Sony、Intel、SK、Telecom Italia、Samsung、Fujitsu、AT&T、Huawei、ZTE、CMCC
主要影响 / 技术效果	提供更加灵活的网络拓扑和接入方式、有利于实现更好的覆盖性能和用户体验
主要推动力	旧动力 C：覆盖驱动 新趋势 E：网络拓扑异构和接入方式的多样性 约束力 B：应用和市场的约束

IAB 技术对网络架构和接入方式的重要影响是毋庸置疑的，正是因为它的出现，才为 5G 研究

初期被广泛关注的微小区技术铺平了道路。IAB 技术是"旧动力 C"和"新趋势 E"的体现。但 IAB 技术如何获得合理的商业逻辑，还需要应用和市场的探索和检验。

5.5.2　IAB 技术的"前辈"——LTE R10 中继技术

其实从功能和角色来看，R16 的 IAB 技术和 LTE 时期在 R10 引入系统的中继技术一脉相承。

所谓中继技术即在基站与 UE 之间增加一个或多个中转节点，这些节点负责对无线信号进行一次或者多次转发。其实中继的概念并不新鲜，在 3G 商用阶段就出现了中继器这种硬件设备，这些设备通过简单地对接收信号进行放大，以实现通信网络覆盖区域的扩展，弥补覆盖盲点。这种早期的中继设备因为并不对接收到的信息进行解码，而仅仅进行信号的透明放大，因此，在放大有用信号的同时，也放大了干扰信号，并积累了自身的噪声。

但 3GPP 在 R10 阶段引入的中继技术与简单的中继器不同，它从接收到的信号中提取（解码）有用信息并在其自身的覆盖区域内重新传输新的"干净"信号（重新调制编码）。所以从这个角度看，LTE 中继技术相比传统的中继器不仅扩大了覆盖范围，还提高了信号质量。此外，由于中继技术采用无线和基站连接方式，因此，在一些不方便埋设光缆的地区，可以快速地实现网络部署。R10 的中继技术如图 5-33 所示。

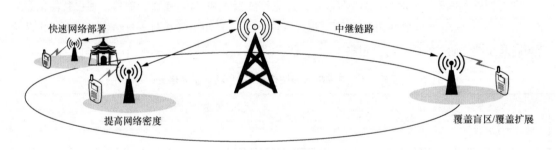

图 5-33　R10 的中继技术

在 R10 的中继技术中，对基站而言，中继节点表现为一个普通 UE；而对用户来说，则表现为一个基站。中继节点拥有自己的 Cell ID（物理层 Cell ID），传输自己的同步信道和参考信号，并对用户进行调度和资源分配，同时也从用户接收 HARQ 反馈和其他控制信息（如 CQI、SR 等）。

eNB-to-Relay 链路（回传链路）可以和 Relay-to-UE 链路（Uu 空口）工作在同一个频段，也可以工作在不同频段。如果部署在同一个频段，那么回传链路会占用部分宏基站空口资源，这导致可被用作调度给普通用户的资源减少。此外，为了不影响宏基站与普通用户之间的通信，3GPP 为中继基站定义了特殊的物理层控制信道 R-PDCCH，用于基站与中继之间的信令交互。

由于各种原因，在 LTE 中继技术被引入 4G 标准后，中继技术并未获得大规模商用。但自从 5G 引入相比 LTE 更高的频段实现网络部署后，考虑到高频段对覆盖范围的约束，通过无线的方式来实现灵活的数据回传变成一个迫切需要解决的问题。中继技术也再次进入人们的视野。当然，3GPP 并不愿意直接用 LTE 的中继技术"炒剩饭"，而是借鉴并发扬。

R16 IAB 和 R10 中继技术特征和功能比较如表 5-14 所示。

表 5-14　R16 IAB 和 R10 中继技术特征和功能比较

特征和功能	LTE 中继技术	5G IAB
回传频率	支持带内和带外	支持带内和带外
中转跳数	一跳	多跳
中继节点与基站信息交互	Uu 空口和专用的 R-PDCCH	Uu 空口和专用的 F1 口及 RLC 信道
IAB 的接入对 UE 透明	是	是
中继节点的"双重身份"	是	是
冗余连接（双连接）	不支持	支持
拓扑自适应	不支持	支持
NSA 和 SA 的支持	NaN	支持
新增协议层	无	BAP 子层

5.5.3　R16 IAB 技术网络和协议架构

正如前面提到的，随着 5G 毫米波技术的引入，人们越来越意识到异构网络和中继技术对 5G 网络的重要性。一方面，普遍使用了更高的频谱甚至毫米波的 5G 网络相比 3G 网络、4G 网络，在同样的覆盖质量条件下，覆盖范围更小，可能存在的覆盖盲区更多。另一方面，上层应用更高的流量和多样化技术指标的需求（如时延），要求网络有极高的可扩展性以实现快速应对需求的定制化，而且还需要有极大的网络密度。此外，位于高频段的大量可用频率使人们对无线回传占用的无线传输资源不像 4G 时代那样敏感。而类似中继技术这样可以实现快速低成本部署，灵活构建网络拓扑的技术正是满足上述需求的一个有力手段。因此，3GPP 在 5G R16 中引入了 IAB 技术。那 IAB 技术到底是什么？它与 R10 中继技术有什么区别？

IAB 定义了两个网络实体 IAB-donor(IAB 宿主节点) 和 IAB-node(IAB 节点)。其中，IAB-node 可以理解为类似于 R10 的中继节点，它支持普通用户的接入和用户数据的无线回传。而 IAB-donor 节点则可理解为支持 IAB-node 节点接入的高性能基站（ gNB ）。

具体来说，IAB-node 和中继的思想类似。一个 IAB-node 包含两个逻辑功能单元。对于普通用户 UE 而言，IAB-node 为 UE 提供基站的 DU 功能（被称为 IAB-DU），也就是提供接入服务所需要的无线协议栈的较低层实时处理部分，包括物理层、MAC 层和 RLC 层，以实现用户或下游 IAB-node 的 Uu 空口接入；对网络侧而言，IAB-node 被看作一个 UE(被称为 IAB-MT，支持有限的 UE 功能)，它和普通 UE 一样具有物理层、L2、RRC 和 NAS 功能，可执行小区搜索、随机接入和 RRC 功能，进行 IAB-node 的接入和认证，以实现 IAB-node 接入上游 IAB-node 点或 IAB-donor 点。因此，从协议层面看，IAB-node 面向用户的一侧是一个 gNB 的 DU，而面向网络的一侧是一个 UE，如图 5-34 所示。

IAB-donor 作为整个 IAB 拓扑结构的根节点，可由一个或多个 DU(被称作 IAB-donor-DU) 和一个 CU 组成。CU 部分与 DU 部分组合形成一个完整的空口协议栈，也就是 CU 部分包含 DU 协议栈未包含的非实时空口协议栈部分——PDCP、SDAP 层和 RRC 层。一个 IAB-donor 下的所有 IAB-node 共享一个 CU（关于 CU 和 DU 的详细介绍，可参考系统观 5 ）。

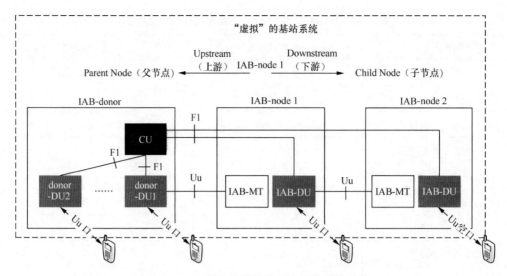

图 5-34　IAB 拓扑结构和"虚拟"基站系统

在 NR 系统中，基站（gNB）是一个逻辑实体，它由 CU 和 DU 两部分组成，并由 F1 接口相连（被分为 F1-C 和 F1-U，分别承载信令面和用户面）。在 3GPP TS 38.401 中，我们也可以看到，在一个 IAB 拓扑中，所有的 IAB-DU 都通过 F1 接口与 IAB-donor-CU 相连接，所以完全可以将连接到 IAB-donor-CU 的所有 IAB-donor-DU 和 IAB-DU 看作一个"虚拟"的基站系统。因此，IAB 可被看作被"隔离"在基站内部的独立系统，任何内部拓扑、路由或回传路径的改变都可以在不影响 5G 核心网和邻近 gNB 的情况下进行。而所有的 IAB-donor-DU 和 IAB-node-DU 都可作为普通的基站为用户提供接入。

IAB-node 的 UE 功能 IAB-MT 在整个 IAB 回传通路的建立过程中起着至关重要的作用。对于上游 IAB-DU（Parent node 的 DU）来说，IAB-MT 的行为几乎和普通 UE 一样。上游 IAB-DU 控制 IAB-MT 的功率控制、同步、调度等行为。而 IAB-MT 在 IAB 拓扑建立过程的第一阶段（IAB-MT Setup）负责以 UE 身份接入网络（和普通 UE 之间的差异是不受统一访问控制和接入控制的约束），执行扫描、上游 IAB-node 的发现、同步，建立 RRC 连接并完成注册过程（以 IAB-node 身份注册）。接着（在回传通道建立阶段），完成回传适配协议层（BAP）实体的配置，建立默认的 RLC 信道，以完成 F1 连接。IAB-MT（UE）的协议栈结构（控制面）如图 5-35 所示。接下来，在建立的默认回传 RLC 信道的协助下，网络将为 IAB 建立回传链路并开启面向 UE 的接入服务。

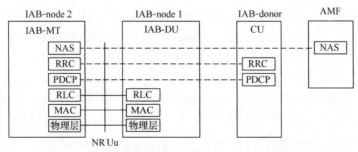

图 5-35　IAB-MT（UE）的协议栈结构（控制面）

图 5-36 给出了 IAB 系统协议栈结构。在这个例子里，IAB 系统由 IAB-node 1 和 IAB-node 2 组成，其中 UE 通过 IAB-node 2 接入网络。IAB-node 2 对用户来说，终止了 UE 接入的 NR 无线空

口；对于 IAB-donor-CU 来说，IAB-node 2 终止了 F1 接口。在协议结构中，为了方便读者理解整个端到端协议结构，一并画出了 UE 和核心网节点的协议栈结构。

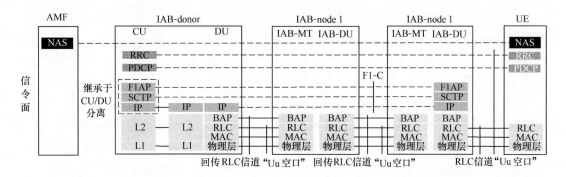

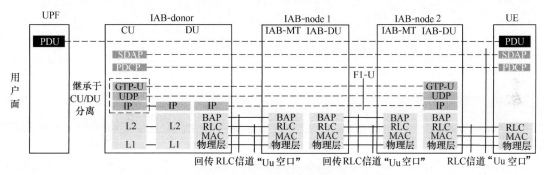

图 5-36　IAB 系统协议栈结构

　　IAB-DU 和 IAB-donor-CU 之间的 F1-C（控制面）和 F1-U（用户面）都使用了 IP 层协议，以保证回传的灵活性和可扩展性。在无线回传中，IP 层通过 R16 新定义的 L2 子层 - 回传适配协议（BAP）层进行传输。BAP 层结合 IP 实现回传数据包的灵活路由、寻址、流量控制，回传自适应等功能。

　　在图 5-36 中，我们将 IAB-node 之间和 IAB-donor 之间的接口同时标记为"回传 RLC 信道"和"Uu 空口"。这里需要加以说明的是，IAB 技术直译为"集成回传技术"，但在这里"Integrated"一词的真正含义是使用相同的频谱资源和基础设施（如空口）来实现普通 UE 和 NR 基站的同时接入服务。也就是说，对于 IAB-node 来说，其下游 IAB-node 和 UE 的接入使用了相同的频谱资源和基础设施。因此，从这个角度来看，可以将 IAB-node 之间和 IAB-donor 之间的接口称为"Uu 空口"。但从技术角度看，承载数据包回传的协议栈在原 DU 协议栈之上叠加了一个新增的 BAP 子层（或者可看作在 CU 和 DU 协议栈之间插入了新的 BAP 子层），进而形成了一个新的 RLC 信道，这个新的 RLC 信道在 3GPP 协议中被称为回传 RLC 信道。在普通 UE 接入 DU 时，RLC 信道承载的是来自 CU 处 PDCP 层的 PDCP PDU，而在 IAB-MT 接入上游 IAB 节点时的回传 RLC 信道承载的是来自 DU 处 BAP 层的 BAP PDU。新增的 BAP 层只在进行数据回传时，在 IAB-node 和 IAB-donor 之间或不同 IAB-node 之间发挥作用，可看作 IAB-donor-CU 和 IAB-DU 之间的内部透明操作，对接入的 UE 透明。

　　正因为如此，才会有如 5.5.5 节中提及的 IAB-node"集成"流程。在此流程中，IAB-node 通过其他 IAB-node 接入网络，在建立默认数据传输通道后，建立 F1 连接，获取配置 BAP 和建立回传 RLC 信道的参数，进而最终实现对普通 UE 数据包的回传操作。

5.5.4 "大手笔"——新增的 BAP 子层结构与功能

对 3GPP 来说，新增协议层是一个"重大决定"。即便是 5G R15，也仅仅是在用户面新增了 SDAP 子层。从侧面也可看到 IAB 技术的重要性。

引入 BAP 子层的主要目的是实现数据包在各 IAB 节点中高效地多跳转发。当然，BAP 层仅存在于 IAB 网络中，对 UE 是透明的。也就是说，BAP 层只在回传链路上使用，而不在访问链路（即 Uu 空口）上使用。

3GPP 将 BAP 的内容定义在新的 3GPP TS 38.340 中。图 5-37 给出了 BAP 层的功能结构。从图中可以看到，BAP 层位于 RLC 层之上，而在 RLC 层和 BAP 层之间的则为回传 RLC 信道。结合图 5-36 我们可以观察到，在 IAB-node 上，IAB-MT 和 IAB-DU 侧分别有一个独立且并列的 BAP 实体。而在 IAB-donor-DU 上，只有一个 BAP 实体，每个 BAP 实体都有一个发送部分和一个接收部分。

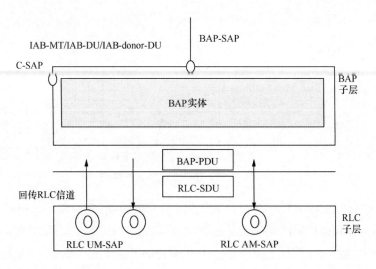

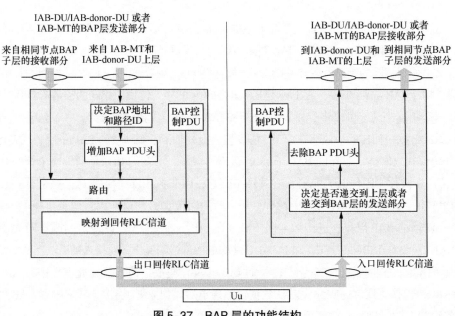

图 5-37　BAP 层的功能结构

如图 5-37 所示，在 BAP 实体的发送部分，BAP 实体可接收来自同一个 IAB-node BAP 层的接收部分的数据或来自上层的数据；而在 BAP 实体的接收部分，BAP 实体可将数据发送给同一 IAB-node BAP 层的发送部分或上层。在发送部分，BAP 实体将依次对来自上层的数据进行 BAP 地址、路径 ID 的确认，增加 BAP PDU 头，确认路由和回传 RLC 信道映射操作。而来自同一节点接收部分转发过来的数据包就是 BAP PDU，其 BAP PDU 头已经包含了 BAP 地址、路径 ID，因此，发送部分的 BAP 层只对数据进行路由和映射操作。在接收部分，BAP 层首先确定是否将数据包递交给上层或转发给同一节点的发送部分，若决定递交上层，则将去除 BAP PDU 头；若决定递交到发送部分，则直接递交。此外，在 BAP 层的发送部分，还可以生成 BAP 层的控制 PDU，以在 IAB-node 间传递控制信息（原理类似于 MAC CE 的原理）。

根据协议描述，BAP 子层的主要功能如下。

（1）数据传输。

（2）为来自上层的数据包确定数据传输的目的地和路径。

（3）为来自上一跳（来自同节点 BAP 层接收部分）的数据包确定出口回传 RLC 信道。

（4）路由数据包到下一跳。

（5）区分发送到上层和发送到出口链路的流量。

（6）流量控制反馈和轮询信令。

（7）回传无线链路失败指示。

根据前面的描述，对于来自上层的 BAP SDU，数据回传的第一步就会确定数据包的 Routing ID（包含 BAP 地址和路径 ID），在这一步，需要确定该数据需要最终传输到哪里（BAP 地址），以及通过什么路径传输（路径 ID）。在下行方向，该步骤由 IAB-donor-DU 完成；在上行方向，则由接入的 IAB-node 完成。在确定 Routing ID 后，BAP 地址和路径 ID 被填写到 BAP PDU 头中。图 5-38 给出了 BAP 数据 PDU 格式。这里的 DESTINATION 域为 Routing ID 中的 BAP 地址，PATH 域为路径 ID。

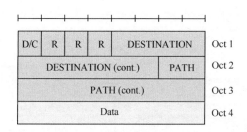

图 5-38　BAP 数据 PDU 格式

（1）D/C IE：BAP PDU 的类型为数据 PDU（1）或控制 PDU（0）。

（2）R IE：预留比特。

（3）DESTINATION IE：10bit，目标 IAB-node 或 IAB-donor-DU 的 BAP 地址。

（4）PATH IE：10bit，BAP 路径 ID。

在对 BAP 层有了简单的认识后，接下来再看 IAB 的几个主要流程和实现细节，通过这些流程的学习读者可以进一步理解 BAP 层的实现细节。

5.5.5 IAB-node "集成"流程

IAB 技术和中继技术的最大区别在于 IAB 技术具备灵活的拓扑自适应和多跳传输能力。任何技术，在获得好的增益的同时，都会付出一定的代价。而对 IAB 的这种灵活的网络结构和传输能力来说，需要付出的代价就是复杂度增加，比如本章将要为大家介绍的 IAB-node "集成"流程，即 IAB-node 的 "组网"流程。正因为要保证足够的数据传输灵活性和拓扑的可扩展性，因此，IAB-node 的 "集成"流程也相对比较复杂。IAB-node "集成"流程如图 5-39 所示。

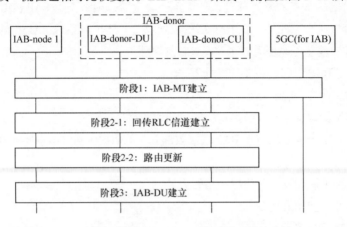

图 5-39　IAB-node "集成"流程

IAB 的集成流程共分为 3 个阶段，分别为 IAB-MT 建立阶段、回传 RLC 信道建立和路由更新阶段、IAB-DU 建立阶段。接下来让我们来看这 3 个阶段的协议细节。

阶段 1：IAB-MT 建立

在该阶段中，IAB-MT（IAB-node 1 的 IAB-MT）将作为一个 UE 接入网络，执行 UE 的初始接入过程。IAB-node 将根据潜在的父节点在 SIB1 中的广播指示，选择合适的父节点接入。具体而言，IAB-MT 将触发 RRC 层的 RRC 连接建立流程，与 IAB-donor-CU 建立 RRC 连接，执行与核心网节点的鉴权、IAB-node 1 相关的上下文管理、承载配置（SRB 和 DRB），该阶段的具体流程可细化为图 5-40。

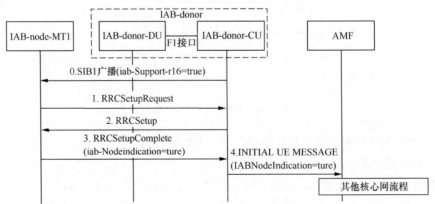

图 5-40　IAB-MT 建立流程

如果基站支持 IAB（IAB-donor）功能，且当前并未禁用 IAB 功能，则会在 SIB1 中通过 iab-

Support-r16 IE 将 IAB 能力广播给所有 UE，如 ASN.1 5-16 所示。当新的 IAB-node 准备接入网络时，该节点的 IAB-MT 会进行搜网和系统消息接收流程，并最终选择一个支持且开放 IAB 功能的小区发起随机接入，开启初始接入过程。

ASN.1 5-16　SIB1中对IAB功能的指示

```
SIB1 ::=          SEQUENCE {
  ...
  cellAccessRelatedInfo            CellAccessRelatedInfo,
}

  CellAccessRelatedInfo  ::=        SEQUENCE {
    ...
    plmn-IdentityInfoList            PLMN-IdentityInfoList,
  }
      PLMN-IdentityInfo ::=                   SEQUENCE {
        ...
        cellIdentity                            CellIdentity,
        cellReservedForOperatorUse              ENUMERATED {reserved, notReserved},
        iab-Support-r16                         ENUMERATED {true}
      }
```

在 IAB-MT 和 IAB-donor-CU 建立 RRC 连接的过程中，会在 RRCSetupComplete 消息中包含 iab-NodeIndication-r16 IE（ 如 ASN.1 5-17 所示），该 IE 用来告诉 IAB-donor-CU，本次 RRC 建立请求来自一个 IAB-node。随后 IAB-donor 会将该指示信息通过与 AMF 之间的 N2 接口包含在 INITIAL UE MESSAGE 消息中转发给核心网，并由核心网完成安全、注册等流程。

ASN.1 5-17　RRCSetupComplete消息中的IAB指示

```
RRCSetupComplete-v1610-IEs ::=     SEQUENCE {
  iab-NodeIndication-r16            ENUMERATED {true}
  idleMeasAvailable-r16            ENUMERATED {true}
  ue-MeasurementsAvailable-r16      UE-MeasurementsAvailable-r16
  mobilityHistoryAvail-r16          ENUMERATED {true}
  mobilityState-r16                ENUMERATED {normal, medium, high, spare}
  nonCriticalExtension              SEQUENCE{}
}
```

阶段 2：回传 RLC 信道建立和路由更新

IAB-MT1 完成初始接入后，IAB-MT1 和 IAB-donor-CU 已经建立了信令通道。但此时，IAB-DU1 和 IAB-donor-CU 之间的 F1-C 尚未建立，因此回传链路和回传 RLC 信道当然也未建立（正常流程是待 F1-C 建立后，利用此信令传输通道来建立回传链路和回传 RLC 信道）。在这种情况下，只能利用已建立的 RRC 信令来与 IAB-donor-CU 交互信息，建立一个默认的回传 RLC 信道，并利用这个默认的回传 RLC 信道建立 F1-C，进而在后续流程中为回传 UE 数据建立 F1-U 和额外的回传 RLC 信道，如图 5-41 所示。

默认的回传 RLC 信道的建立由 F1AP 信令 UE CONTEXT SETUP REQUEST 触发。在该消息中，包含 IAB-donor-CU 为 IAB-node 配置的 BAP 地址③，以及与默认 RLC 承载相关的配置参数，如 BHInfo IE ①和数据映射参数②（ 如 ASN.1 5-18 所示）。

ASN.1 5-18　　UE Context Setup Request消息

```
UEContextSetupRequestIEs F1AP-PROTOCOL-IES ::= {
    {ID id-gNB-CU-UE-F1AP-ID          CRITICALITY reject TYPE GNB-CU-UE-F1AP-ID}|
    {ID id-gNB-DU-UE-F1AP-ID          CRITICALITY ignore TYPE GNB-DU-UE-F1AP-ID}|
    …
    {ID id-DRBs-ToBeSetup-List        CRITICALITY reject TYPE ① DRBs-ToBeSetup-List}|
    {ID id-BHChannels-ToBeSetup-List  CRITICALITY reject TYPE ② BHChannels-ToBeSetup-List}|
    {ID ③ id-ConfiguredBAPAddress     CRITICALITY reject TYPE BAPAddress}|
    …
}
BHChannels-ToBeSetup-Item ::= SEQUENCE        {
    bHRLCChannelID                    BHRLCChannelID,
    bHQoSInformation                  BHQoSInformation,
    rLCmode                           RLCMode,
    bAPCtrlPDUChannel                 BAPCtrlPDUChannel               OPTIONAL,
    trafficMappingInfo                TrafficMappingInfo        OPTIONAL,
    ...
}
UL-UP-TNL-Information-to-Update-List-Item        ::= SEQUENCE {
    uLUPTNLInformation                UPTransportLayerInformation,
    newULUPTNLInformation             UPTransportLayerInformation,
    bHInfo    BHInfo,
    ...
}
GTPTunnel                            ::= SEQUENCE {
    transportLayerAddress             TransportLayerAddress,
    gTP-TEID          GTP-TEID,
    iE-Extensions                     ProtocolExtensionContainer { { GTPTunnel-ExtIEs } }
    ...
}
BHInfo ::= SEQUENCE {
    bAProutingID                      BAPRoutingID,
    egressBHRLCCHList                 EgressBHRLCCHList
    iE-Extensions               ProtocolExtensionContainer { { BHInfo-ExtIEs} }
}
BAPRoutingID ::= SEQUENCE {
    bAPAddress                  BAPAddress,
    bAPPathID                   BAPPathID,
    iE-Extensions               ProtocolExtensionContainer { { BAPRoutingIDExtIEs }
}
EgressBHRLCCHList ::= SEQUENCE (SIZE(1..maxnoofEgressLinks)) OF EgressBHRLCCHItem
EgressBHRLCCHItem ::= SEQUENCE {
    nextHopBAPAddress           BAPAddress,
    bHRLCChannelID              BHRLCChannelID,
    iE-Extensions               ProtocolExtensionContainer {{EgressBHRLCCHItemExtIEs }}
}
```

根据这些信息，首先 IAB–donor–DU 一侧会建立默认 RLC 信道，然后由 IAB–donor 通过 RRC 信令 RRCReconfiguration 消息对 IAB–MT1 一侧进行配置。RRCReconfiguration 消息（如 ASN.1 5–19 所示）里的很多信息就来自 F1AP 信令 UE CONTEXT SETUP REQUEST。在图 5–39 的阶段 2–2，还需要更新 BAP 子层配置和各个节点的路由表信息，以支持新的 IAB–node 2 和 IAB–donor–DU 之间的路由。自此，回传 RLC 信道建立完成，如图 5–41 所示。

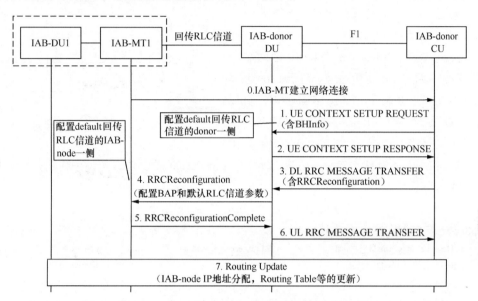

图 5–41　回传 RLC 信道建立

ASN.1 5–19　　RRC重配的BAP配置和回传RLC信道配置参数

```
RRCReconfiguration-v1610-IEs ::=          SEQUENCE {
   otherConfig-v1610                          OtherConfig-v1610
   bap-Config-r16                             SetupRelease { BAP-Config-r16 }
   iab-IP-AddressConfigurationList-r16        IAB-IP-AddressConfigurationList-r16
   conditionalReconfiguration-r16             ConditionalReconfiguration-r16
   daps-SourceRelease-r16                     ENUMERATED{true}
   ...
   nonCriticalExtension                       SEQUENCE {}
}
BAP-Config-r16 ::=                        SEQUENCE {
 ① bap-Address-r16                           BIT STRING (SIZE (10))
 ② defaultUL-BAP-RoutingID-r16           ② BAP-RoutingID-r16
 ③ defaultUL-BH-RLC-Channel-r16         ③ BH-RLC-ChannelID-r16
   flowControlFeedbackType-r16               ENUMERATED {perBH-RLC-Channel, perRoutingID, both}
   ...
}
② BAP-RoutingID-r16::=       SEQUENCE{
   bap-Address-r16                         BIT STRING (SIZE (10)),
   bap-PathId-r16                          BIT STRING (SIZE (10))
}
```

③ BH-RLC-ChannelID-r16 ::=   BIT STRING (SIZE (16))

阶段 3：IAB-DU 建立

在第 2 阶段，在 MT 的协助下完成了默认 RLC 信道的建立，该 RLC 信道仅支持传输非 UE 相关的 F1-C traffic，或者其他非 F1 的数据（如 OAM 的配置数据）。在默认信道的基础之上，在第 3 阶段，网络将要建立 IAB-DU 和 IAB-donor-CU 之间的 F1-C 和 F1-U 连接。F1-C 通道由 F1AP 流程 F1 Setup 完成，它被定义在 3GPP TS 38.473 中。F1 Setup 流程如图 5-42 所示。

F1-C 接口即在 gNB-DU 和 gNB-CU 之间用于交互 F1AP 信令而建立的逻辑通道。对于 IAB 场景，新的 IAB-node-DU 也归属于 IAB-donor-CU，所以正如前文提及的，在 IAB-node-DU 和 IAB-donor-CU 之间也存在 F1-C 接口。ASN.1 5-20 给出了

图 5-42   F1 Setup 流程

F1AP F1 Setup Request 消息，该消息在第 2 阶段建立的 default 回传 RLC 信道中传输，属于非 UE 相关的 F1AP 消息。

ASN.1 5-20   F1 Setup Request 信令

```
F1SetupRequestIEs F1AP-PROTOCOL-IES ::= {
        { ID id-TransactionID              CRITICALITY reject        TYPE TransactionID}|
        { ID id-gNB-DU-ID                  CRITICALITY reject        TYPE GNB-DU-ID}|
        { ID id-gNB-DU-Name                CRITICALITY ignore        TYPE GNB-DU-Name        }|
        { ID id-gNB-DU-Served-Cells-List   CRITICALITY reject        TYPE GNB-DU-Served-Cells-List}|
        { ID id-GNB-DU-RRC-Version         CRITICALITY reject        TYPE RRC-Version}|
        { ID id-Transport-Layer-Address-Info  CRITICALITY ignore     TYPE Transport-Layer-Address-Info}|
        { ID ① id-BAPAddress               CRITICALITY ignore        TYPE BAPAddress}|
        { ID id-Extended-GNB-CU-Name       CRITICALITY ignore        TYPE Extended-GNB-CU-Name},
        ...
}
BAPAddress ::= BIT STRING (SIZE(10))
```

IAB-donor-CU 接收到 F1 Setup Request 消息后，可以通过参数① id-BAPAddress 确认 IAB-node 身份。IAB-donor-CU 通过返回 F1 Setup Response 消息配置传输 UE 相关的 F1 消息的通道（可以用来传递与接入 IAB-node 的 UE 相关的 F1 消息）为 F1-C，如 ASN.1 5-21 所示。

ASN.1 5-21   F1 Setup Response 信令内容

```
F1SetupResponseIEs F1AP-PROTOCOL-IES ::= {
        { ID id-TransactionID                CRITICALITY reject TYPE TransactionID}|
        { ID id-gNB-CU-Name                  CRITICALITY ignore TYPE GNB-CU-Name        }|
        { ID id-Cells-to-be-Activated-List   CRITICALITY reject TYPE Cells-to-be-Activated-List}|
        { ID id-GNB-CU-RRC-Version           CRITICALITY reject TYPE RRC-Version        }|
        { ID id-Transport-Layer-Address-Info  CRITICALITY ignore TYPE Transport-Layer-Address-Info}|
        { ID ② id-UL-BH-Non-UP-Traffic-Mapping  CRITICALITY reject TYPE UL-BH-Non-UP-Traffic-Mapping}|
        { ID ① id-BAPAddress                 CRITICALITY ignore TYPE BAPAddress}|
        { ID id-Extended-GNB-DU-Name         CRITICALITY ignore TYPE Extended-GNB-DU-Name},
        ...
}
```

② UL-BH-Non-UP-Traffic-Mapping ::= SEQUENCE {
  uL-BH-Non-UP-Traffic-Mapping-List   UL-BH-Non-UP-Traffic-Mapping-List,
  iE-Extensions   ProtocolExtensionContainer { { UL-BH-Non-UP-Traffic-Mapping-ExtIEs } }
}
② UL-BH-Non-UP-Traffic-Mapping-List ::= SEQUENCE (SIZE(1..maxnoofNonUPTrafficMappings)) OF UL-BH-Non-
                UP-Traffic-Mapping-Item
② UL-BH-Non-UP-Traffic-Mapping-Item ::= SEQUENCE {
  ⑤ nonUPTrafficType   NonUPTrafficType,
  ② bHInfo   BHInfo,
  iE-Extensions   ProtocolExtensionContainer{{UL-BH-Non-UP-Traffic-Mapping-ItemExtIEs}}
}
② BHInfo ::= SEQUENCE {
  ③ bAProutingID   BAPRoutingID ,
  ④ egressBHRLCCHList   EgressBHRLCCHList,
  iE-Extensions   ProtocolExtensionContainer { { BHInfo-ExtIEs} }
}
④ EgressBHRLCCHItem ::= SEQUENCE {
  ⑥ nextHopBAPAddress   BAPAddress,
  ⑦ bHRLCChannelID   BHRLCChannelID,
  iE-Extensions   ProtocolExtensionContainer {{EgressBHRLCCHItemExtIEs }}
}
③ BAPRoutingID ::= SEQUENCE {
  bAPAddress   BAPAddress,
  bAPPathID   BAPPathID,
  iE-Extensions   ProtocolExtensionContainer { { BAPRoutingIDExtIEs } }
}
⑤ NonUPTrafficType ::=ENUMERATED{ue-associated,non-ue-associated,non-f1,bap-control-pdu,...}
BHRLCChannelID ::= BIT STRING (SIZE(16))

  F1 Setup Request 流程完成后，IAB-node-DU 就正式建立了与 IAB-donor-CU 的 F1-C 接口。此后，IAB-node1 就可以为 UE 提供接入服务了。

  此刻，如果有 UE 接入 IAB-node-DU，IAB-node-DU 会将 UE 的用户数据通过 BAP 层映射到回传 RLC 信道中，如果没有合适的回传 RLC 信道（主要根据 QoS 来映射，具体可参考 5.5.6 节），IAB-node-DU 会触发回传 RLC 信道新建过程或修改过程；如果已有合适的 RLC 信道，则直接映射到该信道。对于 UE 的高层信令，IAB-node-DU 会将之包含在 F1 信令中（如包含在 F1AP 的 UL RRC MESSAGE TRANSFER 消息的 RRC-Container IE 中）传递给 IAB-donor-CU。

  IAB 完成集成流程后，就可以在回传链路上传输数据了。因为 IAB 有极其灵活的拓扑结构，因此数据传输的过程也相对复杂。

5.5.6 数据流回传过程介绍

  在 IAB 的集成过程中，在 IAB-donor-CU 的控制下，我们为 IAB-node 建立了默认的回传 RLC 信道、F1 接口，并完成了 UE 接入，也为 UE 进行数据回传转发做了准备。那么 UE 数据是如何映射到 IAB 链路上传输的呢？

回顾 5.5.4 节中的 BAP 流程图 5-37，在 BAP 实体的发送部分，BAP 实体可接收来自同一个 IAB-node BAP 层的接收部分的数据或来自上层的数据。其中，"来自同一个 IAB-node BAP 层的接收部分的数据"为下游 IAB-node（以 UL 方向为例）转发过来的 BAP PDU；而"来自上层的数据"为接入到本 IAB-node 的 UE 参数的需要回传转发的数据包。对于前者，在下游 IAB-node 已经对数据包增加了必要的 BAP 包，而本节点的工作仅为转发。对于后者，本 IAB-node 需要根据数据包的特征实现到 BAP 层的映射，确定数据包的目的地和传输路径，然后进行打包、增加 BAP 头信息，最后完成路由和 RLC 信道的映射。

1. IAB 集成阶段的数据流回传过程

正如 5.5.5 节中的介绍，在一个新的 IAB-node 接入 IAB 系统之初，因为还未建立 F1 连接，因此，IAB-donor-CU 利用 IAB-MT 建立的 RRC 连接来建立一个默认的回传 RLC 信道。因此，在这个阶段，数据映射和 Routing ID 的确定、回传，以及回传 RLC 信道的确定规则和参数均从 RRC 重配信令下发的参数中获取（实际为 IAB-donor-CU 配置）。由于该阶段是"临时阶段"且数据回传的目的单纯（只支持传输非 F1-U 数据包）。因此，各参数均直接由 RRC 重配明确配置。

如在 ASN.1 5-19 中，BAP 层可以通过参数②包含的 BAP Address 和 Path ID 直接确定来自上层的 BAP SDU 的目的地地址和传输路径，生成 BAP PDU 数据包头，此刻参数 BAP Address 和 Path ID 分别对应 BAP 数据 PDU 头中的 DESTINATION 域和 PATH 域。接着，直接根据参数 defaultUL-BH-RLC-Channel-r16 配置，确定传输该 BAP PDU 的回传链路和 RCL 信道，它们分别被称为出口回传链路和出口回传 RLC 信道。

IAB 的集成流程完成后，IAB 系统承载的数据流类型将更加丰富，比如 F1-U 数据流、非 F1-U 数据流（比如 UE 相关的 F1-C、非 UE 相关的 F1-C，非 F1 数据流和 BAP 控制 PDU）。因此，为上述临时阶段配置的映射和路由规则会由 F1AP 流程进行更新，具体规则也更加复杂。

2. 常规的数据流回传过程

在具体描述常规的数据流回传过程之前，我们先来看一下协议为数据流的回传定义的几个重要的配置参数集，它们被定义在 3GPP TS 38.340 中。

（1）上/下行数据流到路由 ID 映射配置：用作实现来自 BAP 上层的上/下行数据流映射到 Routing ID 以实现数据包头添加的信息。通过该信息，BAP 层将获得 BAP 地址和路径 ID 的配置参数，并实现对 BAP SDU 的组包操作（即生成对应的 BAP PDU）。

（2）回传链路路由配置：BAP 数据 PDU 的路由信息。通过该信息，BAP 层将获得下一跳 BAP 地址。

（3）回传 RLC 信道映射配置：在针对中间 IAB-node 中转来自上游或下游的数据包时，承载数据包的回传 RLC 信道的映射配置。依据该信息，BAP 层获得转发数据包的出口回传链路和出口回传 RLC 信道。

（4）上/下行数据流到回传 RLC 信道映射配置：在传输来自上层协议的 BAP SDU 时，承载数据包的回传 RLC 信道的映射配置信息。依据该信息，BAP 层将获得转发数据包的出口回传链路和出口回传 RLC 信道。

理解了上述参数集后，我们来看 IAB-node 的数据传输过程。

场景 1：中间 IAB-node 的数据中转

当数据包来自上游或下游的另一个 IAB-node 时，当前节点 BAP 实体的接收部分（对于上行方向，接收部分为 IAB-DU；对于下行方向，接收部分为 IAB-MT）接收到数据包后，会将数据包递交给同一个 IAB-node 的 BAP 发送部分。

在这种情况下，当前 IAB-node 并不需要为中转来的数据包（即 BAP PDU）进行加包头处理。BAP 的发送部分将根据 BAP PDU 的 BAP 头携带的 BAP Routing ID 和回传链路路由配置来确定 BAP 数据 PDU 的下一跳 BAP 地址，即出口回传链路。然后根据回传 RLC 信道映射配置为 BAP 数据 PDU 确定出口 RLC 信道 ID，具体如下。

首先，BAP 发送部分对 BAP 数据 PDU 头中的 DESTINATION 域、PATH 域和"回传链路路由配置表"中的"BAP 地址""路径 ID"条目进行比较匹配，找到与 DESTINATION 域、PATH 域一致的条目，如果 IAB-node 与该条目的"下一跳 BAP 地址"之间的回传链路是可用的，则选择这条回传链路作为转发 BAP 数据 PDU 的出口回传链路。如果该回传链路不可用（比如发生了回传 RLF），则可以选择到达同一目的地的其他路径传输数据。回传链路路由配置表结构如表 5-15（3GPP TS 38.340-5.2.1.3）所示。

然后，如果在"回传 RLC 信道映射配置表"中的某条目指示的"入口回传链路 ID"与 BAP PDU 数据的入口回传链路 ID 匹配，且该条目指示的"入口 RLC 信道 ID"与 BAP 数据 PDU 的入口 RLC 信道 ID 匹配，"出口回传链路 ID"与上一步所选的出口链路一致，则选择该条目指示的"出口 RLC 信道 ID"作为数据传输的 RLC 信道。回传 RLC 信道映射配置表如表 5-16 所示（3GPP TS 38.340-5.2.1.4.1）。

表 5-15　回传链路路由配置表（ASN.1 5-18）

匹配参数		输出参数
路径 ID ① （bAPPathID）	BAP 地址① （bAPAddress）	下一跳 BAP 地址⑥ （nextHopBAPAddress）
路径 ID#1	BAP 地址 #1	下一跳 BAP 地址 #1
……	……	……
路径 ID#n	BAP 地址 #n	下一跳 BAP 地址 #n

表 5-16　回传 RLC 信道映射配置表（针对来自并列 IAB 的实体，即非上层数据）

匹配参数			输出参数
入口回传链路 ID （priorHopBAPAddress 见 ASN.1 5-22 ③或 id-ConfiguredBAPAddress 见 ASN.1 5-18 ③）	入口 RLC 信道 ID （ingressbHRLCChannelID 见 ASN.1 5-22 ③或 id-ConfiguredBAPAddress 见 ASN.1 5-18 ③）	出口回传链路 ID （nextHopBAPAddress 见 ASN.1 5-22 ③或 bHRLCChannelID 见 ASN.1 5-18 ⑦）	出口 RLC 信道 ID （egressbHRLCChannelID 见 ASN.1 5-22 ③或 bHRLCChannelID 见 ASN.1 5-18 ⑦）
入口回传链路 ID#1	入口 RLC 信道 ID#1	出口回传链路 ID#1	出口 RLC 信道 ID#1
……	……	……	……
入口回传链路 ID#n	入口 RLC 信道 ID#n	出口回传链路 ID#n	出口 RLC 信道 ID#n

上述两个参数表中的参数均由 F1AP 信息配置，作为相关参数配置的例子，可以在 ASN.1 5-18 和 ASN.1 5-22 中了解细节。

ASN.1 5−22　BAP映射配置流程

```
BAPMappingConfiguration-IEs F1AP-PROTOCOL-IES ::= {
{ ID id-TransactionID              CRITICALITY reject TYPE TransactionID PRESENCE mandatory}|
{ ID ① id-BH-Routing-Information-Added-List    CRITICALITY ignore TYPE BH-Routing-Information-Added-List}|
{ ID ② id-TrafficMappingInformation          CRITICALITY ignore TYPE TrafficMappingInfo},
    ...
}
① BH-Routing-Information-Added-List-Item ::= SEQUENCE {
      bAPRoutingID              BAPRoutingID,
      nextHopBAPAddress          BAPAddress,
      ……
}
② TrafficMappingInfo         ::= CHOICE {
      ④ iPtolayer2TrafficMappingInfo          IPtolayer2TrafficMappingInfo,
      ③ bAPlayerBHRLCchannelMappingInfo       BAPlayerBHRLCchannelMappingInfo,
      ……
}
③ BAPlayerBHRLCchannelMappingInfo-Item ::= SEQUENCE {
      mappingInformationIndex          MappingInformationIndex,
      priorHopBAPAddress              BAPAddress,
      ingressbHRLCChannelID            BHRLCChannelID,
      nextHopBAPAddress              BAPAddress,
      egressbHRLCChannelID            BHRLCChannelID,
      ...
}
④ IPtolayer2TrafficMappingInfo-Item ::= SEQUENCE {
      ⑤ mappingInformationIndex          MappingInformationIndex,
      ⑥ iPHeaderInformation            IPHeaderInformation,
      ⑩ bHInfo                  BHInfo,
      ...
}
IPHeaderInformation ::= SEQUENCE {
      ⑦ destinationIABTNLAddress          IABTNLAddress,
      ⑨ dsInformationList                DSInformationList OPTIONAL,
      ⑧ iPv6FlowLabel                  BIT STRING (SIZE (20)) OPTIONAL,
      ...
}
```

场景 2：下行数据流传输

下行数据流的传输，即 IAB-donor-DU 向 IAB-node 发送下行用户面数据。在该场景下，BAP SDU 来自 IAB-donor-DU 的上层，由 IAB-donor-DU 进行回传 Routing ID 的确定和 BAP PDU 头的组装工作。

首先，IAB-donor-DU BAP 实体将根据"下行数据流到路由 ID 映射配置表"（表 5-17）来进行 Routing ID 的确定。BAP 实体将来自上层的 BAP SDU 的 IP 数据包头里的信息和"下行数据流到路由 ID 映射配置表"中的"匹配参数"进行匹配，找到一条和 BAP SDU 的 IP 数据包头信息一致的配置表条目，而该条目的"输出参数"就是当前选择的 Routing ID。

接着，IAB-donor-DU 将使用这个 Routing ID 来为每一个 BAP SDU 增加包头（"输出参数"中的参数 bAPPath ID 和 bAPAddress 由 bHInfo ⑩ 进行配置），进而形成待传输的 BAP 数据 PDU。

表 5-17　下行数据流到路由 ID 映射配置表（ASN.1 5-22）

匹配参数			输出参数	
目的地 IP（destinationIABTNL Address ⑦）	IPv6 流标签（仅 IPv6）（iPv6FlowLabel ⑧）	DSCP（dsInformationList ⑨）	BAP 地址（bAPAddress ⑩）	路径 ID（bAPPathID ⑩）
目的地 IP#1	IPv6 流标签 #1	DSCP#1	BAP 地址 #1	路径 ID#1
……	……	……	……	……
目的地 IP#n	IPv6 流标签 #n	DSCP#n	BAP 地址 #n	路径 ID#n

然后，BAP 层根据回传链路路由配置表（表 5-15）来确定下一跳 BAP 地址。此次映射 BAP 层将 BAP PDU 包头中的 DESTINATION 域和 PATH 域与回传链路路由配置表中的 BAP 地址和路径 ID 进行匹配，选择取值一致的条目对应的"下一跳 BAP 地址"作为下一跳目的地地址，并将与"下一跳 BAP 地址"关联的"回传链路"作为选择的出口回传链路。

最后，根据表 5-18 确定出口 RLC 信道。匹配规则和路由 ID 映射类似，用 BAP SDU 的 IP 头和"下行数据流到回传 RLC 信道映射配置表"中的对应参数进行比对，当相关参数和在上一步中选择的出口回传链路都与配置表中的某条目匹配时，该条目的输出参数"出口 RLC 信道 ID"为最终选择的出口 RLC 信道。

表 5-18　下行数据流到回传 RLC 信道映射配置表（ASN.1 5-22）

匹配参数				输出参数
目的地 IP（destinationIABTNL Address 见 ASN.1 5-22 ⑦）	IPv6 流标签（仅 IPv6）（iPv6FlowLabel 见 ASN.1 5-22 ⑧）	DSCP（dsInformationList 见 ASN.1 5-22 ⑨）	出口回传链路 ID（nextHopBAPAddress 见 ASN.1 5-22 ⑩或 id-ConfiguredBAPAddress 见 ASN.1 5-18 ③）	出口 RLC 信道 ID（bHRLCChannelID 见 ASN.1 5-22 ⑩或 bHRLCChannelID 见 ASN.1 5-18 ⑦）
目的地 IP#1	IPv6 流标签 #1	DSCP#1	出口回传链路 ID#1	出口 RLC 信道 ID#1
……	……	……	……	……
目的地 IP#n	IPv6 流标签 #n	DSCP#n	出口回传链路 ID#n	出口 RLC 信道 ID#n

场景 3：上行数据流传输（非 F1-U 数据）

接下来的场景是 IAB-node 回传来自高层的数据。根据所传数据内容的不同，又将上行数据流的传输分成了非 F1-U 数据传输和 F1-U 数据传输两种情况。但无论是哪种情况，因为需要传递的数据来自 BAP 上层，则都需要在选择 Routing ID 后，给每个 SDU 都加上包头形成 PDU 再进行传输。

首先，对于非 F1-U 的上行数据流传输场景，Routing ID 的选择直接根据数据流的内容来匹配选择。ASN.1 5-21 的 nonUPTrafficType IE 给出了 3GPP 定义的非 F1-U 的数据类型，即 UE 相关的 F1AP 信令（ue-associated）、非 UE 相关的 F1AP 信令（non-ue-associated）、非 F1 数据（non-f1），

BAP 层控制 PDU（bap–control–pdu）。上层数据到达 BAP 层发送端实体后，将根据 BAP SDU 的数据类型匹配表 5-19 中的"数据流类型说明符"参数，进而将对应条目的"输出参数"作为该数据包的 Routing ID，并将其写入包头形成 BAP PDU。

表 5-19　上行数据流到路由 ID 映射配置表 1（针对非 F1-U 数据，见 ASN.1 5-21）

匹配参数	输出参数	
数据流类型说明符 （nonUPTrafficType ⑤）	BAP 地址 （bAPAddress ③）	路径 ID （bAPPathID ③）
数据流类型说明符 #1	BAP 地址 #1	路径 ID#1
……	……	……
数据流类型说明符 #n	BAP 地址 #n	路径 ID#n

接着，Routing ID 结合表 5-15 完成下一跳 BAP 地址的选择，也就是完成出口回传链路的确定。

最后，根据 BAP SDU 的数据类型，以及已选择的出口回传链路，结合表 5-20 完成出口回传 RLC 信道的选择。

表 5-20　上行数据流到回传 RLC 信道映射配置表 1（针对非 F1-U 数据）

匹配参数		输出参数
数据流类型说明符 （nonUPTrafficType）	出口回传链路 ID （nextHopBAPAddress）	出口 RLC 信道 ID （bHRLCChannelID）
数据流类型说明符 #1	出口回传链路 ID#1	出口 RLC 信道 ID#1
……	……	……
数据流类型说明符 #n	出口回传链路 ID#n	出口 RLC 信道 ID#n

场景 4：上行数据流传输（F1-U 数据）

上行 F1-U 数据流程的传输，同样也由 BAP 实体根据数据流的类型来选择合适的 Routing ID。只是对于 F1 用户面数据来说，它的数据流特征可通过其传输层地址（IP 地址）和 TEID（GTP-U 的隧道端点标识）确定，然后匹配表 5-21 获得 Routing ID，打包形成 BAP PDU。接着根据 Routing ID 和表 5-15 完成出口回传链路选择。最后结合表 5-22 完成出口回传 RLC 信道的选择。

表 5-21　上行数据流到路由 ID 映射配置表 2（针对 F1-U 数据）

匹配参数		输出参数	
IP 地址 （transportLayerAddress）	TEID 地址 （gTP-TEID）	BAP 地址 （bAPAddress）	路径 ID （bAPPathID）
IP 地址 #1	TEID 地址 #1	BAP 地址 #1	路径 ID#1
……	……	……	……
IP 地址 #n	TEID 地址 #n	BAP 地址 #n	路径 ID#n

表 5-22　上行数据流到回传 RLC 信道映射配置表 2（针对 F1-U 数据）

匹配参数			输出参数
IP 地址 （transportLayerAddress）	TEID 地址 （gTP-TEID）	出口回传链路 ID （nextHopBAPAddress）	出口 RLC 信道 ID （bHRLCChannelID）
IP 地址 #1	TEID 地址 #1	出口回传链路 ID#1	出口 RLC 信道 ID#1
……	……	……	……
IP 地址 #n	TEID 地址 #n	出口回传链路 ID#n	出口 RLC 信道 ID#n

　　每个 GTP-U 隧道均可被映射到一个专用的回传 RLC 信道（一对一映射）上，或者将多个 GTP-U 隧道聚合到同一个回传 RLC 信道（多对一映射）上。除了 F1-U 数据，还可以将与 UE 关联的 F1AP 消息、非 UE 关联的 F1AP 消息和非 F1 流量映射到相同或单独的回传 RLC 信道上。

系统观 6　IAB 数据回传过程串讲

　　在前面的章节中，我们对参数集的内容进行了介绍，但总感觉 ASN.1 太不直观。所以，首先我们直观地来看看 IAB-donor-CU 到底是如何为 IAB-node 分配这些参数的，以及这些参数的结构是怎样的。

　　在这里我们以 F1 Setup Response 消息配置的针对非 F1-U 场景的参数表为例进行说明。

　　IAB-donor-CU 在为 IAB-node 配置 F1 接口时，会为 IAB-DU 配置一个 UL-BH-Non-UP-Traffic-Mapping IE，这个参数集包含了非 F1-U 数据选择 Routing ID、确定出口回传和出口回传 RLC 信道的参数，它们的结构如图 5-43 所示。

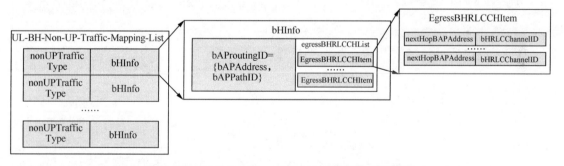

图 5-43　F1 Setup Response 中 IAB 相关参数结构

　　从这个结构中可以看出，IAB-donor-CU 配置的参数集是非常灵活的。例如针对某些类型的非 F1-U 数据（如 F1-C 数据），出于对灵活性和可靠性的考虑，网络可以配置多个具有相同 Traffic Type 的条目，以允许 IAB-node 根据自己算法来进行选择。同理，对于 RLC 信道和回传的选择也可实现类似的灵活性。

　　接下来我们从头梳理一下数据传输的整个过程。

　　首先，假设图 5-44 所示的 IAB 网络由 5 个 IAB-node 组成，IAB-donor-CU 为每个 IAB-node 分配了 IP 和 BAP 地址。如图 5-44 所示，网络共定义了 4 条数据回传的路径（#1～#4），最高回传跳数为四跳（路径 ID#1），最短回程跳数为两跳（路径 ID#4）。但此处要说明的是，协议并未对路径 ID 进行具体定义，没有指明路径 ID 是一个全局参数还是局部参数（所有 IAB-node 理解的不同路径 ID 是同一条路径还是不同路径），这个完全依赖于运营商的实现算法，这样可以实现更高的灵活性，在此案例中，我们将路径 ID 假设为一个全局参数。

UE 从 IAB-node 1 接入网络并发起业务，此刻 IAB-donor-CU 已经在 F1 建立等过程中为 UE 配置了针对各种类型业务匹配的目的地地址、传输路径映射规则，并将这些信息保存在每个 IAB-node 中形成一个映射表。这个映射表以业务流的特征为匹配索引，通过匹配索引就可以直接获得 Routing ID。这些"特征"对非 F1-U 数据来说就是传输数据的类别，而对于 F1-U 来说，可由 IP 和 GTP-U 隧道标识符来确定（因为这两个参数对应了数据的传输需求）。确定 Routing ID 后，BAP SDU 被加上包头并形成 BAP PDU。

接着，BAP 层根据 Routing ID 确定数据包的下一跳节点（出口 BH 链路）。出口回传链路的确定需要借助保存于每个 IAB-node 处由 IAB-donor-CU 配置的路由表来完成。路由表以 Routing ID 作为索引。在使用时，需要用 BAP PDU 头里的 PATH 域和 DESTINATION 域来匹配路由表并找到对应条目中的下一跳 IAB-node 的 BAP 地址，以指向这个地址的回传链路（选定的出口回传链路），如图 5-45 所示。

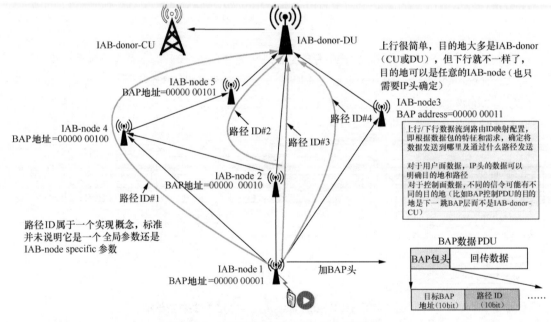

图 5-44　IAB 网络结构与 Routing ID 选择

确定出口回传链路后，就要将数据包放到入口回传链路的哪个回传 RLC 信道上去传输。RLC 信道是一个逻辑信道，在每两个 IAB-node 之间系统都可以建立多条 RLC 信道，并由 IAB-donor-CU 配置了对应的 QoS 信息和优先等级。这样，数据包到 RLC 信道的映射其实就是决定其数据包 QoS 和保障的过程。映射规则由 IAB-donor-CU 基于运营商的实现算法来确定。对于 F1-U 的数据流，可以将每个 GTP-U 隧道映射到一个专用的回传 RLC 信道上，也可以将多个 GTP-U 隧道"聚合"到一个共同的回传 RLC 信道上；对于 F1-U 外的数据流，可以将与 UE 相关的 F1AP 消息与和 UE 不相关的 F1AP 消息，以及非 F1 流量映射到相同或单独的回传 RLC 信道上，如图 5-46 所示。

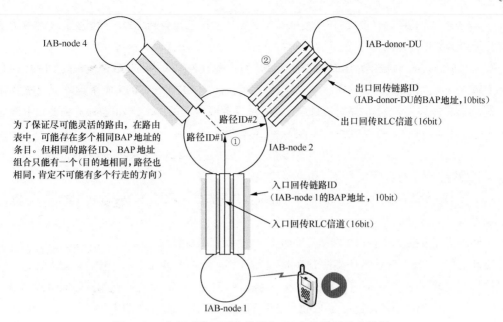

图 5-45 入口/出口回传链路和 RLC 信道及路由选择

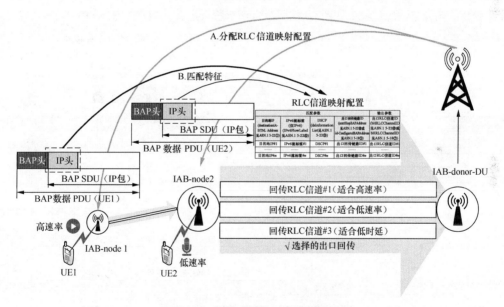

图 5-46 参数配置与 RLC 信道映射

数据包到达某个 IAB-node 后，会根据数据包头里面的 DESTINATION 域和本 IAB-node 的 BAP 地址是否匹配来确定数据包是否已经到达目的地。如果到达目的地，则将数据包递交给高层；如果未到达目的地，会将数据包继续回传。

5.5.7 IAB 拓扑的灵活性和鲁棒性

1. IAB 拓扑的灵活性

IAB 技术之所以广受关注，除了其可以实现灵活的网络部署外，还在于它可以实现灵活的拓扑结构。我们在前面介绍 IAB 数据回传时，读者可能已经注意到几个协议细节，具体如下。

（1）协议并未指明路径 ID 的作用范围和定义方式。这意味着网络可以根据自己的理解和算法来灵活地定义数据传输的路径。

（2）在 IAB-node 对数据路由时，如果在回传路由配置表中未找到与数据包头的 DESTINATION 域和 PATH 域都匹配的条目和对应的可用回传，可仅匹配 DESTINATION 域来确定下一跳 BAP 地址。这意味着如果没找到和 PATH 域匹配的条目或者回传不可用（比如发生了 RLF），IAB-node 可另选一条可以到达 DESTINATION 域的路径来传输数据包。

（3）在映射 F1-C 数据流时，可以有多个映射表条目。这意味着对于信令的传输，系统支持多条路径进行传输。选择哪条路径，由网络决定。

（4）各个映射表的最大条目数都很大。比如回传链路路由配置表的最大条目数 maxnoofRouting Entries 为 1024。

这些协议细节都反映了 IAB 网络传输数据的灵活性和自由度。

除此之外，R16 IAB 技术还支持 IAB-node 的迁移（切换 IAB 父节点）操作。这种操作在 R16 阶段被限制在同一个 IAB-donor-CU 范围内，也就是 IAB-node 的源父节点和目标父节点都属于同一个 IAB-donor-CU，但可以连接在不同的 IAB-donor-DU 上（inter-CU 的迁移在 R17 中被定义）。

为了实现上述功能，IAB-MT 支持测量和上报、RLF 的检测和恢复等常规操作。首先，我们来看看 IAB 的拓扑自适应过程，如图 5-47 所示，该流程被定义在 3GPP TS 38.401-8.2.3.1 中。

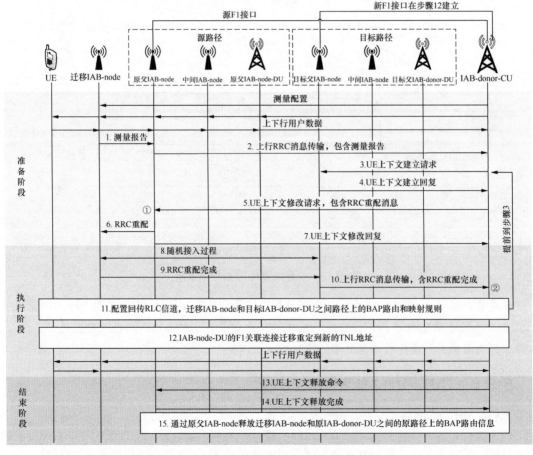

图 5-47　IAB 的拓扑自适应过程（R16 intra-CU）

从图 5-47 的拓扑自适应流程可以看出，IAB 的拓扑自适应整体的逻辑和普通 UE 的切换逻辑非常相似，也可以大致分为准备阶段、执行阶段和结束阶段。

2. IAB 拓扑的鲁棒性

IAB 的鲁棒性指的是 IAB 系统发生异常时的"生存能力"。拓扑的自适应性也是这种"生存能力"的表现之一。当 IAB-MT 在 IAB-donor-CU 的配置下进行测量时，如果发现和原父节点间的无线链路质量出现问题，IAB 节点迁移流程会启动。当然，如果无线链路质量的变化太快，或者遇到突发的干扰，也有可能发生无线链路失败。R16 IAB 技术中也对回传的无线链路失败处理措施进行了定义。

此外，R16 IAB 技术还支持基于双连接的拓扑冗余技术、流控和拥塞控制技术。

（1）回传链路无线链路失败

因为 IAB-node 在无线空口上的行为和 UE 的行为极为相似，所以 RLF 的处理机制和 RLC 的处理机制也有很多相似的地方，比如 RLF 的测量和判断机制，下面先来介绍在什么样的情况下 UE/IAB 会宣称无线链路失败。

对于 UE 来说，如图 5-48 所示，无线链路监控（RLM）和 RLF 宣称过程可以被分成如下 3 个阶段。

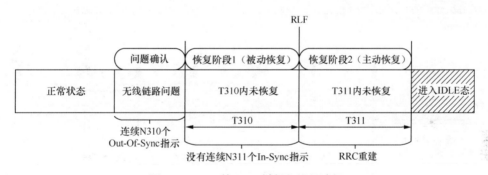

图 5-48　UE 的 RLF 判断和处理过程

问题确认阶段：物理层通过监控 RLM-RS 向 RRC 层上报 Out-Of-Sync 指示，如果上报连续 N310 个 Out-Of-Sync 指示，则进入被动恢复阶段。

被动恢复阶段：物理层继续监控 RLM-RS，如果在 T310 内没有收到连续 N311 个 In-Sync 指示，RRC 层宣称无线链路失败；否则认为无线链路已恢复。

主动恢复阶段：若宣称了无线链路失败，则 RRC 尝试在 T311 内完成 RRC 重建。若成功完成 RRC 重建，则继续保持在 CONNECTED 态；否则进入 IDLE 态。

对于 R16 IAB 来说，当 RLF 发生在 IAB 回传链路上时，将执行与普通 UE 相同的检测和 RLF 恢复过程。如果 RRC 重建失败，IAB-node 可向其所有子节点发送 BAP 定义的 BAP 控制 PDU-回传 RLF 指示，通知无线链路失败。而子节点在接收到父节点发送的回传 RLF 指示后，也将宣称回传无线链路失败。子节点在接收到父节点（SgNB）发送的回传 RLF 指示后，通过另一父节点（SCG）向 donor-CU 汇报回传 RLF 信息。回传链路无线链路失败指示的传输如图 5-49 所示。

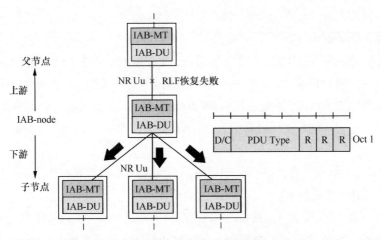

图 5-49　回传链路无线链路失败指示的传输

如果宣称回传链路无线链路失败，IAB-node 可以选择迁移到其他父节点以恢复回传链路。图 5-50 给出了在 intra-CU 场景下的 RLF 恢复流程。协议也明确指出，在进行 RLF 恢复时，IAB-node 重新建立连接到原来的 IAB-donor-CU 还是其他 CU 取决于实现算法，标准不进行规定。而在图 5-50 所示的例子中，给出的是 intra-CU 场景。

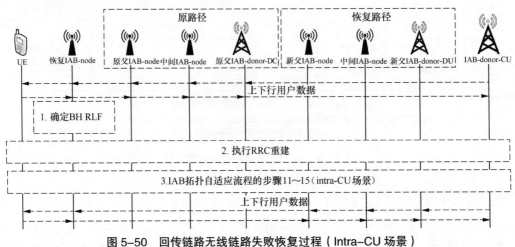

图 5-50　回传链路无线链路失败恢复过程（Intra-CU 场景）

在图 5-50 的步骤 2 中，IAB-MT 宣称无线链路失败后，尝试在新父节点上执行 RRC 重建。在这个过程中，IAB-donor-CU 可通过 RRC 信令向 IAB-MT 提供新的 TNL 地址，这个地址锚定在新的 IAB-donor-DU 上。此外，IAB-donor-CU 还可以提供新的默认 UL 映射配置，其中包括一个默认的回传 RLC 信道和一个默认的 BAP 路由 ID 用于 UL F1-C 或非 F1 的数据传输。其余的步骤同图 5-47 中的步骤 11 ～ 15，将完成回传 RLC 信道的配置和 F1 接口的更新等。

（2）拓扑冗余

对于工作在 SA（独立组网）模式下的 IAB-node，可通过 NR 的双连接功能实现回传链路的双连接，即允许 IAB-node 拥有两条回传链路。这样，当某条回传链路连接失效时，回传功能仍然可用，提高了 IAB 网络的鲁棒性，如图 5-51 所示。

在 R16 的 IAB 拓扑冗余功能中，两个父节点（如图 5-51 中的第一父节点和第二父节点）必须连接到同一个 IAB-donor-CU 上，并由 IAB-donor-CU 控制冗余路由的建立和释放。冗余路径的建立过程如图 5-52 所示，详细流程可参考 3GPP TS 38.401-8.2.4。

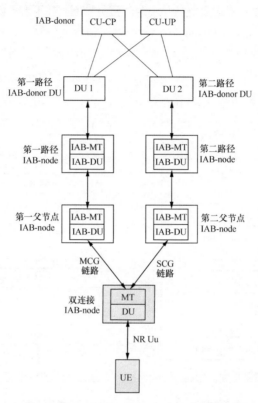

图 5-51　拓扑冗余（IAB-node 的双连接）

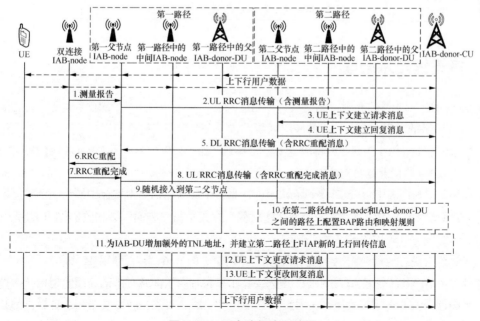

图 5-52　冗余路径建立过程

（3）流量和拥塞控制

为避免 IAB-node 和 IAB-donor-DU 拥塞导致缓存溢出丢包，R16 IAB 技术支持在上行和下行方向进行流量控制和拥塞控制操作，以进一步提高回传的鲁棒性。

在上游方向，MAC 层的 UL 调度支持每一跳的流量控制。在下游方向，NR 用户面协议（3GPP TS 38.425）支持在 IAB-node 和 IAB-donor-CU 之间对 UE 承载进行流量和拥塞控制。此外，在 BAP 子层还支持每跳上的流量控制。IAB-node 可将入口回传 RLC 信道或 BAP Routing ID 的可用缓冲区大小信息发送给其父节点，父节点在进行下行调度时，调整传输的数据量以实现流量控制。流量控制反馈 BAP 控制 PDU 如图 5-53 所示。

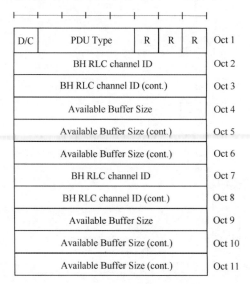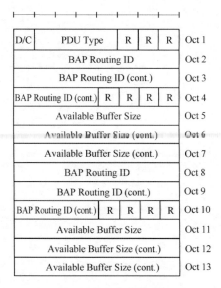

（a）每 BH RLC CH 的流量控制反馈 BAP 控制 PDU

（b）每 BAP Routing ID 的流量控制反馈 BAP 控制 PDU

图 5-53　流量控制反馈 BAP 控制 PDU

5.6　多天线技术增强

正如我们在 1.7.4 节的介绍，无论从哪个角度来看，多天线技术（MIMO）都是移动通信技术从 3G 向 4G 演进的过程中最为核心的底层创新，它极大地提升了频谱利用率，使无线数据传输变得更加"立体"，这为 4G 的商业成功奠定了坚实基础。因此，工程师们不会放弃让 MIMO 这个"生产力工具"在 5G 时代继续发光发热。

但即便是"业内人士"，也不得不承认 MIMO 是整个移动通信技术规范中最为晦涩难懂的技术之一，一方面是因为 MIMO 技术本身原理的相对复杂抽象；另一方面源于相关协议行文出于简洁、准确、严谨的考虑，表达形式较为"高深"。

为了让读者更好地理解 MIMO，从而深入理解 3GPP 的 R16，笔者利用 44 张示意图和 38 个表格，以及多个 ASN 代码和公式等对 R16 多天线技术增强进行了非常详细的介绍。但由于本部分内容丰富且晦涩，需要占用较大篇幅，因此笔者将其以"延展阅读"的形式放在本书提供的数字资源中。如果希望获得这部分资料，读者可以联系笔者获取。

为了帮助读者判断是否有必要获取这份资料，笔者列出了"延伸阅读"的内容提纲，如图 5-54 所示。

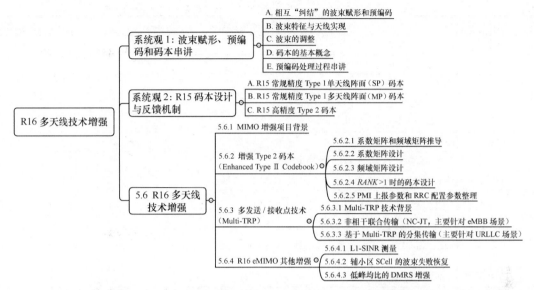

图 5-54　R16 多天线技术增强"延展阅读"免费材料内容大纲

系统观 7　核心网系统的演变

在继续介绍下一个 R16 增强技术之前，在此插入一个系统观章节，为读者理解下一个核心网相关技术打下基础。如果读者已经对核心网发展历史和演进方向有比较清晰的理解，可以跳过此部分内容。

Ⓐ　核心网和接入网的角色定位

虽然说 5G 相对于 4G 引入了很多新特征和新技术，但基本架构并没有发生革命性的变化。例如，移动通信系统基本上都由无线接入网（RAN）系统和核心网（CN）系统两部分组成。

RAN 主要实现 UE 的无线接入，实现无线接入所涉及的相关功能和操作，如调度、无线资源管理、重传、编码、多天线等。因为接入网采用了相对不稳定、不安全的无线链路，所以其核心目标是应对无线接入带来的负面问题，例如，应对无线信道多变的特征（信道测量、估计、上报等）、无线传输安全风险（比如加密、完整性保护等）、无线传输可靠性的风险（如 RLC ARQ、HARQ、多样的 MCS、MIMO 等）、UE 能耗限制带来的诸多限制（如 RRC 状态、BWP 自适应、DRX、DTX 等）、频域资源受限带来的诸多限制（增强频率利用率的诸多技术，如高阶调制、多天线等）等。

CN 负责用户注册、鉴权、计费、移动性管理、会话管理等，并为接入网提供完整的数据传输网络。正因为核心网一般采用相对安全且稳定的有线链路，所以不存在接入网系统需要面对的诸多不确定问题，其核心目标是为用户和运营商提供一个可管、可控、灵活的易用后台网络，对外提供用户策略管理、用户移动性管理、用户面会话管理、安全策略管理，负责业务编排等。

5G 核心网由多个具有不同功能的网元组成，表 5-23 给出了 R15 阶段定义的 5G 核心网网元。

图 5-55 则给出了 R15 阶段的 5G 网络的整体结构。

表 5-23　5G 核心网网元（R15）

网元	功能
AMF	接入和移动性管理功能
AUSF	鉴权服务器功能
NSSF	网络切片选择功能
UDM	统一数据管理功能（类似于 4G 中的 HSS）
SMF	会话管理功能
UPF	用户面功能
PCF	策略控制功能（类似于 4G 中的 PCRF）
DN	数据网络，比如运营商服务、互联网接入或第三方服务
AF	应用功能
NEF	网络开放功能
NRF	网元查询功能
5G-EIR	5G 设备标识注册功能
UDSF	非结构化数据存储功能
UDR	统一数据存储功能

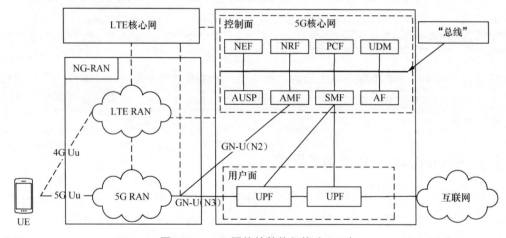

图 5-55　5G 网络的整体架构（R15）

那么移动通信的核心网系统又是如何一步步演变成现在这个样子的呢？

Ⓑ **核心网系统从 0 到 1 的过程**

核心网这个概念是何时被提出的呢？对于这个问题笔者并未找到确切的答案。但可以肯定的是，它生于有线通信时代，成长于移动通信时代，发展于移动互联网时代。

在笔者看来，最原始的，或者说和现代核心网角色最接近的系统就是诞生于 1878 年的人工交换系统。

第一个可以真正被称为"核心网"的系统就是第一个引入了蜂窝通信技术的 AMPS（高级移动电话系统，参见 1.4 节）。AMPS 的网络架构如图 5-56 所示。

图 5-56　AMPS 的网络架构

MTSO 即移动电话交换局，是第一个核心网网元。MTSO 主要负责交换（UE 移动状态下的切换），实现移动通信网络与公用电话交换网（PSTN）的互联及计费、注册、认证等功能。

从上述描述中我们可以推断出这样一个结论，即移动通信网络的核心网系统的出现是为了应对蜂窝通信带来的一些现实应用问题。比如基站间的切换（如果是 0G 时代的大区制，切换需求将不那么迫切）、认证 / 注册（如果是有线通信，将设备安装在固定位置，就不存在认证和注册的问题了）。

随着 1G 网络的推广，蜂窝通信技术逐渐成为移动通信技术的主流技术，而核心网系统也变得越来越智能，越来越复杂。

回顾核心网从 0 到 1 的过程，读者们已经发现，虽然移动通信相比有线通信，无论是形态还是技术都发生了翻天覆地的变化。但这个时期的核心网仍然摆脱不了有线通信的影子，核心网的核心功能就是交换。我们可以将电话网络交换过程描述为主叫摘机，听到拨号音后拨号，交换机寻找被叫，向被叫振铃同时向主叫送回铃声。此时表明在电话网的主被叫之间已经建立起双向的话音传送通路；被叫摘机应答，即可进入通话阶段；在通话过程中，任何一方挂机，交换机均会拆除已建立的通话通路，并向另一方发送忙音提示挂机，从而结束通话。虽然移动通信和传统有线电话系统的具体交换过程有所不同，但整体而言都需要经历呼叫建立、通话、呼叫拆除 3 个过程，这就是电路交换过程。

电路交换被应用了相当长的一段时间，直至 2G 出现，才慢慢发生了演进。

Ⓒ 核心网系统从 2G 到 5G 的演变

演进方向 1：IP 化

正如 1.5 节中的介绍，移动通信从 1G 到 2G 的跨越是一次技术的革命，它让人们从模拟通信时代跨越到了数字通信时代。当然这个跨越对接入网系统产生了更多影响。虽然接入网技术发生了很大的变化，但核心网仍然主要由一个网元 MSC（移动交换中心）组成，MSC 其实是一个功能上非常类似于 1G MTSO 网元的设备。从本质上看这个 2G 系统仍然是电路交换系统。

发生变化的根源是互联网技术的兴起。互联网系统和电话系统是两个完全不相同的技术体系。它们之间的一个核心差异就是传输信息的方式不同，即电话系统采用的是电路交换系统，经历呼叫建立、通话、呼叫拆除的过程；互联网系统采用的是 IP 路由系统。它们之间技术思路的差异导致包括时延、资源利用等方面的千差万别，如图 5-57 所示。

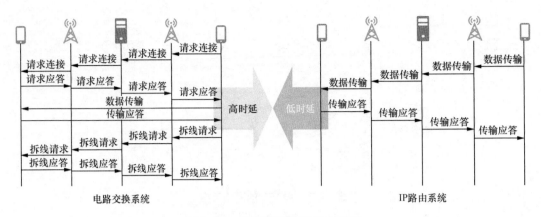

图 5-57　电路交换和 IP 路由系统

继数据通信以后，移动通信网络发生了第二次技术革命——网络 IP 化（如图 5-58 所示）。网络 IP 化的进程是循序渐进的，它开始于 2.5G 的 GPRS 技术，到 4G 时代基本完成。

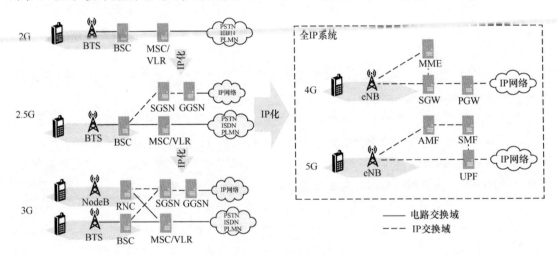

图 5-58　核心网架构演变（IP 化）

演进方向 2：控制面、用户面分离

在核心网架构从电路交换域向 IP 交换域演进的过程中，移动通信网络承载的业务也发生了翻天覆地的变化。从原来的承载语音，到全面向数据通信发展，最后融入互联网的广阔空间。移动通信技术在和互联网技术相互融合的同时，也逐渐暴露出了一系列问题。比如，IP 网络是一个"尽力而为"的数据传输网络，依靠预配置的路由表实现数据路由，不仅时延无法保证，当传输路径发生拥堵时，还会导致出现更严重的丢包问题。另外，随着业务多样性的引入，电信网络数据传输的场景也发生了很大的变化（比如边缘计算、本地数据网络、数据本地卸载等场景）。提升用户面的灵活性问题成为电信网络急需解决的问题。于是便出现了用户面与数据面分离。

简单理解用户面与数据面分离就是将原本同时处理控制面功能（比如移动性管理、会话管理等）和用户面功能（数据传输）的核心网网元分离开来。分离出来的网元一部分专注于处理数据传输，另一部分专注于处理控制。这样做的好处是分离开的节点可以更加专注地处理相对"单纯"的工作，如网元的演进、部署和其他网元解耦。同时，解耦后的用户面可以不用考虑控制面功能的"管辖范围"问题，可部署更多的节点且部署在靠近用户或数据拥堵的区域，进而使数据传输有更多的可选路径，从而利用软件定义网络（SDN）来实现灵活路由。

如图5-59所示，如果数据包需要从北京发往深圳，因为控制面和数据面没有分离（如3G网络），考虑到控制面功能有容量和管理区域的设置，所以数据传输路径比较单一。路由表一般为静态配置，一旦配置，传输路径固定后就无法更改。如果某条子路径拥堵，则会导致数据传输时延增加或出现丢包现象。但如果用户面和控制面完成分离（如5G网络），分离后的用户面可以大量部署在用户或数据比较集中的区域形成多条冗余路径。控制面节点可以掌握"全局"状态，根据线路的实际情况来动态地调整路由，避开拥堵，寻找最佳的数据传输路径。

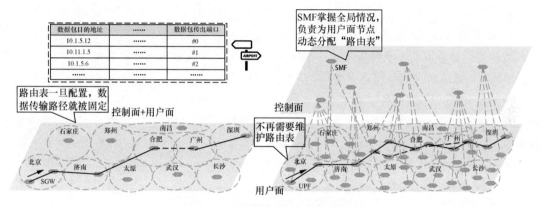

图5-59　静态路由和软件定义网络

图5-60给出了用户面和控制面分离的演进历史。用户面和控制面从3G时代开始分离，5G时代分离完成。其中5G的核心网网元UPF只包含了用户面功能（可以将其理解为路由器），SMF进行集中的路由控制。

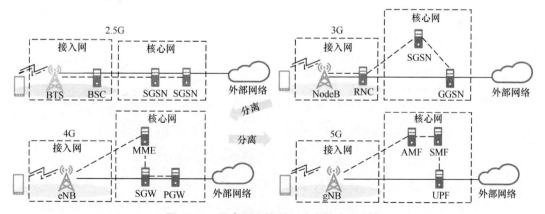

图5-60　用户面和控制面分离的演进历史

演进方向3：从ToC网络到ToB网络

从3G开始，移动通信正式步入移动互联网时代，随着大量互联网业务"入驻"移动通信网络，移动通信网络再一次迸发出活力。当然，此时的移动通信网络大部分业务只是2C业务。但当大家发现移动互联网的优势后，开始思考"还能用这个网络做些什么？"

在 4G 时代，3GPP 引入了两个里程碑式的技术——V2X 和 NB-IoT。虽然这两个技术从商用表现看并不算成功，但它们促使移动通信网络向一个重要的方向演进，即向垂直行业进军（开发 2B 业务）。

4G 和 5G 接入网陆续标准化多个针对垂直行业需求的空口技术（如第 6 章及后续介绍的技术特征），核心网也在为迎接 2B 业务做着准备。从 4G 开始，核心网加强了对用户质量的控制，建立了 QoS 体系，寻求在一张公共网络里满足多样化的业务需求。但坦白地说，虽然 QoS 体系利用拥塞处理策略、转发策略、优先级处理等手段在一定程度上提升了网络"兼容"差异化业务特征的能力。但对那些对传输能力有极限需求的应用场景（比如 URLLC 场景）而言，单纯依靠基于优先级和分类的方法是无法满足其需求的（QoS 的本质就是对某些具有特殊需求的业务进行聚合，并基于其需求特征对数据传输过程中的排队、转发、资源预留、弃包等环节进行优化。因此，QoS 在本质上没有主动增强网络能力，而是在已有网络能力的基础上优化了资源）。

从 5G 开始，核心网从另一个方向进行了探索，即提升网络传输数据的能力，如前面提到的用户面和控制面分离引入了更加灵活、更具鲁棒性的数据传输能力，在核心网技术的演进过程中，网络切片是 3GPP 向垂直行业发展的一个典型技术。

如图 5-61 所示，我们可以将网络切片理解为一个实体网络资源池上的多个逻辑相互独立的虚拟网络，这里的虚拟网络很像计算机系统中的虚拟机。网络切片在满足需求迥异的各种垂直行业应用场景的同时，最大化地共享了网络资源。网络切片可以根据自己的需求来有选择性地使用网络资源、功能，有针对性地配置网络参数，最终实现类似专网的效果。

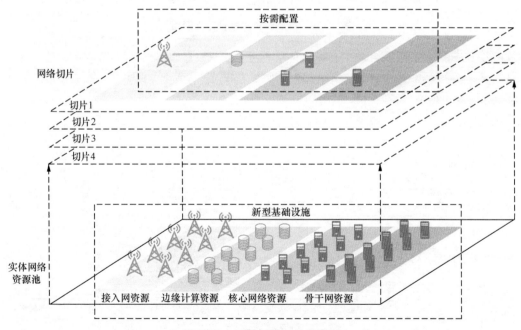

图 5-61　网络切片，按需配置

为了实现网络功能按需配置的终极效果，5G 核心网还引入了基于服务的网络架构，如图 5-62 所示。

5G 核心网将原有的一些功能大而全的单一网元拆分成若干小而专的网络功能（NF）。这种功能的拆分使网络功能间可以相互解耦，为各网络功能的独立演进提供了便利。此外，通过类似总线的方式相互连接，既降低了网元间的接口定义开销，又实现了网络功能服务的自动化管理。

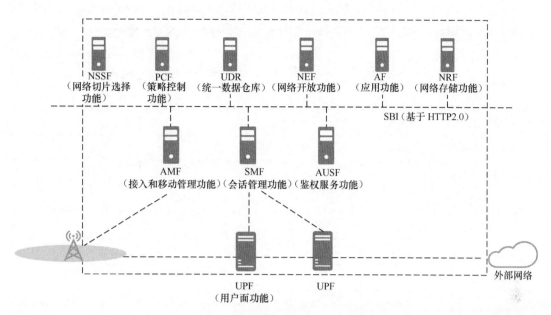

图 5-62　基于服务的网络架构——"总线"结构

此外，5G核心网越来越"包容"。就像在"新趋势E：网络拓扑异构和接入方式的多样性"中提到的，5G核心网将自己的能力开放给越来越多的外部系统，让这些非3GPP体系的网络（如时间敏感网络）和空口技术（如Wi-Fi）也同样可以接入5G核心网，进而为用户提供更丰富的选择。

移动通信网络从2C到2B的发展趋势非常清晰，但在当下的5G商用中相关的应用还未普及。前面介绍的技术趋势IP化、控制面与用户面分离是核心网已经实现的演进，从2C到2B的转变是正在发生的事情。那么，未来的核心网会有什么变化呢？在笔者看来，在众多的可能性变化中，移动通信网络从"提供管道和资源"到"提供服务和能力"（如算力网络）也许是值得我们期待的一个变化。

5.7　5G网络SMF和UPF拓扑增强技术

本节将介绍5G核心网在R16阶段标准化的SMF和UPF拓扑增强技术，该项目与在前面章节中介绍的接入网项目不同，它由3GPP核心网工作组SA牵头立项。

5.7.1　5G网络SMF和UPF拓扑增强技术背景

5G核心网完成了自3G开始的用户面与控制面分离的演进。作为这个演进方向的最终成果，核心网系统的用户面功能被完全地从4G网元SGW和PGW中分离出来形成全新的用户面功能（UPF）。我们可以将UPF看作传统计算机网络中的路由器，因为它承担用户数据转发的任务。为了更好地处理UPF，3GPP将原来分布在4G网元SGW、PGW和MME中的针对用户面的控制面功能也独立出来，形成了全新的网元会话管理功能（SMF）。

在R15中，完成了对新网元SMF和UPF的大部分标准化工作，但因为时间原因，部分功能还不完善。

3GPP SA 工作组在完成 5G 核心网 R15 的标准化工作之后，就马上开启了 R16 新课题的研究和标准化工作，即 5G 网络 SMF 和 UPF 拓扑（ETSUN）增强技术，如表 5-24 所示。

表 5-24　5G 网络 SMF 和 UPF 拓扑增强技术信息

基本信息	备注
技术缩写	ETSUN
3GPP 项目编号	820043
立项文档（WID）	SP-181116
关联项目	无
涉及工作组	SA2、CT
立项和结项时间	2017 年 9 月 8 日～ 2020 年 3 月 12 日
牵头立项公司	无
主要支持公司	Nokia、Nokia Shanghai Bell、NEC、Ericsson、T-Mobile USA、China Unicom、NTT DOCOMO、Verizon、Huawei、HSilicon、China Mobile、KDDI、China Telecom、ZTE
主要影响 / 技术效果	实现跨 SMF 移动的业务连续性； 实现区域性业务的跨区域访问
主要推动力	旧动力 C：覆盖驱动

在该项目框架内，SA2 完成了 5G 网络 SMF 和 UPF 拓扑增强技术研究阶段（SI）的技术报告 3GPP TR 23.726，开始了第二阶段的架构和流程设计工作，最后由 CT3 和 CT4 完成流程实现。项目最终在 2020 年 3 月宣布结束并冻结相关协议。

ETSUN 项目主要解决 R15 无法解决的归属地路由问题和用户跨区域业务连续性问题，从核心网角度来看，它本质上也解决了业务无法覆盖的问题，所以我们将它归入"旧动力 C：覆盖驱动"中。

5.7.2　归属地路由和跨区域业务连续性

一般来说，区域性业务或者本地业务的网络出口一般部署在本区域内，当 UE 访问业务时，需要通过归属地网络的 UPF 才能访问。此外，对于一些 2B 场景，出于安全考虑，用户的业务需要回到归属地 UPF 甚至是私有网络后再与企业应用服务器通信。在 R15 的网络架构中，一个 UPF 只受一个 SMF 控制，SMF 无法对跨区域的 UPF 进行控制，基站也无法连接到跨区域的 UPF。如果 UE 在拜访区域无法访问归属地的本地业务，就意味着存在归属地路由问题，如图 5-63 左图所示。

另外，基于 R15 协议，一个 PDU 会话只归属于一个 SMF。因此，当 UE 发生跨 SMF 区域服务移动时，必须释放原有会话才能重选到新的 SMF 获得服务。这个问题在 NSA 场景下还可以通过 4G 网络来保证跨区域业务的连续性，但在 SA 场景下，如果 NR 已经实现了连续覆盖，那么在进行跨区域移动时，业务将强制中断，如图 5-63 右图所示。

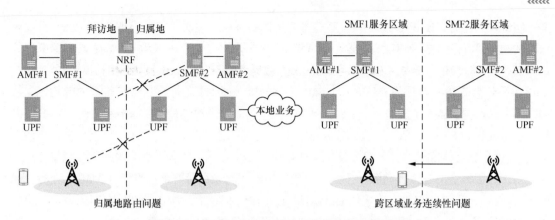

图 5-63　归属地路由问题和跨区域业务连续性问题

为了解决归属地路由和跨区域业务连续性问题，R16 在 ETSUN 项目中引入了中间网元 I-SMF，以及 I-SMF 之间的 N38 接口和 I-SMF 与 SMF 之间的 N16a 接口，如图 5-64 所示。

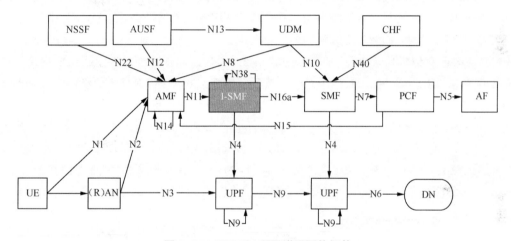

图 5-64　ETSUN 项目增强网络拓扑

当 UE 从 SMF#1 的服务区域 A 移动到 SMF#2 的服务区域 B 时，区域 B 的 AMF 会为 UE 选择一个区域 B 内的 SMF 作为 UE 的 I-SMF，而 I-SMF 又会为 UE 选择一个中间 UPF（I-UPF）为 UE 提供服务。I-SMF 是一个相对的概念，当 SMF 服务于本区域用户时，I-SMF 作为 SMF 提供服务；当用户跨 SMF 区域移动到本区域，且 AMF 选择这个 SMF 为 UE 提供服务时，针对该用户，SMF 作为 I-SMF 提供服务。

对于存在 I-SMF 的情况，会话管理仍然主要由 SMF 执行，SMF 与 PCF（策略控制功能）和 CHF（计费功能）分别进行交互，完成策略控制和计费。I-SMF 和 I-UPF 只起到桥接控制信令和用户数据的作用。在 I-SMF 和 SMF 之间通过新增的 N16a 接口交互用户会话上下文和 N4 接口的策略信息。新的 N16a 接口内 R15 的 N16 接口增强而来，支持会话管理上下文的传递、UL CL（上行流量分类器）和 BP（会话分支）场景中 SMF 和 I-SMF 的信息交互。这样，原 SMF 就通过 N16a 和 I-SMF 实现了对原本无法控制的 UPF 进行控制，进而为 UE 提供跨区域业务连续性和归属地路由。N38 接口是 I-SMF 之间的接口，当用户连续跨多个 SMF 移动时（仅切换场景），N38 接口在新旧 I-SMF 之间传递会话管理相关上下文信息，以实现 SMF 对目的地区域 UPF 的控制。

AMF 负责检测何时为一个 PDU 会话增加或删除一个 I-SMF，这需要 AMF 从网络存储功能（NRF）中查询 SMF 的服务区信息来实现。在移动事件发生时（如切换或 AMF 改变），如果 SMF 的服务区不再支持新的 UE 位置，则 AMF 将选择并插入一个可以为 UE 新位置提供服务的 I-SMF；如果原 SMF 的服务区域可以为新的 UE 位置提供服务，在 AMF 检测到不再需要 I-SMF 时，AMF 将移除当前 PDU 会话的 I-SMF 和 I-SMF 之间的接口；如果已有的 I-SMF 和原 SMF 均不支持 UE 的新位置，则 AMF 将发起一个 I-SMF 改变流程。总之，随着 UE 位置的不断改变，AMF 可以按需插入或移除 I-SMF，期间可以通过 I-SMF 之间的 N38 接口和 UPF 之间的 N9 接口进行会话上下文信息和用户数据的转发。但同时服务的 SFM 最多只有两个，即 SMF 和 I-SMF（切换场景除外）。

对于跨区域业务连续性问题，在 I-SMF 架构中实现起来相对简单。当发生 AMF 改变时，如图 5-65 的右图所示，AMF#1 会向 AMF#2 确认 UE 所在位置是否是 SMF#2 的服务区，如果不是，则 AMF#1 会为 UE 选择一个 I-SMF。如果此时 UE 又返回了 SMF#2 的服务区域，则 AMF#2 会移除已有的 I-SMF。

归属地本地业务访问流程相对复杂一点，如图 5-65 所示。如果 UE 访问特定的本地服务，则 UE 需要签约特定的数据网络名称（DNN）访问权限。这个信息会保存在归属地统一数据管理（UDM）功能中（步骤①）。保存的签约数据将供后续 AMF 和 UE 选择合适的 SMF 使用。

当 UE 在拜访地接入网络并发起服务请求时（步骤②），首先拜访地 AMF 会通过归属地 NRF 查询用户签约信息（步骤③）。如果查询到合适的 SMF，则 NRF 向拜访地 AMF 返回 SMF 信息，并将此 SMF 作为本 PDU 会话的锚 SMF（步骤④）。然后拜访地 AMF 根据 UE 接入信息在拜访地选择合适的 SMF 作为 UE 的 I-SMF（步骤⑤），并向 I-SMF 发送会话创建请求（步骤⑥），其中包含了归属地锚 SMF 地址。I-SMF 会在拜访地为 UE 选择合适的 UPF 作为 UE 的 I-UPF（步骤⑦），并通过 N16a 接口向锚 SMF 转发会话创建请求（步骤⑧）。最后锚 SMF 为 UE 选择合适的归属地 UPF 作为锚 UPF（步骤⑨）。至此，UE 完成了在拜访地通过 I-SMF 建立访问归属地本地业务的 PDU 会话。

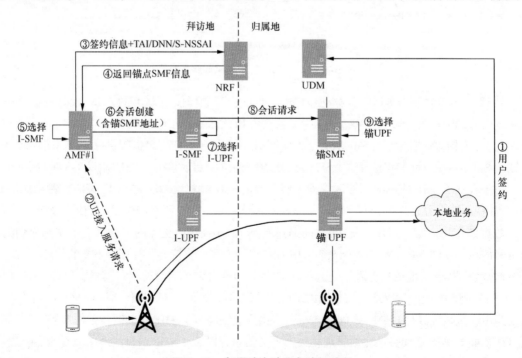

图 5-65　归属地本地业务访问流程

5.8 服务化架构增强

5.8.1 服务化架构增强项目背景

毫无疑问垂直行业是 5G 发展的核心推动力，而垂直行业又必然催生万物互联，使无线连接无论从连接数量、连接密度、流量密度还是上层业务的丰富程度上都与 4G 有着巨大的差别。为了满足 5G 万物互联的需求，研究人员致力于对 5G 网络基站、核心网、编排管理、传输等各个部分进行改造演进。对于核心网而言，基于传统 CT 思维的设计显然已经无法满足多样化的上层需求。因此，5G 就在 R15 中引入了更方便、更灵活，基于服务的网络架构，即基于服务的网络架构。

基于服务的网络架构引入了服务提供方接口（SPI）技术，也就是使用"HTTP REST"来取代依赖详尽接口协议规范定义的点对点通信架构，实现更轻量、更通用的轻量级信令交互手段。对 5G 核心网这种业务更新频繁的系统来说，这种改变是一个必然选择。因为随着 SDN、NFV 技术的引入，实现 NF 的 5GC 应用软件将会在类似 IT 甚至共享的 IT 环境中运行，比如云数据中心。SPI 技术可以在一定程度上实现整个移动网络解决方案所使用的软件技术和 IT 框架的融合。

表 5-25　基于服务的网络架构增强项目信息

基本信息	备注
技术缩写	5G_eSBA
3GPP 项目编号	820045
立项文档（WID）	SP-181125
关联项目	Study on Enhancements to the Service-Based 5G System Architecture
主要涉及工作组	SA2、CT
立项和结项时间	2018 年 12 月 13 日～ 2020 年 6 月 12 日
主要支持公司	Deutsche Telekom、CMCC、AT&T、NTT DoCoMo、Sprint、Vodafone、KDDI、Verizon UK Ltd、CATT、InterDigital、Telecom Italia、China Telecom、Telia Company AB、Ericsson、ZTE、Orange、CAICT、NEC、Nokia、Samsung、Rogers、Telstra、KPN、Cisco、Huawei 等
主要影响 / 技术效果	间接通信模式通过引入业务请求和发现的中间代理提高可扩展性，降低信令开销，进而减少大量并发信令导致的网络稳定性问题 NF 服务集通过上下文共享的热备份功能，提升网络稳定性、容灾能力
主要推动力	新趋势 B：业务的定制化、弹性和智能化 新趋势 D：技术与市场的渗透和融合

在进入 R16 阶段后，3GPP SA2 网络架构组对基于服务的网络架构进行了进一步的增强，以改进服务框架，支持高可靠性。2018 年立项的基于服务的网络架构增强项目（如表 5-25 所示）中，主要涉及如下几个方面的增强。

（1）间接通信模式机制：通过引入一个新的服务通信代理（SCP）实现间接通信和委托发现。

（2）功能集和服务集：引入了新的 NF 集和 NF 服务集。

从本质上来看基于服务的网络架构解决了业务的快速响应和编排问题，是"旧动力 E：应用需求驱动"的一种体现，只不过相比 1G 到 4G 的需求，传统的对速度、覆盖、容量、时延的需求转变为对业务的定制化、网络的弹性和智能化的需求，这也是"新趋势 B：业务的定制化、弹性和智能化"的体现。基于服务的网络架构借鉴了互联网领域的"云原生""微服务"的理念。

5.8.2　服务通信代理

在引入了基于服务的网络架构后，5G 核心网的各个 NF 之间不再需要定义专用的接口协议，而是使用 HTTP 这种轻量级的通信工具来实现 NF 之间的信令交互。这样设计的好处是让 NF 间通信与平台、语言和协议无关。

但在 R15 的基于服务的网络架构中，虽然消除了大而全的单体式网络节点，而将 NF 软件化、虚拟化，同时因为 HTTP 的引入也消除了节点间复杂的接口协议设计，但两个 NF 之间的通信仍然需要建立 HTTP 连接才能实现信令交互。

单一网元被拆分成多个 NF 后，核心网的 NF 数量急剧增加，在跨区域间的承载网上，这样巨大的 HTTP 连接将会消耗过多的承载网带宽。

为了解决这个问题，R16 的基于服务的网络架构增强项目新增了一个网络功能，即 SCP。要理解引入 SCP 的好处，我们先来理解一下服务注册、发现和请求的流程。

当两个 NF 通过基于服务的网络架构进行两两通信时，它们通常将扮演不同的角色。发送服务请求的 NF 扮演"NF 消费者"的角色，而提供服务并基于服务请求触发某些操作的 NF 扮演"NF 服务者"的角色。当"NF 消费者"需要某种服务时，就需要向"NF 服务者"发送请求，"NF 服务者"随后将响应服务请求，返回信息。

但在单体式网络结构被拆分成多个 NF 后，NF 数量急剧增加，那么"NF 消费者"如何知道从哪里可以获得它所需要的服务呢？

为此，3GPP 定义了一个对外提供服务注册、发现和请求的网络功能——NRF（网络存储功能）。NRF 会对所有"NF 服务者"提供的服务进行注册和跟踪，并为所有的"NF 消费者"提供发现服务。图 5-66 给出了服务注册、发现和请求的大致流程，即在新 NF（"NF 服务者"）上线时向 NRF 发送 Nnrf_NFManagement_NFRegister 消息发起注册，该消息包含了 NF 的配置相关参数，比如 NF 实例 ID、支持的 NF 服务实例等。NRF 存储 NF 相关信息并返回响应；"NF 消费者"向 NRF 提交服务发现，NRF 搜索满足要求的 NF 并返回满足要求的 NF 列表；"NF 消费者"选择满足需求的"NF 服务者"，发起服务请求，"NF 服务者"返回配置。

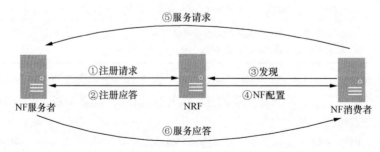

图 5-66　服务注册、发现和请求的大致流程

图 5-66 所示的流程就是 R15 定义的直接通信模式，它可以被描述为图 5-67 所示的模式 A 和模式 B。

对于 R15 存在的巨大 NF 数据而导致的 HTTP 占用带宽过多的问题，3GPP 在基于服务的网络架构增强项目中引入了 SCP。

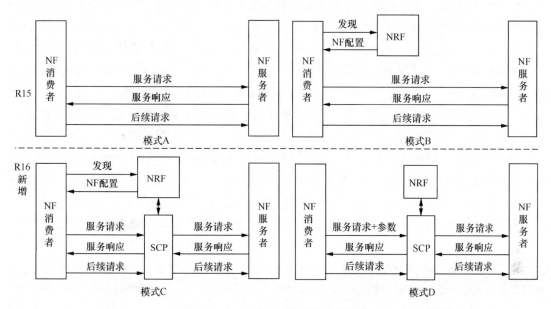

图 5-67　NF 和 NF 服务间通信模式

在引入 SCP 后，一方面，原先的各个 5GC NF 将统一与 SCP 对接，各 NF 只需要关注自身业务的处理逻辑，而将自身原有的服务发现、路由转发等路由相关功能交给 SCP 完成，使 NF 更加轻量化；另一方面，5GC 架构由原先的各 NF 全互联组网变成 SCP 汇聚新型组网，简化了网络架构，使整个网络架构更加灵活。SCP 的引入大大提升了网络运营效率，降低了网络运维成本，保证了网络的可扩展性和易维护性。

引入 SCP 后的 NF 间的通信模式可以被描述为图 5-67 的模式 C 和模式 D。"NF 消费者"和"NF 服务者"通过 SCP 进行间接通信。SCP 在转发消息的过程中进行链路汇聚、代理服务发现。其中，模式 C 为无代理发现间接通信模式；模式 D 为代理发现间接通信模式。

对于模式 C，"NF 消费者"仍然和 NRF 直接通信进行服务发现（不执行代理发现），"NF 消费者"根据 NRF 的反馈消息选择一个 NF 集或一个特定的 NF 实例，然后向 SCP 发送业务请求消息，消息包含了"NF 服务者"的地址。当地址为一个 NF 集地址时，由 SCP 为"NF 消费者"选择具体的 NF 实例。如果条件允许，SCP 可以与 NRF 交互获得选择参数，如位置、容量等。最后，SCP 将服务请求路由到所选的"NF 服务者"。

模式 C 是模式 B 的平滑演进。除了模式 C 外，R16 基于服务的网络架构增强项目还引入了包含代理发现的模式 D。在模式 D 下，"NF 消费者"不直接与 NRF 交互进行服务的发现和选择，而是先向 SCP 发送服务请求，服务请求中包含了服务发现需要的参数和 NF 选择参数，比如试图去发现的服务列表、NF 类型、切片相关信息等。接着，SCP 使用服务请求中包含的选择参数与 NRF 交互进行服务的代理发现。NRF 向 SCP 返回 NF 实例的 IP 地址或全限定域名（FQDN）或 / 和 NF 服务实例的端口地址，或向 SCP 提供 NF 集或 NF 服务集的 ID，结果被保存，并在制定的一个有效期内有效。最后，SCP 根据 NRF 反馈的结果将服务请求直接路由到"NF 服务者"。

5.8.3 NF 集和 NF 服务集机制

5G 和其他移动通信系统的一个较大差异就是引入了对垂直行业应用的支持。生产型的行业应用和传统的消费型应用不同，工业控制网络的中断可能会造成生产线的停滞，V2X 网络的 UE 可能会导致严重的交通事故。因此，5G 应用对网络稳定性、容灾能力提出了更高的要求。

传统网络的冗余容灾技术一般是基于资源池（Pool）的容灾备份机制，即多个 NF 或网元组成的一个资源池，在 NF 或网元间进行负载均衡、资源共享。在这种机制下，如果单 NF 或网元发生故障，就需要重建所有在线用户会话，用户业务需要经历一个较长的中断时间，而在进行重建时，容易出现大量用户的并发接入导致信令拥堵的问题。

为了解决这个问题，在 R16 基于服务的网络架构增强项目中引入了 NF 集和 NFS 的概念。NF 集和 NFS 集是指将多个同类型的 NF 或同类型的 NFS 组成一个集群，集群内的 NF 或 NF 服务共享在线业务的上下文数据。这样，当某个 NF 或者 NFS 出现故障时，业务马上可以被同一个集群内的其他同类型的 NF 或 NFS 无缝接管，保障了业务的连续性和网络的高可靠性。

图 5-68 给出了一个 NF 集的实例，在这个实例中，6 个 SMF 组成 1 个 SMF 集，被部署在两个地理位置，由非结构数据存储功能（UDSF）来保存 SMF 的在线数据，并在 SMF 集内实现上下文共享。如果在 SMF 实例和 UPF 之间建立多个 N4 关联，则每个 N4 关联仅由相关的 SMF 实例管理。但如果只在 SMF 集和 UPF 之间建立一个 N4，则 SMF 集中的任何 SMF 都能够管理此 N4。对于给定的 UE 和 PDU 会话，SMF 集中的任何 SMF 都能控制 N4 会话（但在任何给定时刻，SMF 集中只有一个 SMF 能控制给定 UE 的 PDU 会话的 UPF）。

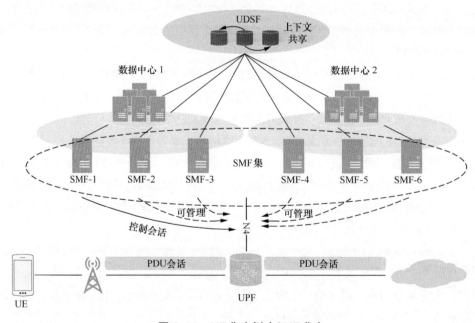

图 5-68　NF 集实例（SMF 集）

相比传统的 NF 资源池方案，NF 集方案具有如下特点。

（1）NF 集内各 NF 实例之间共享在线业务上下文，实现容灾期间零中断的业务倒换。

（2）NF 集内各 NF 实例支持共享统一数据存储服务，增强了网络可靠性，简化了网络的部署运维。

（3）NF 可平滑升级支持 NF 集功能，并且 NF 集内各 NF 实例可用不同版本运行。

（4）NF 集集群热备机制，在减少 NF 冗余数量的同时，提升了网络可靠性，有利于降低网络的部署成本。

第6章 "筑基础"——赋能型技术（R16）

第 5 章介绍了在 5G R16 阶段新增的一些协议功能和特征，增加这些新的协议功能和特征的主要目的是完成 R15 阶段因为时间原因并未完成的核心技术设计。简而言之，就是对 R15 阶段"不尽如人意"的功能进行适当增强。例如，Mobility Enhancements 对 R15 UE 移动性能的增强、CLI&RIM 项目解决了交叉和远距离干扰问题、UE 节能项目实现了 UE 能耗的降低等。这些技术被称为增强型技术。

在 R16 中还有另外一些技术，它们的存在就是为了实现 5G 赋能各行各业，实现对垂直行业的支持，我们称之为赋能型技术。

本章将介绍 R16 阶段 3GPP 定义的几个主要的赋能型技术，如表 6-1 所示。

表 6-1　R16 主要赋能型技术列表

增强特征	主要影响与技术效果
6.1 节——URLLC 技术	新增的 DCI 格式：提高可靠性 PDCCH 监测能力增强：降低时延 基于子时隙的 HARQ-ACK 反馈：降低时延 双 HARQ-ACK 码本：提高可靠性 PUSCH 重复传输：降低时延 UE 间传输优先级：降低时延 多套可配置传输和 SPS：降低时延和提高可靠性
6.2 节——IIoT 技术	时间同步——降低时延抖动，提升时延确定性 PDCP 复制：提升数据传输可靠性 UE 内优先级：解决数据调度冲突，实现 IIoT 与其他业务的共存问题，进一步降低数据传输时延
6.3 节和 6.4 节——车联网技术	实现 5G 网络对自动驾驶车联网业务的支持，以 LTE C-V2X 为基础，提升对高级自动驾驶能力的支持； 完成基于 NR 架构的 Sidelink NR 技术框架的定义，为后续基于 Sidelink NR 的直接通信技术奠定基础

6.1 超可靠低时延（URLLC）

6.1.1 URLLC 项目背景

URLLC 是 5G NR 的重要特征，如时域长度可变的帧结构（最小为 0.0625ms）、灵活可变的 HARQ 反馈（最小反馈时间为 0.9375ms）、下行调度（PDCCH 与 PDSCH 之间的最小间隔为 0.9375ms）、MIB、SSS 和 PSS 打包发送的 SSB 结构。在 R15 协议冻结之后，3GPP 便马不停蹄地开启了一个研究项目 "Study on Physical Layer Enhancements for NR UR Low Latency Cases" 对潜在的 URLLC 增强手段进行研究，该项目于 2018 年 6 月 15 日立项，于 2019 年 3 月 15 日结项，如表 6-2 所示。随即，3GPP 基于这个项目的研究成果正式开始了 R16 URLLC 标准增强工作。这个项目的参与度极高，基本囊括了所有的主流通信企业。

表 6-2　URLLC 增强项目信息

基本信息	备注
技术缩写	NR_L1enh_URLLC
3GPP 项目编号	830074
立项文档（WID）	RP-191584
关联项目	NR_IIoT、5G_URLLC（SA2）
主要涉及工作组	RAN1
立项和结项时间	2018 年 6 月 15 日～ 2022 年 6 月 10 日
牵头立项公司	Huawei、HiSilicon
主要支持公司	Huawei、HiSilicon、Hepta7291、SK telecom、Nokia、Nokia Shanghai Bell、Telecom Italia、Dish、KDDI、MTI、Deutsche Telekom、KT、Sierra Wireless、Sony、NTT DOCOMO、Motorola Mobility、Lenovo、Xilinx、Ericsson、Sequans、Fujitsu、Xiaomi、Orange、InterDigital、vivo、CATT、Intel、OPPO、LG、Qualcomm、Panasonic、MediaTek、NEC、ZTE、Samsung
主要影响 / 技术效果	新增的 DCI 格式：提高可靠性 PDCCH 监测能力增强：降低时延 基于子时隙的 HARQ-ACK 反馈：降低时延 双 HARQ-ACK 码本：提高可靠性 PUSCH 重复传输：降低时延 UE 间传输优先级：降低时延 多套可配置传输和 SPS：降低时延和提高可靠性
主要推动力	新趋势 A：物的连接 新趋势 D：技术与市场的渗透和融合

有别于 R15 阶段，R16 阶段 URLLC 项目主要针对垂直行业的技术需求，如工业自动化、交通运输和电力传输行业。当前，电信行业在不断地创新，旧的推动力已经不足以继续推动技术和市场前进，而以垂直行业为代表的新场景、新业务便是电信行业找到的下一个增长点。这些新场景和新业务是通信技术与其他技术领域融合的表现，是服务与市场融合的表现。

在正式开始学习 R16 URLLC 增强项目之前，我们需要思考如何提高数据传输的可靠性及降低数据传输的时延。

用户感知的可靠性和时延都是数据传输过程中各个阶段时延和可靠性共同作用的效果。所以我们除了需要考虑传输环节（PUSCH），也需要考虑到调度（PDCCH）及反馈（UCI）环节。需要考虑如何在现有协议基础上针对 URLLC 的特殊需求进行特别的设计来增强其性能。

对于降低时延的技术增强，一个显而易见的思路就是：让整个数据传输过程的各个环节都做到"及时处理"，比如让调度信令、数据传输和反馈都可以"随叫随到"；当资源受限而发生冲突、拥塞时，保障高优先级业务数据的传输。

对于可靠性来说，我们可以做的并不多。在信道条件和信道质量不变的前提下，我们只能用另外一些资源来置换可靠性的提升，比如效率、时间、空间、资源。

在 SI 研究项目 "Study on Physical Layer Enhancements for NR UR Low Latency Cases" 中，3GPP

对各种降低时延、提高可靠性的潜在方法进行了全面、细致的讨论，也给出了很多可能的增强方案，考虑到标准化开销、复杂度等诸多因素，部分方案被写入 R16 协议中。

6.1.2 物理下行链路控制信道（PDCCH）增强

PDCCH 是整个数据传输流程中的第一个环节，如何快速、准确地反馈是 PDCCH 增强的首要目标。

在 SI 阶段，针对 PDCCH 的增强讨论了 3 个潜在的方向：DCI 压缩、增强 PDCCH 监控能力和 PDCCH 重复发送。最终考虑到 UE 盲检复杂度和标准化开销，PDCCH 重复发送方案并未被写入 R16 协议。

1. DCI 压缩

（1）为什么要压缩 DCI

使用相同数量的时频资源，传输的比特数越小，单比特信息的能量越集中，越有利于提高 PDCCH 传输的可靠性。同时，较小的 DCI 体积也有利于降低 PDCCH 的阻塞概率，降低传输时延。因此，经过 3GPP 讨论，最终决定新增 DCI Format 0_2 和 DCI Format 1_2 两种 DCI 格式，考虑到 URLLC 相对 eMBB 业务，除了要求低时延和高可靠性外，还需要更灵活的资源分配方式，所以新增的 DCI 格式要求其最大比特数可大于 DCI Format 0_0 或 DCI Format 1_0 以换取调度灵活性，而 DCI 最小比特数要求比 DCI Format 0_0 或 DCI Format 1_0 少 10 ～ 16bit。

（2）从哪里节约比特数

节约比特数有 2 种途径：结合 URLLC 业务特征（对速率的要求不高，数据包较小），可以直接取消一些针对大数据传输的信息字段，比如第 2 个码字的 MCS、新数据指示、RV、码字组传输信息和码字组清除信息；采用默认配置的参数，如天线端口、RV、HARQ 进程数等。同时，考虑到在 URLLC 场景下数据大多采用大宽带、短时域的方式传输（可在短时间内尽可能快地完成数据传输），在 DCI 中，指示时域资源分配字段的颗粒度不用太小（R15 为 1 个 PRB），因此，可以在这方面有效地降低开销。表 6-3 和表 6-4 给出了 R16 新增的 DCI Format 1_2 和 DCI Format 0_2 与 R15 DCI Format 1_0、DCI Format 0_0、DCI Format 1_1、DCI Format 0_1 的开销比较。

表 6-3 R16 新增的 DCI Format 1_2 与 R15 DCI 开销比较

字段	R15 DCI Format 1_0	R15 DCI Format 1_1 最小 Size	R15 DCI Format 1_1 最大 Size	R16 DCI Format 1_2 最小 Size	R16 DCI Format 1_2 最大 Size
Identifier for DCIFormats	1	1	1	1	1
Time domain resource assignment	4	0	4	0	4
VRB–to–PRB mapping	1	0	1	0	1
Modulation and coding scheme	5	5	5	5	5
New data indicator	1	1	1	1	1
PDSCH–to–HARQ_feedback timing indicator	3	0	3	0	3
Downlink assignment index	2	0	4	0	4
TPC command for scheduled PUCCH	2	2	2	2	2

字段	R15 DCI Format 1_0	R15 DCI Format 1_1 最小 Size	R15 DCI Format 1_1 最大 Size	R16 DCI Format 1_2 最小 Size	R16 DCI Format 1_2 最大 Size
Redundancy version	2	2	2	↓ 0	2
HARQ process number	4	4	4	↓ 0	4
PUCCH resource indicator	3	3	3	↓ 0	3
Frequency domain resource assignment	11	11	14	↓ 4	14
相对 R15 非 fallback DCI 比较字段					
Camier indicator	—	0	3	0	3
PRB bundling size indicator	—	0	1	0	1
Rate matching indicator	—	0	2	0	2
ZP CSI–RS trigger	—	0	2	0	2
Transmission configuration indication	—	0	3	0	3
BWP indicator	—	0	2	0	2
Antenna port(s)	—	4	6	↓ 0	6
SRS request	—	2	3	↓ 0	3
DMRS sequence initialization	—	1	1	↓ 0	1
~~Modulation and coding scheme for TB 2~~	—	0	5	—	—
~~New data indicator for TB 2~~	—	0	1	—	—
~~Redundancy version for TB 2~~	—	0	2	—	—
~~CBG transmission information~~	—	0	8	—	—
~~CBG flushing information~~	—	0	1	—	—
相对 R15 新增字段					
Priority indicator		0	1	0	1
总开销	39	36	85	9	68

表 6–4　R16 新增的 DCI Format 0_2 与 R15 DCI 开销比较

字段	R15 DCI Format 0_0	R15 DCI Format 0_1 最小 Size	R15 DCI Format 0_1 最大 Size	R16 DCI Format 0_2 最小 Size	R16 DCI Format 0_2 最大 Size
Identifier for DCI Formats	1	1	1	1	1
Frequency hopping flag	1	0	1	0	1
Modulation and coding scheme	5	5	5	5	5
TPC command for scheduled PUSCH	2	2	2	2	2
UL/SUL indicator	1	0	1	0	1
New data indicator	1	1	1	1	1

字段	R15 DCI Format 0_0	R15 DCI Format 0_1 最小 Size	R15 DCI Format 0_1 最大 Size	R16 DCI Format 0_2 最小 Size	R16 DCI Format 0_2 最大 Size
Time domain resource assignment	4	0	6	0	6
Redundancy version	2	2	2	↓ 0	2
HARQ process number	4	4	4	↓ 0	4
Frequency domain resource assignment	11	11	14	↓ 4	14
相对 R15 非 fallback DCI 比较字段					
Carrier indicator	—	0	3	0	3
SRS resource indicator	—	0	4	0	4
Precoding information and number of layers	—	0	6	0	6
CSI request	—	0	6	0	6
beta offset indicator	—	0	2	0	2
BWP indicator	—	0	2	0	2
DMRS–PTRS association	—	0	2	0	2
DMRS sequence initialization	—	0	1	0	1
UL–SCH indicator	—	1	1	1	1
Antenna port(s)	—	2	5	↓ 0	5
SRS request	—	2	3	↓ 0	3
Downlink assignment index	—	1	4	↓ 0	4
CBGTI	—	0	8	—	—
相对 R15 新增字段					
Open–loop indicator	—	—	—	0	2
Priority indicator	—	0	1	0	1
Invalid symbol pattern indicator	—	0	1	0	1
总开销	32	32	86	10	80

系统观 8 CORESET 和 Search Space Set

　　考虑到接下来的增强内容比较复杂，因此，这里"插叙"一节系统观内容，方便读者更好地理解接下来的内容。

LTE 时期的 PDCCH 如图 6-1 所示。

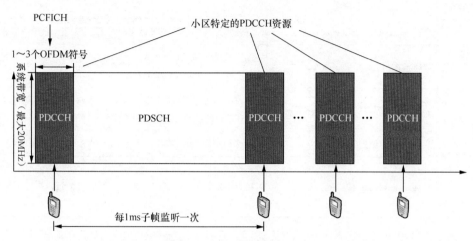

图 6-1　LTE 时期的 PDCCH

在 LTE 中，UE 监听 PDCCH 的实现比较简单直观，即在频域全系统带宽上，在时域每个子帧的前 1～3 个 OFDM 符号内进行 DCI 的盲检。考虑到不同的 PDCCH 负载和系统带宽，PDCCH 在每个子帧中占用的具体时域长度由一个特定的物理信道（PCFICH）动态指示。因为每个子帧（1ms长度）都有 PDCCH，所以无论 UE 是否有数据被调度，都需要每 1ms 监听一次 PDCCH，以获得有可能存在的下行控制信息。这样的设计带来了相对低的协议设计复杂度。

但随着大带宽、高频段和垂直行业特殊需求的引入，NR 的协议设计方案和 LTE 有很大的不同，LTE 的设计也逐渐暴露出一些问题。

首先，对于 URLLC 这种低时延需求业务来说，固定 1ms 出现一次的 PDCCH 显然无法满足对时延的需求。人们更加希望实现的是"只要有需要，任何时刻都可以调度数据"。因此，更加灵活的 PDCCH 成为协议设计的一个首要原则。

其次，因为毫米波的引入，当系统使用相对高频段时，人们不得不考虑覆盖问题。3GPP 将波束的概念引入 NR 系统，利用波束的指向性和赋形增益来"抵消"引入高频段导致的覆盖能力的降低。正因为波束的指向性，波束承载的数据及发送这些数据所使用的时频资源也必须是 UE 特定的。LTE 小区特定的 PDCCH 资源显然无法满足需求，人们更加期待"针对不同 UE 有特定的 PDCCH 资源配置"的设计。这样不仅有利于以波束的形式发送 PDCCH，还可以避免 UE 每 1ms 监听一次 PDCCH 带来的不必要的能耗。

最后，LTE 的 PDCCH 资源占用了整个频域资源。对于单载波最大为 20MHz 的 LTE 系统来说，这样的设计并不会带来太大问题。但对于 NR 这种单载波为 100MHz 的系统则显得没有必要。人们更期待"控制区域频域可灵活配置"的设计。

综上，人们"期待的"对控制区域的设计即 UE 特定的控制资源分配。时域长度和频域宽度、频域和时域位置均灵活可配。

为了实现这种灵活性，3GPP 引入了两套参数，即 CORESET 和 Search Space Set（如表 6-5 所示）。CORESET 主要负责控制区域的频域配置，而 Search Space Set 负责控制区域的时域配置。

表 6-5　CORESET 和 Search Space Set 的主要参数

参数集	RRC 参数	功能
CORESET	① FrequencyDomainResources	控制区域的频域范围，RB 组（6 个 RB 为一组）级位图形式指示
	② Duration（记为 Duration A）	控制区域的时域长度（1～3 个 OFDM 符号），不指示时域位置，这个长度即一个监控时机的长度
Search Space Set	③ MonitoringSlotPeriodicityAndOffset	监控时机的时隙级时域位置，即在 k_s 个时隙组成的周期内，第一个存在监控时机的时隙周期内的相对位置（offset）
	④ Duration（记为 Duration B）	在 k_s 个时隙组成的周期内，存在监控时机的连续时隙个数
	⑤ MonitoringSymbolsWithinSlot	控制区域的符号级时域位置，即在监控时机出现的时隙内，监控时机具体所在的起始符号位置和监控时机数量。符号级位图形式指示

除了表 6-5 中给出的 5 个参数外，CORESET 和 Search Space Set 还配置了很多其他相关参数，因为和本节内容不相关，故笔者不再一一介绍。

（1）CORESET

基站为 UE 配置多个 CORESET 参数配置（R16 每 BWP 最多配置 5 个 CORESET 参数配置，共计最多配置 15 个；R15 每 BWP 最多配置 3 个，共计最多 12 个），CORESET 用参数 FrequencyDomainResources 以位图的形式标记控制区域所在的频域范围，每个比特表示 6 个 RB 组成的 RB 组。控制区域可以是频域上连续或不连续的几个 RB；用参数 Duration 指示监控机会的时域符号长度。CORESET 就是一条控制区域存在的"滑动窗口"。

图 6-2 给出了 CORESET 的含义，CORESET 可被看作是一条条高速公路，FrequencyDomainResources 给出了公路的宽度，Duration（记为 Duration A）规定了在这条公路上行驶的汽车的长度。看到这里，相信读者已经明白了 CORESET 之所以在指示控制区域频域范围后，又突兀地指示监控机会时域符号长度的背后用意——用以匹配业务特征（时域长度和时延相关）。

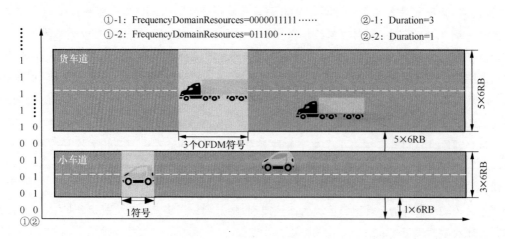

图 6-2　CORESET 的含义

（2）Search Space Set

Search Space Set（如图 6-3 所示）的唯一作用就是确定监控时机可能出现的具体时域位置，

而因为时域符号长度已经由 CORESET 给出，所以 Search Space Set 只需要指出监控机会出现的起始位置。

如何在这个时间无限延伸的维度空间灵活地指示多个监控机会呢？

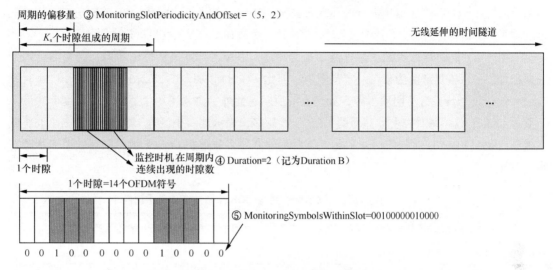

图 6-3　Search Space Set 含义

3GPP 采用的方法其实也很简单，首先，它利用③ MonitoringSlotPeriodicityAndOffset 将无限延伸的“时间隧道”切分为每 K_s 个时隙为一组的周期；然后确定第一个监控机会所在时隙在这个周期内的相对位置（参数③ MonitoringSlotPeriodicityAndOffset 是周期和 offset 的联合编码）；接着，利用参数④ Duration(记为 Duration B) 确定在周期内连续存在监控机会的时隙个数；最后利用参数⑤ MonitoringSymbolsWithinSlot 确定在监控时隙内监控机会的起始位置 [长度由 CORESET 参数② Duration(记为 Duration A) 确定]。

综上，NR 用来传输潜在 PDCCH 的资源被称为控制区域，控制区域由 CORESET 和 Search Space Set 联合指示。其中 CORESET 限定了监控机会出现的频域范围和监控机会的时域符号长度，最终描述了单个监控机会的“形状”（频域宽度和时域宽度）。因为 CORESET 并未确定监控机会具体出现的时域位置，因此，可以将 CORESET 看作限定了行驶汽车长度的高速公路，而高速公路的宽度就是 CORESET 的频域宽度。Search Space Set 具体限定了监控机会出现的具体时域位置，整体而言所有的监控机会都以长度为 K_s 的时隙长度的周期出现。监控机会将出现在这个周期中的任意一个或多个连续的时隙中，监控机会的“形状”即由 CORESET 指示频域资源分布和时域符号宽度描述。

2. 增强 PDCCH 监控能力

我们通过上面介绍的内容可知，网络侧的下行控制信令将被映射到由 CORESET 和 Search Space Set 定义的控制区域中进行传输。但在这些有网络预配置的控制区域内（多个监控机会）并非一定存在发给 UE 的下行控制信息。因为 UE 还需要对 PDCCH 进行盲检（盲检就是 UE 基于某种假设，尝试在所有的监控机会中对控制信息进行解码。如果解码成功并通过校验，则认为成功接收到 DCI ）。

为了尽可能降低盲检的复杂度，UE 可以预测自己的期望行为（例如，在空闲态或非激活态

UE 期望的是寻呼信息接收；发起随机接入后，UE 期望的是 RACH Response；在有上行数据等待发送时，UE 期望上行授权等）来假设到达的 DCI 格式。然后找到控制信道元（CCE）的起始位置，在起始位置尝试通过不同的聚合等级截取猜测的 DCI 长度进行译码。对于不同的期望行为，UE 用相应的 X-RNTI 和 CCE 信息进行循环冗余校验（CRC），如果校验成功，UE 就知道这个信息是自己需要的，则盲检结束。在这个过程中，UE 尝试译码 DCI 的次数就是盲检次数。

但由于 UE 硬件计算资源、时延及功耗的约束，以及对调度灵活性的考虑，网络需要约束基站配置以将盲检复杂度约束在一定范围内。因此，在 R15 协议 TS 38.213 中对每个小区每时隙的最大候选集个数进行了明确规定，如表 6-6 所示。此外，协议还约束了每时隙粒度上的最多非重叠 CCE 个数。每时隙上的非重叠 CCE 个数越多，表示同一小区内 UE 之间 PDCCH 重叠概率越小，说明 PDCCH 时频资源开销越大。明确限制最多非重叠 CCE 个数可以在效率和开销之间取得均衡。

表 6-6 最多 PDCCH 候选和非重叠 CCE 个数约束（基于时隙）

μ	每小区每时隙的最多 PDCCH 候选个数 $M_{\mathrm{PDCCH}}^{\mathrm{max},\,slot,\,\mu}$	每小区每时隙的最多非重叠 CCE 个数 $C_{\mathrm{PDCCH}}^{\mathrm{max},\,slot,\,\mu}$
0	44	56
1	36	56
2	22	48
3	20	32

在一个时隙中，当候选 PDCCH 数目大于 $M_{\mathrm{PDCCH}}^{\mathrm{max},\,slot,\,\mu}$ 或非重叠的 CCE 数目大于 $C_{\mathrm{PDCCH}}^{\mathrm{max},\,slot,\,\mu}$ 时，UE 不必再继续监控 PDCCH（考虑多载波等场景，实际的协议设计更加复杂，这里不再描述）。

根据上面对 R15 协议动作的描述我们可以看到，R15 对监控能力的约束以时隙为单位进行统计。这种情况对 eMBB 业务来说比较合理，但在 URLLC 这类对调度时延有很高要求，且 UE 数量大的场景下，很容易出现 PDCCH 堆积或监控机会需求太多而导致无法及时调度 URLLC 用户的问题，如图 6-4 所示。

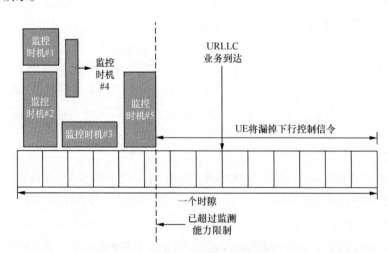

图 6-4 R15 监控能力定义对 URLLC 业务的影响（PDCCH 堆积）

解决以上问题最直接的方案就是放宽对最多 PDCCH 候选和非重叠 CCE 个数的约束，但这样做的后果是 UE 复杂度、成本、能耗的提高。考虑到这些因素，3GPP 采用了更细的颗粒度来限制监控能力。从 R15 的时隙级别降低为监控范围（Span）颗粒度。

如图 6-5 所示，协议定义基于 Span 的监控能力的组合数 (X,Y)。其中，X 为第 1 个 Span 的第 1 个 OFDM 符号与第 2 个 Span 的第 1 个 OFDM 符号的最小间隔，Y 是 Span 的连续符号长度。参数 X 的引入是为了为 UE 处理 DCI、降低 UE 复杂度预留足够的时间；参数 Y 用于监测 UE 的监控能力。表 6-7 给出了对基于 Span 的最多 PDCCH 候选和非重叠 CCE 个数约束。

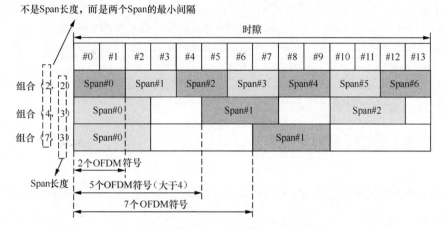

图 6-5　基于 Span 的监控能力组合实例

表 6-7　最多 PDCCH 候选和非重叠 CCE 个数约束（基于 Span）

μ	每小区每 Span 最多 PDCCH 候选个数 $M_{PDCCH}^{\max(X,Y),\mu}$			每小区每时隙的最多非重叠 CCE 个数 $C_{PDCCH}^{\max(X,Y),\mu}$		
	(2,2)	(4,3)	(7,3)	(2,2)	(4,3)	(7,3)
0	14	28	44	18	36	56
1	12	24	36	18	36	56

比较 R15 基于时隙的监控能力和 R16 基于 Span 的监控能力可以很明显地看到它们之间的区别，如图 6-6 所示。基于 Span 的监控能力将 UE 的能力相对更均匀地分布到整个时隙内，很好地缓解了 PDCCH 堆积而使 UE 无法继续监控 PDCCH 的问题。此外，有最小间隔参数 X 的存在也使得 UE 的实现复杂度降低了。

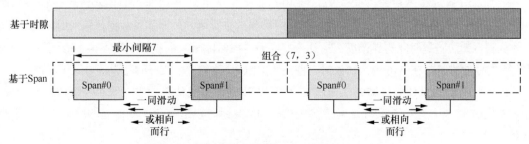

图 6-6　基于时隙和基于 Span 的监控能力比较

为了支持基于 Span 的监控能力，3GPP 定义了多个 UE 能力，基于参数 monitoring Capability Config-r16 字段来确定 UE 基于时隙还是基于 Span 的监控能力的监控，并通过 PDCCH-Monitoring-

Occasions-r16 来定义 UE 支持的具体 Span 组合参数（X, Y），如 ASN.1 6-1 所示。

ASN.1 6-1　基于 Span 的监控能力相关 RRC 参数

```
monitoringCapabilityConfig-r16       ENUMERATED
{ r15monitoringcapability,r16monitoringcapability }  OPTIONAL,  -- Need M
}


PDCCH-MonitoringOccasions-r16 ::= SEQUENCE {
    period7span3-r16                 ENUMERATED {supported}        OPTIONAL,
    period4span3-r16                 ENUMERATED {supported}        OPTIONAL,
    period2span2-r16                 ENUMERATED {supported}        OPTIONAL
}
```

协议针对载波等场景下的 UE 监控行为进行了很多细致的规定，受限于篇幅，在本书中不再进行详细介绍。感兴趣的读者可以参考 3GPP TS 38.213-10.1 节。

6.1.3　PUSCH 重复传输

提升可靠性的手段有很多，比如利用多天线系统实现分集增益、采用更高性能的调制编码技术，但最简单的方式还是重复传输。在 R15 系统中，重复传输也被广泛使用，如针对 PUSCH 的重复传输。

当在 PUSCH-Config IE 中配置了 pusch-AggregationFactor 字段（针对动态调度场景），或在 ConfiguredGrantConfig IE 中配置了 repK 字段（针对可配置调度场景）时，网络就可以利用 DCI 来调度最多 8 次的上行重复传输，如图 6-7 所示。

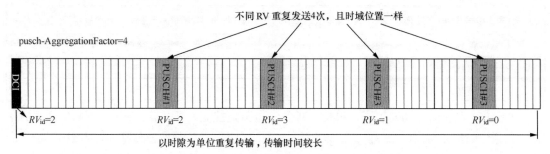

图 6-7　R15 的 PUSCH 重复传输（针对动态调度场景）

R15 的 PUSCH 虽然已经在很大程度上提高了上行传输的可靠性，但一些协议设计仍然对 URLLC 业务"不够友好"。比如重复传输采用时隙级的重复机制，增加了数据传输的时间；R15 的传输机制也无法跨越时隙边界调度，这让一些在后半段时隙触发的数据调度不得不等到下一个时隙到来时才能进行。在 R16 中，协议对这些对于 URLLC 业务"不友好的"设计进行了改进。

首先，R16 URLLC 项目增强了 R15 时隙级的 PUSCH 重复传输机制（又叫 PUSCH Repetition Type A 机制），即利用 DCI 实现重复传输次数的动态指示，以适应业务和信道的动态变化，提高频谱效率。

如 ASN.1 6-2 所示，R16 增强了 PUSCH-TimeDomainResourceAllocationList IE 的配置。其中，增加了① numberOfRepetitions-r16 字段用来设置 PUSCH 重复传输次数，重复传输从 R15 的最大 8 次增加到了 R16 的最大 16 次。当 DCI 动态指示选择了预配置的某套 PUSCH 时域资源配置参数时，此次调度的重复次数便由该参数确定。

ASN.1 6-2　　R16增强的TDRA配置

```
PUSCH-TimeDomainResourceAllocationList ::= SEQUENCE (SIZE(1..maxNrofUL-Allocations)) OF PUSCH-
TimeDomainResourceAllocation

PUSCH-TimeDomainResourceAllocation ::= SEQUENCE {
    k2                              INTEGER(0..32) OPTIONAL,  -- Need S
    mappingType                     ENUMERATED {typeA, typeB},
    startSymbolAndLength            INTEGER (0..127)
}

PUSCH-TimeDomainResourceAllocationList-r16 ::= SEQUENCE (SIZE(1..maxNrofUL-Allocations-r16)) OF PUSCH-
TimeDomainResourceAllocation-r16

PUSCH-TimeDomainResourceAllocation-r16 ::= SEQUENCE {
    k2-r16                          INTEGER(0..32)                OPTIONAL,  -- Need S
    puschAllocationList-r16         SEQUENCE (SIZE(1..maxNrofMultiplePUSCHs-r16)) OF PUSCH-
Allocation-r16,
    ...
}

PUSCH-Allocation-r16 ::= SEQUENCE {
    mappingType-r16                 ENUMERATED {typeA, typeB}   OPTIONAL,-- Cond NotFormat01-02-Or-TypeA
    startSymbolAndLength-r16        INTEGER (0..127)            OPTIONAL, --Cond NotFormat01-02-Or-TypeA
 ③ startSymbol-r16                 INTEGER (0..13)             OPTIONAL,   -- Cond RepTypeB
 ② length-r16                      INTEGER (1..14)             OPTIONAL,   -- Cond RepTypeB
 ① numberOfRepetitions-r16         ENUMERATED {n1, n2, n3, n4, n7, n8, n12, n16} OPTIONAL,-- Cond Format01-02
    ...
}
```

　　其次，R16引入了全新的基于符号的PUSCH重复传输机制（又叫PUSCH Repetition Type B 机制）。Type B 机制比 Type A 机制要复杂很多。它突破了 R15 一次调度的资源不能跨越时隙的限制，允许使用连续的时域资源进行多次重复传输。

　　和 R15 机制类似，第一次传输的时域位置由 DCI 指示（RRC 配置多个时域资源位置，DCI 指示多个时域资源位置中的一个）。但因为 Type B 机制突破了分配资源不能跨越时隙边界的限制，因此，第一次传输时域信息未采用 SLIV 的方式，而采用独立的字段来指示起始符号和时域长度，如 ASN.1 6-2 的参数②和参数③。

　　后续重复传输时域资源将根据第一次传输的时域位置扣除"不可利用符号"（如下行传输符号）连续、首尾相连地放置。之所以加上引号，是因为若某次传输遇到时隙边界或"不可利用符号"，当前传输将被"切分"为两半，成为两个独立的重复传输。

　　由于"切分"存在不确定性，而切分后的传输将变为两个独立的重复传输，为了和参数①定义的重传次数不冲突，以及进行 TBS 确定、上行功率控制等，协议定义了名义重复的概念，与名义重复对应的概念是实际重复。实际重复指在重复传输的资源分配指示信息确定后，去掉"不可利用符号"，得到可以用于上行传输的实际时域资源。实际重复概念的提出主要是为了确定 DMRS 符号、实际传输的码率、RV 等。

那么系统又是如何确定名义重复传输、"不可利用符号"，以及实际重复传输的呢？为了使读者更加清楚地理解，图 6-8 给出了几个实例。

Table 6.1.2.1-1: Valid S and L comblnations

PUSCH 映射类型	常规循环前缀			扩展循环前缀		
	S	L	$S+L$	S	L	$S+L$
Type A（仅 Type A）	0	$\{4,\cdots,14\}$	$\{4,\cdots,14\}$	0	$\{4,\cdots,12\}$	$\{4,\cdots,12\}$
Type B	$\{0,\cdots,13\}$	$\{1,\cdots,14\}$	$\{1,\cdots,14\}$（Type A）$\{1,\cdots,27\}$（Type B）	$\{0,\cdots,11\}$	$\{1,\cdots,12\}$	$\{1,\cdots,12\}$（Type A）$\{1,\cdots,23\}$（Type B）

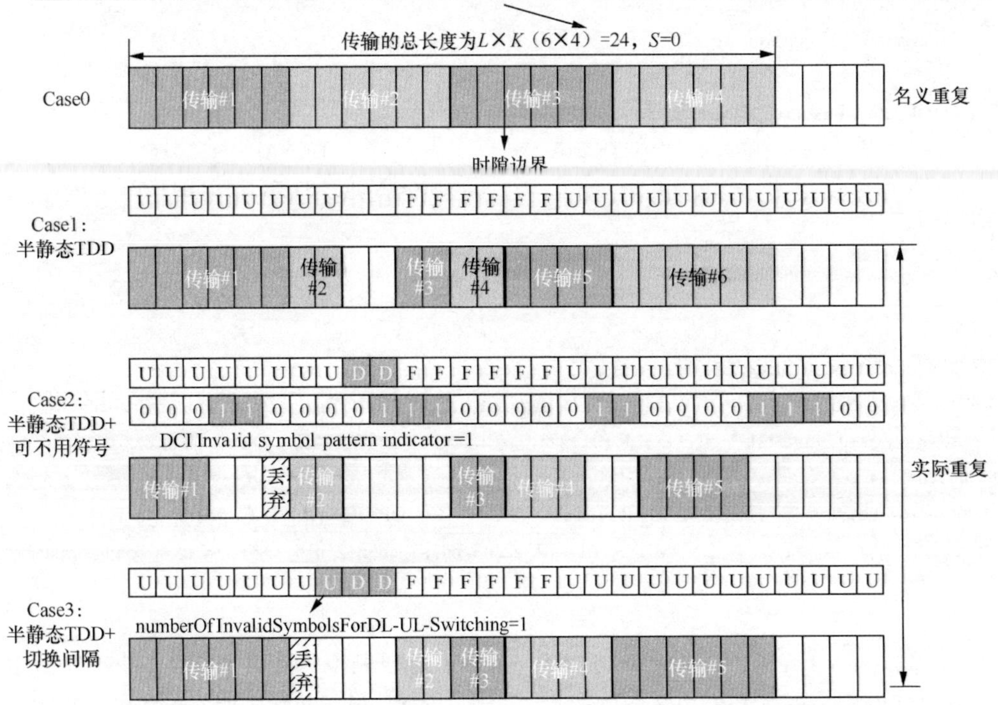

图 6-8　PUSCH Repetition Type B 的名义重复传输和实际重复传输实例

因为 R16 PUSCH 重复传输突破了无法跨时隙调度的限制，所以 3GPP 对 TS 38.214 定义的 PUSCH 时域资源分配表格进行了更新，如 ASN.1 6-2 的参数②和参数③所示。数据可以从任意位置开始（S 可以在 0 ~ 13 内任意取值，和 R15 的 S"必须为 1"的情况不同）且可以跨时隙（$S+L$ 的最大取值从 R15 的 14 提升为 27）。

我们假设 $S=0$、$L=6$，重复次数 $K=4$，则名义重复传输如图 6-8 的 Case0 所示。它由连续的 24 个 OFDM 符号组成。

对于配置了半静态的上下行配置的情况，由于 RRC 信令的相对可靠性较高，因此可以直接将半静态配置的 DL 符号定义为"不可利用符号"。如图 6-8 的 Case1 所示，由于两个 DL 符号的存在，第二次名义重复传输被"切分"为两个独立的实际重复传输 #2 和 #3。此外，因为名义重复传输 #3 跨越时隙边界，因此被"切分"为两个独立的实际重复传输 #4 和 #5。也就是原来 4 个 OFDM 符号的名义重复传输被"切分"为 6 个实际重复传输。

除了传输方向的冲突导致的符号不可用，另外一些更高优先级的上行发送，如 SRS、SR 等也需要被定义为"不可利用符号"。为此，R16 用 RRC 信令配置"不可用符号图案"InvalidSymbolPattern-r16 参数，如 ASN.1 6-3 所示。若"不可用符号图案"被配置为"周期出现"，可以以时隙为周期出现，也可以以符号为周期出现。此外，为了提供更高的灵活性，在 DCI Format 0_1 和 DCI Format 0_2 中新增了 Invalid symbol pattern indicator 字段用来激活 RRC 配置的 "不可用符号图案"，如果 Invalid symbol pattern indicator 字段为 1，则 UE 应用 RRC 配置的"不可用符号图案"。如图 6-8 的 Case2 所示，在半静态 TDD 和应用了"不可用符号图案"的情况下，名义重复传输 #1 被"不可用符号"分割为实际重复传输 #1 和一个单符号，由于单符号无法同时传输 DMRS 和数据，因此被丢弃。名义重复传输 #2 被"不可用符号图案"和 DL 符号缩短为 2 个符号的实际重复传输 #2。名义重复传输 #3 被时隙边界分割为 2 个独立的实际重复传输 #3 和实际重复传输 #4。最后一个名义重复传输 #4 被"不可用符号图案"缩短为 4 个符号的实际重复传输 #5。

ASN.1 6-3 RRC配置的"不可用符号图案"

```
InvalidSymbolPattern-r16 ::=        SEQUENCE {
    symbols-r16                     CHOICE {
        oneSlot                         BIT STRING (SIZE (14)),
        twoSlots                        BIT STRING (SIZE (28))
    },
    periodicityAndPattern-r16       CHOICE {
        n2                              BIT STRING (SIZE (2)),
        n4                              BIT STRING (SIZE (4)),
        n5                              BIT STRING (SIZE (5)),
        n8                              BIT STRING (SIZE (8)),
        n10                             BIT STRING (SIZE (10)),
        n20                             BIT STRING (SIZE (20)),
        n40                             BIT STRING (SIZE (40))
    }                                                   OPTIONAL,  -- Need M
    ...
}
```

除了 DL 符号和 RRC 配置的"不可用符号图案"，名义重复传输还需要避开上下行切换需要的保护时间间隔。网络通过 RRC 在 PUSCH-config IE 的 numberOfInvalidSymbolsForDL-UL-Switching 字段来配置 N 个 DL 之前的符号为"不可用符号图案"。该 IE 的取值为 $1 \sim 4$ 个 OFDM 符号。如图 6-8 的 Case3 所示，numberOfInvalidSymbolsForDL-UL-Switching 字段取值为 1，因此，在半静态 TDD 下行子帧前的一个上行符号也为"不可用符号"。

除了前面所述的 3 种"不可用符号"，SIB1 中 ssb-PositionsInBurst 对应的符号、ServingCell ConfigCommon 中 ssb-PositionsInBurst 对应的符号（接收 SS/PBCH）和 MIB 中用于传输 Type0 PDCCH CSS 的 CORESET 的符号 pdcch-ConfigSIB1 也被视为"不可用符号"。

6.1.4 反馈增强和 UE 内优先级处理

介绍完调度和传输环节的增强手段后，我们再来看看反馈环节的时延降低和可靠性增强手段。此外，由于 UE 的上行 HARQ-ACK 反馈涉及与其他上行信道的冲突问题，因此，本节也将讨论 UE 内多上行信道的冲突解决机制。

1. 基于子时隙（Sub-Slot）的多 PUCCH HARQ 反馈

根据 R15 协议，一个时隙内只能传输一个承载 HARQ-ACK 的 PUCCH。虽然调度信息 PDCCH 实现了"随时进行"，但 HARQ-ACK 因为设计缺陷仍然停留在时隙级别。这是 URLLC 项目针对 PUCCH 增强的一个重要方向。

在 R15 协议中，PDSCH 和对应的上行反馈 HARQ-ACK 之间的时延由 K_1 表示，如图 6-9 所示。

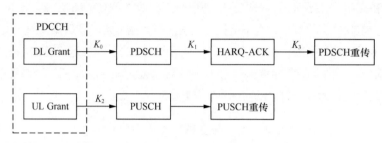

图 6-9　NR PDSCH/PUSCH 调度 / 重传时序

K_1 取值最终由 DCI Format 1_0 和 DCI Format 1_1 中的 PDSCH-to-HARQ_feedback timing indicator 字段和 RRC 配置参数 dl-DataToUL-ACK IE 联合确定。K_1 的取值范围为 0 ～ 15，表示 PDSCH 到对应的 HARQ-ACK 相隔 0 ～ 15 个时隙。

为了解决同一个 UE 在一个时隙内无法实现多次 HARQ-ACK 反馈的问题，3GPP 将一个上行时隙细分为更短的子时隙（下行时隙并无子时隙概念），一个子时隙只包含 2 个或 7 个 OFDM 符号（扩展循环前缀为 2 个或 6 个 OFDM 符号），如图 6-10 所示。

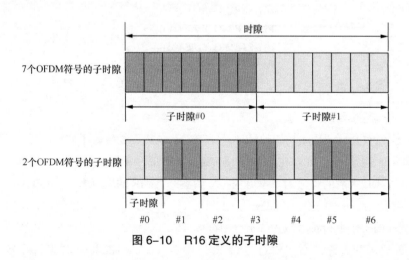

图 6-10　R16 定义的子时隙

划分了子时隙后，可以复用 R15 的时序指示机制（用 PDSCH-to-HARQ_feedback timing indicator 字段和 RRC 配置参数 dl-DataToUL-ACK IE 联合确定 K_1），但在理解 K_1 时，将可颗粒度由时隙级降低为子时隙级。图 6-11 给出了一个子时隙长度为 7，在一个时隙内进行 2 次 HARQ-ACK 反馈的例子。在计算 K_1 时，将 PDSCH 子时隙所在的结束位置记为 N，将 HARQ-ARQ 反馈子时隙的位置记为 $N+K_1$。

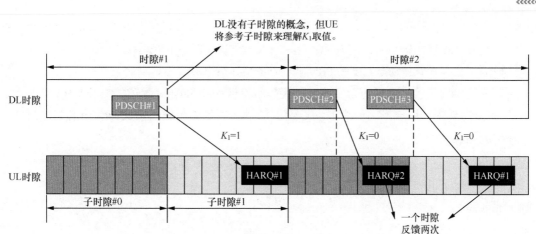

图 6-11　基于子时隙的多次 HARQ-ACK 反馈

在 ASN.1 6-4 中定义了普通循环前缀和扩展循环前缀情况下，UE 支持的子时隙，其中，取值 "set1" 表示只支持 7 个 OFDM 符号的子时隙（对于扩展循环前缀来说是 6 个 OFDM 符号），"set2" 为同时支持 7 个 OFDM 符号和 2 个 OFDM 符号的情况。在 PUCCH-Config IE 中配置子时隙的符号长度。

ASN.1 6-4　基于子时隙的 HARQ-ACK 多次反馈的 UE 能力项

```
-- R1 11-3: More than one PUCCH for HARQ-ACK transmission within a slot
multiPUCCH-r16                    SEQUENCE {
    sub-SlotConfig-NCP-r16            ENUMERATED {set1, set2}
OPTIONAL,
    sub-SlotConfig-ECP-r16           ENUMERATED {set1, set2}        OPTIONAL
}
PUCCH-Config ::=                  SEQUENCE {
    subslotLengthForPUCCH-r16        CHOICE {
        normalCP-r16                     ENUMERATED {n2,n7},
        extendedCP-r16                   ENUMERATED {n2,n6}
    }
}
```

2. 多 HARQ-ACK 码本、优先级指示与信道冲突

在 R15 中，URLLC 业务的 UCI 和 eMBB 业务的 UCI 不能独立生成，如果多个分属于 URLLC 和 eMBB 业务的 PDSCH 都需要 HARQ-ACK 反馈，则两个 HARQ-ACK 会被复用在一起传输。虽然这样会提高信息传输的效率，但对于两个业务特征有较大区别的业务，无法实现时延、可靠性的 "两全"。那么如何解决这个问题呢？

首先要区分两个具有不同优先级的业务。区分优先级的方法除了可用来区分不同优先级使用的 HARQ-ACK 码本，也同时被用来建立上行信道之间发生冲突时的处理机制。考虑到标准化开销和潜在的调度限制，3GPP 最终确定在 DCI 中新增一个可选的 1bit 信息域 Priority indicator 来指示对应的 HARQ-ACK 码本的优先级信息。同时，3GPP 也对其他上行信道优先级的指示方案进行了讨论，最终方案如下。

（1）非动态调度场景：对于由高层信令配置的 SR，优先级由 RRC 参数配置。

（2）非动态调度场景：对于在 PUCCH 上发送的半静态或静态 CSI 反馈，优先级固定为低优

先级。

（3）非动态调度场景：可配置调度的 PUSCH 传输的优先级由 RRC 参数指示。

（4）动态调度场景：动态调度的 PUSCH 传输的优先级由 DCI 指示。

（5）动态调度场景：在 PUSCH 上发送的半静态和非周期性的 CSI 反馈，优先级由 DCI 指示。

从上面的规则可以看到，所有非动态调度场景下的数据传输，其优先级由高层配置，如 ASN.1 6–5 所示。

ASN.1 6–5　非动态调度场景的优先级配置

```
                %%%%%%% 调度请求优先级设置 %%%%%%%
PUCCH-Config ::=                SEQUENCE {
...
schedulingRequestResourceToAddModListExt-v1610   SEQUENCE (SIZE (1..maxNrofSR-Resources))
               OF SchedulingRequestResourceConfigExt-v1610    OPTIONAL -- Need N
...
}

SchedulingRequestResourceConfigExt-v1610 ::=   SEQUENCE {
    ① phy-PriorityIndex-r16            ENUMERATED {p0, p1} OPTIONAL, -- Need M
    ...
}
                %%%%%%% 可配置调度优先级设置 %%%%%%%
ConfiguredGrantConfig ::=        SEQUENCE {
    ...
    ② phy-PriorityIndex-r16                ENUMERATED {p0, p1}  OPTIONAL,  -- Need R
    ...
}
```

对于动态调度的场景，优先级由 DCI 指示。同时，MAC 也会为每个逻辑信道配置一个"允许的物理层优先级"字段 allowedPHY–PriorityIndex。

（1）如果逻辑信道配置了该字段（allowedPHY–PriorityIndex）且动态调度（DCI）也配置了 Priority indicator 字段来指示优先级，则调度该逻辑信道数据的 DCI 优先级字段取值应该和该逻辑信道的允许物理层优先级取值一致。

（2）如果逻辑信道配置了该字段但动态调度（DCI）没有配置 Priority indicator 字段，则只有当该字段的值为 p_0 时（低优先级），才能将该逻辑通道的 UL MAC SDUs 映射到动态授权中。

（3）如果逻辑信道没有配置该字段，则可以将该逻辑通道的 UL MAC SDUs 映射到任何动态授权中。

然后要确定"是否需要区分不同优先级业务 PUCCH 的配置参数"。URLLC 和 eMBB 业务的特征有明显的差异，因此，如果采用独立的参数配置，将更有利于进行独立的优化。比如子时隙配置、$K1$ 集配置、PUCCH 时频资源配置等。3GPP 最终决定独立配置关于针对双 HARQ–ACK 码本的 PUCCH–config 相关参数。虽然独立的参数配置由 HARQ–ACK 双码本功能触发讨论，但对实际的产品实现，两套独立的配置完全可以灵活地应用于任何优先级不同的业务，甚至可以应用于优先级相同的业务，如何利用完全由基站实现决定。

新增的 RRC 参数如下。

PUCCH-ConfigurationList-r16 ::=   SEQUENCE (SIZE (1..2)) OF PUCCH-Config

最后要确定的是如果不同优先级的上行信道发生冲突，UE应该如何处理。

在R15阶段，当多个上行信道时频资源发生冲突时（此时还没有优先级），要将所有上行数据复用到一个上行信道内进行传输。在R16阶段的UE内信道间优先级讨论中，考虑了两种处理方式，即优先传输或复用。在R16阶段，由于时间原因，并未对产生冲突时的复用机制进行优化（这部分内容将延迟到R17讨论），只完成了优先传输机制标准化，即当产生高优先级上行传输和低优先级上行传输时域冲突时，取消低优先级上行传输（满足取消低优先级和处理高优先级数据的时间限制）。

UE内优先级和传输冲突处理是URLLC类业务的重要增强方向，本节主要介绍了基于物理层优先级的处理机制。在后续的IIoT项目中（参见6.2节），3GPP RAN2也从高层视野对优先级和传输冲突进行了增强。

6.1.5 "为URLLC让路"——UE间传输冲突处理

URLLC业务是5G的一个重要的应用场景，在进行系统设计时，当URLLC和eMBB业务被部署到同一网络场景时，需要考虑两个业务的共存问题。两个业务场景各自的特点导致无论是数据量、时延、可靠性要求，还是业务发送的概率都有较大的差异。我们当然可以为URLLC业务预留一些专用资源来保证URLLC业务对时延和可靠性的需求，但这种预留专用资源的方式显然是对频谱资源的浪费。

如果URLLC和eMBB业务共享时频资源，那么很可能会出现传输冲突的问题，如图6-12所示。为了解决这个问题，3GPP在R16 URLLC项目中引入了UL取消传输技术和UL功率调整技术。

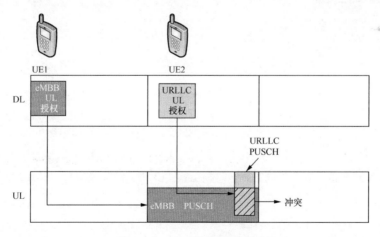

图6-12　UE间UL传输冲突

1. UL取消传输技术

UL取消传输技术的原理即eMBB UE通过接收上行链路取消指示（UL CI）冲突资源信息取消冲突区域的eMBB PUSCH发送。UL取消传输技术的协议设计在很多地方和R15的下行抢占是相似的。

实现取消传输要处理的第一个问题就是取消对象（被取消传输的UE）如何确定。参考R15下行抢占的设计，R16的取消传输技术也采用了新增的群组发送的DCI信令来实现，即DCI

Format 2_4。根据 3GPP TS 38.212–7.3.1.3.5 中的描述，DCI Format 2_4 由 R16 新定义的临时标识符 CI–RNTI 加扰。在一个 DCI 中，可以包含 N 个取消指示（CI）。DCI Format 2_4 长度可变，其长度由网络为 UE 配置的需要监控 UL 行为的服务小区数决定，如 ASN.1 6–6 中的参数①。DCI Format 2_4 的长度最大值②为 126bit，监控小区的最大数③为 32。在 DCI 中不同的服务小区对应的 CI 的位置由参数④ positionInDCI–r16 或⑤ positionInDCI–ForSUL–r16 字段确定。

ASN.1 6–6　UL 取消传输 RRC 配置

```
UplinkCancellation-r16 ::=            SEQUENCE {
    ci-RNTI-r16                           RNTI-Value,
  ② dci-PayloadSizeForCI-r16            INTEGER (0..maxCI-DCI-PayloadSize-r16),
  ① ci-ConfigurationPerServingCell-r16  SEQUENCE (SIZE (1.. ③ maxNrofServingCells)) OF CI-ConfigurationPer
ServingCell-r16,
    ...
}


CI-ConfigurationPerServingCell-r16 ::=   SEQUENCE {
    servingCellId                         ServCellIndex,
  ④ positionInDCI-r16                   INTEGER (0..maxCI-DCI-PayloadSize-1-r16),
  ⑤ positionInDCI-ForSUL-r16           INTEGER(0..maxCI-DCI-PayloadSize-1-r16) OPTIONAL,
  ⑥ ci-PayloadSize-r16                 ENUMERATED {n1, n2, n4, n5, n7, n8, n10, n14, n16, n20, n28, n32, n35,
                                          n42, n56, n112},
    timeFrequencyRegion-r16               SEQUENCE {
      ⑦ timeDurationForCI-r16             ENUMERATED {n2, n4, n7, n14}  OPTIONAL,
      ⑧ timeGranularityForCI-r16          ENUMERATED {n1, n2, n4, n7, n14, n28},
      ⑨ frequencyRegionForCI-r16          INTEGER (0..37949),
      ⑩ deltaOffset-r16                   INTEGER (0..2),
      ...
    },
    uplinkCancellationPriority-v1610      ENUMERATED {enabled}    OPTIONAL    -- Need S
}
```

　　每个小区的 CI 信令大小也是可变的，其根据时频域颗粒度、范围参数的不同而变化。因此，可以根据参数⑥确定单个 CI 信令的大小。为了同时实现配置灵活性和低开销这两个设计目标，CI 采用二维位图的形式来指示取消传输的资源时频位置。CI 相关的配置参数如表 6–8 所示。

表 6–8　CI 相关配置参数

参数类	参数	解释
时域参考区域	时域参考区域绝对位置	由参数⑩ $+T_{proc,2}$ 确定，表示 PDCCH 之后的一个符号与参考区域的第一个符号间的间隔符号数
	时域长度	如果 DCI Format 2_4 的监控周期为 1 时隙且 1 时隙内有多个监控时机，则时域长度由参数⑦确定
		如果 DCI Format 2_4 的监控周期大于 1 时隙，或 1 时隙内只有 1 个监控时机，则时域长度和 UL CI 的检测周期一致
	时域颗粒度（时域划分）	由参数⑧确定，即将长度划分为 timeGranularityForCI–r16 份，也即用多少个比特来表示时域长度⑦，表现为二维位图矩阵的列数

续表

参数类	参数	解释
频域参考区域	频域参考区域绝对位置	同 BWP 配置
	频域宽度	由参数⑨确定，表示为 PRB 数量
	频域颗粒度	由参数⑥和⑧计算获得，即频域颗粒度 = ⑥/⑧（如果无法整除，则各行分辨率会有差异），即频域上用多少个比特来表示频域宽度⑨，表现为二维位图矩阵的行数

　　二维位图设计得非常精妙。首先，利用参数⑦和参数⑨确定 CI 的时频区域参考范围。考虑到开销问题，引入了参数⑧用作指示时域一个比特表示的颗粒度，即 1bit 指示几个时域单元，也就是二维位图矩阵的列数。因为二维位图矩阵的元素总个数就是 CI 信令大小（参数⑥）。因此，频域颗粒度就可以通过计算获得，即 CI 信令大小⑥除以时域颗粒度⑧。而频域颗粒度即二维位图矩阵的行数。图 6-13 可以帮助读者更清楚地理解这个巧妙的设计。

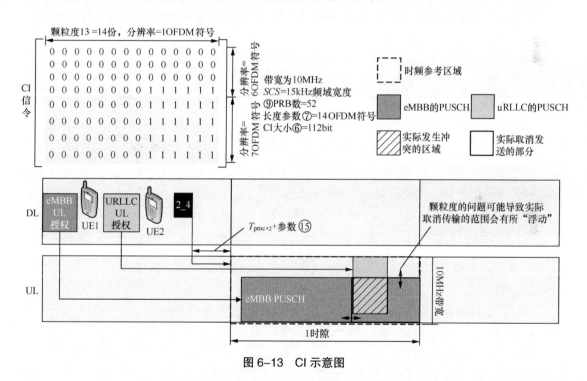

图 6-13　CI 示意图

　　值得注意的是，图 6-13 所示的斜线区域为实际发生冲突的区域，但考虑到取消后重新恢复 UL 传输 UE 需要一定的恢复时间，且考虑到实际效果和标准化开销，最终决定 UE 实际取消传输的资源为"发生冲突的资源起始位置到本次传输的资源结束位置"的部分，即黑色实线框部分（颗粒度的问题可能会导致实际取消传输的范围有一定浮动）。但对于网络配置的 CI 信令二维位图矩阵来说，"1"可能更多，因为可能存在与多个 UE 发生 UL 传输冲突的情况。

2. UL 功率调整技术

　　对于 UE 间 UL 传输的冲突处理，UL 取消传输技术显然可以实现对来自 eMBB 业务的干扰的完全消除，但也引入了 eMBB UE 的实现复杂度、信令开销、分辨率的问题。因此，3GPP 同时引入了 UL 功率调整技术。功率调整技术会在冲突发生时，更新 URLLC UE 的功率参数，进而保证 URLLC 业务传输的可靠性。当然，这样做无法彻底取消干扰，反而会为 eMBB UL 引入更大干扰，而对于 URLLC UE 来说，其实现复杂度也相应提高。考虑到两种技术各有其优缺点，因此，它们在 R16 中被同时引入。

R16 阶段针对动态调度场景，引入了开环的功率控制手段来处理在进行 PUSCH 传输时 UE 间发生的传输冲突。而对于可配置调度场景，并未进行增强。PUSCH 功控 RRC 参数如 ASN.1 6-7 所示。

ASN.1 6-7　PUSCH功控RRC参数

```
PUSCH-PowerControl-v1610 ::=        SEQUENCE {
    pathlossReferenceRSToAddModListSizeExt-v1610  SEQUENCE (SIZE (1..maxNrofPUSCH-
PathlossReferenceRSsDiff-r16)) OF PUSCH-PathlossReferenceRS-r16          OPTIONAL, -- Need N
    pathlossReferenceRSToReleaseListSizeExt-v1610  SEQUENCE (SIZE (1..maxNrofPUSCH-
PathlossReferenceRSsDiff-r16)) OF PUSCH-PathlossReferenceRS-Id-v1610   OPTIONAL, -- Need N
    ① p0-PUSCH-SetList-r16           SEQUENCE (SIZE (1..maxNrofSRI-PUSCH-Mappings)) OF P0-
PUSCH-Set-r16    OPTIONAL,   Need R
    olpc-ParameterSet                SEQUENCE {
    ③ olpc-ParameterSetDCI-0-1-r16       INTEGER (1..2)        OPTIONAL, -- Need R
    ④ olpc-ParameterSetDCI-0-2-r16       INTEGER (1..2)        OPTIONAL, -- Need R
    }                                                          OPTIONAL, -- Need M
    ...
}
② P0-PUSCH-Set-r16 ::=                   SEQUENCE {
    p0-PUSCH-SetId-r16      P0-PUSCH-SetId-r16,
    p0-List-r16             SEQUENCE (SIZE (1..maxNrofP0-PUSCH-Set-r16 最多两个 )) OF P0-PUSCH-r16
    ...
}
P0-PUSCH-SetId-r16 ::=                    INTEGER (0..maxNrofSRI-PUSCH-Mappings-1)
⑤ P0-PUSCH-r16 ::=                       INTEGER (-16..15)
```

R16 的 DCI Format 0_1 和 DCI Format 0_2 中新增了 Open-loop power control parameter set indication（OPCP）字段，用来指示动态调度时 PUSCH 的功率 P_0 值。

如果 RRC 配置了① p0-PUSCH-SetList-r16 字段，即表示支持基于 PUSCH 传输冲突而进行的 PUSCH 开环功控，UE 根据 OPCP 字段来指示 P_0 值，其长度为 1bit 或 2bit。

如果 DCI 指示了 SRS resource indicator 字段，则开环功控指示字段只需要 1bit。其中，

（1）P_0 取值为 0 表示 P_0 从 R15 的功控参数集 p0-AlphaSets 的第一个 P0-PUSCH-AlphaSet 子集中获得。

（2）P_0 取值为 1 则表示 P_0 从 R16 新定义的② P0-PUSCH-Set-r16 里的⑤ P0-PUSCH-r16 获得。

如果 DCI 未指示 SRS resource indicator 字段，则 OPCP 字段长度为 1bit 或 2bit。其长度可由③ olpc-ParameterSetDCI-0-1-r16 或④ olpc-ParameterSetDCI-0-2-r16 确定。其中，

（1）若③和④都等于 1，则 OPCP 字段取值为 0 或 1，表示分别根据 R15 或 R16 规则新定义的 P0-PUSCH 来确定 P_0。

（2）若③和④有一个取值为 2，则系统在 p0-List-r16 中同时配置两个 P0-PUSCH。OPCP 字段取值为 00、01 或 10，表示分别根据 R15 规则、第 1 个 P0-PUSCH 和第 2 个 P0-PUSCH 来确定 P_0。

6.1.6　"用资源换时间"——增强可配置调度和 SPS

对于 URLLC 业务，实现数据的"随到随调，随调随传"是研究人员追求的目标，因此，R16 引入了对 PDCCH（监控能力提升）、HARQ-ACK、PUSCH 重复传输 TypeB、UE 间传输优先级和复用的增强。这些技术的增强，大多数服务于传统的动态调度场景，即数据传输都需要经历调度、传输的过程。

在 R15 阶段，3GPP 为了应对 URLLC 业务的时延挑战，除了引入了动态调度技术，还引入了一种可配置调度技术——配置授权（CG），如图 6-14 所示。

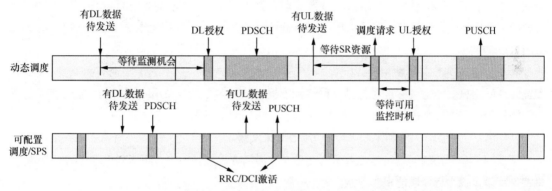

图 6-14　动态调度和可配置调度 / 半静态调度

在 R15 协议中，DL 支持由 RRC 和 DCI 联合配置、激活 / 去激活的半静态调度（SPS）；UL 支持由 RRC 和 DCI 联合配置、激活 / 去激活的 Type 2 可配置调度，以及由 RRC 独立配置的 Type 1 可配置调度，即免调度（Grant Free）传输。总之，可配置调度和 SPS 很好地应对了 URLLC 业务的低时延需求。但 R15 考虑到复杂度和标准化开销问题，限制一个 BWP 只能激活一个可配置调度和 SPS，见 ASN.1 6-8 参数①。这个限制大大降低了系统对 URLLC 业务的支持力度，即可能存在多个不同特征的业务，它们的周期、业务包大小、时延抖动特征不同，用一种 Configured Grant 配置无法满足。

因此，在 R16 阶段协议放宽了对 Configured Grant 配置数的限制。协议规定一个 BWP 最多可配置 12 个 UL Configured Grant（如 ASN.1 6-8 参数②所示）、8 个 SPS。

ASN.1 6-8　R16可配置调度RRC参数

```
BWP-UplinkDedicated ::=          SEQUENCE {
......
  ① configuredGrantConfig      SetupRelease { ConfiguredGrantConfig }              OPTIONAL,  -- Need M
......
[[
    ......
  configuredGrantConfigToAddModList-r16    ConfiguredGrantConfigToAddModList-r16 OPTIONAL,
```

```
configuredGrantConfigToReleaseList-r16        ConfiguredGrantConfigToReleaseList-r16 OPTIONAL,
    configuredGrantConfigType 2DeactivationStateList-r16  ConfiguredGrantConfigType 2DeactivationStateList-r16
④ configuredGrantConfigIndexMAC-r16        ConfiguredGrantConfigIndexMAC-r16 OPTIONAL,  -Cond CG-IndexMAC
    ]]
}
ConfiguredGrantConfigToAddModList-r16    ::= SEQUENCE (SIZE (1.. ② maxNrofConfiguredGrantConfig-r16)) OF
                                                                         ConfiguredGrantConfig
ConfiguredGrantConfigToReleaseList-r16    ::= SEQUENCE (SIZE (1.. ② maxNrofConfiguredGrantConfig-r16)) OF
                                                                         ConfiguredGrantConfigIndex-r16
ConfiguredGrantConfigType 2DeactivationState-r16 ::= SEQUENCE (SIZE (1.. ② maxNrofConfiguredGrantConfig-
                                                                         r16))OF ConfiguredGrantConfigIndex-r16
③ ConfiguredGrantConfigType 2DeactivationStateList-r16  ::=SEQUENCE (SIZE (1..maxNrofCG-Type
                       2DeactivationState)) OF   ConfiguredGrantConfigType 2DeactivationState-r16
```

对于 Type 2 CG 和 SPS，当 RRC 完成配置时，还需要由 DL 控制信令进行激活 / 去激活操作，且激活信令中还需要包含 Type 2 和 SPS 的资源配置信息。如果系统配置多套 Type 2 或 SPS，仍然沿用 R15 的激活 / 去激活机制，则会引入很大的信令开销。但如果联合激活多套配置，可能会导致多套 Type 2 或 SPS 共享使用资源配置，造成资源利用的约束，这不利于实现多套 Type 2 或 SPS 配置设计的初衷。考虑到标准化开销，最终标准提出只对多套 Type 2 和 SPS 进行联合去激活，而激活操作仍然需要独立进行。那么如何实现激活 / 去激活操作呢？

网络激活 / 去激活 SPS 和 Type 2 CG 利用 DCI 来实现。

考虑到信令开销的问题，标准并未新建独立的激活或去激活 DCI，而是利用已有的 DCI 格式，将特殊字段设置为特殊取值来实现激活 / 去激活。

首先，UE 需要验证当前收到的 DCI 是否用于 SPS 和 Type 2 CG 的激活 / 去激活，如果是，则满足：DCI 用 CS–RNTI 加扰，且 DCI 的 new data indicator 字段置 0，DCI 的 DFI（Downlink Feedback Information）字段置 0。

然后，当 RV 字段被全置 0 时（参见 3GPP TS 38.213–Table 10.2–3），UE 验证本 DCI 为激活命令，并利用 HARQ Process Number 字段来指示激活的 SPS 和 Type 2 CG 序号，即 HARQ Process Number 取值等于 ConfiguredGrantConfigIndex 字段（激活 Type 2 CG）或 sps–ConfigIndex 字段（激活 Type 2 CG）的取值。R16 的激活命令只能激活单个 SPS 和 Type 2 CG 配置。

当 Redundancy Version 字段被全置 0，且 Modulation and coding scheme 字段被全置 1，Frequency domain resource assignment 字段也有特殊取值时（参见 3GPP TS 38.213–Table 10.2–4），UE 确认本 DCI 为去激活命令，并利用 HARQ Process Number 字段来指示去激活的 SPS 和 Type 2 CG 序号，即：

（1）若 RRC 配置了去激活列表 ConfiguredGrantConfigType 2DeactivationStateList（Type 2 CG 的去激活表）或 sps–ConfigDeactivationStateList（SPS 的去激活表），如 ASN.1 6–8 参数③所示，则用 HARQ Process Number 指示列表中某表项的序号，去激活这个表项中的所有 SPS 和 Type 2 CG。

（2）若 RRC 未配置去激活列表 ConfiguredGrantConfigType 2DeactivationStateList 或 sps–Config DeactivationStateList，则 HARQ Process Number 指示去激活的 ConfiguredGrantConfigIndex 或 sps–

ConfigIndex。此时，只能进行单个配置的去激活。

可参考图 6-15 更好地理解激活／去激活的逻辑。

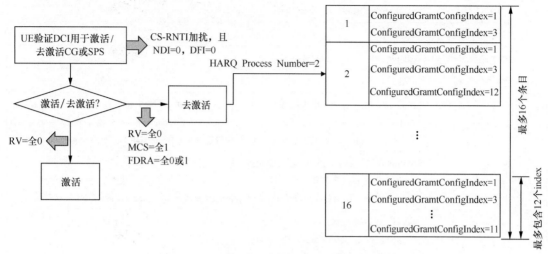

图 6-15　可配置调度或半静态调度联合去激活

在本节中，我们介绍了 R16 URLLC 项目针对低时延、高可靠性的增强。这些增强项目大大提高了 5G NR 系统对 URLLC 业务的支持能力，主要从物理层的角度来降低时延，并提高可靠性。除此之外，R16 还有一个 IIoT 项目，该项目主要针对 IIoT 等垂直行业场景，是针对 RAN 高层技术的增强。

6.2　工业物联网（IIoT）

6.2.1　项目信息总览

众所周知，URLLC 技术是 5G NR 的重要特征。URLLC 技术的主要服务对象——垂直行业，是电信行业的一次勇敢的探索。笔者认为，这种探索是继电信技术主导的第三次工业革命之后，电信行业的再一次起航，也是电信行业在"旧动力 A：技术理论创新驱动"略显疲态的环境下改变命运的一次尝试。

为了扩展 NR 对垂直行业的支持，在 R15 协议还未完全冻结时 3GPP 就开启了 R16 的 URLLC 项目研究，RAN2 同时开启了一个基于 RAN 高层的研究项目——IIoT 项目。项目主要考虑 IIoT 场景，如工业自动化、交通运输自动化、电力传输自动化等场景。经过 3 个季度的研究，3GPP TR 38.825 正式立项。2019 年第一季度，Nokia 牵头开启了 R16 IIoT 标准化项目，IIoT 项目信息如表 6-9 所示。

表 6-9　IIoT 项目信息

基本信息	备注
技术缩写	NR_IIoT-Core
3GPP 项目编号	830180
立项文档（WID）	RP-200797

基本信息	备注
关联项目	NR_L1enh_URLLC、FS_NR_IIOT
主要涉及工作组	RAN2
立项和结项时间	2019 年 3 月 1 日～ 2020 年 3 月 1 日
牵头立项公司	Nokia、Nokia Shanghai Bell
主要支持公司	Telecom Italia、Dish、KDDI、MTI、Sharp、Verizon、Deutsche Telekom、KT、Sierra Wireless、Sony, Docomo、Motorola Mobility、Xylinx、Ericsson、Sequans、Fujitsu、Xiaomi、Orange、III、InterDigital、vivo、CATT、Huawei、Intel、CMCC、LG、Media Tek、Vodafone、Qualcomm 等
主要影响 / 技术效果	时间同步：降低时延抖动，提升时延确定性 PDCP 复制：提升数据传输可靠性 UE 内优先级：解决数据调度冲突，IIoT 与其他业务共存问题，进一步降低数据传输时延
主要推动力	新趋势 A：物的连接 新趋势 D：技术与市场的渗透和融合 约束力 B：应用和市场的约束 约束力 C：利益制衡

IIoT 项目由 RAN2 牵头开展，为由 3GPP 核心网组 SA2 牵头研究的时间敏感通信（TSC）提供了接入网侧的技术衔接。此外，项目还对 PDCP 数据包复制、UE 内优先级处理和复用进行了增强。

IIoT 项目是 3GPP 接入网在 R16 阶段除 URLLC 项目外，另外一个 URLLC 能力增强项目。但 3GPP 除了 RAN 侧的两个 URLLC 相关项目外，在核心网也立项了一些增强项目，如"Enhancement of URLLC support in the 5G Core network（5G_URLLC）"项目和与 TSN 相关的"5GS Enhanced support of Vertical and LAN Services（Vertical_LAN）"项目。为了让读者对 URLLC 能力提升有一个系统的理解，我们将在下面插入一个系统观章节，对 3GPP 核心网项目 5G_URLLC 和 Vertical_LAN 进行简单的介绍。

和 URLLC 项目类似，IIoT 项目应对的主要是上层应用对底层网络需求的改变，具体而言，是为了满足 IIoT 场景中物与物的连接所需要的超高可靠性和时延确定性的需求。是"旧动力 E：应用需求驱动""新趋势 A：物的连接"的体现，也是移动通信网络与垂直行业融合的表现。同时，5G IIoT 也与工业制造领域现有技术形成竞争，是否可被市场接受还未可知。

系统观 9 R16 核心网侧的 URLLC 能力增强

A 5G 与 TSN 系统的集成

时间敏感网络（TSN）是 IEEE 802.1 技术组开发的一套数据链路层技术规范，用于构建一个具有高可靠性、低时延和低时延抖动特性的以太网。3GPP 对 IIoT 的支持及对 TSN 的集成充分体现了"技术与市场的渗透和融合"新趋势。

TSN 源于 2005 年 IEEE 802.1 成立的音频视频桥接（AVB）任务组开始制定基于以太网架

构的用于实时音视频传输的技术协议（AVB 标准集）。AVB 标准集用于满足广播、直播等公共媒体的高清视频及音频数据的高实时、同步传输对高带宽网络的需求，对流量的整形调度解决了音视频流量的实时同步确定性传输问题。因为其具备的低时延和低时延抖动等技术特征，AVB 标准受到了车联网、自动化网络领域厂商和技术组织的关注。2012 年，由于研究领域的扩展，AVB 任务组更名为 TSN 任务组，对时间确定性以太网的应用需求和适用范围进行了扩展，已覆盖音视频以外的更多领域，如工业制造、运输、过程控制、航空航天及移动通信网络等领域。

IEEE 802.1 工作组致力于 TSN 的标准化工作，并在协议 IEEE 802.1Q 的基础上为 TSN 定义了一系列的协议集合，如时钟定时和同步协议（IEEE 802.1AS）、基于信用的调度和调度增强协议（IEEE 802.1Qch）、调度和流量整形协议（IEEE 802.1Qbv）、通信路径选择和容错协议（IEEE 802.1Qca）等技术规范，以保障以太网物理层和链路层实现确定性时延传输。

经过数年的发展，TSN 已经迸发出强大的行业号召力。

在工业领域，2017 年国际电工委员会（IEC）和 IEEE 联合成立了 P60802 工作组，旨在定义将 TSN 应用于工业自动化网络的方案类标准。研究项目获得了工业网络主流厂商，如贝加莱、西门子、施耐德、罗克韦尔、三菱、思科、霍斯曼、MOXA 的支持，并陆续推出基于 TSN 技术的工业以太网产品。在车联网领域，TSN 任务组启动了 P802.1DG 项目，以进行 TSN 技术在车辆信息娱乐系统、驾驶辅助系统的应用研究。2016 年，芯片厂商恩智浦、英伟达、博通陆续研发 TSN 相关芯片，并与知名车企联合，进行了一系列基于 TSN 技术的车载网络应用测试及验证工作。在互联网领域，2015 年，国际标准组织互联网工程任务组（IETF）成立了确定性网络（DetNet）工作组，与负责第 2 层操作的 IEEE 802.1TSN 工作组合作，为第 2 层和第 3 层定义通用架构，致力于在第 2 层桥接段和第 3 层路由段上建立确定性数据传输路径。在电信领域，2018 年 11 月，IEEE 发布了针对前传时效性网络的 IEEE 802.1CM—2018 标准。新标准解决了使用以太网将蜂窝无线电设备连接到远程控制器上的问题，有望在 5G 小型蜂窝基站、家庭基站及未来基于云的无线接入网络的技术设计中发挥重要作用。

在这样的技术和行业背景下，3GPP SA 工作组在 2018 年 6 月正式确立 Vertical_LAN 项目，以在 5G 系统中提高对垂直业务的支持能力，这个项目的一个重要任务就是在 5G 网络中实现 TSC 技术并与接入网侧的 URLLC 技术形成技术接力。2019 年，SA2 将 TSN 相关技术特征写入 R16 核心网标准 TS 23.501。

考虑到 TSN 已经有了一定的技术应用和市场基础，3GPP 并未"从头开始"定义新的 TSC 技术，而是以 IEEE 802.1 的 TSN 为基础，将 5G 网络作为透明的逻辑 TSN 网桥集成到 TSN 中。

为了实现透明集成，3GPP 定义了用户侧 TSN 转换器（DS-TT）和网络侧 TSN 转换器（NW-TT），作为 TSN 的出入端口，提供了去时延抖动的数据包转发\保持功能、基于数据流的过滤和监管功能，以及链路层发现和报告功能（发现连接到 DS-TT 或 NW-TT 的以太网设备）。而 TSN AF 则完成了与 TSN 间控制面的交互，如图 6-16 所示。

3GPP R16 为适配 IEEE TSN 协议，支持流量排定、时间同步、流量过滤、网络拓扑发现与资源预留 5 个基本功能，利用了 URLLC 的"保证比特速率承载"机制，通过 TSN 的参数（包括周期性、流方向、流到达时间）来辅助无线资源预留。

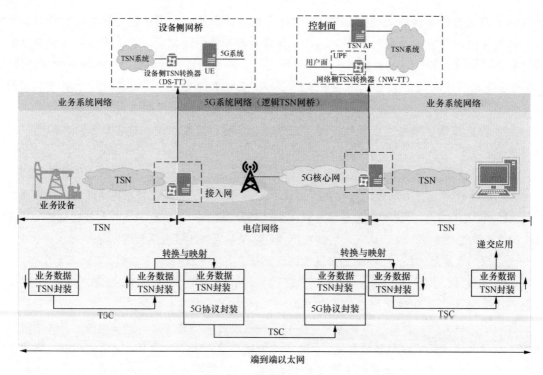

图 6-16　5G 网络与 TSN 融合

a. TSN 时间同步

核心网协议 TS 23.501-5.27.1 给出了 5G 核心网如何实现与外部 TSN 的时间同步。5G 核心网与 TSN 定时与同步示意图如图 6-17 所示。

首先，外部 TSN 和 5G 系统内部的关系由各自独立维护。对于 5G 系统来说，主定时消息由基站提供，并由基站负责同步到 UE 侧和核心网侧（如 UPF）。而 UPF 的 NW-TT 将同时处理来自外部的 TSN 域定时和 5G 域定时，并根据 TSN 域发来的同步消息（gPTP 消息）将 5G 域时间"转化"为 TSN 域时间。具体而言，在 NW-TT 收到来自 TSN 的 gPTP 消息后，首先会为每一个到来的 gPTP 事件消息打上一个进入时间戳（T_{Si}），并根据 gPTP 消息中的累计时钟频率比值[1]和链路时延 T_1 计算消息发送到 NW-TT 消耗的基于 TSN 时基的链路时延。然后使用新计算的累积时钟频率比值替换 gPTP 消息中旧累积时钟频率比值。

接着，UPF 会通过 PDU session 转发 gPTP 消息到 UE。UE 将该消息转发给 DS-TT。

DS-TT 在接收到 UPF 转发的 gPTP 事件消息后，创建一个出口时间戳（T_{Se}）。T_{Si} 和 T_{Se} 之间的差值被认为是 gPTP 事件消息在 5G 系统里的停留时间（此时间基于 5GS 时基）。DS-TT 将利用累计时钟频率比值和停留时间计算基于 TSN 时基的停留时间，并将基于 TSN 时基的停留时间写入 gPTP 消息的 correction 域，最后移除 Suffix 域的时间戳 T_{Si}。这里需要注意的是，因为 5GS 内部是同步的，所以不需要在 DS-TT 重新计算累计时钟频率比值。因此，gPTP 事件消息中的累

1　用来消除节点间时钟频率与主时钟的差异导致的对流失绝对时间理解的误差。假如主时钟频率为 1MHz，与之相连的节点 A 时钟频率为 1.3MHz，则 A 节点的 RateRatio 等于 1.3。当 A 节点本地时钟度过 2.6s 时，使用 RateRatio 换算为主时钟后，则得到主时钟度过 2s。对于与 A 相邻的 B 节点，假设其时钟频率为 0.9MHz，经过累积的 RateRatio 等于 0.9（1.3/1.0×0.9/1.3），当 B 节点本地时钟度过 3s 时，主时钟过 3/0.9s。

计时钟频率比值不需要被重新修改。相关流程可以参考图 6-17。

在 TSN 中，存在多个 TSN 工作域（用 domainNumber 标记），各个工作域都会发送自己的 gPTP 消息。因此，NW-TT 需要对来自不同工作域的 gPTP 消息进行相关操作。而 UE 也会将收到的属于不同工作域的 gPTP 消息转发给 DS-TT。

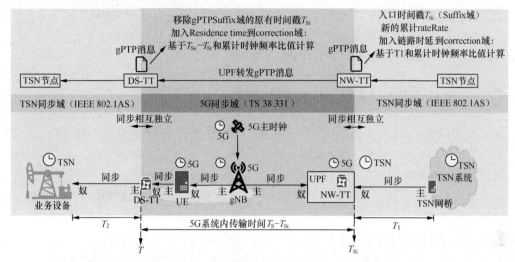

图 6-17　5G 核心网与 TSN 定时与同步示意图

从上面的描述中我们可以看出 TSN 系统是如何完成各节点（网桥）与主时钟同步的。主时钟来自外部的 TSN，TSN 通过发送 gPTP 消息来实现与其连接的各个 TSN 节点的同步。5GS 被 TSN 系统看作一个网桥，因此，数据通过 5GS 传输的时间被看作数据包在网桥内的停留时间；数据包在 TSN 各节点间的链路上传输的时间被称为链路时延。因此，某节点与 TSN 主时钟的同步的修正值，就是该节点与主时钟间、所有的链路时延和停留时间的累加。停留时间和链路时延由时间戳计算获得，考虑到各个系统的时基不同，在计算修正值时，需要利用累计时钟频率比值将所有的停留时间和链路时延转换为基于 TSN 时基的时间。

b. TSC 辅助消息（TSCAI）

完成了时间同步后，5GS 便可以接收并转发来自 TSN 的业务数据包。R16 的 5GS 支持来自外部 TSN 的周期性确定性传输。这类传输计划的数据包要么来自 UE（DS-TT），发送给 UPF（NW-TT）；要么来自 UPF（NW-TT），发送给 UE（DS-TT），且传输计划的流特征由外部协议提供。为了在 5GS 内按照外部协议定义的流特征"中转"数据包，5GS 需要为接入网提供 TSC 辅助消息（TSCAI），以帮助基站选择动态调度、可配置调度或半持续调度来实现更加有效的调度安排。TSC 辅助消息如表 6-10 所示。

表 6-10　TSC 辅助消息（3GPP TS 23.501-Table 5.27.2-1）

辅助消息（5GS 时基）	描述
Flow Direction	TSC 流的方向（上行或下行）
Periodicity	指两次数据突发之间的时间间隔
Burst Arrival Time	数据突发的第一个数据包到达接入网入口（下行流方向）或 UE 的出口（上行流方向）的预计时间

构建 TSC 辅助消息所需要的流特征参数由 TSN AF 从 TSN 控制面（如 CNC）获得，由 TSN AF 转发相关参数给 SMF，并由 SMF 在 QoS Flow establishment 流程中发送给 5G 接入网。如果多个 TSN 流的流类型终止在同一个出端口，并具备相同的周期和数据突发到达时间，则 TSN AF 可以将多个 TSN 流聚合在一个 QoS Flow 中传输。

需要注意的是，构建 TSCAI 的相关参数来自 TSN 外部，而这些外部参数由 TSN 主时钟度量。因此，SMF 需要根据 UPF 报告的数据包到达间隔和累计时钟频率比值来完成参数 Burst Arrival Time 和 Periodicity 从 TSN 时基到 5GS 时基的转换。

Ⓑ 5G 核心网对 URLLC 的增强支持

5G_URLLC 项目由 3GPP 工作组 SA2 牵头完成，该特性增强了 5G 核心网络对 URLLC 的支持。在 R16 阶段，该项目主要引入了用户面冗余传输、QoS 监测、增强的会话连续性。

a. 用户面冗余传输

用户数据包在空口的各种可靠性保障机制下可实现较高的传输可靠性和较低的传输时延，但当数据包在核心网用户面传输时，也会因为偶尔发生的传输失败或用户面拥堵影响上层业务的端到端性能。为了避免这种情况的发生，R16 5G 核心网引入了冗余传输技术，其原理是对用户数据包进行复制，并通过两个不相交的用户面路径同时传输用户数据包。在接收端消除冗余的数据包。3GPP TS 23.501 协议给出了两种标准化解决方案，具体如下。

方案 1：基于双连接的端到端冗余用户面路径

基于双连接的端到端冗余用户面路径方案利用了 R15 定义的双连接场景，允许在网络、用户都支持双连接功能的情况下，用户利用两个接入基站，分别建立两个独立路径的 PDU 会话连接到同一个外部数据网络，并复制来自同一高层应用的业务数据，将之分别与这两个 PDU 会话相关联，如图 6-18 所示。这种端到端的冗余传输方案因为冗余路线贯穿 UE 到数据网络，可靠性相对较高。

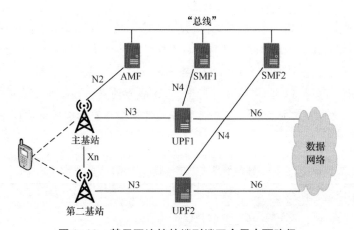

图 6-18　基于双连接的端到端冗余用户面路径

方案 2：基于 N3/N9 接口的冗余传输

如果基站、UPF 和控制面的 NF 节点的可靠性足够高，能够满足 URLLC 服务的可靠性要求，但由于回传链路部署环境问题，N3 隧道的可靠性不够高，则可在 PDU 会话锚点 UPF（PSA UPF）和基站间通过两个独立的 N3 隧道来实现冗余传输。这两个隧道与单个 PDU 会话相关，通过不同的传输层路径来提高可靠性。

为确保两个 N3 隧道通过不相交的传输层路径进行传输，SMF 或 PSA UPF 应在隧道信息中提供不同的路由信息（如不同的 IP 地址或不同切片），这些路由信息应根据网络部署配置映射到不相交的传输层路径。为了在基站（下行）或 UPF（上行）消除冗余数据包，UPF（下行）或基站（上行）会将收到的数据包复制两份，添加相同的 GTP-U 序号进行传输，最后在基站（下行）或 UPF（上行）根据 GTP-U 序号消除重复数据包。

图 6-19 给出了基于双 N3 隧道和双 N3、N9 隧道的冗余传输场景。

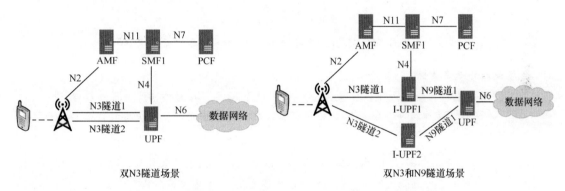

图 6-19　基于双 N3 隧道和双 N3、N9 隧道的冗余传输场景

b. QoS 监测

QoS 监测用于测量 UE 和 PDU 会话锚点 UPF（PSA UPF）之间的数据包延迟。这样，结合基站侧在 Uu 口上提供的 UL/DL 数据包延迟便能最终获得 5G 系统内数据包传输的整体时延特征。NG-RAN 和 PSA UPF 之间的 UL/DL 数据包延迟的 QoS 监测可以在不同的粒度级别上执行，如每 UE、每 QoS 流级或每 GTP-U 路径级，具体执行何种颗粒度的 QoS 监测，由运营商配置、第三方应用请求和 PCF 策略决定。测试 UL/DL 数据包在 UE 和 UPF 之间的端到端时延可以在 PDU 会话的建立或修改过程中进行。

图 6-20 给出了每 UE、每 QoS 流级的 QoS 监测过程。

PSA UPF 通过向接入网发送 QoS 监测包的方式来触发时延测量，此时 UPF 会将发送监测包的时间 $T1$ 封装在 GTP-U 头中。接入网在接收到数据包后，会记录包头中的 $T1$ 和接收数据包的时间 $T2$。

当收到来自 UE 的上行包时，NG-RAN 会发送 QMP（QoS 监测报文）回复给 UPF，并携带接入网测量结果、$T1$、$T2$ 和 $T3$。根据这些信息（包括接收 QMP 回复的时间 $T4$），PSA UPF 可以完成 UFP 到 UE 端到端时延的计算。

对于每 GTP-U 路径监测，在本书中不进行赘述。有兴趣的读者可参考 3GPP TS 23.501-5.33.3.3。

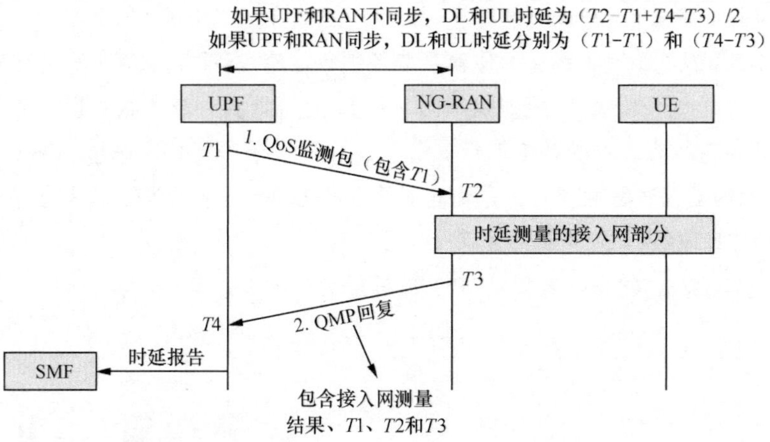
如果UPF和RAN不同步，DL和UL时延为（T2−T1+T4−T3）/2
如果UPF和RAN同步，DL和UL时延分别为（T1−T1）和（T4−T3）
UPF
NG-RAN
UE
T1
1. QoS监测包（包含T1）
T2
时延测量的接入网部分
T3
T4
2. QMP回复
SMF
时延报告
包含接入网测量
结果、T1、T2和T3

图 6-20　每 UE、每 QoS 流级的 QoS 监测过程

c. **增强的会话连续性**

除了前面介绍的冗余传输和 QoS 监测外，在 5G_URLLC 项目中还增强了会话连续性。

当 UE 移动时，需要优化低时延服务的用户面路径，以减少延迟，并保证会话的连续性。在本项目中提出了一些增强机制。对于 Ethernet PDU Session，R16 新增了 PDU 会话锚点 UPF 的重定位功能。目标 UPF 将协助更新 DN(数据网络)中的以太网数据包转发表格，这样一旦 UE 移动，UL/DL 流量将切换到目标 UPF。此外，对于上行分类器（UL CL）重定位，新 / 旧 UL CL 间引入了一个数据转发通道，以避免在 UL CL 重定位时发生数据包丢失。

6.2.2　NR_IIoT 中 TSN 相关增强

1. **时间同步**

NR_IIoT 项目为支持垂直行业应用场景而生，而工业制造场景，更是 5G 赋能的重中之重。R16 阶段除了 RAN1 牵头的 URLLC 项目外，RAN2 还牵头了一个基于高层增强的 IIoT 项目。在这个项目中，一个重要的增强方向就是引入 TSN 技术，在 5G 系统中实现 TSC。

5G 系统将以透明的逻辑网桥的形式接入外部 TSN。因此，5G 网络边缘新增了 DS-TT 和 NW-TT 两个“可理解”TSN 协议的转换器。此外，为了满足工业制造场景数据包传输的特性要求，5G 系统需要与 TSN 实现精确的同步。因此，核心网侧定义了一系列方式实现与外部 TSN 的同步。简单来说，就是利用 TSN 发来的同步数据包 gPTP 测量消息在 5G 系统的停留时间，调整应用点本地时钟。时钟的对齐，以 5G 内部各节点均实现与 5G 主时钟（GM）的精确同步为前提。

我们首先来看看 R15 系统是如何实现 5G 系统内同步的。

5G 网络的自身架构决定了 5G 时间同步分为两步：（1）在 5G 基站之间实现高精度时间同步；（2）5G UE 在各自覆盖区域内由其服务基站独立授时。通过以上两步，5G 网络将时间信息传递至所连接的设备。

那么基站是如何对 UE 进行授时的，授时精度又是多少？

在 R15 中，UE 直接通过接收 SIB9 来实现与基站的空口对齐，ASN.1 6–9 给出了 SIB9 同步信息（R16）的具体构成。其中参数①即为协调世界时（UTC）（从 1900 年 1 月 1 日的 00:00:00 起到当前的秒数），如图 6–21 所示。UE 可利用 SIB9 中的时间信息作为参考时间信号，实现 5G UE 时钟的时间同步。

ASN.1 6–9　SIB9同步信息（R16）

```
SIB9 ::=                       SEQUENCE {
    timeInfo                       SEQUENCE {
     ① timeInfoUTC                     INTEGER (0..549755813887),
        dayLightSavingTime             BIT STRING (SIZE (2))      OPTIONAL,   -- Need R
        leapSeconds                    INTEGER (-127..128)        OPTIONAL,   -- Need R
        localTimeOffset                INTEGER (-63..64)          OPTIONAL    -- Need R
    }                                                             OPTIONAL,   -- Need R
    lateNonCriticalExtension       OCTET STRING                  OPTIONAL,
...
    [[
     ② referenceTimeInfo-r16         ReferenceTimeInfo-r16        OPTIONAL    -- Need R
    ]]
}
ReferenceTimeInfo-r16 ::= SEQUENCE {
    time-r16                       ReferenceTime-r16,
    uncertainty-r16                INTEGER (0..32767)            OPTIONAL,   -- Need S
    timeInfoType-r16               ENUMERATED {localClock}       OPTIONAL,   -- Need S
    referenceSFN-r16               INTEGER (0..1023)             OPTIONAL    -- Cond RefTime
}

ReferenceTime-r16 ::=          SEQUENCE {
    refDays-r16                    INTEGER (0..72999),
    refSeconds-r16                 INTEGER (0..86399),
    refMilliSeconds-r16            INTEGER (0..999),
    refTenNanoSeconds-r16          INTEGER (0..99999)
}
```

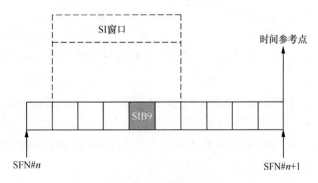

图 6–21　参考时间点

timeInfoUTC 字段定义的时间颗粒度为 10ms（每 10ms 该参数 +1），也就是说 UE 无法自己纠正 10ms 以内的同步误差，这是 R19 空口同步误差的一个来源。然而，这仍然无法满足工业以太网对时钟同步性能的要求。

表 6-11 给出了 3GPP 核心网对垂直行业各业务场景进行调研后得到的时钟同步性能要求。这里给出的同步要求指 TSN 主时钟与设备之间的误差，对于融合 TSN 的 5G 系统而言，该误差包括了 TSN 主时钟到 gNB 和 gNB 到 UE 的累计误差。

表 6-11　垂直行业各业务场景时钟同步性能要求

时钟同步精度等级	在一个时间同步通信组中的设备数	时钟同步要求	服务区域
1	多达 300 台设备	<1us	≤ 100m²
2	多达 10 台设备	<10us	≤ 2500m²
3	多达 500 台设备	<20us	≤ 2400m²

3GPP 对可实现的时钟同步性能进行了评估，其中 gNB 与 TSN 主时钟（GM）之间的时间同步精度可以远小于 1us（典型值为 100ns）。因此，最终空口同步精度也需要实现小于 1us 的同步能力。

为了实现小于 1us 的同步能力，R16 阶段，3GPP RAN2 在 SIB9 中引入了一个包含时间颗粒度为 10ns 的系统时钟信息② referenceTimeInfo-r16，如 ASN.1 6-9 所示。

UE 除了可利用广播的形式获得参考时间信息外，还可以利用专用 RRC 信令来获取类似信息。当 UE 处在 IDLE 态或非激活态，可以直接监听系统广播消息 SIB9，或者当没有广播 SIB9 时，利用 On-demand SI 机制来请求获得时钟信息；当 UE 处在 CONNECTED 态时，UE 可利用 UEAssistanceInformation 消息请求，并通过 DLinformationTransfer 消息或广播消息获取参考时间信息。

从 ASN.1 6-9 中 referenceTimeInfo-r16 IE 各参数的定义可以看出 R16 定义的 10ns 同步能力是如何实现的，计算公式如式（6-1）。注意，这里所谓的参考时间指从 1980 年 00:00:00 到现在为止的纳秒数。

$$
\begin{aligned}
\text{参考时间（ns）} = (\,&\text{refDays} \times 86400 \times 1000 \times 100\,000 + \\
&\text{refSeconds} \times 1000 \times 100\,000 + \\
&\text{refMilliSeconds} \times 100\,000 + \\
&\text{refTenNanoSeconds}\,) \times 10\text{ns}
\end{aligned} \qquad (6\text{-}1)
$$

2. 以太网头压缩（EHC）

同一个数据流的多个连续数据包在其包头中有许多字段在整个传输过程中都是静态不变的（静态域）。因此，如果我们仅在数据流开始传递时发送完整包头信息，而对后续分组包只传送包头中的变化部分（动态域），则可达到对冗余信息进行压缩的目的，从而有效利用无线带宽资源。鲁棒性头压缩（RoHC）就是由 IETF 制定，应用于无线链路中实现包头压缩的压缩算法。其原理是：在数据流刚开始传递时，RoHC 方将完整数据包头即静态和动态包头的域和值保存在本地压缩语境数据结构中，压缩方对后续分组参照本地压缩进行压缩，仅传递变化的值域，并为每个语境分配一个标识符 CID，来标识此数据流。解压方收到新的数据流分组后将完整的包头域和值保存到本地解压语境数据结构中，在后续的数据流传输中，解压方根据数据包的 CID 查找相应解压语境进行解压。

RoHC 算法在移动通信领域得到了广泛的应用，特别对于类似 VoIP 业务这种 IP 包头占比较大、载荷占比较小的业务类型，可以有效地提高无线资源的利用效率。

对于 TSC 业务，通常采用以太帧的形式进行封装。考虑到 TSC 数据包类似 VoIP 数据包（数据包包头占比较大，净负荷占比较小），有必要引入一种新的针对以太网包头的压缩技术来提高 TSC 的无线资源利用率。

新的以太网数据包压缩技术由 3GPP 参考 RoHC 技术设计，同样基于保存的本地压缩语境（也被称为上下文信息）来实现压缩、识别和解压。图 6-22 给出了以太帧结构。

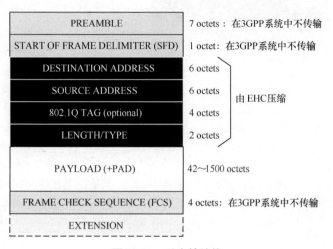

图 6-22　以太帧结构

EHC 的技术原理和 RoHC 的技术原理非常类似。在图 6-23 中可以看到，压缩方建立压缩语境后，将发送完整包头数据包给解压方，解压方建立解压语境完成后，会通过反馈数据包的形式来通知压缩方可以发送压缩后的数据包。完整包头数据包去除原始的以太帧数据包后，新增 EHC 包头，EHC 包头包含 CID（语境标识符）、F/C（包类型指示符）。其中 CID 的长度为 7bit 或 15bit，具体可由 RRC 配置（ehc-CID-Length IE）。F/C 用来指示当前包的类型为完整包头还是压缩包头（取值为 0 为完整包头，取值为 1 为压缩包头）。从图 6-23 中我们可以看到，实际的压缩效果即用 8 ～ 16bit 长度的 EHC 包头替代了 18×8bit 的以太帧包头。

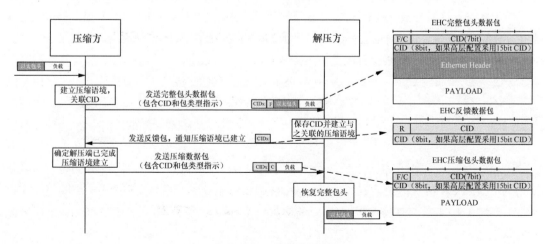

图 6-23　EHC 解压流程

PDCP 层同时支持 EHC 和 RoHC 两种包头压缩技术。图 6-24 给出了 PDCP 数据 PDU 结构，EHC 头被置于 RoHC 头外。RRC 可为 PDCP 实体分别配置用作以太帧包头压缩的上下行的 EHC 参数，以及用作 IP 头压缩的 RoCH 参数。

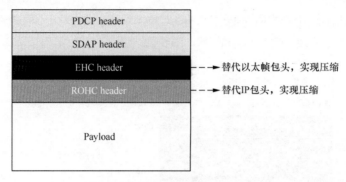

图 6-24　PDCP 数据 PDU 结构

如果同时配置了 EHC 和 RoHC 两种包头压缩配置（R16 新增 UE 能力 jointEHC-ROHC-r16 来指示 UE 是否支持同时为一个 DRB 配置 EHC 和 RoHC 压缩），当从高层接收到的 PDCP SDU 为非 IP 以太帧时，PDCP 只进行 EHC 操作，并将经过 EHC 操作后的以太帧数据包递交到底层。当从低层接收到的 PDCP PDU 为非 IP 以太帧时，PDCP 只进行 EHC 解压缩操作，并将经过 EHC 解压缩的以太帧递交到高层。而实际的压缩本质上就是利用相对较小的 EHC 包头替代相对较大的以太帧包头。

3. 周期数据包调度增强

R16 的 IIoT 项目其实在很大程度上是 RAN1 URLLC 项目在高层领域的研究扩展，因此，在 IIoT 项目中，RAN 2 工作组就 3GPP 核心网技术组（SA2）和物理层技术组（RAN1）引入的新功能、新特征，在 RAN2 工作组设计的接入网高层协议中进行了功能增强。下面将介绍一些对应 URLLC 项目的高层增强。

（1）半静态调度周期增强

6.1.6 节已经介绍了 R15 调度周期和业务需求不匹配的问题。当配置周期和业务需求不匹配时，会出现业务等待传输机会的问题，也因此会引入较高的时延。为了解决这个问题，RAN1 统一在一个 BWP 中允许网络有多个可配置调度或半静态调度配置，使网络从调度层面有更多的可选配置可用。站在高层角度，RAN2 也进一步丰富了可选择的周期配置：R16 支持周期为任意整数倍个时隙的可配置调度或半静态调度资源配置，如 ASN.1 6-10 的参数①。

ASN.1 6-10　SPS RRC 配置参数比较

```
%%%%%%R15 版本协议 %%%%%%
SPS-Config ::= SEQUENCE {
    periodicity ENUMERATED {ms10, ms20, ms32, ms40, ms64, ms80, ms128, ms160, ms320, ms640,
                           spare6, spare5, spare4, spare3, spare2, spare1},
    nrofHARQ-Processes INTEGER (1..8),
    n1PUCCH-AN PUCCH-ResourceId           OPTIONAL, -- Need M
    mcs-Table ENUMERATED {qam64LowSE}     OPTIONAL, -- Need S
    ...
}
```

```
%%%%%%%R16 版本协议 %%%%%%%
SPS-Config ::=                    SEQUENCE {
    periodicity                   ENUMERATED {ms10, ms20, ms32, ms40, ms64, ms80, ms128, ms160, ms320,
ms640, spare6, spare5, spare4, spare3, spare2, spare1},
    nrofHARQ-Processes            INTEGER (1..8),
    n1PUCCH-AN                    PUCCH-ResourceId            OPTIONAL,   -- Need M
    mcs-Table                     ENUMERATED {qam64LowSE}     OPTIONAL,   -- Need S
    ...,
    [[
    sps-ConfigIndex-r16           SPS-ConfigIndex-r16         OPTIONAL,   -- Cond SPS-List
    harq-ProcID-Offset-r16        INTEGER (0..15)             OPTIONAL,   -- Need R
①  periodicityExt-r16            INTEGER (1..5120)           OPTIONAL,   -- Need R
    harq-CodebookID-r16           INTEGER (1..2)              OPTIONAL,   -- Need R
    pdsch-AggregationFactor-r16   ENUMERATED {n1, n2, n4, n8 } OPTIONAL   -- Need S
    ]]
}
```

为了让不同的子载波间隔都可以低信令开销实现"任意整数倍个时隙周期"设置。RAN2 引入了参数① periodicityExt-r16，由该参数和系统配置的子载波间隔来缩放计算实际使用的 SPS 周期，具体如下。

① 当子载波间隔为 15kHz 时，SPS 周期取值为 periodicityExt-r16，periodicityExt-r16 的取值范围为 1～640。

② 当子载波间隔为 30kHz 时，SPS 周期取值为 $0.5 \times$ periodicityExt-r16，periodicityExt-r16 的取值范围为 1～1280。

③ 当子载波间隔为 60kHz 时，SPS 周期取值为 $0.25 \times$ periodicityExt-r16，periodicityExt-r16 的取值范围为 1～2560。

④ 当子载波间隔为 120kHz 时，SPS 周期取值为 $0.125 \times$ periodicityExt-r16 取值，periodicityExt-r16 的取值范围为 1～5120。

这样一来，网络就可以参考核心网提供的 TSC 辅助消息（TSCAI）来实现匹配周期的设置。

（2）逻辑信道优先级增强

为了方便识别不同的高层业务类型，将逻辑信道上的数据映射到合适的上行可配置调度资源上传输。RAN2 使配置给 UE 的 CG 配置参数携带一个标记（ID)configuredGrantConfigIndexMAC-r16，如 ASN.1 6-8 参数④所示。对应地在为 UE 配置某逻辑信道时，为该逻辑信道配置一个至少包含了一个 CG ID 的列表 allowedCG-List-r16 IE，如 ASN.1 6-11 参数①所示。这样当某个可配置调度资源到来时，UE 的 MAC 实体就可以根据 CG 的索引 ID 找到适合放到该 CG 上进行传输的逻辑信道。其实简单来说，就是基于业务特征对逻辑信道和 CG 配置进行分类，完成业务和调度资源的匹配。

ASN.1 6-11　R16逻辑信道配置

```
LogicalChannelConfig ::=          SEQUENCE {
    ...,
    [[
①  allowedCG-List-r16            SEQUENCE (SIZE (0.. maxNrofConfiguredGrantConfigMAC-1-r16)) OF Configure
```

```
                            dGrantConfigIndexMAC-r16
                                                                    OPTIONAL,  -- Need S
  ② allowedPHY-PriorityIndex-r16      ENUMERATED {p0, p1}          OPTIONAL   -- Need S
    ]]
  }                                                                 OPTIONAL,  -- Cond UL
  ...,
  [[
  channelAccessPriority-r16           INTEGER (1..4)               OPTIONAL,  -- Need R
  bitRateMultiplier-r16               ENUMERATED {x40, x70, x100, x200}   OPTIONAL --Need R
  ]]
}
```

另外，MAC 也会为每个逻辑信道配置一个"允许的物理层优先级"字段 allowedPHY-PriorityIndex，用于在进行动态调度时对 DCI 配置的物理层优先级匹配的逻辑信道数据进行动态调度。

6.2.3　"用效率换可靠性"——PDCP 复制增强

对于高层而言，PDCP 复制传输技术是应对 URLLC 业务高可靠性的一个重要手段。在 R15 中就定义了可将 PDCP 层的来自同一个信令无线承载（SRB）或数据无线承载（DRB）的同一数据包复制（SN 值相等）并映射至至多两个 RLC 实体上传输，以提高数据传输的可靠性，原理如图 6-25 所示。UE 在接收到两个 RLC 传输的数据包后，根据 SN 值来识别和丢弃冗余数据。为了尽可能减少重复传输导致的空口资源的"浪费"，数据包在其中一条链路上确认成功传输后，PDCP 层会告知另一条链路不再进行复制数据包传输。

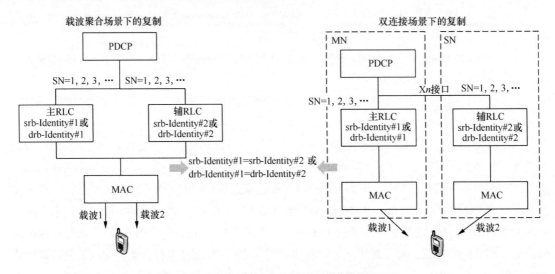

图 6-25　R15 的 PDCP 数据包复制传输原理

在 R16 中，为了满足 IIoT 场景下苛刻的传输可靠性要求，3GPP RAN2 工作组对 PDCP 复制传输进行了进一步增强，即允许 UE 使用最多 4 条 RLC 传输链路进行数据包复制传输，原理和 R15 类似，如图 6-26 所示。在图 6-26 的 DC+CA 场景中，2 个 Cell Group 分别包含 2 条链路，当然也可以是 1 个 Cell Group 包含 1 条链路，1 个 Cell Group 包含 3 条链路，这完全取决于产品实现。

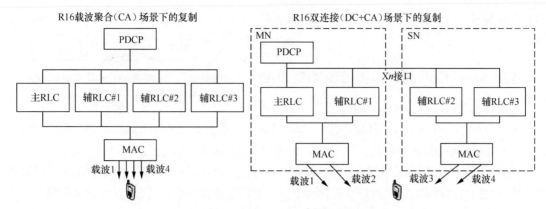

图 6-26　R16 的 PDCP 数据包复制传输原理

R16 仍然沿用了参数① pdcp-Duplication 来实现网络对重复传输功能的启用（如 ASN.1 6-12 所示）。对于 SRB 的重复传输，网络开启 pdcp-Duplication=1 后，所有被配置进行重复传输的 RLC 实体都被激活；而对于 DRB 的重复传输，网络除了需要开启重复传输功能 pdcp-Duplication=1 外，还需要利用参数② duplicationState-r16 来指示当前哪些被配置进行重复传输的 RLC 实体的重复传输功能被激活。和 R15 类似，UE 未激活或去激活数据包重复传输后，UE 可回退到分离承载状态，即辅 RLC 实体与主 RLC 实体传输不同的数据包，以提高 UE 吞吐量。R16 新增参数③ splitSecondaryPath-r16 来控制分离状态下传输的逻辑信道 ID。

ASN.1 6-12　PDCP Duplication相关RRC配置

```
PDCP-Config ::=        SEQUENCE {
    %%%%%% 略 %%%%%%
    moreThanOneRLC        SEQUENCE {
        primaryPath              SEQUENCE {
            cellGroup            CellGroupId          OPTIONAL,  -- Need R
            logicalChannel       LogicalChannelIdentity   OPTIONAL,  -- Need R
        },
        ul-DataSplitThreshold  UL-DataSplitThreshold      OPTIONAL,  -- Cond SplitBearer
        ① pdcp-Duplication       BOOLEAN           OPTIONAL    -- Need R
    }                               OPTIONAL,  -- Cond MoreThanOneRLC
    %%%%%% 略 %%%%%%
    [[
    %%%%%% 略 %%%%%%
    moreThanTwoRLC-DRB-r16  SEQUENCE {
        ③ splitSecondaryPath-r16 LogicalChannelIdentity      OPTIONAL,  -- Cond SplitBearer2
        ② duplicationState-r16    SEQUENCE (SIZE (3)) OF BOOLEAN   OPTIONAL    -- Need S
    }                                OPTIONAL,  -- Cond MoreThanTwoRLC-DRB
    ethernetHeaderCompression-r16  SetupRelease { EthernetHeaderCompression-r16 }
    ]]
}
```

为了进一步提高复制传输功能的动态能力，R16 允许网络根据信道状态来动态地为 UE 激活 / 去激活 RLC 链路，并定义了一个新的 MAC CE-Duplication RLC Activation/Deactivation MAC CE 消息，如图 6-27 所示。其中 DRB ID 域用来指示将该 MAC CE 应用在哪个 DRB，RLC_x 域指示哪个

RLC 实体被激活重复传输功能（若 $RLC_x=1$，则表示激活）。

DRB ID RLC_2 RLC_1 RLC_0 Oct 1

图 6-27　Duplication RLC Activation/Deactivation MAC CE 消息

6.2.4　UE 内优先级和传输冲突机制

在进行 URLLC 数据传输时，除了要尽可能地保障数据调度和 ACK-HARQ 反馈的及时性、数据传输的可靠性，还需要考虑如果数据传输与数据调度，或数据传输与数据传输发生冲突，如何保障 URLLC 业务的性能。

在 6.1.5 节中定义了 UE 间的冲突处理机制，即当 URLLC UE 和 eMBB UE 调度的 PUSCH 资源发生冲突时的处理机制。在 URLLC 项目中，对于 UE 间的传输冲突，采用取消传输和调整上行链路功率两种手段。简单地说，取消传输指的是基站通过 DCI 下发上行链路取消指示（UL CI）来指示 eMBB UE 在重复发送时，取消一个特定时频区域内的上行链路传输；功率调整指的是当发生传输冲突时，会调整 URLLC UE 的上行发送功率，以提高 URLLC 上行链路数据解码能力。此外，在 6.1.4 节也讨论了物理层角度的 UE 内传输冲突的处理机制。对于物理层来说，在动态调度场景下会在 DCI 中增加 1bit 信息域 Priority indicator 来指示物理层优先级，UE 物理层会传输和优先级指示匹配的上行链路数据。

在 R15 协议中，如果动态调度和可配置调度发生上行传输冲突，则优先传输动态调度数据。如果 PUCCH 和 PUSCH 传输冲突，则优先保障 PUSCH 传输。考虑到 IIoT 场景对时延的极限要求，在 R16 的 IIoT 项目中，进一步扩大了冲突处理的范围、丰富了冲突处理方式。

因为 MAC 层将处理来自高层的多个逻辑信道的数据发送，而逻辑信道本身就有优先级机制。因此，R16 IIoT 项目定义了基于逻辑信道的优先级（LCH Based Priority），对动态调度与可配置调度间的调度冲突、多个可配置调度间的调度冲突，以及 PUSCH 与 SR 间的冲突场景定义了标准化解决方案。

图 6-28 给出了基于逻辑信道的优先级划分和冲突解决示意图。MAC 会在上行传输资源到来前为即将到来的物理层传输准备 MAC PDU，而为哪个逻辑信道组装 MAC PDU 并递交到物理层，是 MAC 冲突处理的内容。MAC 层的整体逻辑是若配置了基于逻辑信道优先级的冲突处理机制（使用 lch-basedPrioritization 字段），则 MAC 层优先为较高优先级的上行链路数据组装 MAC PDU 并递交到物理层。接下来我们通过一个例子来看看 UE 具体如何确定优先级。

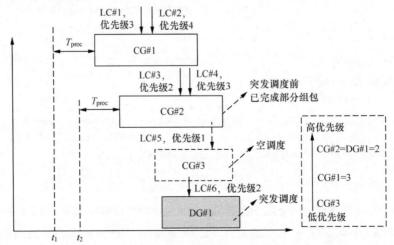

图 6-28　基于逻辑信道的优先级划分和冲突解决示意图

如图 6-28 所示，网络为 UE 预先配置了两个可配置调度资源 CG#1 到 CG#3。假设在 t_1 时刻，MAC 需要考虑处在最近时域位置的 CG#1 组包。由于 CG#1 到 CG3 的资源为高层预配置的，因此 MAC 预判 CG#1 与 CG#2、CG#3 在时域上发生冲突。对于 CG#1，映射到其上的，有数据待发送的逻辑信道的最高优先级为 3；对于 CG#2，映射到其上的，有数据待发送的逻辑信道的最高优先级为 2；对于 CG#2，映射到其上的，逻辑信道最高优先级为 1，但此时无数据发送，所以优先处理 CG#2。MAC 层在随后为 CG#2 的高层数据组装 MAC PDU。此后，逻辑信道 #6 有突发数据，其逻辑信道优先级为 2，基站计划用动态调度的方式进行传输。此时发现 CG#2 和 DG#1 发生时域冲突。根据协议规定，在发生可配置调度和动态调度传输冲突时，若优先级相同，则优先发送 DG 资源。因此，MAC 会"转向"为 DG#1 组装 MAC PDU 并最终递交到物理层。

这个复杂的例子暴露出以下几个技术问题。

（1）如何确定各上行传输的优先级？

（2）在发生时域冲突时，如何处理冲突？

（3）如何向物理层递交 MAC PDU 数量？

首先，传输资源的优先级由映射到其上的有数据待发送的多个逻辑信道的最高优先级确定。比如对于 CG#1，有两个有数据发送的逻辑信道 LC#1 和 LC#2，它们的优先级分别为 3 和 4，则 CG#1 的优先级为 3。同理，若 CG#2 的优先级为 2，DG#1 的优先级为 2；对于无数据发送的空调度（如 CG#3），其优先级最低。发送 SR 的优先级为 SR 的逻辑信道的优先级。

确定了冲突资源的优先级后，则需要考虑优先级处理问题。根据 3GPP TS 38.321 中的规定：

（1）当冲突资源的优先级不同时，优先传输高优先级上行资源承载的数据，对于图 6-28 中的例子，最高优先级为 CG#2 和 DG#1；

（2）当两个冲突资源的优先级相同时，

① 若冲突为可配置调度和动态调度冲突，则类似 R15，优先进行动态调度传输。在本例中，优先传输 DG#1。

② 若是可配置调度和可配置调度冲突，则由 UE 实现来决定优先传输哪个资源。

③ 若是 SR 和 PUSCH 冲突，则类似 R15，优先进行 PUSCH 传输。

在本例中，在突发调度 DG#1 前，MAC 已经确定优先传输 CG#2。因此，应为 CG#2 组装部分 MAC PDU。由于发生突发调度，那么 MAC 是否为 DG#1 组包？已完成的部分 CG#2 MAC PDU 如何处理？

在 RAN2 #106 会议上形成结论，当冲突发生且一个调度被去优先级时，如果去优先级的调度已经生产了 MAC PDU（如 CG#2），则基站需要将去优先级 MAC PDU 存放在缓存中，以便网络进行重传。如果去优先级的资源为 CG 资源，UE 可自动重传被去优先级的 MAC PDU。此时，去优先级的数据被当作新数据进行重传，使用的资源为相同 CG 配置中具有相同 HARQ 进程的 CG 资源，UE 的自主传输功能为选择性功能（antonomouseTx 字段控制）。如果网络已经为去优先级的 MAC PDU 安排了重传，即便 UE 配置了自动重传功能，UE 也不执行自主传输。

当冲突发生时，如果一个调度被去优先级，且这个调度并未产生 MAC PDU，则 MAC 只会为优先传输的调度生成 MAC PDU 并递交物理层，而去优先级的调度将不生成 MAC PDU。

在 6.1.4 节中，我们介绍了基于物理层的优先级（PHY Priority）及传输冲突解决机制。简单来说，对于动态调度场景，物理层会利用 DCI 中 1bit 的 Priority indicator 指示物理层优先级。对于非动态调度场景，由 RRC 层配置物理层优先级（见 ASN.1 6-5）。当高优先级上行传输和低优先级上行传输时域发生冲突时，取消低优先级上行传输。

物理层和 MAC 层的基于逻辑信道的优先级有什么区别和联系吗？

这样的"双层优先级"的处理主要由 MAC 层在进行数据调度时的特殊地位所决定。MAC 层处理调度、逻辑信道优先级问题，为物理层下发待传输的 MAC PDU，决定发什么数据；而物理层负责资源分配，决定在哪个时频资源上传输数据，整体的逻辑是"先决定发什么，再决定在哪里传输"。所以从这个角度来看，物理层负责时频资源分配，应掌握处理传输资源冲突的主动权。

但 URLLC 业务产生的可配置调度资源（也包括传输 SR 的 PUCCH 资源）是预先分配物理层资源再等待数据发送，逻辑是"先分配资源，再等待数据"，这难免会存在资源"过度分配"的问题，即如果后续高层没有数据需要发送，则会导致资源浪费。所以，如果我们仍然遵循"先决定发什么，再决定在哪里传输"的逻辑，将处理传输资源冲突的任务全部交给物理层，则物理层会因为不知道 CG 预分配的资源是否有数据需要发送，而无法正确处理冲突。要处理好冲突，就需要实现物理层和 MAC 层的层间交互，让 MAC 层也参与到传输冲突处理的过程中。如果 MAC 层参与进来，还会因为避免一些没必要的 MAC PDU 组包操作而获得处理和时延的增益。因此，3GPP 经过讨论，最终决定由 MAC 层进行一次优先级筛选，然后由物理层决定冲突的解决方案（在 R16 阶段，物理层只支持优先发送，而不支持冲突出现时的复用机制），且物理层和 MAC 层的基于逻辑信道的优先级独立配置[8]。

R16 关于 UE 内优先级和冲突处理机制的设计并非一个完美的设计。在一些特殊情况下，可能会出现 MAC 层优先级和物理层优先级处理相矛盾的状况，这些异常情况也许需要后续协议考虑。

系统观 10　车联网技术背景与 LTE C-V2X

车联网技术，即基于副链路的 5G V2X。因为车联网和自动驾驶技术备受关注，也涉及较多的行业和技术背景，为了让读者更好地理解 5G V2X，我们再次插入"系统观"章节。如果读者已经对车联网行业及 LTE V2X 技术有了较深入的理解，可以直接跳过此部分内容。

Ⓐ　聊聊自动驾驶那些事儿

在电动化浪潮席卷汽车业的当下，汽车智能化的趋势已无法扭转。作为汽车智能化的焦点，自动驾驶及领航辅助驾驶技术已经成为所有汽车企业竞相追逐的对象。

说到自动驾驶，我们一定会联想到很多东西。比如，特斯拉、Google 的 Waymo、百度的 Apollo 和集度的汽车机器人概念车等。如果你从事通信行业，可能还会想到另外一大堆词汇，比如车联网、人工智能、智能网联汽车、智慧交通、智慧城市、V2X、802.11p、专用短程通信（DSRC）等。那么到底什么是自动驾驶，自动驾驶的发展状况如何，是否已经实现？

要回到上述几个问题，首先需要澄清两个概念，即自动驾驶和车联网。要理解这两个概念，我们首先要借用另一个概念——智能网联汽车。

智能网联汽车是人们对未来汽车智能化发展趋势的经典概括。中国汽车工程学会在2016年发布的《节能与新能源汽车技术路线图》（以下简称《技术路线图》）对智能网联汽车的定义：智能网联汽车是指搭载先进的车载传感器、控制器、执行器等装置，并融合现代通信与网络技术，实现车与X(人、车、路、后台等)智能信息交换共享，具备复杂的环境感知、智能决策、协同控制和执行的系统。《技术路线图》指出了智能网联汽车两个并行发展维度——智能化和网联化。智能化和网联化的分级定义如表6-12和表6-13所示。

表6-12　智能网联汽车智能化分级

智能化等级	等级定义	控制	监视	失效应对
人监控驾驶环境				
1. 驾驶辅助（DA）	系统根据环境信息执行转向和加减速中的一项操作，其他驾驶操作都由人完成	人与系统	人	人
2. 部分自动驾驶（PA）	系统根据环境信息执行转向和加减速操作，其他驾驶操作都由人完成	人与系统	人	人
系统监控驾驶环境				
3. 有条件自动驾驶（CA）	系统完成所有驾驶操作，根据系统请求，驾驶员需要提供适当的干预	系统	系统	人
4. 高度自动驾驶（HA）	系统完成所有驾驶操作，在特定环境下系统会向驾驶员提出响应请求，驾驶员可以不对系统请求进行响应	系统	系统	系统
5. 完全自动驾驶（FA）	系统可以完成驾驶员能够完成的所有道路环境的操作，不需要驾驶员介入	系统	系统	系统

表6-13　智能网联汽车网联化分级

网联化等级	等级定义	控制	典型信息	传输需求
1. 网联辅助信息交互	基于车–路、车–后台通信，实现导航等辅助信息的获取及车辆驾驶数据和驾驶员操作等数据的上传	人	地图、交通流量、交通标识、油耗、里程等信息	传输实时性、可靠性要求低
2. 网联协同感知	基于车–车、车–路、车–人、车–后台通信，实时获取车辆周边交通环境信息，与车载传感器的感知信息相融合，作为自主决策与控制系统的输入	人与系统	周边车辆、行人、非机动车辆位置、信号灯相位、道路预警等信息	传输实时性、可靠性要求高
3. 网联协同决策与控制	基于车–车、车–路、车–人、车–后台通信，实时并可靠地获取车辆周边交通环境信息及车辆决策信息，对车–车、车–路等各交通参与者之间的信息进行交互融合，形成车–车、车–路等各交通参与者之间的协同决策与控制	人与系统	车–车、车–路间的协同控制信息	传输实时性、可靠性要求最高

结合《技术路线图》对智能化和网联化的定义，我们可以得到图6-29所示的智能化与网联化的分级。从这张图可以看出，智能化和网联化相辅相成，两者相互制约、相互促进。我们目前的技术水平处在智能化从PA到CA过渡、网联化从L1到L2过渡的状态。

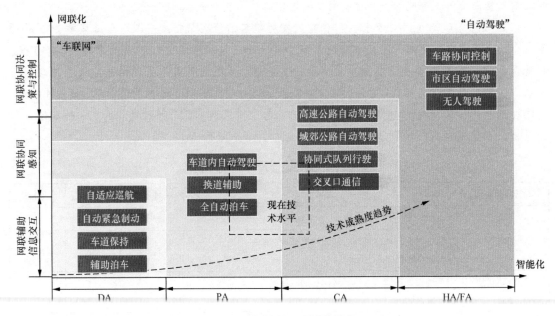

图 6-29　智能化、网联化分级

　　看到这里，可能有些读者会察觉到图 6-29 中的现在技术水平画得不够准确，比如特斯拉已经可以实现城市道路和高速公路的有条件自动驾驶，甚至还有一些车企宣称自己的最新技术已经达到了高度自动驾驶（HA）的水平。这得益于传统的汽车行业和互联网行业的技术融合，在先进的传感器技术和图像识别技术的加持之下，智能汽车跨过网联化向智能化的方向倾斜。这就是大量传统互联网企业涌入自动驾驶领域的原因，这些企业掌握了先进的人工智能技术。然而，目前实现的自动驾驶和我们希望最终实现的自动驾驶并不一样。基于大量激光雷达、毫米波雷达、超声波传感器和摄像头实现的自动驾驶，虽然已经可以处理很大一部分路况条件下的信息获取，但是我们必须看到，这种感知能力有很大的局限性，即它们都是视觉范围内的感知，或者是短距离的感知。在缺少通信手段支持的情况下，感知的能力受到很大限制，这为自动驾驶带来安全隐患。

　　如图 6-30 所示，当小汽车准备变道到大货车前方时，由于传感器的探测被大货车遮挡，因此无法知晓小货车的变道准备，也不知道人行道的行人行为。在出现危险时，基于传感器的自动驾驶车辆已经没有足够的时间规避危险。

图 6-30　依赖传感器实现的自动驾驶的局限性

　　从这个案例中我们可以看到，真正的自动驾驶绝不仅仅是智能化，而应该是智能化与网联化的结合。在通信范畴［无论是专用短程通信（DSRC）还是 C-V2X］内解决的是网联化问题，而传统的汽车行业中的"自动驾驶"，严格来说只能解决智能化问题。利用先进的通信技术，实现车与车、车与人、车与路、车与网的信息交互，并结合各类车载传感器实现汽车对周围环境信息的全方位主动获取，最终利用这些信息完成车与车、车与路等交通参与者之间的协同决策和控制才是真正的自动驾驶。这样的自动驾驶才是我们希望看到的真正安全的自动驾驶。

Ⓑ 3GPP 的竞争者——IEEE 802.11p

早在 20 世纪的最后几年，通信界已经向车联网领域攻关。1999 年 10 月，FCC 将 5.9GHz 频谱中的 75MHz 频谱分配给智能交通系统（ITS）以增强行车安全。这标志着人们正式开启车联网时代。

2004 年 11 月，IEEE 成立 802.11p 技术组，旨在满足 ITS 应用需求，研发一个基于 802.11 技术（Wi-Fi 技术）的短距离车载通信系统。2010 年 7 月，IEEE 802.11p 正式对外发布高速车载自组织网络，具备车与车（V2V）和车与路（V2I）之间的信息交互能力。在 IEEE 802.11p 和 IEEE 1609 的基础上形成了 DSRC 技术族。

DSRC 其实并不是具体指某一个特定的应用场景，而只是一类短距离通信技术。但人们常常用 DSRC 来指代 IEEE 制定的"车载环境通信的系统架构"（WAVE）相关的一组频谱或技术标准，如图 6-31 所示。其中，物理层和 MAC 层对应 802.11p。

从图 6-31 中我们可以看到，802.11p 协议并不能独立使用，它仅定义通信协议栈中的物理层和 MAC 层部分。而高层 IEEE 1609 系列协议负责通信实体安全、网络服务和多信道操作等。

802.11p 协议由 IEEE 基于 802.11a 协议并考虑车载通信的独特需求扩展而成，以自组织网络模式工作，不需要基站。802.11p 和 802.11a 均采用 OFDM 调制技术。为避免邻近车辆之间的干扰，802.11p 制定了较普通局域网场景下更加严格的邻信道抑制（ACR）指标，并配合 DSRC 的频谱规划，选择采用 10MHz 的信道带宽。它对存在障碍物的移动条件进行了优化，能够处理因为

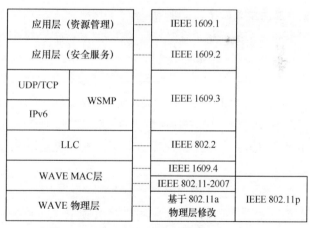

图 6-31　WAVE 标准体系

相对速度高达 500km/h 而产生的快速变化的多径反射和多普勒频移。其典型的 LoS 通信距离是 1km。IEEE 802.11p 引入了多址访问机制 [带有冲突避免的载波侦听多路访问（CSMA-CA）协议] 与分布式拥塞控制（DCC），可高效地应对高密度应用场景。

IEEE 802.11p 的 MAC 协议基于分布式协调访问机制和 IEEE 802.11e 协议的 QoS 发展而来，以提供不同传输的差异化 QoS。为了满足车联网主动道路安全应用对时延的要求，IEEE 802.11p 在 MAC 层设计了新的基本服务集（BSS）类型 WBSS(WAVE BSS)。支持 IEEE 802.11p

工作模式的 UE 设备间无须交互关联数据就可以加入 WBSS，从而降低了通信连接、建立的时延。

IEEE 1609.1、IEEE 1609.2 和 IEEE 1609.3 标准与上层应用和服务相关。其中，IEEE 1609.1 负责 WAVE 中的资源管理，WAVE 的应用为资源管理器，在 IEEE 1609.1 中描述了资源管理器处理来自资源管理应用的请求和 OBU（车载单元）的通信；IEEE 1609.2 主要与安全服务相关，负责安全服务的应用和消息管理，定义了安全信息的格式及 DSRC/WAVE 系统中的安全信息的处理过程；IEEE 1609.3 制定了 WAVE 中的网络服务，提供 WAVE 系统的寻址及路由服务。在 IEEE 1609.3 提供两类的传输服务——IPv6 和 WAVE 短消息（WSM）服务。IEEE 1609.4 规范了多信道操作的方法，提供信道的协调和 MAC 子层的管理功能。UE 可在 CCH（控制信道）监听相邻 UE 或邻近区域广播的 WSA（WAV 服务广播）和传输的 WSM，并可根据 WSA 指示跳转至特定的业务信道（SCH）。

DSRC 和 WAVE 都是通信技术进军汽车产业的"第一个吃螃蟹的人"。在获得频谱资源后，以 802.11p 技术为基础的 DSRC 获得了大量产业支持。多家半导体公司设计和测试了通过汽车资格认证的 IEEE 802.11p 兼容产品。多家供应商可以提供大量的硬件和软件产品，从而组成了一个丰富的生态系统。在市场上也有许多汽车型号采用了 IEEE 802.11p，并且在美国、日本和欧盟进行的大规模测试中也验证了其有效性。但后续的发展并不像我们想象中的那么顺利。2017 年 DSRC 迎来了一个强劲的对手——C-V2X（蜂窝 V2X）。

Ⓒ DSRC 的强劲对手 C-V2X

在通信行业中，IEEE 与 3GPP 之间有一种"亦师亦友亦敌"的关系。一方面，在技术层面它们相互借鉴、相互影响。比如在 1.7.4 节中介绍 4G 技术的由来时就提到过的，4G 的两个核心创新 OFDM 和 MIMO 都分别首先应用于 IEEE 制定的 802.11n 和 802.16e（虽然这两个技术并非由 IEEE 发明，但 IEEE 的技术实践为 3GPP 定义后续的电信网络标准提供了很好的借鉴）。另一方面，3GPP 和 IEEE 也是某个角度而言的"敌人"。比如 3G 时代，IEEE 的 802.16 WMAN 与 3GPP 的 WCDMA、TDS-CDMA 的竞争；4G 时代，LTE 和 IEEE WiMAX 的竞争；4G 后期，3GPP 的微小区及 HeNB 和 IEEE Wi-Fi 的竞争，直至现在 DSRC 与 C-V2X 的竞争，无不充斥着浓浓的硝烟味。

不得不说 IEEE 凭借其强大的学术背景，在技术的前瞻性方面有其他标准化和研究组织无法企及的优势。当然，我们在 3GPP 和 IEEE 的竞争中也看到了两者之间的明显差异。一个以技术为驱动，拥有极佳的前瞻眼光，敢于用技术创新去探索新的领域和市场；一个以市场为驱动，肩负推动整个电信生态链发展的重任，在"维护全球统一标准"与"推动技术创新"之间踌躇前行。也许正是因为两者之间的"性格"差异，它们产出的技术也有明显的"性格"倾向，即 3GPP 面对的是电信级网络，追求的是绝对可管可控和高质量的服务提供，拥有成熟的商业模式；IEEE 更多面对的是局域网络，追求的是免费和自由。这些"性格"的差异，也让 3GPP 的 C-V2X 有了后来居上的可能。

C-V2X 技术由 3GPP 基于蜂窝通信网络架构在 LTE 时期首次引入移动通信网络。表 6-14 给出了 C-V2X 技术标准发展路线。其中，预备阶段指 LTE 新增的基于 PC5 接口的 UE 与 UE

直接通信（D2D）技术。D2D定义了一种UE间直接进行数据传输的技术，它类似于802.11技术中的Wi-Fi Direct技术。而D2D与V2X之间的关系也类似于802.11a与802.11p之间的关系。

表6-14　C-V2X技术标准发展路线

阶段	标准项目	项目性质	项目编号	技术版本	工作组	研究启动时间	研究结束时间
预备阶段	Study on Proximity-based Services	SI	530044	R12	S1	2011-9-22	2013-3-5
	Proximity-based Services（ProSe）	WI	580359	R12	S2	2012-12-13	2014-6-18
	Study on LTE Device-to-Device Proximity Services	SI	580038	R12	R1～R4	2012-12-17	2014-3-6
	LTE Device to Device Proximity Services（D2D）	WI	630130	R12	R1,R2,R4	2014-3-15	2015-3-13
	Enhanced LTE Device to Device Proximity Services（eD2D）	WI	660074	R13	R2,R1,R3	2015-8-14	2016-3-15
第1阶段（4G）	Study on LTE support for V2X services（FS_V2XLTE）	SI	700019	R14	S1～S3, R1	2015-2-9	2016-6-17
	Stage 1 for LTE support for V2X services	WI	690035	R14	S1	2015-9-9	2016-3-17
	Architecture enhancements for LTE support of V2X services	WI	720011	R14	S2	2016-6-9	2016-12-15
	RAN aspects of LTE-based V2X Services（LTE-V2X）	WI	720090	R14	R1,R2,R4	2016-6-15	2018-12-14
	Support for V2V services based on LTE sidelink（LTE_SL_V2V）	WI	700061	R14	R1,R2,R4	2015-12-15	2018-9-14
第2阶段（4G）	Enhancements on LTE-based V2X Services（LTE-eV2X）	WI	750062	R15	R1, R4	2017-3-15	2018-12-14
第3阶段（5G）	Enhancement of 3GPP support for V2X scenarios	SI/WI	750003	R15	S1	2016-6-9	2017-3-22
	Architecture enhancements for 3GPP support of advanced V2X services（LTE）	WI	840078	R16	S2	2018-12-13	2019-6-14
	Support of advanced V2X services - Phase 2（5G）	WI	910037	R17	S2	2019-9-19	2021-9-8
	Study on NR Vehicle-to-Everything (V2X)	SI	800096	R16	R1	2018-6-15	2019-3-15
	5G V2X with NR sidelink（5G-V2X）	WI	830078	R16	R1	2019-3-1	2022-6-10

在 SA 工作组和 RAN 工作组的配合下，3GPP 从 2011 年开始着手 D2D 技术的标准化工作，最终于 2016 年完成 R12 和 R13 两个版本的 D2D 技术标准化工作。随即，在 2015 年的 R14 中开启 LTE-V2X 的研究和标准化工作，最终于 2018 年 12 月完成第 1 阶段的标准化工作。R14 评估了支持 V2X 业务增强技术的方法，并基于 PC5 接口和 Uu 接口技术方案增强支持 V2X 业务，进行信道结构、同步过程、资源分配和相关的射频指标及性能要求等关键技术研究。其中 SA1 负责业务需求研究，定义了 LTE V2X 支持的业务要求。SA2 负责系统架构研究，确定 V2X 业务通过 PC5 和 Uu 接口实现。SA3 研究了 V2X 的安全需求并调研和评估对现有安全功能和架构的重用和增强，以支持 V2X 业务的 LTE 架构增强。

在 R14 后，3GPP 又开启了 C-V2X 的第 2 阶段研究，在 SA1 的主导下定义了 25 个用例，共计五大类需求，包括自动车队驾驶、半/全自动驾驶、支持扩展传感、远程驾驶和基本需求。最终由 RAN1 完成 R15 的 eV2X 标准化工作。项目主要包括载波聚合、发送分集、高阶调制、资源池共享等，最终于 2018 年 12 月结项。

V2X 第 3 阶段标准化工作基于 5G 新的网络架构和空口技术开展，和 LTE 类似，NR V2X 技术在 PC5 接口上实现。NR V2X 于 2018 年开启研究，并于 2022 年完成所有的标准化工作。

Ⓓ LTE 阶段的 C-V2X

如前面的介绍，LTE C-V2X 技术分别在 R14 阶段和 R15 阶段被引入 LTE 系统。下面将对 LTE C-V2X 的工作机制进行简单的介绍。考虑到本书的主题内容为 5G，为了避免读者将 LTE 和 NR V2X 技术混淆，此处并不对协议细节进行展开，仅介绍网络架构、典型工作场景，资源分配方式和同步方式相关内容。

a. 网络架构与部署场景

图 6-32 给出了 LTE C-V2X 接入网架构[1]。其中，左图上半部分为传统的 LTE 接入网架构，LTE 基站（eNB）与移动性管理实体（MME）、业务网关（S-GW）之间通过 S1 接口相连，eNB 之间通过 X2 接口相连。新定义的路侧单元（RSU）可通过直连的 NR（PC5 接口）与 LTE-V2X 车载 UE 和其他 RSU 通信，也可通过空口（Uu 接口）与支持 LTE-V2X 的 eNB 相连，并通过 eNB、核心网实现与系统中其他 RSU 之间的通信。车与车之间、车与行人之间、车与路侧单元间均可通过 PC5 接口相连。因此，可实现各交通参与方（汽车、人、路侧单元）与后台网络之间的信息交互，以及交通参与方之间的直接信息交互。因此，C-V2X 可依赖远距通信的 Uu 接口和短距通信的 PC5 接口实现各种传感器、摄像头、雷达无法实现的 NLoS 信息感知。

车联网和普通的移动通信网络在部署场景上有一些明显的差异。比如，在一些无法实现网络覆盖的区域（偏僻山区）或网络覆盖的盲点、弱覆盖区域（隧道等），也仍然需要保障车联网系统的可用性。此外，考虑到不同的车载 UE 可能属于不同的 PLMN（公共陆地移动网），C-V2X 需要保证跨 PLMN 的互操作。因此，在 LTE C-V2X 中支持如下 3 种部署场景，如图 6-33 所示。

1　路侧单元（RSU）可以是 UE 形态，也可以是基站形态。如果路侧单元为 UE 形态，则路侧单元和 UE 之间为 PC5 接口；否则为 Uu 接口。

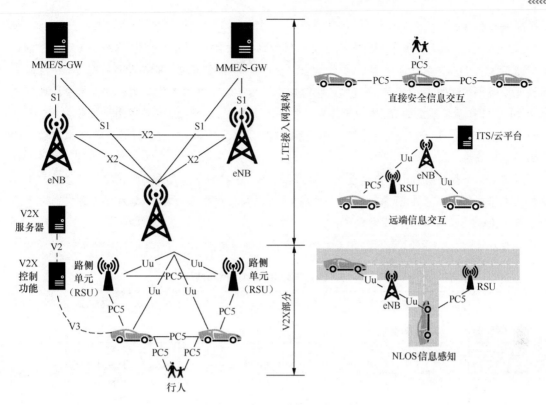

图 6-32　LTE C-C2X 接入网架构

部署场景 1：无覆盖场景

没有运营商部署蜂窝网络，仅支持车与车之间的 V2X 直接通信；无须运营商进行网络部署，只需要汽车支持 PC5 接口。本场景为安全类应用的默认部署场景。

部署场景 2：部分覆盖场景

部分车辆处在蜂窝网络覆盖范围内，部分车辆工作在蜂窝网络覆盖范围外。

部署场景 3：跨 PLMN 场景

多个运营商各自服务部分车辆，车辆之间需要跨 PLMN 互通。

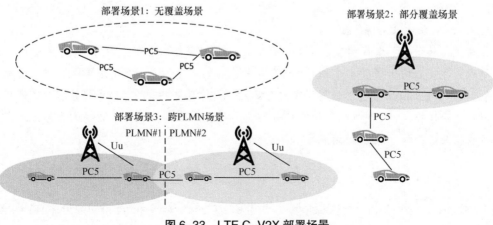

图 6-33　LTE C-V2X 部署场景

b. 物理层概述

LTE C-V2X 采用了类似于 LTE 上行信道的 SC-FDMA(单载波频分多址)，支持 10MHz 和 20MHz 的信道带宽，和常规的 LTE 一样，在频域上，由多个频域资源块（RB）组成，每个 RB 由每个频域宽度为 15kHz 的 12 个子载波组成；在时域上，由 1ms 时域宽度的子帧构成，其中，每个子帧由 14 个带有循环前缀的 OFDM 符号构成。在一个子帧中，9 个 OFDM 符号用于传输数据，4 个 OFDM 符号（第 3、6、9、12 个 OFDM 符号）用于传输 DMRS，进行信道估计并对抗高速移动条件下的多普勒效应。

考虑 V2X 业务分组大小可能发生变化，LTE-V2X 使用控制信息 SA(调度分配)来指示初传或重传的数据分组大小。在 LTE C-V2X 的 PC5 接口直通通信中将 SA 和指示的数据资源在同一个子帧中进行传输，以 FDM 或 TDM 的方式复用在一起。

如表 6-15 所示，RAN1 为 PC5 定义了如下的物理层信道和信号。

表 6-15 LTE PC5 物理层信道和信号

	LTE 下行	LTE 上行	LTE PC5
传输方案	OFDMA	SC-FDMA	SC-FDMA
物理信道	PDSCH PBCH PDCCH PHICH PCFICH	PUSCH PUCCH PRACH	PSSCH PSCCH PSBCH PSDCH
物理信号	DMRS CSI-RS PSS、SSS	SRS	DMRS SLSS（PSSS 和 SSSS）

PSSCH：物理副链路共享信道，用于传输用户数据。PSSCH 将与关联的 PSCCH 在同一个子帧中传输。

PSCCH：物理副链路控制信道，用于传输副链路控制信息（SCI）。

PSBCH：物理副链路广播信息，用于同步控制和调整。

PSDCH：物理副链路搜索信道，用于 D2D 的发现过程。

c. 资源分配模式

3GPP 为了支持在无蜂窝覆盖场景和有蜂窝覆盖场景下实现 V2X 通信，定义了两种资源分配模式，具体如下。

Mode 3[1]：集中式资源分配

该模式与传统 LTE 调度类似。在这种模式下，车辆需要在 E-UTRAN(演进的通用移动通信业务陆地无线接入网)覆盖范围内且处于 CONNECTED 态。通过向 eNB 发送传输请求，由 eNB 为 V2V 通信动态分配 SCI 和数据传输所需要的资源，从而进行整个车联网的干扰管理。该模式虽然可以避免资源碰撞，但它需要依赖网络部署实现，且相较于 Mode 4，有较高的时延，还会占用宝贵的授权频谱资源，如图 6-34 所示。

---

1 Mode 1 和 Mode 2 为 D2D 通信的两种资源调度模式。其中 Mode 1 为 D2D 基站集中调度；Mode 2 为 D2D 的自主资源选择模式。

图 6-34　Mode 3

Mode 4：分布式资源分配

　　Mode 4 又被称为 UE 自主资源选择模式。在这种模式下，车辆/UE 在专用频段上探测资源占用情况并执行半持续调度。由于 V2V 业务通常具有周期性特点，因此通过 UE 进行探测可以避免拥塞并可根据 V2X 周期性业务模型预估未来可能发生的拥塞情况，从而进行资源的占用和预留。在该传输模式下，由发送 UE 的 MAC 调度器根据 eNB 的高层信令或者 UE 内部预设定义的 MCS 范围来确定传输所使用的调制编码方式。但该模式难以避免一些资源碰撞的发生。该模式如图 6-35 所示。

图 6-35　Mode 4

d. LTE C-V2X 同步

　　考虑到在 V2X 的无网络覆盖场景下，因为缺少了蜂窝信号的覆盖，无法像一般的 UE 那样通过基站进行同步。所以 LTE C-V2X 允许车载 UE 在覆盖外或同步参考信号微弱的场景下，通过副链路从其他 UE 获得同步参考信号，从而与网络完成同步。

　　LTE C-V2X 的同步过程和常规 LTE 系统同步流程非常相似。首先，UE 将进行同步信号的检测，包括主同步信号和辅同步信号的检测，找到同步信号位置后，根据同步信号携带的 SLSS ID 来选择 UE 的同步信号参考源；接着，进行 DMRS 的解调、符号定时同步和频域同步；然后，对广播信道进行解调，获得主广播信息，包括系统帧号、系统带宽等关键信息；最后，完成 PSSCH 的解调，接收 SIB 信息。LTE C-V2X 同步流程如图 6-36 所示。

　　整体而言，相比 DSRC，C-V2X 具备更高的通信稳定性、更长的通信距离、更强的抗干扰性能、更高的频谱使用效率。与此同时，

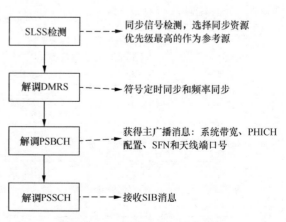

图 6-36　LTE C-V2X 同步流程

凭借强大的电信生态圈，C-V2X 有更好的商业发展前景。表 6-16 给出了两个技术之间的比较。

表 6-16　LTE C-V2X 与 DSRC 比较

		DSRC（802.11p）	LTE C-V2X	C-V2X 优点
场景支持	高密度场景支持	严重的资源冲突，丢包可能性较大	在 Mode 1 下可避免资源冲突	更好地支持高密度场景
	高速场景支持	在先进接收机情况下支持最高 500km/h 的相对速度	在最小设备需求下可达到 500km/h 的相对速度	更好地支持高速移动场景
	支持场景	V2V、V2I	V2V、V2I、V2P，V2N	支持更丰富的业务场景
	是否支持 V2N	需要通过 AP 与网络连接	支持	与蜂窝网络兼容
	传输距离（90% 正确率，280km/h 的相对速度）	最长为 255m	在 PC5 接口下超过 450m，在 Uu 接口下传输距离更长	支持更大的通信范围
	周期性业务支持	100ms 或 50ms	100ms 或 20ms	支持更小的周期
	传输路径	短距离直连	长距离连接（Uu 接口）+ 短距离直连（PC5 接口）	支持更丰富的业务场景
	传输速率	3Mbit/s ～ 27Mbit/s	500Mbit/s	支持大数据速率传输场景
	传输时延	小于 50ms	小于 20ms	支持更多的安全场景
物理层处理	信道编码	卷积码	Turbo 码	Turbo 码的编码增益可在相同传输距离下获得更高的可靠性，或在相同可靠性下传输距离更远
	重传	无	支持两次盲重传	提高可靠性
	波形	OFDM	SC-FDMA	PAPR 影响更小，在相同功放情况下，可获得更大的发射功率
	信道估计	每帧 1 个参考符号	每子帧 4 个参考符号	4 列 DMRS 有效支持高速场景
	多天线	不支持	强制 2 天线接收分集、支持 2 天线发送分集	获得分集增益，且可实现更大的覆盖距离
资源分配机制	资源复用	TDM	TDM/FDM	实现节点密度、业务量和时延之间的平衡
	资源选择机制	CSMA/CA	感知 + 半静态调度 分布式 + 集中式	充分考虑业务周期性，可充分利用感知结果避免产生资源冲突
	资源感知	通过固定门限及检测前导码来判断信道是否被占用	通过功率和能量测量感知资源占用情况	考虑业务优先级对资源选择的影响，功率和能量测量提供资源感知结果供资源选择使用
同步	同步方式	异步	同步	降低信道接入开销，提高频谱利用率
其他	商业模式	相对成熟，部分商用	Uu 接口商业模式成熟，PC5 接口商业模式有待探索	—
	网络部署	需要部署 RSU	Uu 接口可完全基于现网实现；PC5 接口需要基于现网升级	网络部署相对投入较小
	演进路线	不清晰	清晰	技术可继续演进

6.3 5G 车联网技术——上层需求和网络架构的演进

仅拥有智能化能力，凭借各类车载传感器、摄像头、人工智能算法实现的"自动驾驶"因为缺乏先进的车联网技术进行感知扩展，并不是真正的自动驾驶。真正的自动驾驶的标志是"智能化 + 网联化"（在前面章节已介绍过），智能化是车企和互联网行业要做的事情（互联网拥有人工智能等图像处理识别能力），而通信行业要做的就是打破信息感知的 LoS 限制，实现网联化。

欧美推出的 DSRC 技术（或者说 IEEE 的 WAVE 标准体系，包含 802.11p 底层协议）是网联化的先驱技术，而 3GPP 从 2011 年左右启动的基于蜂窝网络的 C–V2X 凭借其强大的电信生态和号召力，成为有力的"后来居上者"。

在表 6-14 中笔者大致梳理了第 1、2 阶段 C–V2X 标准演进过程，但相信很多读者对 3GPP 众多立项之间的关系仍然感觉困惑。因此，这里给出了 3GPP C–V2X 标志演进与项目关联示意，如图 6-37 所示。

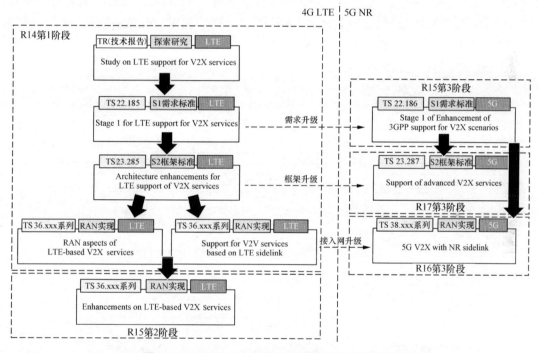

图 6-37 3GPP C–V2X 标准演进与项目关联示意

车联网相对电信网络来说，是一个垂直行业需求。因此，所有的 C–V2X 标准项目均从上层需求出发。在 LTE 阶段，3GPP SA1 工作组牵头完成了对 V2X 业务需求、场景的研究及对应的标准化工作。基于这些对上层应用的需求和场景的理解，SA2 小组开展了网络架构的标准化工作。再基于网络架构的研究，C–V2X 最终在 R14 阶段完成了接入网落地。由于 3GPP 将基于传统空口（Uu 接口）和基于直连空口（Sidelink 的 PC5 接口）均纳入 C–V2X 范畴，因此，在 R14 阶段，3GPP 分别对 Uu 接口和 PC5 接口的 V2X 服务进行了增强并标准化，这就是第 1 阶段的 C–V2X。在 R15 中，RAN 工作组又对 C–V2X 进行了一次增强，得到第 2 阶段的 C–V2X。需要注意的是，第 2 阶段的 C–V2X 虽然版本号和 NR 版本号一样（都是 R15），但第 2 阶段的 C–V2X 是基于 LTE 系统的增强，而且并未考虑更高级的 V2X 业务需求。

为了在 NR 系统进一步增强 C-V2X 能力，SA1 工作组在 R15 再次对 V2X 的高级需求进行了梳理（参见 3GPP TS 22.186）。基于这些梳理，SA2 完成了网络架构的增强，并最终由 RAN 工作组基于新需求和新框架完成第 3 阶段的 C-V2X 接入网部分的标准制定工作。

6.3.1　V2X 上层需求的演进

随着 5G NR 技术标准化工作的开展，C-V2X 技术也迎来了再一次增强的契机。2016 年 6 月，3GPP SA 工作组的 SA1 小组成立了"Enhancement of 3GPP support for V2X scenarios"项目，对车联网的高级应用需求和场景进行研究，项目输出物和 LTE 时期发布的 V2X 基础需求 TS 22.185"合并"，形成了自动驾驶对移动通信网络从低级到高级场景完整的技术需求集合。

C-V2X 第 1 阶段的技术需求由 SA1 小组牵头在"Study on LTE support for V2X services"项目中完成。经过大量的外部调研，研究人员共计梳理出 27 个 V2X 基础应用场景，并对这些基础应用场景进行了技术分析，实现了各场景对时延、消息大小、消息频率通信范围等指标的需求，输出技术报告 TR 22.885。

为了帮助读者快速地理解这些基础应用场景和技术需求，这里给出图 6-38 和图 6-39，展示 3GPP 定义的 12 个安全相关场景和 3 个非安全场景。

图 6-38　C-V2X 第 1 阶段基础应用场景及技术需求（安全相关场景）

图 6-39　C-V2X 第 1 阶段基础应用场景及技术需求（非安全场景）

根据上述基础应用场景，最终 3GPP 形成技术标准 TS 22.185，以指导其他技术组进行各自领域细节标准的制定。表 6-17 给出了传输 V2X 业务时对数据包传输的性能需求。

表 6-17　第 1 阶段 V2X 应用需求

技术指标	最小	最大
时延需求	20ms	1000ms
消息大小（周期性）	50byte	300byte
消息大小（时间触发）	—	1200byte
消息频率	—	10Hz
通信范围（预留反应时间）	4s	—
速度需求（相对速度）	—	500km/h
速度需求（绝对速度）	—	250km/h
可靠性	要求高可靠性，但并未给出具体数据	

此外，TS 22.185 还对接入网设计提出了整体的要求，具体如下。

（1）当 E-UTRAN 为发射 UE 端提供服务时，数据传输应在 3GPP 系统控制下进行。

（2）当 UE 无法找到支持 V2X 功能的基站接入时，可通过 3GPP 系统预先配置参数和资源进行消息的传输和接收。

（3）支持 V2X 应用功能的 UE 在被支持 V2X 通信功能的 E-UTRAN 服务或不服务时，都能够发送和接收消息。

（4）无论 UE 是否接入支持 V2X 通信功能的 E-UTRAN，UE 都可以发送和接收 V2X 消息。

（5）路侧单元应能够向支持 V2X 功能的 UE 发送和接收消息。

（6）无论是否在同一个 PLMN 下，3GPP 系统都需支持 UE 之间的消息传输。

（7）3GPP 系统应提供 UE 间优先传输消息的方法。

（8）3GPP 系统应能够提供根据其类型优先传输消息的方法。

（9）3GPP 系统应能够根据服务状态改变 V2X 通信的传输速率和通信范围。

（10）3GPP 系统应能够以资源高效的方式向大量支持 V2X 能力的 UE 分发信息。

（11）支持 V2X 能力的 UE 应能够识别 E-UTRAN 是否支持 V2X 通信功能。

（12）3GPP 系统应能够为应用服务器和路侧单元提供控制消息分发区域的区域和大小的手段。

（13）E-UTRAN 应能够支持高密度 UE 场景。

（14）无论是归属地 PLMN 还是拜访地 PLMN，都应该支持 V2X 业务计费。

（15）对于使用有限资源（如电池）的 V2X UE，应该最小化消息传输对其资源的影响。

（16）3GPP 应以高效的资源利用方式提供任何先进的定位技术给 V2X UE。

根据上面的介绍我们可以发现，3GPP 在 4G 阶段提出的 C-V2X 需求场景重点聚焦在基本的交通安全场景。因此，第 1 阶段的（R14）C-V2X 技术也只能满足基本的道路安全服务需求。第 2 阶段的 C-V2X 技术在第 1 阶段的基础上提升了副链路的基本能力，包括利用载波聚合和散乱频率提高传输能力、引入了高阶调制以提高频谱效率、引入一些降低时延的特征。

整体而言，第 1 阶段的 C-V2X 技术和第 2 阶段的 C-V2X 技术已基本达到智能化等级 2 "部分自动驾驶" 场景下对网联化水平的要求。

在 3GPP 全面进入 5G 阶段后，为了指导核心网和接入网各组定义更高能力的 C-V2X 技术，SA1 在 2016 年 6 月立项 "Enhancement of 3GPP support for V2X scenarios"，定义了 C-V2X 的高级场景和技术需求。同样的，SA1 完成场景的研究输出技术报告 3GPP TR 22.886，并最终形成技术标准 3GPP TS 22.186。

在新的 eV2X 场景需求调研项目中，SA1 对 5 类共 30 个场景或问题进行了研究。5G V2X 应用场景与技术需求如表 6-18 所示。

表 6-18　5G V2X 应用场景与技术需求

场景类别	场景编号	V2X 场景	包大小（byte）	消息频率（Hz）	最大时延（ms）	可靠性	数据率（Mbit/s）	通信距离（m）
编队形势	5.1	eV2X 车辆编队支持	50 ～ 1200/300 ～ 400	30	10/25	90%	—	—
	5.2	编队内信息交互	50 ～ 1200	2	500		—	
	5.5	小车距自动协作驾驶	300 ～ 400/1200	—	25/10	90%/99.99%		80
	5.12	有限自动编队信息分享	6500/6000	50	20			
	5.13	全自动编队信息分享			20		65/50	
	5.26	车辆编队的 QoS						
先进驾驶	5.9	协同碰撞避免	2000		10	99.99%		10
	5.10	限制自动驾驶信息分享	6500/6000	10	100			
	5.11	完全自动驾驶信息分享	—		100		53/50	
	5.20	紧急行车轨迹共享			3	99.999%	30	500
	5.22	城市路口安全信息传输	450	50	—		DL:0.5 UL:50	
	5.23	协同变道	300 ～ 400/12000	—	25/10	90%/99.99%	—	—

场景类别	场景编号	V2X 场景	包大小（byte）	消息频率（Hz）	最大时延（ms）	可靠性	数据率（Mbit/s）	通信距离（m）
先进驾驶	5.25	三维视频合并	—	—	—	—	UL:10	—
	5.27	先进驾驶的 QoS	—	—	—	—	—	—
远程驾驶	5.4	eV2X 远程驾驶支持	—	—	—	—	—	—
	5.21	远程操作	—	—	20	99.999%	UL:25 DL:1	—
	5.28	远程驾驶的 QoS	—	—	—	—	—	—
扩展感知	5.3	感知和地图共享	—	—	10	95%	峰值速率 25	—
	5.6	集体环境感知	1600	—	3/10/50/100	99%/99.99%/99.999%	1000	50～1000
	5.16	自动驾驶视频数据共享	—	—	10/50	90%/99.99%	10/700	100/500
	5.29	扩展感知的 QoS						
其他需求	5.7	跨接入网制式通信						
	5.8	多 PLMN 环节通信						
	5.15	多 RAT						
	5.19	5G 覆盖外场景						
	5.14	动态骑行共享						
	5.18	代理访问						
	5.24	安全软件更新建议						
	5.30	多业务 QoS 评估						
	5.17	驾驶模式改变						

与第 1 阶段的需求梳理不同，5G 阶段的需求梳理将 C-V2X 技术的支持水平大幅提升，使其面向更高等级的智能化水平。从 3GPP TS 22.186 中的描述也可以看到，3GPP 明确指出将支持 HA 和 FA，对应的 3GPP C-V2X 提供的网联化水平也从第 1 等级"网联辅助信息交互"提升到第 3 等级"网联协同决策与控制"。这种上层应用需求的提升，也直接影响到网络架构、底层网络能力和设计思路的改变。当然，这并不意味着 R16 的 C-V2X 版本已经达到了 HA 或 FA 的水平，但至少 3GPP SA 将需求"牵引"到更高的水平。4G C-V2X 和 5G C-V2X 的演进路线如图 6-40 所示。

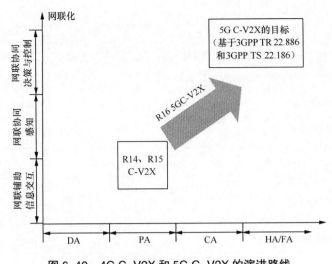

图 6-40　4G C-V2X 和 5G C-V2X 的演进路线

6.3.2　V2X 网络架构的演进

随着 S1 完成了对 V2X 高级需求的定义，接入网工作组和架构工作组也各自开启了 V2X 系统的升级工作。SA2 工作组在 R16 通过"Architecture enhancements for 3GPP support of advanced V2X services"项目完成了 5GS 架构下的 C-V2X 网络架构的设计。在 R17 阶段针对 P-UE（行人终端）进行了节能能力的增强，并最终完成协议 3GPP TS 23.287 的制定。

1. 5G V2X 系统框架

图 6-41 所示为非漫游场景下的 5G V2X 参考点网络架构。各功能实体的功能如下。

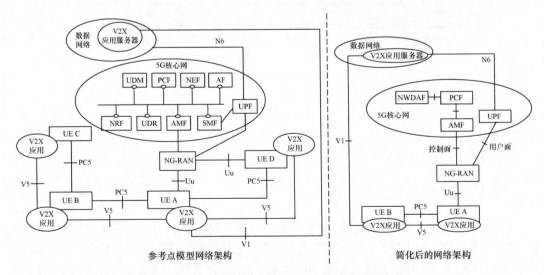

图 6-41　非漫游场景下的 5G V2X 参考点网络架构

（1）PC5：V2X 通信 UE 之间的参考点。PC5 上的 V2X 通信可以基于 LTE 的 PC5 或基于 5G NR 的 PC5。

（2）Uu：UE 和 NG-RAN 节点之间的参考点。Uu 上的 V2X 通信支持 LTE 或 NR。

（3）UE：通过 N1 接口向 5G 核心网上报自己的 V2X 和 PC5 能力，并通过 N1 接口获得 V2X 参数。

（4）PCF（策略控制功能）：通过 PC5/Uu 接口为 V2X 通信提供 V2X 策略和参数（无线参数、QoS、支持的 PLMN 配置等），若在覆盖外，这些参数也可以由预配置在 UE 的参数决定。

（5）NWDAF（网络数据分析功能）：提供 QoS 分析信息以增强在 Uu 上的 V2X 通信。

（6）V2X 应用服务器（V2X AS）：V2X 业务的应用功能实体，主要用于处理应用层的消息，比如数据融合计算、输出决策信息。V2X AS 可接收 UE 的上行链路单播数据并向 UE 发送下行链路数据，同时负责通过 Uu 接口和 PC5 接口参考点为 UE 和 5G 核心网提供 V2X 通信参数。

图 6-42 是 3GPP 定义的漫游场景下的 5G V2X 参考点网络架构。在漫游场景下，车载 UE 可以通过漫游地 UPF 利用本地卸载技术或者通过连接到归属地 UPF 利用归属路由技术实现与 V2X 应用服务器的连接。

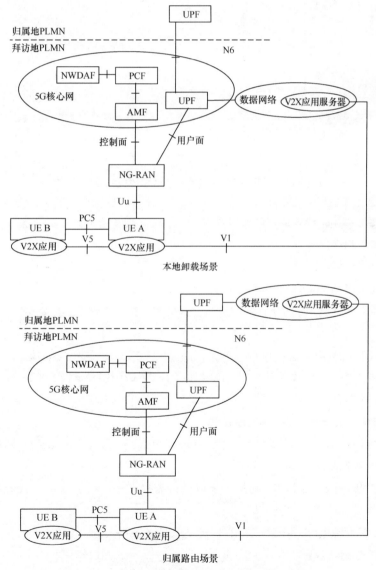

图 6-42　漫游场景下的 5G V2X 参考点网络架构

2. 基于 PC5 接口的 5G V2X 通信高层流程

（1）广播模式高层流程

在 5G C-V2X 中，基于 PC5 接口支持广播、多播和单播形式的 V2X 通信。基于 PC5 接口的广播通信模式的 V2X 通信具体流程如图 6-43 所示。

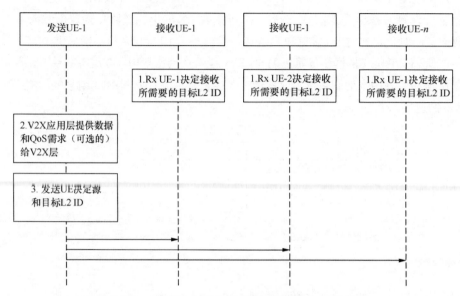

图 6-43 基于 PC5 接口的广播通信模式的 V2X 通信

① 为了实现广播通信模式的接收，接收端 UE 的 V2X 层确定如下参数内容。

- 确定目标 L2 ID。
- 确定 PC5 QoS 参数。
- 确定基于配置的 NR Tx 配置文件。

上述参数将被传递到 UE 的接入层以进行数据接收。在接收端 UE 的接入层确定 PC5 DRX 参数值。

② 发送端 UE V2X 应用层提供数据单元，并提出 V2X QoS 要求。

③ 为了实现广播通信模式的发送，发送端 UE 的 V2X 应用层确定如下参数内容。

- 确定目标 L2 ID。
- 发送端 UE 确定源 L2 ID（自己的 ID）。
- 确定 PC5 QoS 参数。
- 确定基于配置的 NR Tx 配置文件。

上述参数被传递到发送端 UE 的接入层以进行数据发送。在发送端 UE 的接入层确定 PC5 DRX 参数值。

④ 发送 UE 使用源 L2 ID 和目标 L2 ID 广播 V2X 业务数据。

（2）多播模式高层流程

基于 PC5 接口的多播通信模式的 V2X 通信具体流程如图 6-44 所示。

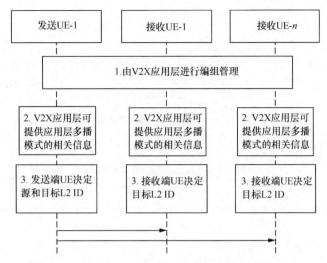

图 6-44 基于 PC5 接口的多播通信模式的 V2X 通信

① V2X 的应用层处理 V2X 编组管理。编组管理功能不在 3GPP 范畴内。

② V2X 应用层可提供编组标识符、V2X 应用需求（用于 QoS 操作），以及组大小信息、成员 ID 信息。

③ 发送端 UE 的 V2X 应用层确定如下参数内容。

- 确定目标 L2 ID 和源 L2 ID。
- 确定 PC5 QoS 参数。
- 确定 NR Tx 配置文件。

上述参数被传递到发送 UE 的接入层用于进行多播数据发送。

接收端 UE 的 V2X 应用层确定如下参数内容。

- 目标 L2 ID。
- 确定 PC5 QoS 参数。
- 确定 NR Tx 配置文件。

上述参数被传递到发送 UE 的接入层以进行多播数据发送。如果 V2X 应用层提供了组大小信息和成员 ID 信息，则 V2X 应用层将它们传递至接入层。在发送端 UE 接入层和接收端 UE 接入层确定 PC5 DRX 参数。

④ 发送 UE 使用源 L2 ID 和目标 L2 ID 进行多播 V2X 业务发送。

（3）单播模式高层流程

① UE 决定用作信令接收的目标 L2 ID。

② UE1 的 V2X 应用层提供用于 PC5 单播传输使用的 V2X 应用层信息。V2X 应用层信息包括 V2X 服务类型和 UE 的应用层 ID，也可包含目标 UE 的 V2X 应用层 ID。UE1 的 V2X 应用层可向下提供 V2X 应用需求用于 QoS 操作，并由此决定 PC5 的 QoS 参数和 PFI。

如果 UE1 决定重用现有的 PC5 单播链路（进行后续信令传输），则 UE1 触发 L2 链路的修改过程。

③ UE1 发送直接链路建立请求（Direct link establishment request）消息触发单播 L2 链路的建立

过程。L2 链路建立过程如图 6-45 所示。

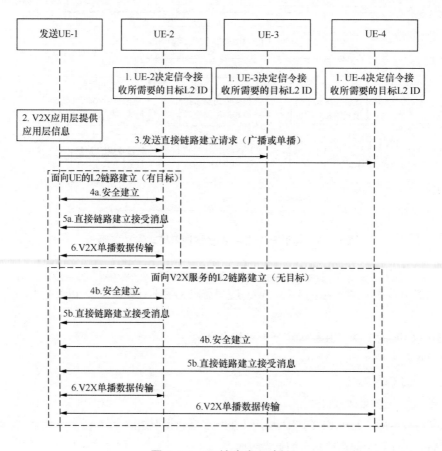

图 6-45　L2 链路建立过程

　　需要注意的是，UE1 可以通过广播或单播的形式来发送 Direct link establishment request，因而，目标 L2 ID 可以是广播或单播的 L2 ID。另外，是否包含 Target User Info 域，则需要根据 UE1 是否有明确的通信对象来决定。在某些业务场景中，也因为在通信被触发时并无明确的通信目标，发射端需要根据 UE 的反馈（是否对该 V2X 服务感兴趣）来确定连接目标。因此，将后续部分分成面向 V2X 服务和面向 UE 两种情况。

　　上面介绍的流程是站在 5G 核心网角度的 V2X 通信流程，它和基于 PC5 接口的 V2X 通信流程组合在一起形成了一个完整的流程，为了让读者贯通地理解，本书后面进行了流程的串讲。

　　3. 基于 PC5 5QI（PQI）的 QoS 机制

　　在 3GPP TS 23.287 定义的 5G C-V2X 增强架构中，一个重点是对 5GC-V2X 的 QoS 体系进行了增强。

　　对于通过 Uu 接口进行的 V2X 通信，针对一个指定的地理区域和时间间隔，V2X 应用程序服务器可以通过网络开放功能（NEF）向网络数据分析功能（NWDAF）请求关于数据传输 QoS 持续特征分析通知，以便网络根据潜在的 QoS 变化提前调整应用程序行为。

　　而对于通过 PC5 接口（基于 NR 接口而非 LTE 接口）进行的 V2X 通信，新框架相对旧框架（LTE

框架）而言，增强了 QoS 模型。

R14 V2X 系统使用了类似于 R13 D2D 技术的 QoS 机制，即基于近场服务（ProSe）数据包的优先级（PPPP）机制。在 PPPP 机制下，PPPP 被定义为数据包的传输优先级（标量）。在 R15 的 V2X 增强技术中，又引入了 ProSe 数据包可靠性（PPPR）机制，以提高可靠性。在 PPPP 机制和 PPPR 机制下，UE 可预配置 V2X 消息到 PPPP 机制和 PPPR 机制的映射关系。V2X 应用层将根据业务的 QoS 要求，为每个 V2X 消息设置 PPPP 机制和 PPPR 机制。PPPP 机制和 PPPR 机制从高层传递到物理层，并被包含在 SCI 格式 1 中，通过调度该数据包的 PSCCH 传输。

在 R16 中，5G C-V2X 采用了与 Uu 接口相同的基于流和 5QI 的 QoS 模型。当然，系统仍然可以使用基于 PPPP/PPPR 机制的 QoS 模型，这取决于 PC5 接口的类型。

图 6-46 给出了 NR PC5 QoS 机制。对于基于 NR 的 PC5 V2X 通信，不同的 V2X 数据包需要不同的 QoS 处理。因此，根据 3GPP TS 23.287 中的描述，V2X 层将根据 V2X 服务类型或者 V2X 应用提供的 V2X 应用需求来推导 PC5 QoS 参数，并将推导出的 PC5 QoS 参数映射到匹配的 PC5 QoS Flow 上。其中，PC5 QoS 参数包含 PQI（PC5 5QI，可以是标准预定义的或运营商配置的）和可选提供的最大流量比特率（MFBR）、保证流量比特率（GFBR）、Range（通信范围）等参数。

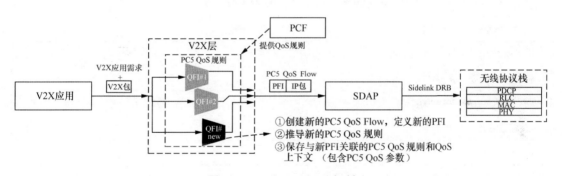

图 6-46　NR PC5 QoS 机制

如果已有的 PC5 QoS Flow 可以满足推导出的 PC5 QoS 参数，则数据包将被映射到已有的 PC5 QoS Flow 上传输；若已有的 PC5 QoS Flow 都无法满足新推导出的 PC5 QoS 参数。则 V2X 层会为这个新的 PC5 QoS 参数创建一个新的 PC5 QoS Flow，安排一个新的 FPI 用来唯一标识新的 PC5 QoS Flow。并推导出新的 PC5 QoS Rules 与新 FPI 关联。

完成 V2X 数据包到 PC5 QoS Flow 的映射后，PC5 QoS Flow 最后由 SDAP 层映射到 Sidelink 无线承载上通过 PC5 接口进行传输。

4. 路侧单元的实现

路侧单元是 C-V2X 中的一个重要基础设施，作为基站的有力补充，它可提高 V2I（车与路）的信息交互能力。但在 3GPP 的技术架构中，路侧单元并不能单独实现，而是以 UE 形态或基站形态出现。3GPP TS 23.287 中给出了路侧单元实现的例子。

从图 6-47 中可以看到，UE 形态的路侧单元由 UE 和 V2X 应用组成；基站形态的路侧单元由基站、本地 UPF 和 V2X 应用服务器组成。

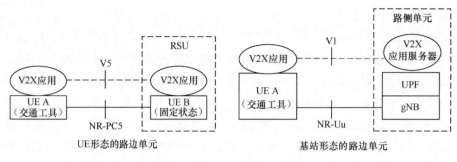

图 6-47　路侧单元的实现形态

6.4　5G 车联网技术——接入网设计

随着 SA1 工作组 5G V2X 增强需求的确定，在 SA2 工作组开展 5G V2X 网络架构研究的同时，在接入网侧也开始了新的 V2X 接入网侧的研究工作。在经历了一个研究类型项目后（Study on NR Vehicle-to-Everything 项目），2019 年 3 月，3GPP 在 RAN 工作组正式开始了基于 PC5 接口的 5G V2X 接入网的标准化工作，即 5G V2X with NR sidelink，如表 6-19 所示。

表 6-19　R16 车联网项目信息

基本信息	备注
技术缩写	5G_V2X_NRSL
3GPP 项目编号	830078
立项文档（WID）	RP-200129
关联项目	见图 6-37
主要涉及工作组	RAN1、RAN2、RAN4
立项和结项时间	2019 年 3 月 1 日～ 2022 年 6 月 10 日
牵头立项公司	LG
主要支持公司	LG、Huawei、HiSilicon、AT&T、Blackberry、CATT、China Mobile、Deutsche Telekom、DISH、Ericsson、FirstNet、Fraunhofer HHI、Fujitsu、III、Intel、ITL、ITRI、KDDI、KT Corp、Kyocera、Lenovo、Motorola、MTK、NEC、Nokia、NTT DOCOMO、OPPO、Orange、Panasonic、Qualcomm、Samsung、Sharp、Sierra Wireless、SK Telecom、Sony、TCL、Toyota、Verizon、vivo、ZTE、Vodafone
主要影响 / 技术效果	实现 5G 网络对自动驾驶车联网业务的支持，以 LTE C-V2X 为基础，提升对高级自动驾驶能力的支持； 完成基于 NR 架构的 Sidelink NR 技术框架的定义，为后续基于 Sidelink 空口的直接通信技术奠定基础
主要推动力	旧动力 G：良性竞争和创新的推动 新趋势 A：物的连接 新趋势 D：技术与市场的渗透和融合 约束力 B：应用和市场的约束 约束力 C：利益制衡

项目将集中研究基于 Sidelink（副链路，即 PC5 接口）实现的 5G V2X 场景，而对于基于 Uu 接口的 V2X 通信，将基于现有 Uu 接口的 NR 协议实现，在本项目中不进行额外增强（Uu 接口上的多媒体广播业务（MBS）也是 C-V2X 的一个组成部分，这部分内容我们将在 7.5 节中介绍）。虽然 R16 的车联网项目目标是实现基于 Sidelink 的 V2X 技术的定义，但"借用"此项目，3GPP 也完成了基于 NR 新协议架构的直接通信 Sidelink 空口的设计，这为后续（如 R17、R18）基于 Sidelink 空口引入各种直连通信场景（如可穿戴设备等）奠定了基础。

5G_V2X_NRSL 项目由 RAN1 主导，RAN2 配合制定相关的高层协议。定义新的 PC5 接口工作量庞大，在本节中为方便理解，从物理层结构、物理层信道、资源分配、同步过程、Sidelink HARQ 重传、高层协议和流程几个角度进行介绍。

正如我们在前面介绍的车联网背景，C-V2X 技术在制定之初就受到来自 DSRC 的强大竞争压力。它是在对 DSRC 的不断学习中成长的。它是移动通信技术渗透交通行业的一次强力的发声。当然，毕竟两个行业都有极强的影响力和号召力。而交通行业和通信行业对自动驾驶和车辆网的认知还未完全拉齐（这从会场上各方的技术观点冲突和利益冲突中可以明显感受到）。因此，5G V2X 技术未来的发展前景和应用可能不会一帆风顺，还需要应用和市场的检验。

6.4.1 5G V2X 物理层结构

1. 整体概况

R16 V2X 项目和 R16 的其他项目不同，其设计了一个新的 5G PC5 接口的定义，所以该项目基本涉及了物理层所有细分技术领域。如表 6-20 所示，我们先对 LTE Sidelink 和 R16 5G Sidelink 物理层进行比较。

表 6-20　LTE Sidelink 和 R16 5G Sidelink 物理层比较

	LTE Sidelink	R16 5G Sidelink
波形	SC-FDMA	CP-OFDM
带宽	10/20MHz	10/20/30/40MHz[1] 在 Uu 接口和 Sidelink 并发情况下带宽最大为 60MHz
子载波间隔	15kHz	FR1：15kHz、30kHz、60kHz FR2：60kHz、120kHz
物理信道	PSSCH、PSCCH、PSBCH、PSDCH	PSSCH、PSCCH、PSFCH、PSBCH
物理信号	DMRS、SLSS（PSSS 和 SSSS）	DMRS、PTRS、CSI-RS、S-PSS 和 S-SSS
调制方式	QPSK、16QAM、64QAM	QPSK、16QAM、64QAM、256QAM
信道编码	Turbo、卷积码	LDPC、Polar
同步源	GNSS、eNB、UE	GNSS、eNB/gNB、UE
数据与控制复用方式	FDM	TDM
MIMO	最大 2 发 2 收	最大 8 发 8 收，强制 2 发 1 收；支持传输分集和空间复用

1　从物理层角度来看，支持更大的带宽设计。但在 R16 阶段，RAN4 仅支持最大 40MHz 的带宽。可参考 3GPP TS 38.101-1 的 Table 5.3.5-1、n38 和 n47。

	LTE Sidelink	R16 5G Sidelink
重传模式	盲重传	HARQ 重传
调度间隔	1 子帧	时隙、迷你时隙
参考信号类型	4 符号每子帧	灵活配置
资源分配模式	LTE Mode 3 和 Mode 4	新的 Mode 1 和 Mode 2
传输模式	广播	单播、多播、单播

从物理层整体而言，R16 V2X 支持类似 NR 的 BWP，其被称为 SL BWP，以实现更灵活的 Numerology 配置。对于 FR1 频段，R16 V2X 支持 15kHz、30kHz 和 60kHz 的子载波间隔；对于 FR2 频段，R16 V2X 支持 60kHz 和 120kHz 的子载波间隔。

虽然 3GPP 物理层针对 NR V2X 在 FR2 上进行了一定的技术准备 [比如协议定义了 PT-RS（相位跟踪参考信号）等]，但根据 R16/R17 阶段 RAN4 的定义，R16 V2X 只能运行在 FR1 频段 n38（2570 ~ 2620MHz）和 n47（5855 ~ 5925MHz）之上，而信道带宽也仅支持 10/20/30/40MHz。V2X 业务可以同时在 Uu 接口（n71）和 Sidelink（n47）上进行传输，在这种并发场景下，R16 最大支持 60MHz 的带宽来进行 V2X 业务的传输。

在波形方面，3GPP 在权衡 UE 复杂度和低峰均比带来的实际效果后，最终 R16 Sidelink 并未像 Uu 接口那样同时支持 CP-OFDM 和 DFT-s-OFDM 两种波形，而仅支持 CP-OFDM 波形。

R16 作为 5G 第一个支持 Sidelink 的技术版本，在物理层层面定义了新的物理层信道和信号。其中物理层信道包括：

（1）物理层副链路共享信道（PSSCH）：用于承载高层数据，类似于 PDSCH 和 PUSCH，PSSCH 由 PSCCH 调度。

（2）物理层副链路控制信道（PSCCH）：用于承载 QPSK 调制的副链路控制信息（SCI）传输，执行资源调度。

（3）物理层副链路反馈信道（PSFCH）：用于承载副链路反馈控制信息（SFCI），如 HARQ-ACK。

（4）物理层副链路广播信道（PSBCH）：用于承载 Sidelink 链路上的 TDD 配置、发送 PSBCH 的 UE 所处网络位置（是否在覆盖范围内）信息，以及直连帧号（DFN）和时隙索引号。

物理层信道相对于 R14/R15 V2X 新增了反馈信道，用于 HARQ-ACK 反馈，删除了物理层副链路搜索信道（PSDCH）的设计。其中，PSBCH、PSCCH 和 PSSCH 由各自的 DMRS 进行解调。协议定义了副链路主同步信号（S-PSS）和副链路辅同步信号（S-SSS），它们类似于 Uu 接口的 PSS 和 SSS，用于在 GPS 导航无法使用时协助 UE 进行时频同步。此外，协议还定义了相位跟踪参考信号（PT-RS）和信道状态信息参考信号（CSI-RS）。

2. 资源池结构

5G PC5 的 Sidelink 传输复用了 Uu 接口的 UL 时隙资源。因此，V2X 可使用的资源仅是 Uu 接口 UL 子帧的一个子集。和 LTE C-V2X 一样，5G C-V2X 技术也采用了资源池的方式来限定 Sidelink 所使用的时频域范围。资源池和 UL BWP 捆绑定义在一起。在 R16 中，为了避免 UE 同时在多个 BWP 上发送或接收数据而增加复杂度，协议规定在一个载波上，最多只能配置一个 SL BWP[1]。在一个 SL BWP 中，最多可以配置 16 个接收资源池、8 个发送资源池（含调度用）和一个异常状态发送资源池，用来解决 UE 在链路失败、切换等场景下的传输资源问题。

图 6-48 和 ASN.1 6-13 给出了资源池配置的一个实例和对应的 RRC 参数。

ASN.1 6-13　SL 资源池RRC参数

```
SL-BWP-Config-r16 ::=              SEQUENCE {
    sl-BWP-Id                      BWP-Id,
    sl-BWP-Generic-r16             SL-BWP-Generic-r16          OPTIONAL, -- Need M
    sl-BWP-PoolConfig-r16          SL-BWP-PoolConfig-r16       OPTIONAL, -- Need M
    ...
}

SL-BWP-Generic-r16 ::=            SEQUENCE {
    sl-BWP-r16                     BWP                         OPTIONAL, -- Need M
  ⑤ sl-LengthSymbols-r16          ENUMERATED {sym7, sym8, sym9, sym10, sym11, sym12, sym13, sym14}
                                                               OPTIONAL,  -- Need M
  ④ sl-StartSymbol-r16            ENUMERATED {sym0, sym1, sym2, sym3, sym4, sym5, sym6, sym7}
OPTIONAL, -- Need M
    sl-TxDirectCurrentLocation-r16 INTEGER (0..3301)           OPTIONAL, -- Need M
    ...
}

SL-ResourcePool-r16 ::=          SEQUENCE {
    ...,
    sl-SyncAllowed-r16             SL-SyncAllowed-r16          OPTIONAL, --Need M
  ① sl-SubchannelSize-r16         ENUMERATED {n10, n12, n15, n20, n25, n50, n75, n100}
    dummy                         INTEGER (10..160)           OPTIONAL,  -- Need M
  ② sl-StartRB-Subchannel-r16     INTEGER (0..265)            OPTIONAL,  -- Need M
  ③ sl-NumSubchannel-r16          INTEGER (1..27)             OPTIONAL,  -- Need M
    sl-Additional-MCS-Table-r16   ENUMERATED {qam256, qam64LowSE, qam256-qam64LowSE }
    ...,
    [[
  ⑥ sl-TimeResource-r16           BIT STRING (SIZE (10..160))  OPTIONAL    -- Need M
    ]]
}
```

资源池是一系列在频域上连续、在时域上可以不连续的物理资源块（PRB）的集合。在频域方向，最小频域颗粒度为子信道，资源池由连续 sl-NumSubchannel-r16 个子信道组成，每个子信道由 sl-SubchannelSize-r16 个连续的物理资源块组成。资源池频域起始位置为所在 SL BWP 频域起始位置偏移 sl-StartRB-Subchannel-r16 个 RB。

在时域方向，由位图参数⑥（见 ASN.1 6-13）来指示资源池使用的具体时域符号。位图参数⑥表示"扣除"用作发送 S-SSB（副链路同步和系统信息块）和无法被 SL 使用的时隙后（如 DL 时隙）剩余的可被 SL 传输使用的时隙。如图 6-48 所示，斜线框图为需要被"扣除"的，用

---

1 这里需要特别注意的是，在 R16 的 RRC 参数中，SL-FreqConfig-r16 中配置了 BWP 个数的参数 maxNrofSL-BWPs-r16=4，这是为了预留足够的扩展空间。但对 R16 物理层来说，仅支持一个 BWP。

作发送 S–SSB 或不考虑的时隙；剩余的可使用时隙由位图参数⑥一一对应。在这个例子的一个资源池重复"周期"中有 12 个可被使用的时隙（扣除斜线框所示时隙后，置 1 或 0 的时隙），因此，位图参数⑥长度为 12bit，示例中配置的资源池为位图参数⑥中被置 1 的时隙。从"微观"角度看，在资源池包含的时隙中，由参数④（见 ASN.1 6–13）来确定可使用的符号起始位置，由参数⑤确定可使用的连续 OFDM 符号个数。

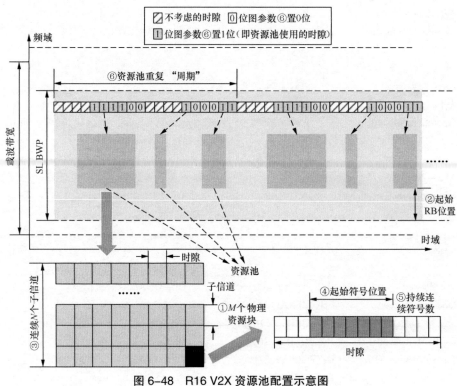

图 6–48　R16 V2X 资源池配置示意图

3. Sidelink 时隙结构

资源池配置了用于 Sidelink 发送和接收的时频资源。在这些预配置的资源范围内，Sidelink 将实现对数据和各种物理信道、信号的传输。

考虑到 V2X 业务，特别是安全相关业务对时延的特殊要求，在 R16 中，可将 PSCCH 和 PSSCH 复用在一个"Sidelink 时隙"内发送。

3GPP 对 PSCCH 和 PSSCH 之间的复用方式进行了讨论，考虑到处理时延、资源的有效利用等因素，最终在 PSCCH 和 PSSCH 之间采用 FDM 或 TDM+FDM 的方式进行复用。为了降低 PSCCH 的盲检开销，PSCCH 出现的时频位置固定，即时域起始位置为 AGC（自动增益控制）后一个符号，时域长度可选为 2 或 3 个 OFDM 符号，由 RRC 参数配置（sl-TimeResourcePSCCH–r16={2,3}）；频域起始位置为 PSSCH 起始位置，且占用的频率资源必须小于或等于 1 个子信道宽度。

如果 PSCCH 占用的频域宽度小于 PSSCH 的频率宽度（PSCCH 宽度小于一个子信道的宽度，或 PSSCH 占用了多个子信道的宽度），则 PSCCH 和 PSSCH 可以以 TDM+FDM 的方式进行复用；否则应采用 FDM 的方式进行复用，如图 6–49 所示。

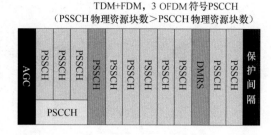

图 6-49 "Sidelink 时隙"结构：PSCCH 和 PSSCH 复用

在"Sidelink 时隙"中，除了 PSSCH、PSCCH 和 DMRS 外，还有如下一些固定的开销。

（1）"Sidelink 时隙"第 1 个 OFDM 符号处的自动增益控制（AGC）。在 AGC 符号上，UE 复制第 2 个 OFDM 符号上发送的信息。

（2）"Sidelink 时隙"最后一个符号处的保护间隔（GP），用于 UE 发送、接收状态转换。

此外，PSFCH 还可以与 PSCCH 和 PSSCH 共同传输，用于承载 Sidelink 反馈控制信息。此时，PSFCH 将与 PSCCH 和 PSSCH 以 TDM 的形式进行复用，如图 6-50 所示。

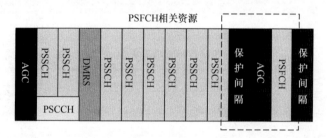

图 6-50 "Sidelink 时隙"结构：PSCCH、PSSCH 和 PSFCH 复用

在传输 PSFCH 时，引入了额外的开销，如图 6-50 所示，包括 PSFCH 符号前的用于转换接收、发送状态的 GP 和用于增益控制的 AGC。

还有一种"Sidelink 时隙"结构被用于发送 PSBCH 和同步信号 S-SS，以及覆盖范围外的同步"传递"和 MIB 的传输。类似于 LTE 和 NR，同步信号 S-SS 又被分为 Sidelink S-PSS 和 Sidelink S-SSS。它们和 PSBCH 以 TDM 的形式进行复用，如图 6-51 所示。S-PSS 和 S-SSS 被分别放置在"Sidelink 时隙"的第 2、3 个和第 4、5 个 OFDM 符号。S-PSS 和 S-SSS 时域连续，因此可提高 S-SSS 的检测性能。

这里需要注意的是，在前文中提到的所谓"Sidelink 时隙"只是物理层时隙中可以被用于 Sidelink 传输的那部分 OFDM 符号，即 ASN.1 6-13 中参数④、参数⑤共同确定的符号。也就是说，"Sidelink 时隙"真实的 OFDM 符号数是可变的，长度为 7～14 个 OFDM 符号（图 6-49～图 6-52 都以 14 个 OFDM 符号为例进行绘

图 6-51 "Sidelink 时隙"结构：S-SSB

制）。虽然 OFDM 符号数是可变的，但保护间隔、AGC 和 PSCCH 的相对位置不变，如图 6-52 所示。

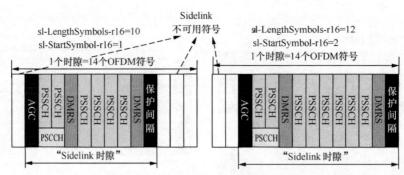

图 6-52　Uu 接口时隙和 "Sidelink 时隙"

4. Sidelink 控制信息

副链路控制信息（SCI）即 Sidelink 上的物理层控制信息。和 Uu 接口的上行链路控制信息（UCI）类似，SCI 可以被放置在 PSCCH 和 PSSCH 中传输。但与 LTE V2X 不同的是，5G V2X 采用了第 2 阶段的 SCI 设计。

5G V2X 与 LTE V2X 不同，协议支持广播、多播和单播 3 种传输类型。不同传输类型需要在 Sidelink 上传输的物理层辅链路控制信息不同，如表 6-21 所示。我们从表中可以看到，3 种传输类型所需要的控制信息大部分交叉，但广播业务相比多播业务和单播业务需要的比特数更少。如果采用相同的 SCI 大小，对于广播业务的 SCI 则会加入过多的冗余比特，进而降低资源利用率。如果使用不同大小的 SCI，则 UE 会因进行盲检而增加处理复杂度和处理时延。

表 6-21　不同传输类型需要的 SCI 比特域

SCI 比特域	广播	多播	单播
时频域资源指示	√	√	√
调度优先级	√	√	√
MCS	√	√	√
HARQ 进程号	√	√	√
源 ID	√	√	√
目标 ID	√	√	√
新数据指示	√	√	√
HARQ 反馈指示信息	—	√	√
区域 ID	—	√	—
通信距离要求	—	√	—
CSI 反馈指示	—	—	√

经过 3GPP 讨论，最终 SCI 采用了第 2 阶段的设计。其中，第 1 阶段 SCI（1st-stage SCI）由 PSCCH 承载，第 2 阶段 SCI（2nd-Stage SCI）由 PSSCH 承载。

第 1 阶段 SCI 需要尽可能减少比特数，并保证第 1 阶段 SCI 的比特数不受传输类型、信道状态等因素影响，进而无须根据场景来调整第 1 阶段 SCI 的聚合等级。这样大小相对固定的第 1 阶段 SCI 设计可实现多播和广播数据在同一个资源池内共存，而不会影响 PSCCH 的接收性能。

在第 1 阶段 SCI 中承载了资源监听相关信息和第 2 阶段一些 SCI 相关信息（比如第 2 阶段 SCI

的码率、格式等），这样一些不需要接收 PSSCH 的 UE 就可以只接收第 1 阶段 SCI，完成信道监听，而第 2 阶段 SCI 也不需要进行盲检。

表 6-22、表 6-23 给出了协议定义的 3 种 SCI 格式的内容和含义。

表 6-22　第 1 阶段 SCI——SCI Format 1_A

比特域	比特数	说明
Priority	3	PSSCH 的调度优先级
Frequency resource assignment	可变	频域资源分配。由资源池包含的子信道数和一次可分配的频域资源数决定。其中一次可分配的频域资源数由高层参数 sl-MaxNum PerReserve 配置（最大为 2 或 3）
Time resource assignment	5/9	时域资源分配。由高层参数 sl-MaxNumPerReserve 决定该 IE 的大小
Resource reservation period	4/0	资源预留周期
DMRS pattern	$\lceil \log_2^{N_{pattern}} \rceil$	$N_{pattern}$ 为 RRC 预配置（sl-PSSCH-DMRS-TimePatternList）的 DMRS pattern 数量
2nd-stage SCI Format	2	用来指示第 2 阶段 SCI 的格式：SCI 2-A 或 SCI 2-B，以确定第 2 阶段 SCI 的大小
Beta_offset indicator	2	第 2 阶段 SCI 码率偏移，由 RRC 参数 sl-BetaOffsets2ndSCI 和 3GPP TS 38.212 表 8.3.1.1-2 决定。根据该参数可以调整第 2 阶段 SCI 的码率，且无须对第 2 阶段 SCI 进行盲检
Number of DMRS port	1	DMRS 端口数见 3GPP TS 38.212 表 8.3.1.1-3
Modulation and coding scheme	5	调制编码格式参考 3GPP TS 38.214 8.1.3
Additional MCS table indicator	0~2	取决于资源池内允许使用的 MCS 表格个数（最大为 4）
PSFCH overhead indication	0/1	RRC 参数 sl-PSFCH-Period 确定 PSFCH 的出现周期，该 IE 并不指示 PSFCH 是否出现，而仅仅是在计算 TBS 时指示是否考虑 PSFCH 开销
Reserved	2~4	由 RRC 参数 sl-NumReservedBits 决定

表 6-23　第 2 阶段 SCI——SCI Format 2_A 和 SCI Format 2_B

比特域	SCI Format 2-A	SCI Format 2-B	比特数	说明
HARQ process number	√	√	4	HARQ 进程数
New data indicator	√	√	1	新数据指示
Redundancy version	√	√	2	冗余版本见 3GPP TS 38.212 表 7.3.1.1.1-2
Source ID	√	√	8	源地址 3GPP TS 38.214 8.1 节
Destination ID	√	√	16	目标地址，3GPP TS 38.214-8.1 节
HARQ feedback enabled/disabled indicator	√	√	1	HARQ 反馈激活 / 去激活（见 3GPP TS 38.212 和 3GPP TS 38.213 16.3 节）
Cast type indicator	√	—	2	传输类型指示：00 表示广播业务；01 表示多播业务（反馈 ACK 和 NACK）；10 表示单播业务；11 表示多播业务（仅反馈 NACK）
CSI request	√	—	1	CSI 反馈请求，3GPP TS 38.214 8.2.1 和 8.1
Zone ID	—	√	12	区域 ID 见 3GPP TS 38.331 5.8.11

续表

比特域	SCI Format 2-A	SCI Format 2-B	比特数	说明
Communication range requirement	—	√	4	通信距离要求，取决于 RRC 参数 sl-ZoneConfig MCR-Index。如果在通信距离内未成功接收 PSSCH，则需要反馈 NACK；否则不反馈任何信息

在 R16 协议中，第 2 阶段 SCI 共定义了两种 SCI 格式。其中 SCI Format 2_B 适用于基于距离信息进行 HARQ 反馈的多播传输模式；SCI Format 2_A 适用于其他场景，如不需要 HARQ 反馈的单播、多播和广播，需要 HARQ 反馈的单播，需要反馈 ACK 或 NACK 的多播场景。

6.4.2 5G V2X 物理层信道

1. PSCCH

PSCCH 承载第 1 阶段 SCI，它包含了重要的调度资源信息。考虑到 V2X 业务对时延的要求，在设计 PSCCH 时，需要尽可能地降低检测 PSCCH 的复杂度和开销。

ASN.1 6-14　PSCCH RRC配置参数

```
SL-BWP-Generic-r16 ::=          SEQUENCE {
    sl-BWP-r16                  BWP                         OPTIONAL, -- Need M
  ① sl-LengthSymbols-r16        ENUMERATED {sym7, sym8, sym9, sym10, sym11, sym12, sym13,
                                            sym14}          OPTIONAL, -- Need M
    ...
}

③ sl-SubchannelSize-r16         ENUMERATED {n10, n12, n15, n20, n25, n50, n75, n100}
④ sl-NumSubchannel-r16          INTEGER (1..27)                       OPTIONAL,-- Need M
SL-PSCCH-Config-r16 ::=         SEQUENCE {
② sl-TimeResourcePSCCH-r16      ENUMERATED {n2, n3}                   OPTIONAL,-- Need M
⑤ sl-FreqResourcePSCCH-r16      ENUMERATED {n10,n12, n15, n20, n25}   OPTIONAL,-- Need M
⑥ sl-DMRS-ScrambleID-r16        INTEGER (0..65535)                    OPTIONAL,-- Need M
    sl-NumReservedBits-r16      INTEGER (2..4)                        OPTIONAL,-- Need M
    ...
}
```

在 R16 V2X 中，PSCCH 的设计引入了多种降低检测 PSCCH 复杂度和开销的手段，具体如下。

（1）时域位置固定：在 R16 V2X 协议中，一个 SL BWP 中的所有资源池的"Sidelink 时隙"的起始位置都是一样的，由参数①（ASN.1 6-14）预配置。因为 PSCCH 总是在"Sidelink 时隙"的第 2 个 OFDM 符号处开始出现，所以一个 SL BWP 内的所有资源池，检测 PSCCH 的时域起始位置都是一样的；对于某个资源池配置，PSCCH 的时域持续长度由参数②（ASN.1 6-14）确定，所以对于某一个资源池配置而言，检测 PSCCH 的时域起始位置和持续长度均可从高层参数直接确定。

（2）频域位置相对固定：在 R16 V2X 协议中，某个资源池配置的子信道频域宽度（包含的物理资源块数量）和子信道数分别由参数③（ASN.1 6-14）和参数④（ASN.1 6-14）预配置。又因为 PSCCH 的频域宽度小于或等于子信道频域宽度且由参数⑤（ASN.1 6-14）预配置，在同一个资源池中均相同，所以检测 PSCCH 的频域可选位置相对固定。

（3）调制编码格式固定：PSCCH 固定采用 QPSK 进行调制，编码方式固定为 Polar 码。

（4）第 1 阶段 SCI 大小：第 1 阶段 SCI 的大小和业务类型及信道状态无关，所以对于广播、多播和单播业务，PSCCH 中携带的比特数相同。

对于包含 sl–NumSubchannel–r16 个子信道的资源池，在每个时隙内，共计只有 sl–NumSubchannel–r16 个可能存在 PSCCH 的位置，且调制编码格式固定，与业务无关。因此，UE 可以快速地完成 PSCCH 的搜索检测，如图 6–53 所示。

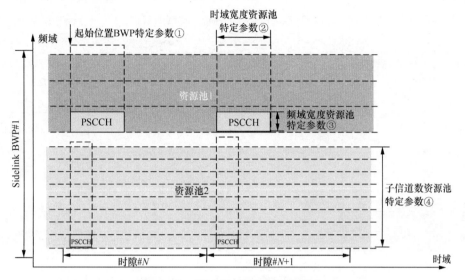

图 6–53　PSCCH 检测复杂度缩减

类似于 PDCCH，每个 PSCCH OFDM 符号内都存在 DMRS，在频域方向，DMRS 位于每个物理资源池的第 1、5 和 9 个 RE 中。DMRS 序列由 OFDM 符号索引号、时隙索引号和网络配置的参数⑥（ASN.1 6–14）确定。

2. PSSCH

PSSCH 用来承载用户数据和第 2 阶段 SCI。PSSCH 采用 LDPC 编码，最高支持 256QAM 调制和两流 MIMO 传输。在一个资源池内，PSSCH 可以采用多个不同的 MCS 表格，包括常规的 64QAM MCS 表格（默认配置）和附加表格——256QAM MCS 表格和低频谱利用率 64QAM MCS 表格。如 ASN.1 6–15 所示，高层参数①首先决定是否允许使用附加的 MCS 表格（取值"qam256-qam64LowSE"表示 256QAM 和低利用率 64QAM MCS 表格均被允许），然后在进行某次具体传输时，利用第 1 阶段 SCI 的 Additional MCS table indicator IE 来确定此次传输使用的 MCS 表格，若 Additional MCS table indicator 的长度为 1bit，则取值 1 表示使用高层允许的附加 MCS 表格（此时高层配置了 1 个附加表格）；若 Additional MCS table indicator 的长度为 2bit，则取值 01 表示使用高层允许的 256QAM 表格，取值 10 表示使用高层允许的低利用率 64QAM MCS 表格）。

ASN.1 6–15　PSSCH RRC 配置参数

① sl-Additional-MCS-Table-r16	ENUMERATED {qam256, qam64LowSE, qam256-qam64LowSE }
SL-PSSCH-Config-r16 ::=	SEQUENCE {
② sl-PSSCH-DMRS-TimePatternList-r16	SEQUENCE (SIZE (1..3)) OF INTEGER (2..4)
sl-BetaOffsets2ndSCI-r16	SEQUENCE (SIZE (4)) OF SL-BetaOffsets-r16
sl-Scaling-r16	ENUMERATED {f0p5, f0p65, f0p8, f1}

```
    ...
}
```

和 Uu 接口 PDSCH 类似，PSSCH 支持多个 DMRS 时域图案。

根据 3GPP TS 38.211 中的描述，3GPP 系统根据 "Sidelink 时隙" 的实际符号数、PSCCH 时序符号长度和网络配置的 DMRS 符号数量来决定具体的 DMRS 时域图案，具体的 DMRS 时域图案如表 6-24 所示。

表 6-24　PSSCH DMRS 时域图案

除去 GP 的 "Sidelink 时隙" 符号数	MDRS 位置					
	2 符号长度 PSCCH			3 符号长度 PSCCH		
	DMRS 符号数			DMRS 符号数		
	2	3	4	2	3	4
6	1,5	—		1,5	—	—
7	1,5	—		1,5	—	—
8	1,5	—		1,5	—	—
9	3,8	1,4,7	—	3,8	1,4,7	—
10	3,8	1,4,7		3,8	1,4,7	
11	3,10	1,5,9	1,4,7,10	4,10	1,5,9	1,4,7,10
12	3,10	1,5,9	1,4,7,10	4,10	1,5,9	1,4,7,10
13	3,10	1,6,11	1,4,7,10	4,10	1,6,11	1,4,7,10

高层参数②可为资源池预配置允许 UE 在本资源池使用的 DMRS 符号数。在进行具体某次 PSSCH 传输时，实际使用的 DMRS 符号数由第 1 阶段 SCI 中的 DMRS pattern IE 来指示。为了让读者更清晰理解相关参数和 DMRS 时域图案之间的关系，这里给出了两个例子，如图 6-54 和图 6-55 所示。

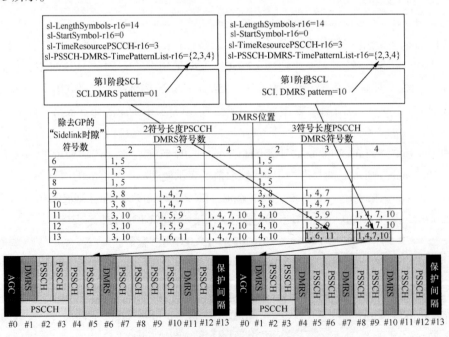

图 6-54　DMRS 时域图案（14 符号的 "Sidelink 时隙"）

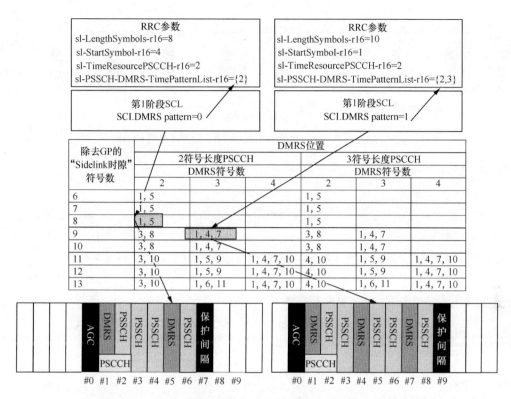

图 6-55 DMRS 时域图案（小于 14 符号的"Sidelink 时隙"）

3. PSFCH

在 R16 中 PSFCH 设计得相对比较简单，仅定义了一种基于序列的 PSFCH 格式（PSFCH Format 0），用作承载副链路反馈控制信息（SFCI）。PSFCH 在频域上占用一个物理资源块，在时域上占用一个 OFDM 符号，采用的序列类型和 PUCCH Format 0 相同。

PSFCH 资源以周期性的方式出现，由 RRC 参数 sl-PSFCH-Period-r16 以资源池为单位配置，取值为 0/1/2/4 个时隙，其中取值 0 表示在该资源池中没有配置用于传输 PSFCH 的资源。PSFCH 在时域上总是出现在"Sidelink 时隙"的倒数第 2 个 OFDM 符号上（最后 1 个符号是保护间隔）。此外为了实现收发状态转换和自动增益控制，在 PSFCH 之前还有用于 PSFCH 接收的 AGC 和 GP。而针对一个特定的 PSSCH 的 PSFCH 时域位置，其由高层配置的最小间隔 sl-MinTimeGapPSFCH-r16（取值为 K 个时隙）限制，即特定 PSSCH 的 PSFCH 必须至少间隔 K 个时隙。这个最小间隔主要基于接收端 UE 解码 PSCCH 并生成 HARQ 反馈的处理时延而设计。

图 6-56 给出了一个实例，在此例中，PSFCH 周期配置为 4，PSSCH 和 PSFCH 的最小间隔为 3。对于在时隙 #n 处传输的 PSSCH，其对应的 HARQ 反馈的 PSFCH 资源必须与 PSSCH 间隔 3 个时隙。在图中的 #n+3 时隙中没有 PSFCH，因此，它的反馈位置为时隙 #n+4。

在 R16 V2X 中，PSFCH 只用于传输 1bit 的 HARQ-ACK 信息。由此也可以看出，为了实现 1bit 的 HARQ 传输，"Sidelink 时隙"额外增加了 2 个符号的开销。

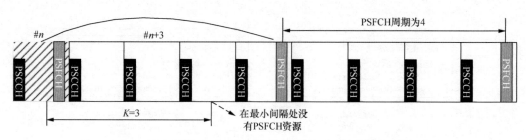

图 6-56　PSSCH 对应的 HARQ 反馈 PSFCH 位置的确定

4. PSBCH 和 S-SSB

（1）PSBCH 和 MIB

PSBCH 是 R16 V2X 中定义的一个重要物理信道。它和 S-SS 一起构成 S-SSB，实现同步信息的传输，以辅助其他 UE 完成同步，实现同步源、同步范围的扩展。当 UE 利用其他 UE 实现同步时，会同时接收 S-SSB 发来的 PSBCH。S-SSB 结构可参考图 6-51。

PSBCH 的主要功能是为待同步 UE 提供建立 Sidelink 所需的系统信息和同步信息。ASN.1 6-16 给出了 PSBCH 包含的信息内容（MIB 信息）。

ASN.1 6-16　PSBCH包含的信息内容

```
MasterInformationBlockSidelink ::=      SEQUENCE {
    sl-TDD-Config-r16                   BIT STRING (SIZE (12)),
    inCoverage-r16                      BOOLEAN,
    directFrameNumber-r16               BIT STRING (SIZE (10)),
    slotIndex-r16                       BIT STRING (SIZE (7)),
    reservedBits-r16                    BIT STRING (SIZE (2))
}
```

其中，

① sl-TDD-Config-r16 IE 用来指示可用于 Sidelink 传输的上行链路时隙信息。当 UE 处在网络覆盖范围外时，它可以通过接收处于覆盖范围内同步源 UE 发送的 PSBCH 信息来获得基站使用的 TDD 配置。这样可以让覆盖范围外的 UE 避免对覆盖范围内的 UE 在接收基站下行链路数据时产生干扰，也就是避免覆盖范围外的 UE 使用网络配置的 DL 子帧来进行 Sidelink 传输。

sl-TDD-Config-r16 IE 由 12bit 组成，即 a_0、a_1、a_2、…、a_{11}，其中，

● a_0 用来指示网络配置的 TDD 图案数量。通常来说，网络会通过 tdd-UL-DL-Configuration Common 和 sl-TDD-Configuration IE 来指示配置网络使用的 UL/DL 时隙配置，可以配置一个或两个 TDD pattern。如果 sl-TDD-Config-r16 IE 的取值为 0，则表示网络配置一个 TDD 图案（pattern1）；如果取值为 1，则表示网络配置了两个 TDD 图案（pattern1 和 pattern2）。

● $a_1 \sim a_4$ 用来指示 pattern 的周期。UE 可通过 $a_1 \sim a_4$ 取值查表获得 pattern1（$a_0=0$）、pattern1 和 pattern2（$a_0=1$）的周期，见 3GPP TS 38.213-Table 16.1-1 和 TS 38.213-Table 16.1-2）。

● $a_5 \sim a_{11}$ 用来指示 pattern 内的上行时隙个数。

② inCoverage-r16 IE 用来指示发送该 PSBCH 的 UE（选定的同步源）是否处在网络覆盖范围内或 UE 选择的全球导航卫星系统（GNSS）作为同步源。

③ directFrameNumber-r16 IE 用来指示该 S-SSB 所在的直连帧号（DFN），用于标记 Sidelink 传

输。DFN 使 UE 能够根据同步源来同步其无线帧传输。对于网络覆盖范围内的同步源，DFN 可以基于系统帧号（SFN）推导而出。当同步源处在网络覆盖范围内之外时，可以根据 GNSS 提供的协调世界时（UTC）推导出 DFN。

④ slotIndex-r16 IE 用来指示该 S-SSB 所在时隙在 DFN 内的索引号。

对于位于网络覆盖范围外的同步源 UE，其发送的 PSBCH 内容由预配置信息确定；对于位于网络覆盖范围内的同步源 UE，其发送的 PSBCH 内容由网络配置的信息确定。

（2）S-SSB 结构与发送

PSBCH 类似 Uu 接口的 PBCH，承载了很多 UE 初始接入时需要的重要信息及同步所需要的信息。

R16 V2X 和 NR Uu 接口一样，也采用了同步信号和主广播信息“打包”发送的方式，即 S-SSB 方式，这样做可以压缩初始接入的时延。为了传输 S-SSB，在 R16 V2X 中形成了 V2X 物理层中一个独特的时隙结构，如图 6-57 所示。

在频域上 S-SSB 占据 11 个 RB 宽度，也就是 12×11 共计 132 个子载波。但携带在 S-SSB 中传输的同步信道 S-PSS 和 S-SSS 占据 S-SSB 中间的 127 个子载波。S-SSB 与所在的 Sidelink BWP 使用相同的拓扑，支持普通循环前缀和扩展循环前缀。

S-SSB 中包含 S-PSS 和 S-SSS。它们和 Uu 接口一样，分别采用 m 序列和 Gold 序列，采用 QPSK 调制方式调制，其 DMRS 类似于 Uu 接口 SSB，分布在每个 PSBCH 符号中，在频域上，每 4 个子载波出现一次。为了实现更好的覆盖性能和相位跟踪，S-PSS 和 S-SSS 分别重复两次在 S-SSB 中发送。

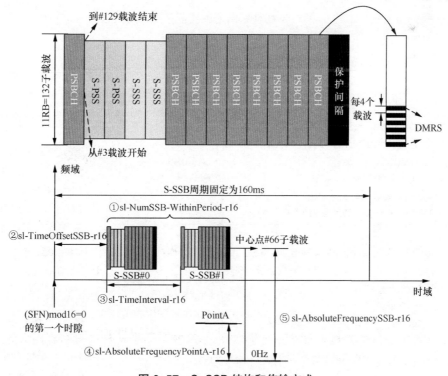

图 6-57　S-SSB 结构和传输方式

图 6-57 给出了 S-SSB 结构和传输方式。当 UE 初始接入网络时，如何找到 S-SSB 呢？

首先，S-SSB 的频域位置由高层参数⑤预配置决定，这样 UE 可以直接找到 S-SSB 而无须盲检。S-SSB 的时域位置由 SFN 决定，与 Uu 接口的 SSB 不同，S-SSB 采用 160ms 的固定传输周期。因此，协议规定 S-SSB 的传输周期起始位置从 (SFN)mod16=0[或 (DFN)mod16=0] 的第 1 个时隙处开始。

然后，结合 RRC 配置参数②可以找到 S-SSB 周期中第 1 个 S-SSB 的起始位置。根据参数①和参数③可以获得一个 S-SSB 周期内的 S-SSB 数量和 S-SSB 之间的时间间隔。S-SSB 相关配置如 ASN.1 6-17 所示。

ASN.1 6-17　S-SSB相关配置

```
SL-FreqConfig-r16 ::=              SEQUENCE {
    sl-Freq-Id-r16                     SL-Freq-Id-r16,
    sl-SCS-SpecificCarrierList-r16     SEQUENCE (SIZE (1..maxSCSs)) OF SCS-SpecificCarrier,
  ④ sl-AbsoluteFrequencyPointA-r16    ARFCN-ValueNR        OPTIONAL,  -- Need M
  ⑤ sl-AbsoluteFrequencySSB-r16       ARFCN-ValueNR        OPTIONAL,  -- Need R
    ...
}

SL-RSRP-Range-r16 ::=              INTEGER (0..13
SL-SSB-TimeAllocation-r16 ::=      SEQUENCE {
  ① sl-NumSSB-WithinPeriod-r16      ENUMERATED {n1, n2, n4, n8, n16, n32, n64}  OPTIONAL,
  ② sl-TimeOffsetSSB-r16            INTEGER (0..1279)        OPTIONAL,   -- Need R
  ③ sl-TimeInterval-r16             INTEGER (0..639)         OPTIONAL    -- Need R
}
```

5. V2X 物理层信道特性比较

最后，我们对上面介绍的 4 个 V2X 物理层信道的功能特点、所处位置等进行比较，如表 6-25 所示。

表 6-25　V2X 物理层信道比较

物理信道	所处位置	信道功能	关联物理层信号	其他
PSCCH	在与之关联的 PSSCH 占用的第 1 个子通道、第 2 到 3 或 4 个符号内发送（第 1 个符号为 AGC）	承载第 1 阶段 SCI： 资源分配、调制编码格式和 PSSCH 优先级； 资源预留周期； PSSCH 的 DMRS 图案和端口数； 第 2 阶段 SCI 的大小、格式	PSCCH DMRS：基于 R15 NR PDCCH DMRS	编码：Polar 码（同 R15 PDCCH）； 调制：QPSK
PSSCH	在资源池的时隙中，以一个或多个子通道发送	承载上层数据和第 2 阶段 SCI： HARQ 进程 ID、新数据指示和冗余版本； 源和目的 ID； HARQ 激活 / 去激活指示； 传输类型和 CSI 请求； 通信距离要求和区域 ID	DMRS：基于 R15、PUSCH 和 PDSCH DMRS CSI-RS：基于 R15 NR CSI-RS PT-RS：基于 R15 NR PT-RS	第 2 阶段 SCI： 编码：Polar 码（同 R15 PDCCH）； 调制：QPSK。 TB： 编码：LDPC（同 R15 PDSCH）； 调制：QPSK、16QAM、64QAM 和 256QAM

续表

物理信道	所处位置	信道功能	关联物理层信号	其他
PSBCH	与 S–PSS 和 S–SSS 一起组成 S–SSB，在资源池之外以周期性发送	承载 PSBCH：TDD 配置；DFN；时隙序号；覆盖指示	PSBCH DMRS：基于 R15 NR PBCH DMRS；S–PSS：m 序列，基于 R15 NR PSS；S–SSS：Gold 码序列，基于 R15 NR SSS	编码：LDPC（同 R15 PBCH）调制：QPSK
PSFCH	周期性地在"Sidelink 时隙"中的倒数第 2 个符号发送	承载 HARQ：对于单播，传输 ACK/NACK 反馈；对于多播，承载 NACK 或 ACK/NACK 反馈	—	Zadoff–Chu 序列（同 R15 PUCCH Format 0）

6.4.3　5G V2X 同步过程

1. 同步源标识和同步源等级

同步是 C–V2X 网络中的一个重要物理层过程，同步就是 UE 需要和另外一个即将通信的 UE 实现时间对齐。只有完成了同步，UE 之间才可能进行 Sidelink 传输。和 LTE V2X 类似，车联网的特殊运行环境并不具备稳定的同步环境，5G V2X 支持共计 4 种同步源：GNSS、gNB 或 eNB、同步源 UE 或 UE 自身时钟。正因为有多种同步源，且不同同步源的同步质量有差异，因此，同步源选择成为一个需要解决的问题。

要解决同步源选择问题，首先就要标识同步源。

5G V2X 利用同步信号 S–PSS 和 S–SSS 来承载用于标识同步源的物理层 *SLSS ID*，它可由式（6–2）计算获得。

$$SLSS\ ID = N_{\mathrm{ID},1}^{\mathrm{SL}} + 336 \cdot N_{\mathrm{ID},2}^{\mathrm{SL}} \tag{6–2}$$

其中，$N_{\mathrm{ID},1}^{\mathrm{SL}}$ 的取值范围是 {0,1,…,335}，由 336 种候选辅同步信号序列来表示；$N_{\mathrm{ID},2}^{\mathrm{SL}}$ 的取值范围是 {0,1}，由 2 种候选主同步信号序列来表示。也就是说，一旦 UE 完成同步信号的解调，便能获得 *SLSS ID*。

UE 在进行同步源选择时，除了要标识不同的同步源，还需要识别不同的同步场景。比如同步源是基站还是 GNSS、同步源在覆盖范围内还是覆盖范围外等。所以首先在 PSBCH 的 MIB 中，系统将利用 1bit 的 inCoverage–r16 字段（后续记为 I_{IC}）来区分 UE 在 GNSS 或 gNB/eNB 的覆盖范围内 [1]（取值为 1）或覆盖范围外（取值为 0）；另外，*SLSS ID*=0 被固定用于表示 UE 直接同步到 GNSS，或 UE 选择的同步源直接同步到 GNSS。为了区分不同的同步场景及在不同场景下 UE 获得同步的质量高低，我们对同步场景进行了如下分组，如表 6–26 所示。

表 6–26　同步场景分类和 *SLSS ID* 取值

类别	I_{IC} 和 *SLSS ID* 取值	场景	同步质量
1 类 直接卫星同步	I_{IC}=1 *SLSS ID*=0	UE 直接同步到 GNSS	高

1　更准确的表述是，当 inCoverage–r16=1 时，UE 处在 LTE 或 NR 基站覆盖范围内或 UE 选择 GNSS 作为同步参考源（参见 3GPP TS 38.331）。

类别	I_{IC} 和 *SLSS ID* 取值	场景	同步质量
2 类 间接卫星同步	$I_{\text{IC}}=0$ *SLSS ID*=0	UE 在 GNSS 或基站覆盖外， 同步源为"直接卫星同步"	较高
3 类 直接基站同步	$I_{\text{IC}}=1$ *SLSS ID*=1～335	UE 直接同步到基站	高
4 类 间接基站同步	$I_{\text{IC}}=0$ *SLSS ID*=1～335	UE 在 GNSS 或基站覆盖外， 同步源为"直接基站同步"	较高
5 类 多跳同步	$I_{\text{IC}}=0$ *SLSS ID*=336～671	同步源为"间接卫星同步" 或"间接基站同步"	较低
6 类 自参考同步		UE 以内部时钟为同步源	最低

根据上述的分类，我们可以看到在各种同步场景下的 UE 获得同步的质量高低，从而梳理出 UE 选择同步源的优先级排序，如表 6-27 所示。

当然，基站同步和 GNSS 同步哪个更可靠、哪个优先级更高和 UE 所处环境有关（如在高楼林立的城市区域中，可配置为基站优先；在空旷的区域中，可配置为 GNSS 优先）。基站同步优先或 GNSS 同步优先由 RRC 参数 sl-SyncPriority-r16（取值范围为 {gnss, gnbEnb}）决定。

表 6-27　同步源优先级选择

同步优先级	GNSS 同步优先级 sl-SyncPriority= *gnss*	基站同步优先级 sl-SyncPriority= *gnbEnb*
1	GNSS	基站
2	1 类：直接卫星同步的同步源	3 类：直接基站同步的同步源
3	2 类：间接卫星同步的同步源	4 类：间接基站同步的同步源
4	基站	GNSS
5	3 类：直接基站同步的同步源	1 类：直接卫星同步的同步源
6	4 类：间接基站同步的同步源	2 类：间接卫星同步的同步源
7	5 类：多跳同步到基站或 GNSS 的同步源	
8	6 类：自参考同步的同步源	

2. UE 同步过程

有了优先级和 *SLSS ID*，UE 的同步源选择过程就比较简单了。首先，UE 将优先根据网络配置的 sl-SyncPriority-r16 来选择基站或 GNSS 作为同步源（如果 UE 在基站或 GNSS 的信号覆盖范围内）。若无法直接选择基站或 GNSS 作为同步源，则需要通过搜索其他 UE 类型同步源的 S-SSB 来确定同步源。

UE 搜索 S-SSB，通过解调 S-PSS 和 S-SSS 可以获得这个同步源的 *SLSS ID*。接着，UE 通过 PSBCH 上的 DMRS 测量这个同步源的 RSRP，并和网络配置的最小 RSRP 的门限值（RRC 参数 sl-SyncRefMinHyst-r16）进行比较。如果测量 RSRP 大于网络配置的门限，则该同步源可作为候选同步源；当同一同步源优先级内有多个候选同步源时，UE 选择 RSRP 最高的作为同步源。

为了帮助读者更好地理解用 *SLSS ID* 和 I_{IC} 推导同步源优先级的方法，以及同步源的选择，这里以图 6-58 为例加以说明。

在图 6-58 中，我们以（Level A，Level B）的形式来表示同步源的优先级。其中，Leve A 表示同步源在基站优先模式下的优先级；Level B 表示同步源在 GNSS 优先模式下的优先级（如表 6-27 所示）。图 6-58 由两个相邻 NR gNB 组成，其中 gNB1 为密集城市区域，考虑到有较多建筑物遮挡，所以在 gNB1 广播 SIB12 中，网络将同步优先级配置为 sl-SyncPriority=$gnbEnb$，$SLSS\ ID$ 为 111；gNB2 为城郊区域，无遮挡，网络将在 SIB12 中配置的优先级设置为 sl-SyncPriority=$gnss$，$SLSS\ ID$ 为 222。

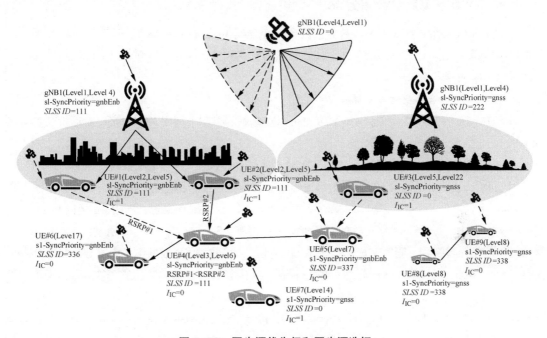

图 6-58　同步源优先级和同步源选择

UE#1 和 UE#2 工作在 gNB1 配置的 Sidelink BWP 上，UE#1 无法接收到 GNSS 信号，UE#2 可以接收到 GNSS 信号，但由于 BWP 配置了 sl-SyncPriority=gnbEnb，因此 UE#1 和 UE#2 都直接同步到 gNB1。因而，UE#1 和 UE#2 的 $SLSS\ ID$=111，I_{IC}=1（I_{IC} 表示在 UE#2 作为同步源时，它是否在其同步源的覆盖范围内，而无论是否在 GNSS 覆盖范围内，I_{IC} 都取 1）。

UE#3 在 gNB2 覆盖范围内，但 sl-SyncPriority=gnss，因此，直接同步到 GNSS，$SLSS\ ID$=0，I_{IC}=1。

UE#4 在 NR 基站覆盖范围外，工作在预配置载波上，虽然 UE#3 可接收到 GNSS 信号，但由于工作载波 sl-SyncPriority=$gnbEnb$，所以它只能基于基站优先来选择同步源。UE#4 可以接收到 UE#1 和 UE#2 的 S-SSB，两个候选同步源优先级均为 Level2。但来自 UE#1 PSBCH 的 RSRP#1 小于来自 UE#2 PSBCH 的 RSRP#2，因此，UE#4 选择 UE#2 作为同步源。此后，UE#4 作为其他 UE 的同步源时，$SLSS\ ID$=111，I_{IC}=0（虽然 UE#4 在 GNSS 覆盖范围内，但不在基站覆盖范围内）。

UE#5 和 UE#6 也在 5G 网络和 GNSS 覆盖范围外，由于其预配置载波的 sl-SyncPriority=$gnbEnb$，因此虽然 UE#5 更加靠近同步源 UE#3，但因为选择基站优先模式，最后选择 UE#4 为同步源（UE#4 基站优先的优先级为 3，大于 UE#3 基站优先的优先级 5）。UE#6 只搜索到 UE#4 的同步信号，因此，也选择 UE#4 作为同步源。两个 UE 都属于第 5 类（如表 6-26 所示），$SLSS\ ID$ 的取值范围为 336 ～ 671，I_{IC}=0。

UE#7 处在网络覆盖范围外，但工作载波 sl-SyncPriority=$gnss$，所以直接同步到 GNSS。其 $SLSS\ ID$=0，I_{IC}=1。

UE#8 和 UE#9 在网络和 GNSS 覆盖范围外，UE#8 无法接收到周围转发的 S–SSB，因此只能用自己的时钟作为同步源，*SLSS ID*=338，I_{IC}=0。UE#9 和 UE#8 进行通信，只能接收到 UE#8 的 S–SSB，因此选择 UE#8 作为同步源，*SLSS ID*=338，I_{IC}=0。

6.4.4　5G V2X 资源分配

与 LTE V2X 类似，R16 V2X 也被分为两个资源分配 Mode 1 和 Mode 2。但与 LTE V2X 不同的是 R16 V2X 除了支持 LTE 的广播模式，还支持单播模式和多播模式，这样可以更好地满足 SA1 定义的高级车联网需求。

1. Mode 1——*基站控制的资源分配和* DCI Format 3_0

和 LTE V2X 的 Mode 3 类似，R16 V2X 也可以在基站的控制下利用 NR Uu 接口对运行在 Mode 1 的 V2X UE 进行资源分配。由于需要 Uu 接口的参与，因此，UE 必须处在网络覆盖范围内才能工作于 Mode 1。考虑到 V2X 业务的特征，R16 V2X 也引入了动态授权（DG）和配置授权（CG）调度技术。

对于 DG，首先，Mode 1 UE 需要为每次传输（包括重传）所用的 Uu 接口 PUCCH 向基站发送 SR 和缓存状态报告（BSR）来申请资源①；网络会根据 UE 的缓存报告，利用 Uu 接口 PDCCH 通过 DCI 为 UE 分配用于 Sidelink 传输的时频资源②；接着，Sidelink 发送端 UE 通过第 1 阶段 SCI 对接收端 UE 进行调度③，同时完成 PSSCH 传输；然后，接收端 UE 根据第 1 阶段 SCI 完成 PSSCH 解调，UE 完成第 2 阶段 SCI 解调，根据第 2 阶段 SCI 内容确定目标地址，从而确定数据是否发送给自己，如果确实为发送给自己的数据，则继续解调 PSSCH；最后通过 PSFCH 反馈 HARQ–ACK 信息④，发送端 UE 再将反馈信息反馈给基站⑤，以重传申请 Sidelink 资源；在这个过程中，其他 UE（包括运行在 Mode 2 上的 UE）也可以根据此消息来判断资源是否已被占用⑥。Mode 1 动态调度流程如图 6–59 所示。

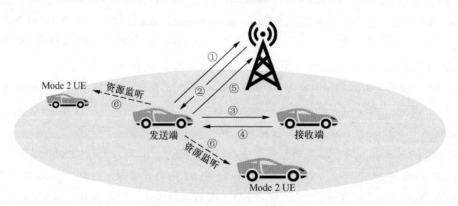

图 6–59　Mode 1 动态调度流程

很显然，动态调度的方式由于需要向网络申请资源，会引入较大的时延。和 Uu 接口的调度模式一样，Sidelink 除了动态调度，也有优化周期性业务（当然，也可以用于传输非周期性业务）的低时延模式——CG，并且同样支持类似于 Uu 接口的 CG Type 1 和 CG Type 2 两种 CG 模式。

在 CG 模式下，支持 Sidelink CG Type 1 和 Sidelink CG Type 2 两种 CG 模式。和 Uu 接口类似，两种 CG 模式都使用 RRC 参数进行配置，在 Type 1 模式下，RRC 完成所有无线参数的配置后可以直接使用，直至 RRC 层进行去激活；而在 Type 2 模式下，RRC 只进行该部分参数的配置，UE 需要利用 DCI Format 3_0 激活并配置细节参数后才能使用。R16 V2X"继承了"R16 URLLC 项目的增强特征，Sidelink CG Type 1 和 Sidelink CG Type 2 均可配置多套 CG 资源，并激活多套资源。但相比起来，由于 Type 1 一旦完成配置就默认激活相关资源，因此，无论资源是否被使用，其他 UE 都无法再使用。而 Type 2 的未激活资源仍然可被分配给其他 UE 使用。

（1）DCI Format 3_0 的控制"传递"

Mode 1 基站集中控制模式的关键在于引入新定义的下行链路控制信令格式 DCI Format 3_0 用于 Sidelink 控制信息的"传递"。新定义的 DCI Format 3_0 可用于动态调度或者 CG Type 2 的激活 / 去激活。表 6-28 给出了 DCI Format 3_0 的相关 IE 定义。

表 6-28　DCI Format 3_0 的相关 IE 定义

分类	比特域	比特数	说明
Sidelink 资源指示	Resource Pool index	$\lceil \log_2 N \rceil$	从高层预配置的资源池中指示当前使用的资源池序号，L 为高层参数 sl–TxPoolScheduling IE 指示的资源池数量
	Time gap	3	用于指示多个 Sidelink 资源中第一个资源与该 DCI 的时域间隔，由高层参数 sl–DCI–ToSL–Trans 决定
Sidelink 资源指示	Lowest index of the subchannel allocation to the initial transmission	$\lceil \log_2 \left(N_{\text{subChannel}}^{\text{SL}} \right) \rceil$	用于指示第一个 Sidelink 资源占据的子信道的最低索引。其中，$N_{\text{subChannel}}^{\text{SL}}$ 为高层参数 sl–NumSubchannel–r16 IE 定义的资源池子信道数，本质上也是 PSCCH 的所在位置
	SCI Format 1–A fields		用于指示调度的 Sidelink 时频域资源，与 SCI Format 1–A 内的 Frequency resource assignment 和 Time resource assignment 信息相同。指示分配资源的频域子信道个数、除第一个分配资源外，其余分配资源的频域起始位置、除第一个分配资源外其余分配资源时域位置与第一个分配资源之间的时间间隔
HARQ 相关	HARQ process number	4	用于指示网络为 UE 分配的 Sidelink 资源对应的 HARQ 进程号
	New data indicator	1	用于指示是否传输新数据
PUCCH 传输资源指示信息	PSFCH–to–HARQ feedback timing indicator	$\lceil \log_2 \left(N_{\text{fb\_timing}} \right) \rceil$	用于指示 PSFCH 和 PUCCH 之间的时间间隔。需要注意的是，这个时间间隔用 PUCCH 子载波间隔对应的时隙个数表示；如果网络配置了多个与 PSSCH 对应的 PSFCH，则该 IE 指示的时间间隔为最后一个 PSFCH 和 PUCCH 之间的间隔。其中，$N_{\text{fb\_timing}}$ 为高层参数 sl–PSFCH–ToPUCCH–r16 预配置的时间间隔数量
	PUCCH resource index	3	选择 PUCCH 使用的资源，可参考 3GPP TS 38.213 16.5
其他	Configuration index	0/3	当 UE 配置为 CG 时，用该 IE 来指示激活 / 去激活的网络预配置 CG（若 DCI Format 3_0 用 SL–RNTI 加扰，则此 DCI 为动态调度 DCI；若用 SL–CS–RNTI 加扰，则此 DCI 为可配置调度激活 / 去激活 DCI）
	Counter sidelink assignment index	2	用于指示网络累计发送的用于调度 Sidelink 资源的 DCI 个数，UE 根据该参数确定在生成 HARQ–ACK 码本时的信息比特的个数

如图 6-61 所示，首先，基站通过 PDCCH 下发 DCI Format 3_0，其中包含了第一个传输资源和 DCI Format 3_0 的时间间隔 K_{SL}（以时隙为单位）、频域起始位置（由于 DCI 指示了使用的资源池编号，因此此处用第一个传输资源的最低子信道索引号表示）。对频域起始位置进行指示，其目的是指示承载了第 1 阶段 SCI（SCI Format 1_A）的 PSCCH 的位置，以便接收端 UE 后续完成 SCI Format 1_A 的解码。

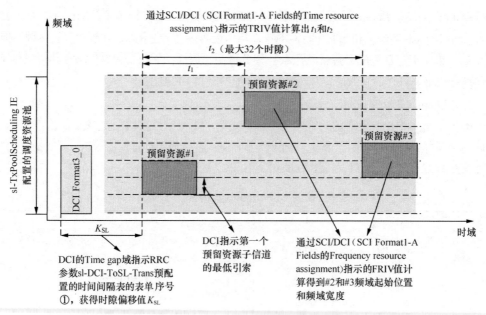

图 6-60　Mode 1 时频域资源指示

然后，DCI 会将即将在 SCI Format 1_A 中传输的 Sidelink 传输资源的"Time resource assignment""Frequency resource assignment"打包放在 DCI Format 3_0 的 SCI Format 1–A 域中传给发送端 UE。这样就完成了调度资源指示信息的"传递"。Sidelink 接收端 UE 根据 Uu 接口"传递"来的"Time resource assignment"信息计算出第 2 和第 3 传输资源相对第 1 传输资源的时间间隔 t_1 和 t_2。同时，根据"Frequency resource assignment"计算出第 2 和第 3 传输资源的最低子信道索引号（协议中表示为 $n_{subCH,1}^{start}$ 和 $n_{subCH,2}^{start}$）及 3 块资源的频域宽度 [1]（占用的子信道个数，协议中表示为 L_{subCH}）。这样，完成了 Uu 接口对 Mode 1 Sidelink 资源的分配和指示。

如 ASN.1 6–18 所示，DCI Format 3_0 可用于 DG 和 CG（仅指 CG Type 2）两种调度方式，两种不同的调度方式由不同的 CRC 加扰 RNTI 来区分。当 DCI 被用于 DG 时，DCI 由 SL–RNTI ②进行 CRC 加扰；在用于实现 CG Type 2 配置的激活 / 去激活操作时，DCI 由 SL–CS–RNTI ③进行 CRC 加扰。

ASN.1 6–18　调度相关RRC配置

```
SL-ScheduledConfig-r16 ::=          SEQUENCE {
  ② sl-RNTI-r16                       RNTI-Value,
     mac-MainConfigSL-r16             MAC-MainConfigSL-r16    OPTIONAL,-- Need M
  ③ sl-CS-RNTI-r16                    RNTI-Value              OPTIONAL,-- Need M
     sl-PSFCH-ToPUCCH-r16             SEQUENCE (SIZE (1..8)) OF INTEGER (0..15)  OPTIONAL,
  ④ sl-ConfiguredGrantConfigList-r16  SL-ConfiguredGrantConfigList-r16  OPTIONAL,-- Need M
     ...,
     [[
  ① sl-DCI-ToSL-Trans-r16            SEQUENCE (SIZE (1..8)) OF INTEGER (1..32)  OPTIONAL-- Need M
     ]]
}
```

1　R16 中规定预留资源的频域宽度必须一样。

用于激活 / 去激活操作时，对类似于 Uu 接口 CG 的激活 / 去激活（参见 6.1.6 节），UE 需要完成对 DCI 的验证。首先，如果 DCI 被用于激活 / 去激活，DCI 必须用 SL–CS–RNTI 加扰且 DCI 中的 New data indicator 域取值必须为 0。其次，如果 DCI 中的 HARQ process number IE 所有比特为 0，则表示当前为激活命令，此时用 Configuration index IE 来指示需要激活的 CG 配置；若 DCI 中的 HARQ process number IE 所有比特全置 1，且 Frequency resource assignment IE 也全为 1，则表示当前为去激活命令，此时用 Configuration index IE 来指示 RRC 预配置的④、需要去激活的 CG 配置序号。

（2）空口参数与高层业务的匹配

为了更好地匹配 V2X 周期性业务的特征并尽可能地提高传输的可靠性，高层为 CG Type 2 调度引入了增强，即 RRC 层为每套预配置的 CG 参数都设置了一个"CG 周期"（利用 ASN.1 6–17 参数④中的 sl–PeriodCG–r16 IE），这个"CG 周期"将尽可能匹配 V2X 周期性业务数据到达周期（当然，CG 所使用的资源池重复周期 sl–TimeResource–r16 也应该与之匹配）。为了实现这个目标，UE 可事先通过 UEAssistanceInformation 消息上报业务模型以向基站提供参考。当基站通过 DCI Format 3_0 激活 CG 配置时，分配给 Sidelink 传输的多个预留资源（最多 3 个）只允许传输一个 TB 数据（相同的 HARQ Process ID），而其他预留资源可被用于重传以提高可靠性，图 6–61 所示为 CG 周期、资源池重复周期与业务特征匹配示意图。

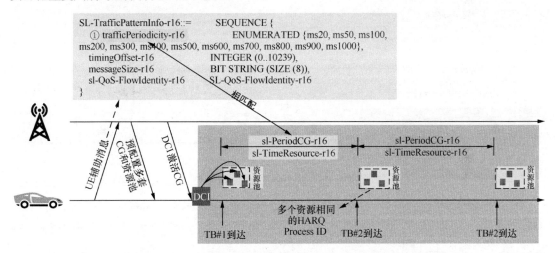

图 6–61　CG 周期、资源池重复周期与业务特征匹配示意

（3）HARQ 反馈信息上报

在 Mode 1 下，Sidelink 传输资源由网络配置，为了让网络为 Sidelink 配置重传资源，发送端 UE 需要将由接收端 UE 在 Sidelink 上通过 PSFCH 反馈的 HARQ 信息上报给网络。HARQ 反馈信息可以通过 Uu 接口的 PUCCH 或 PUSCH 上报基站。如果网络希望 UE 上报 HARQ 反馈信息，则需要在 DCI 中同时分配 PUCCH 资源（利用 DCI 的 PUCCH resource index 字段），以及 PSFCH 与 PUCCH 的时间间隔（利用 DCI 的 PSFCH–to–HARQ feedback timing indicator 字段）。如果在该 PUCCH 时隙中，网络同时调度了 PUSCH 传输，则发送端 UE 将通过 PUSCH 上报 HARQ 反馈信息。

2. Mode 2——UE 自主选择的资源分配

整体而言，无论是动态调度还是 CG，Mode 1 都是一种集中式的、由基站主导控制的资源调度模式。这种模式的好处是可以在基站的控制下完成资源分配，有效地避免可能的资源碰撞。但无论如何，难以避免时延的引入。即便是 CG，也需要事先进行 RRC 预配置及等待 DCI 的激活和进一步调度。当然，如果采用 CG Type 1 可在一定程度上避免额外的时延引入，但这又导致另外一个问题——资源的浪费。

另外，Mode 1 需要基站的参与，也就是需要 UE 处在网络覆盖范围内。根据目前 3GPP Mode 1 的模式逻辑，如果 UE 在覆盖范围内完成 CG 资源的预配置和激活，然后离开覆盖范围，也仍然无法在覆盖范围外完成有效的重传资源申请。因此，3GPP 最终限制了 Mode 1 的使用场景，即只允许覆盖范围内的 UE 使用。对于覆盖范围外的 UE，沿用 LTE V2X Mode 4，引入 UE 自主选择的资源分配模式。UE 自主选择的资源分配模式，简单理解就是 UE 基于对以往资源使用情况的探测来确定当前时刻可以选择使用的资源。这个操作由网络侧 RRC 预配置的参数指导，由 UE 独立完成探测和资源选择。

（1）资源预留与 Mode 2 中的"动态"调度和"半静态"调度

UE 自主选择的资源分配模式的核心逻辑就是资源预留。只有实现了资源预留，UE 才有可能根据监听到的资源预留情况进行资源选择。

在 R16 协议中有两种资源预留的方式，即短期（Short-Term）资源预留和长期（Long-Term）资源预留，如图 6-62 所示。

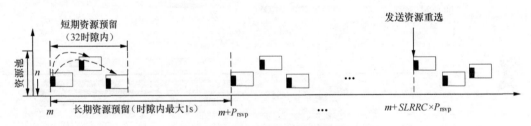

图 6-62　资源预留和资源重选

① 短期资源预留：这种资源预留方式有 SCI 1-A 的 Frequency resource assignment IE 和 Time resource assignment IE 指示，资源预留的时间最长为 32 个时隙。短期资源预留可以看作类似"一锤子买卖"的动态调度模式。

② 长期资源预留：由 SCI 1-A 的参数 Resource reservation period 从 RRC 预配置的周期列表 sl-ResourceReservePeriodList-r16 中选择确定（将最终选择的资源预留周期记为 P_{rsvp}）。周期的取值范围为 [0:100:1000]ms 或 [1:1:99]ms。长期资源预留模式可以看作类似于 CG 的半静态调度模式（记为 Sidelink Mode 2-SPS）。

Sidelink Mode 2-SPS 模式很显然是为了匹配一些周期性业务的需求。当然，就算是周期性业务也不可能一直存在，资源的预留也不能一直保持。为了避免这种"always-on"的情况出现，在 MAC 层定义了针对 Sidelink Mode-SPS 的"发送资源选择和重选确认"机制。

首先，协议定义了一个用作记录已预留的 P_{rsvp} 个数的计算器，即 Sidelink 资源重选计数器（SLRRC）。SLRRC 显示的数字我们用 $SLRRC$ 表示。$SLRRC$ 将会在每完成一次长周期预留时减 1，直至等于 0。当 $SLRRC=0$ 时，MAC 将重新确认是否继续预留或重新为 UE 选择资源。

$SLRRC$ 的取值和 P_{rsvp} 相关[24]，当 $P_{rsvp} \geq 100$ms 时，$SLRRC$ 的取值范围为 [5,15]；当 $P_{rsvp}<100$ms

时，$SLRRC$ 在 $\left[5\times\left\lceil\dfrac{100}{\max\left(20,p_{rsvp}\right)}\right\rceil,15\times\left\lceil\dfrac{100}{\max\left(20,P_{rsvp}\right)}\right\rceil\right]$ 范围内随机取值。一旦 $SLRRC$ 递减为 0，则 MAC 会根据 RRC 预配置的概率（sl–ProbResourceKeep–r16 IE）来决定是否保持当前预留的发送资源（否则 MAC 层就重新选择）。RRC 预配置的概率取值范围为 [0,0.2,0.4,0.6,0.8]。此外，协议还规定如果资源预留次数达到 10 倍的 $SLRRC$，则必须进行一次发送资源重选。

（2）资源探测窗口和资源选择窗口的确定

整个资源选择过程可分为两个阶段，即资源探测阶段和资源选择阶段。为了限定资源探测和资源选择操作的范围，协议定义了资源探测窗口和资源选择窗口。假设时隙 #n 为触发资源选择或重选的时隙，资源探测窗口和资源选择窗口的确定方式可参考图 6–63。

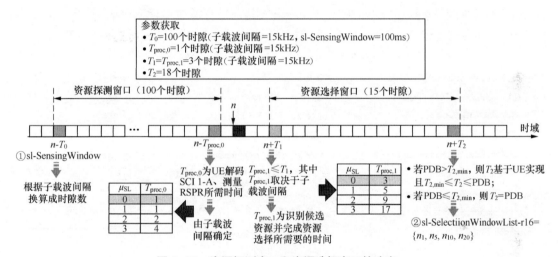

图 6–63　资源探测窗口和资源选择窗口的确定

资源探测窗口：由参数 $T_{proc,0}$ 和参数 T_0 确定，资源探测窗口的范围为 $[n-T_0,n-T_{proc,0}]$，其中，$T_{proc,0}$ 和 UE 处理能力相关，表示 UE 解码第 1 阶段 SCI（SCI Format 1–A）和完成对 DMRS 的 RSRP 测量所需要的时间，3GPP TS 38.214 8.1.4 节中定义了 $T_{proc,0}$ 的取值，它和 Sidelink 使用的子载波间隔有关（图 6–63 中的 $T_{proc,0}$ 取值为 1 个时隙）；T_0 与 RRC 参数① sl–SensingWindow–r16 相关（见 ASN.1 6–19），该参数以"ms"为单位，UE 需要根据 Sidelink 使用的子载波间隔将配置时间转化为整数倍时隙数（在图 6–63 中，若参数①配置为 100ms，子载波间隔 =10kHz，则 T_0 取值为 100 个时隙）。

资源选择窗口：由参数 T_1 和 T_2 决定，均基于 UE 实现确定。资源选择窗口的范围为 $[n+T_1,n+T_2]$，T_1 和 T_2 的取值需要满足如下条件。

$T_1 \geq T_{proc,1}$，其中 $T_{proc,1}$ 和 UE 处理能力相关，表示识别候选资源并完成资源选择所需要的时间。在 3GPP TS 38.214 8.1.4 节中定义了 $T_{proc,1}$ 的取值，它和 Sidelink 使用的子载波间隔有关（图 6–63 中 $T_{proc,1}$ 的取值为 3 个时隙）。

T_2 取值与高层配置参数 $T_{2,min}$（见 ASN.1 6–19 参数②）和业务特征"数据包延迟预算"（PDB）相关。其中 $T_{2,min}$ 反映 UE 待发送数据的优先级，从网络预配置的参数②中选择，T_2 必须小于或等于 PDB，以保证 UE 可以在数据包的最大延迟到达之前将数据包发送出去。当 PDB>$T_{2,\min}$ 时，T_2 需要满足 $T_{2,\min} \leqslant T_2 \leqslant \mathrm{PDB}$[1]；当 PDB $\leqslant T_{2,\min}$ 时，T_2=PDB。

阶段 1：资源探测阶段

第 2 阶段 SCI 的设计使第 1 阶段 SCI 的内容填充不受传输类型、信道状态等外界因素影响，这为网络中 UE 对资源占用情况的探测提供了便利。UE 可以付出较小的代价（比如较低的复杂度、能耗等）获取网络中其他 UE 资源占用信息，以便自己在进行后续资源选择时参考。

发射端 UE 可通过监听网络中周围 UE 发送的第 1 阶段 SCI（SCI Format 1–A）解码获得其他 UE "预约" 的网络资源。通过测量 PSCCH 或 PSSCH DMRS 的 RSRP 并和网络配置门限 [由参数 ③（ASN.1 6–19）预配置门限列表，并通过 SCI 中的优先级来选择使用的门限] 比较来确定这些预留的资源是否会对自己产生较大干扰，若存在较大干扰（超过门限），则对应的资源将在第 2 阶段 SCI 被排除。RSRP 测量对象（PSCCH 的 DMRS 或 PSSCH 的 DMRS）由高层参数④配置。一旦资源选择被触发（如图 6–63 中的 n 时隙），则可根据网络配置参数、UE 能力和业务特征计算出资源探测窗口和资源选择窗口的范围，并基于资源探测窗口的范围完成历史探测数据的整理。

ASN.1 6–19　Mode 2相关RRC参数

```
SL-UE-SelectedConfigRP-r16 ::=           SEQUENCE {
    sl-CBR-PriorityTxConfigList-r16          SL-CBR-PriorityTxConfigList-r16
    ③ sl-Thres-RSRP-List-r16                 SL-Thres-RSRP-List-r16
    sl-MultiReserveResource-r16              ENUMERATED {enabled}
    sl-MaxNumPerReserve-r16                  ENUMERATED {n2, n3}
    ① sl-SensingWindow-r16                   ENUMERATED {ms100, ms1100}
    ② sl-SelectionWindowList-r16             SL-SelectionWindowList-r16
    ⑤ sl-ResourceReservePeriodList-r16 SEQUENCE (SIZE (1..16)) OF SL-ResourceReservePeriod-r16
    ④ sl-RS-ForSensing-r16                   ENUMERATED {pscch, pssch},
    ...;
}
⑥ SL-ResourceReservePeriod-r16 ::=       CHOICE {
    sl-ResourceReservePeriod1-r16           ENUMERATED {ms0, ms100, ms200, ms300, ms400, ms500, ms600, ms700,
                                               ms800, ms900, ms1000},
    sl-ResourceReservePeriod2-r16           INTEGER (1..99)
}
SL-SelectionWindowList-r16 ::=           SEQUENCE (SIZE (8)) OF SL-SelectionWindowConfig-r16
SL-SelectionWindowConfig-r16 ::=         SEQUENCE {
    sl-Priority-r16                          INTEGER (1..8),
    sl-SelectionWindow-r16                   ENUMERATED {n1, n5, n10, n20}
}
SL-TxPercentageList-r16 ::=              SEQUENCE (SIZE (8)) OF SL-TxPercentageConfig-r16
SL-TxPercentageConfig-r16 ::=           SEQUENCE {
    sl-Priority-r16                          INTEGER (1..8),
    ⑦ sl-TxPercentage-r16                   ENUMERATED {p20, p35, p50}
}
```

1　PDB 表示时间，需要根据子载波间隔将之转化为时隙数。

阶段2：资源选择阶段

基于在资源探测阶段获取的信息，发射端UE将在资源选择窗口内确定用于Sidelink传输的候选资源。资源选择又被分为两个步骤：候选资源确定；选择资源随机选择，如图6-64所示。

在进行候选资源确定时，UE可将资源选择窗口内的所有资源称为"资源总集合"，扣除如下两种排除资源集合后剩下的资源集合便是UE可使用的候选资源集。

排除资源集合A：若在资源探测窗口内发送端UE发送过数据，则会由于半双工的限制，在一些时隙上无法进行资源监听。所以，UE需要根据资源池配置的资源预留周期表（⑤ sl-ResourceReservePeriodList）中所有预配置的、可能被其他用户使用的资源预留周期来确定对应时隙是否落入资源选择窗口。对落入资源选择窗口中的所有可能资源（对应时隙在资源池中的所有子信道），均需要从"资源总集合"中排除。

排除资源集合B：若UE在资源探测窗口内监听到PSCCH，且测量到的RSRP大于SL-RSRP门限（由参数③ sl-Thres-RSRP-List-r16预配置门限列表，并通过SCI中的优先级来选择使用的门限），则需要将落入资源选择窗口内的预留资源从"资源总集合"中排除。

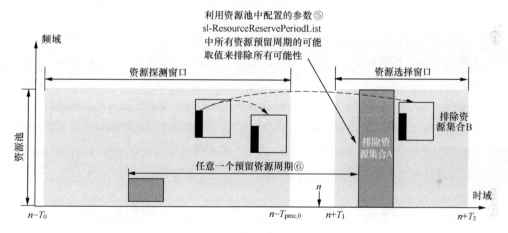

图6-64　资源选择过程

最终的"候选资源集合"即为"资源总集合"。UE的MAC层会在候选资源集中随机选择资源使用。在前面介绍Sidelink Mode-SPS模式时，已经介绍过，MAC层也会对选择的发送资源进行重选。

为了提高MAC层选择资源的随机性，"候选资源集合"需要保持足够多的数量。为此，RRC预配置参数⑦ sl-TxPercentage-r16被用来控制"候选资源集合"占"资源总集合"的比例。当"候选资源集合"小于"资源总集合"的X%时（X由参数⑦设置），则将RSRP测量门限提高3dB(也就是将UE容忍干扰程度提高，让更少的资源被排除)，重新执行候选资源确定过程。

（3）重评估（Re-Evaluation）和基于资源抢占（Preemption）的重评估

细心的读者也许在理解图6-64时已经发现，在n时隙，UE在资源选择窗口内选择候选资源时，其参考数据来源于资源探测窗口内检测所得的历史数据。但因为UE处理能力等因素的约束，资源探测窗口和资源选择窗口在时域上并不连续。在时隙$n-T_{proc,0}$和$n+T_1$间如果有其他UE(以下记为UE B)有突发业务的出现，则有可能会影响到UE(以下记为UE A)之前选择资源的可用性。

当UE B突发业务到来时：

● 若UE B选择的传输资源和UE A之前已选择预留的资源并无重叠，那么相互无变化。

- 若 UE A 在对外"通报"（通过 SCI Format 1-A"广播"）自己的资源预留信息前（如图 6-65 的资源②和③所示），UE A 所选择的资源与 UE B 选择并"通报"的资源重叠（含部分重叠，如资源 A 和资源②），则 UE A 原本选择的预留资源将可能"失效"。此刻 UE A 需要进行资源的重评估和重选择，这种情况即为重评估。

- 若 UE A 已对外"通报"自己的资源预留信息（如图 6-65 的资源④和⑤所示），UE A 所选资源与 UE B 选择资源重叠（如资源 B 和资源⑤），干扰较大（RSRP 大于门限），且 UE B 指示的业务优先级高于 UE A 的优先级，则 UE A 需要进行资源的重评估和重选择，这种情况即为基于资源抢占的重评估。

为了解决上述问题，协议引入了选择资源重评估机制。重评估机制原理并不复杂，简单来说，就是在 UE 每个预留资源被使用前，重新划分一次资源探测窗口和资源选择窗口范围，重新确定候选资源集并和之前选择的资源进行比对，看是否有不可用资源。如果有不可用资源，则重新选择预留资源。重评估和基于资源抢占的重评估的差异就在于资源是否已被 UE 对外"通报"。

如图 6-65 所示（灰底方框为在 UE A 之前进行资源选择时确定的旧窗口范围，白底方框为进行"评估""资源抢占重评估"时确定的新窗口范围；实线箭头表示已"通报"，虚线表示未被"通报"），UE A 会以每个预留资源所在的时隙 m 为基准，重新确定窗口范围来进行重新评估。$m-T_3$ 为资源选择窗口的起始位置，资源选择窗口的结束位置及资源探测窗口的位置仍通过在原定义基础上减 T_3 实现。其中，$T_3=T_{proc,1}$（$T_{proc,1}$ 表示识别候选资源并选择完成资源选择所需要的时间）。考虑到重新确定候选资源集和重新选择预留资源为 UE 带来的处理和能耗开销，根据 3GPP TS 38.321 中的描述，至少在每个选择资源前的 $m-T_3$ 处进行一次评估，而是否在 $m-T_3$ 前或 $m-T_3$ 后进行额外的评估，以及额外重评估的触发时间点，均由 UE 实现和能力决定。

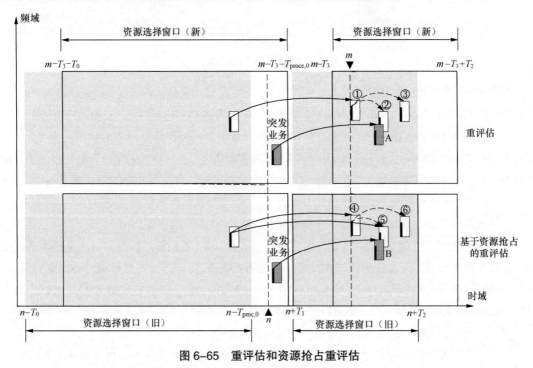

图 6-65 重评估和资源抢占重评估

对于"重评估"，若之前预留的资源不在此次重新评估获得的"候选资源集合"中（如资源②所示），则需要对重叠资源进行重选，也可对其他还未对外"通报"的资源（如资源③所示）进行重选。

对于"基于资源抢占的重评估"，若之前预留的资源不在此次重新评估获得的"候选资源集合"中（如图 6-65 资源⑤所示），RSRP 大于配置门限，且监听到的 SCI Format 1-A 中携带的优先级比 UE 待发送数据优先级高，则需要对被抢占资源进行重选（如图 6-65 资源⑤所示），也可对其他还未对外"通报"的资源（如图 6-65 资源⑥所示）进行重选。

6.4.5 Sidelink HARQ 重传

1. R16 V2X 重传反馈模式

在 LTE C-V2X 中，由于上层业务需求的限制（参见 6.3.1 节），V2X 只支持广播类型的业务，为了在提高可靠性的同时降低协议复杂度，盲重传被用于数据重传，即不需要接收端 UE 的任何反馈，发送端直接重复多次发送传输块。在 5G V2X 中，上层业务需求得到了进一步的提高，除了广播类型的业务，还需要支持多播和单播类型业务。因此，R16 V2X 定义了 HARQ 机制，并为之定义了承载 Sidelink HARQ 的反馈信道 PSFCH。

对于 5G 的 V2X 广播业务，仍然沿用 LTE V2X 的设计，发送端 UE 直接采用盲重传进行多次传输以提高可靠性。对单播和多播业务，引入了 HARQ 机制，以提升重传效率并减少空口资源的浪费。

对于单播业务，运用普通 Uu 接口上的设计，在接收端完成数据解调后，利用 PSFCH 反馈 HARQ 结果（NACK 或 ACK），发送端则根据接收到的反馈结果决定是重传还是传输新数据。

对于全新的 V2X 多播业务，引入了两种不同的反馈模式，即 NACK-only 反馈模式和 NACK/ACK 反馈模式。

NACK-only 反馈模式的 HARQ 反馈更加适用于那些和通信距离相关、没有明确的通信对象（没有建立高层连接）的多播场景，比如"扩展感知"场景。在 NACK-only 的反馈模式下，只有在发送端 UE 指示的通信距离（由第 2 阶段 SCI 的 Communication range requirement 字段指示）内的接收端 UE 没有成功解码 PSSCH 时才需要反馈 NACK。而对在通信距离以外的接收端 UE 或者通信距离内完成 PSSCH 解码的接收端 UE，都无须反馈任何信息。为了定义 UE 之间的距离，我们引入了区域（Zone）的概念。接收端 UE 通过第 2 阶段 SCI 中携带的 Zone ID 来获取发送端 UE 的位置，并根据自己所处位置来计算与发送端 UE 之间的距离是否在本次 NACK-only 反馈要求的通信距离内。在 NACK-only 反馈模式下，所有需要反馈的 UE（在通信距离内且没有成功解码 PSSCH）将共享相同的反馈资源来发送 NACK。因此，从原理上可以知道，发送端 UE 在接收到 NACK 后，并无法知道是哪个 UE 未能成功解码 PSSCH。

与 NACK-only 反馈模式相对应的是 NACK/ACK 反馈模式的 HARQ 反馈，即成功解码反馈 ACK 信息，未成功解码反馈 NACK 信息。它与 NACK-only 反馈模式不同的是多个接收端 UE 将使用独立的资源来反馈自己的 HARQ。因此，发送端 UE 将有能力区分是哪个 UE 没有成功解码，也就可以针对特定的 UE 执行重传。NACK/ACK 反馈模式相对于 NACK-only 反馈模式更加适合有明确通信目标（有建立高层连接）的业务场景。

无论是 NACK-only 反馈模式还是 NACK/ACK 反馈模式，都有可能存在无法解调控制信令（SCI

Format 1-A）导致 HARQ 反馈的"误差"。对于 NACK-only 反馈模式，如果发送端 UE 没有收到任何 NACK，它无法判断这是因为范围内的所有 UE 都成功解码 PSSCH，还是因为有些 UE 没有成功解码 SCI Format 1-A。而在 NACK/ACK 反馈模式下，如果发送端 UE 没有收到任何 ACK 或 NACK 信息，则可判断接收端没有成功解码 SCI Format 1-A。从这个角度看，NACK/ACK 反馈模式的可靠性更高，当然，它使用的反馈资源也更多。

在第 2 阶段 SCI 中，发送端 UE 将利用 Cast type indicator 字段来指示接收端 UE 需要采取的反馈模式。

2. R16 V2X HARQ 反馈资源和资源映射

正如 6.4.2 节中的介绍，PSFCH（如 ANS.1 6-20 参数①所示）在每个 RRC 参数配置的周期内出现一次（如果周期为 0，则代表该资源池取消了 PSFCH 传输），每次在时域上占用一个 OFDM 符号。但即使资源池配置了 PSFCH 资源，对每次传输来说，UE 将根据接收到的第 2 阶段 SCI（SCI Format 2_A 或 SCI Format 2_B）中的 HARQ feedback enabled/disabled indicator 字段来确定是否要进行 HARQ 反馈，以及反馈模式（Cast type indicator 字段）。

ASN.1 6-20　RRC PSFCH配置

```
SL-PSFCH-Config-r16 ::=              SEQUENCE {
  ① sl-PSFCH-Period-r16              ENUMERATED {sl0, sl1, sl2, sl4} OPTIONAL,-- Need M
  ③ sl-PSFCH-RB-Set-r16             BIT STRING (SIZE (10..275))   OPTIONAL,-- Need M
  ② sl-NumMuxCS-Pair-r16            ENUMERATED {n1, n2, n3, n6}   OPTIONAL,-- Need M
  ④ sl-MinTimeGapPSFCH-r16          ENUMERATED {sl2, sl3}         OPTIONAL,-- Need M
    sl-PSFCH-HopID-r16              INTEGER (0..1023)             OPTIONAL,-- Need M
  ⑤ sl-PSFCH-CandidateResourceType-r16 ENUMERATED {startSubCH, allocSubCH}

    ...

}
```

接收端 UE 根据资源池配置的 PSFCH 周期（① sl-PSFCH-Period-r16）、PSSCH 和 PSFCH 的最小时隙间隔（④ sl-MinTimeGapPSFCH-r16）确定自己需要在哪个时隙反馈 HARQ，如图 6-56 所示。不同时隙上的不同 PSSCH 或同一时隙上的不同 PSSCH 对应的 HARQ 可以以 FDM 的方式复用到一个 PSFCH 时隙上。为了方便接收端 UE 计算自己使用的反馈资源位置，协议为资源池中每个子信道都对应分配了固定的 HARQ 反馈资源。为了方便理解，我们以图 6-66 为例加以说明。

如图 6-66 所示，在这个例子里，资源池由 3 个子信道组成（sl-NumSubchannel-r16=3），每个子信道由 10 个 PRB 组成（sl-SubchannelSize-r16=10）。因此，每个 PSFCH 符号有 $3 \times 10 = 30$ 个物理资源块。

如果网络配置的 PSFCH 周期为 4（① sl-PSFCH-Period-r16=4），PSSCH 和 PSFCH 之间的最小时隙间隔为 3（④ sl-MinTimeGapPSFCH-r16=3），则时隙 #1 ～时隙 #4 中的共计 12 个子信道对应的 HARQ 反馈资源都将映射到时隙 #7 的 PSFCH 符号上。根据资源池配置③ sl-PSFCH-RB-Set-r16 指示的位图可以知道，在 PSFCH 符号上，共有 24 个物理资源块被用于 HARQ 传输（有 6 个物理资源块对应的位图位为 0）。这样每个子信道的 HARQ 反馈资源由两个连续的物理资源块组成（将每个子信道对应的 HARQ 反馈资源包含的物理资源块数记为 M_{set}，在本例中，$M_{set}=2$）。PSFCH 传输资源由其对应的 PSSCH 传输资源的时频位置决定。

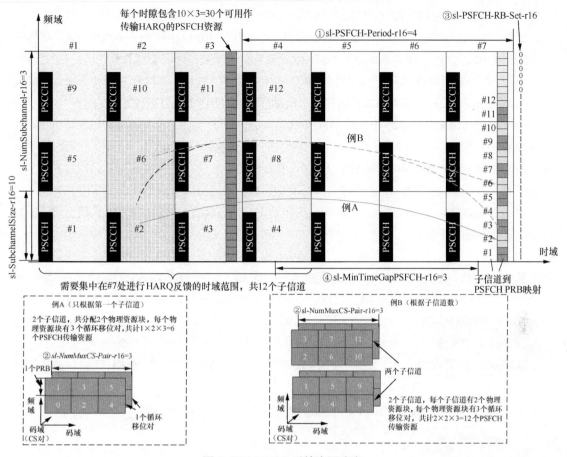

图 6-66　HARQ 反馈资源确定

（1）以先时域后频域的方式对需要在一个 PSFCH 时隙中反馈的子信道进行编号，如 #1 ～ #12。

（2）对 PSFCH 符号上的物理资源块以 M_{set} 为一组进行编号。

（3）子信道 #1 对应的可用 HARQ 资源即为 PRB 组 #1，以此类推。

这里需要注意的是，R16 支持两种 PSFCH 资源确定方式，由高层参数⑤（ASN.1 6-20）决定。

方式 1（参数⑤ =startSubCH）：根据 PSSCH 频域资源的第一个子信道确定 PSFCH 的传输资源。

方式 2（参数⑤ =allocSubCH）：根据 PSSCH 频域资源的位置和子信道个数确定 PSFCH 的传输资源。

如图 6-66 所示，在时隙 #2 处有两个信道的 PSSCH。若采用方式 1（例 A），PSSCH 对应的 PSFCH 资源是物理资源块组 #2；若采用方式 2（例 B），PSSCH 对应的 PSFCH 资源是物理资源块组 #2 和 #6。

不同 PSSCH 对应的 PSFCH 资源如果只采用上述的 FDM 复用方式，显然反馈资源是不够的，特别是针对多播场景，同一个 PSSCH 由多个 UE 接收，并且都需要反馈 HARQ 信息。因此，除了 FDM 复用方式，R16 还引入了 CDM 复用方式。

为了实现 CDM 复用，PSFCH 采用了和 Uu 接口 PUCCH 格式 0 一样的 Zadoff–Chu 序列，通过循环移位（CS）获得多个正交的序列以实现多个 PSSCH 反馈资源的复用。

此外，PSFCH 还引入了循环移位对的概念，用不同移位的正交序列区分 ACK/NACK。具体而言，网络用 RRC 参数② sl-NumMuxCS-Pair-r16 配置一个物理资源块中支持的循环移位对的个数，并通过 3GPP TS 38.213-Table 16.3-1 计算出循环移位参数 α。这样，可以用一个循环移位对的两个序列区分一个 HARQ ACK/NACK，而使用不同循环移位对用来区分不同 UE。在图 6-66 所示的两个例子中，网络配置的循环移位对都为 3（② sl-NumMuxCS-Pair-r16=3），即码域长度为 3，因此可以计算出针对某一个 PSSCH 的可用 HARQ 反馈资源总数 F。针对例 A，PSSCH 占据两个子信道，但仅分配一个物理资源块组资源（包含两个物理资源块），每个物理资源块在码域配置 3 个循环移位对，则 $F=1\times2\times3=6$；对于例 B，$F=2\times2\times3=12$。

这些可用的 HARQ 反馈资源以先频域后码域的方式进行编号，然后接收端 UE 根据式（6-3）计算出自己使用的资源序号。

$$(T_{\mathrm{ID}}+R_{\mathrm{ID}})\mathrm{mod}(F) \tag{6-3}$$

其中，T_{ID} 为第 2 阶段 SCI 中携带的发送端 UE ID；R_{ID} 为高层配置的接收端 UE 组内 ID。对于单播、广播和 NACK-only 的多播，$R_{\mathrm{ID}}=0$。我们仍然以图 6-66 中的例 B 为例，分别得出在多播 ACK/NACK、多播 NACK-only 和单播 3 种传输模式下，多接收端 UE 最终的 HARQ 反馈资源映射结果，如图 6-67 所示。

从图 6-67 可以看到，对于多播 NACK-only 模式，所有接收端 UE 的 HARQ 反馈将被映射到一个 PSFCH 资源上，这和我们前面的描述是一致的：如果接收到 NACK，则接收端 UE 无法知晓是哪个 UE 没有成功接收；如果没有接收到任何消息，则接收端 UE 也无法判断这是因为 UE 全部成功接收还是因为部分 UE 未成功解码造成的。

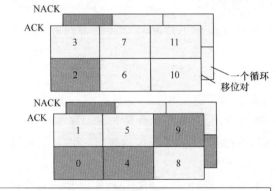

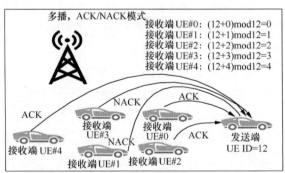

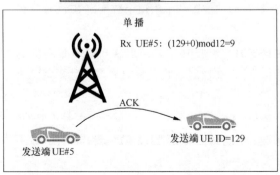

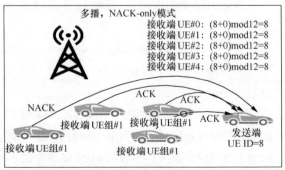

图 6-67　不同传输模式下多接收端 UE 的 HARQ 反馈资源分配

6.4.6　5G V2X 高层协议和流程

3GPP 的 e_V2X 项目作为物理层 RAN1 牵头的一个项目，其重要工作就是定义新的 5G PC5 接口以满足 5G V2X 的基本需求。在前面已经介绍了物理层的核心设计。但在物理层定义接口核心框架、过程的同时，接入网高层 RAN2 也在开展针对 5G V2X 的研究。

1. 控制面和用户面协议栈结构

图 6-68 给出了 Sidelink 的用户面、控制面高层协议栈。

对于 PC5 用户面，在 SDAP 层之上的网络层可由 IP 或者非 IP 组成，即 PDCP 层可以接收来自高层的 IP 类型或非 IP 类型的消息并以 PDCP SDU 身份转由下层处理。对于非 IP 类型的 PDCP SDU，将在 SDU 中指定上层包含的"非 IP 类型"头，以指示所携带的非 IP 类型的消息的类型。对于 IP 类型的 PDCP SDU，只支持 IPv6。

非 IP 类型的 PDCP SDU 包含一个非 IP 类型的包头，它表示应用层使用的 V2X 消息类型。根据协议描述，非 IP 类型的 PDCP SDU 支持 IEEE 1609 协议族的 WAVE 短消息协议（WSMP）、ISO 定义的 FNTP 和 CCSA 定义的 DSMP。PC5 接口承担的功能和 IEEE 802.11p 类似。

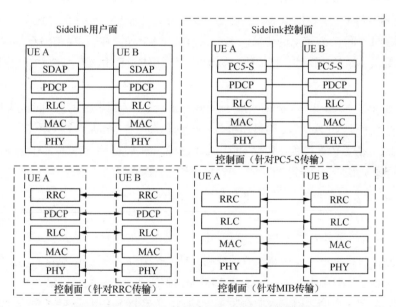

图 6-68　Sidelink 的用户面、控制面高层协议栈

根据传输内容的不同，控制面协议有 3 种协议栈结构。

（1）针对 PC5-S 信令传输的"控制面"协议栈，通过空口协议来透明传输高层和 V2X 应用层消息（V2X Message），PC5-S 协议层与 Uu 接口的 NAS 层对等，但其传输的消息并非 UE 与网络之间的交互，而是 UE 与 UE 之间的交互，主要的 PC5-S 流程 / 消息包括如下内容。

① PC5 单播链路建立过程（包含 DIRECT LINK ESTABLISHMENT REQUEST/ACCEPT/REJECT 消息），用于在两个 UE 间，或者为 UE 与多个 UE 建立 PC5 单播链路。当 REQUEST 消息未包含目标 UE 信息（target user info 字段）时，代表对发起的 V2X 业务感兴趣的 UE 都可以回复 ACCEPT 消息。此时，发起连接的 UE 将处理来自多个 UE 的回复消息。

② PC5 单播链路修改过程（包含 DIRECT LINK MODIFICATION REQUEST/ACCEPT/REJECT

消息），主要用于在已有的 PC5 连接上进行 QoS 参数的修改、增加或移除 PC5 QoS 流和 V2X 服务操作。

③ PC5 单播链路释放过程（包含 DIRECT LINK RELEASE REQUEST/ACCEPT 消息）。

④ PC5 单播链路标识符更新过程（包含 DIRECT LINK IDENTIFIER UPDATE REQUEST/ACCEPT/ACK/REJECT 消息），在该流程中更新的标识符包括应用层 ID、层 2 ID 安全信息和 IP 地址。

⑤ PC5 单播链路注册过程（包含 DIRECT LINK AUTHENTICATION REQUEST/RESPINSE/REJECT/FAILURE 消息），用于在建立 PC5 单播链路的 UE 间进行相互认证，获取新的 PC5 通信安全密钥 K_{NRP}。

⑥ PC5 单播链路安全模式控制过程（包含 DIRECT LINK SECURITY MODE COMMAND/COMPLETE/REJECT 消息），用于在 UE 间建立安全环节，即交换安全算法、完整性保护和加密的密钥。

⑦ PC5 单播链路"保活"过程（包含 DIRECT LINK KEEPALIVE REQUEST/RESPONSE 消息），用于确认 UE 间单播链路是否可用。

（2）针对 PC-5 RRC 信令传输的"控制面"协议栈，用于接入层的信息交互，通过协议定义的 RRC 层来实现 UE 间 RRC 消息的传输。5G V2X 在 LTE V2X 的基础上对 RRC 层功能进行了扩展，除了实现同步相关信息的传递外，还提供了更加丰富的功能，具体如下。

① Sidelink RRC 重配过程（包含 RRCReconfigurationSidelink、RRCReconfigurationCompleteSidelink 和 RRCReconfigurationFailureSidelink 消息），用于建立、修改和释放 Sidelink DRB（数据无线承载），配置和重配 NR Sidelink 测量和报告，配置和重配 Sidelink CSI 资源等。

② Sidelink UE 能力传输过程（包含 UECapabilityEnquirySidelink 和 UECapabilityInformation Sidelink 消息），用于传递 UE 支持的参数和功能，比如频带、子载波间隔、MCS 等。

R15 的 V2X 还为单播业务定义了 PC5-RRC 连接的概念。PC5-RRC 连接是定义在两个对等 UE 实体之间的逻辑连接。一个 PC5-RRC 连接匹配一个"源、目标层 2 ID 对"。因此，对于一个 UE 来说，可以同时存在多个 PC5-RRC 连接，即对应多个"源、目标层 2 ID 对"。

RRC 层还支持 Sidelink 无线链路失败的检测，即支持 UE 在 Sidelink 质量发生变化时（比如彼此远离时），决定是否及何时释放 Sidelink 单播链路。如果达到协议定义的最大重传次数，则 RLC 层可触发 Sidelink RLF 声明。RLF 声明触发后，UE 将释放 PC5-RRC 连接，并丢弃相关的 UE 上下文。

（3）针对 MIB 信息传输的"控制面"与针对 PC-5 RRC 信令传输的"控制面"协议栈的不同之处是缺少了 PDCP 层，该协议栈主要被用于传输不需要进行加密和完整性保护的广播信息。

2. MAC、RLC、PDCP 和 SDAP

R16 V2X 的 PC5 Sidelink 接口从本质上来说是和 Uu 接口对等的全新接口。若从物理层的角度来看，它有自己全新的帧结构、物理层信道、资源分配方式、同步过程和 HARQ 过程。若从接入网高层的角度来看，它也有与 Uu 接口不同的处理方式和高层功能。

（1）Sidelink 无线承载与信道映射

Sidelink 接口上的无线承载和信道映射是接入层 2 的"主线"。逻辑信道，即对数据基于信息的内容和类别进行分类而形成的信道；传输信道关注数据如何传输的问题，定义了接口传输的方式和特征；物理信道解决数据在哪个具体时频传输的问题；无线承载则被分为承载用户数据的数据无线承载（DRB）和承载信令的信令无线承载（SRB），具体而言，信令无线承载又根据信令安全性特征及用途被分为 SRB#0 ～ SRB#3。

Sidelink 也沿用了类似的设计。图 6-69 所示为 Sidelink 无线承载和信道映射示意。

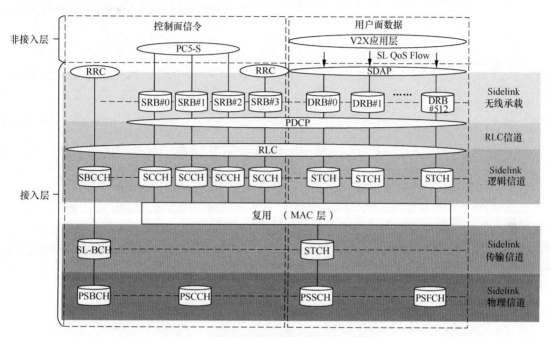

图 6-69　Sidelink 无线承载与信道映射示意

R16 为 Sidelink 定义了 3 个逻辑信道，分别如下。

① Sidelink 控制信道（SCCH）：用于在 UE 间传输控制信息，包括 PC5-RRC 信息和 PC5-S 信息。

② Sidelink 数据信道（SDCH）：用于在 UE 间传输用户信息。

③ Sidelink 广播控制信道（SBCCH）：用于在 UE 间广播 Sidelink 系统消息，即 Sidelink MIB。

同样地，R16 为 Sidelink 定义了 2 个传输信道，分别如下。

① Sidelink 广播信道（SL-BCH）：用于广播 Sidelink 系统消息。

② Sidelink 共享信道（SL-SCH）：支持单播、广播、多播数据传输；支持 UE 自主资源选择和基站集中控制的资源选择这两种资源分配方式；支持 HARQ；支持通过功率控制、调制编码格式的改变实现动态链路自适应。

MAC 层执行逻辑信道到传输信道的映射，其中，SBCCH 固定映射到 SL-BCH 并最终以 PSBCH 的形式在物理层进行传输；多个 SCCH 和 STCH 可由 MAC 层复用到 STCH 并最终以 PSSCH 的形式在物理层传输。

和 Uu 接口类似，PC5 接口无线承载也分为 SBR 和 DRB，其中 SRB 又被分为 SRB#0 ～ SRB#3，SRB#0 ～ SRB#2 被用于传输 PC5-S 信息，而 PC5-RRC 信息仅使用 SRB#3 进行传输。之所以区分多个 SRB，其中一个因素是不同阶段的信息支持加密和完整保护的状态不一致。Uu 接口和 PC5 接口无线承载特征比较如表 6-29 所示。

表 6-29　Uu 接口和 PC5 接口无线承载特征比较

无线承载		加密保护	完整性保护	消息举例
PC5 接口	SRB#0	不支持	不支持	承载 PC5-S 安全建立前的 PC5-S 消息，如 Direct link establishment request 消息
PC5 接口	SRB#1	仅②支持	支持[1]	承载建立 PC5-S 安全的消息：Direct Security Mode Command 和 Direct Security Mode Complete 消息
PC5 接口	SRB#2	支持	支持	承载建立 PC5-S 安全建立后的 PC5-S 消息
PC5 接口	SRB#3	支持	支持	承载 PC5-RRC 消息，如 Sidelink RRC 重配过程等
PC5 接口	DRB	支持（仅单播）	支持（仅单播）	承载用户数据
Uu 接口	SRB#0	不支持	不支持	CCCH 承载的 RRC 消息，如 RRC 建立过程（除建立完成）、RRC 恢复过程（除恢复完成）、RRC 系统信息请求
Uu 接口	SRB#1	支持	支持	DCCH 承载的 RRC 消息
Uu 接口	SRB#2	支持	支持	用于传输用 DCCH 承载的 NAS 消息（用 RRC 透明传送），如 ULinformationTransfer
Uu 接口	SRB#3	支持	支持	EN-DC 场景下用 DCCH 承载的 RRC 消息，如 MeasurementReport
Uu 接口	DRB	支持	支持	承载用户数据

（2）Sidelink MAC 层

因为 Sidelink 物理层相对于 Uu 接口物理层存在巨大差异，所以 Sidelink MAC 层在层 2 的 4 个子层里也成为改动最大的子层。物理层就像工厂里的生产线，可快速地完成数据的传输，而 MAC 层就是系统的"调度师"，它负责将从高层传来的多类数据映射到物理层信道进行传输，并决定用什么调制编码来进行传输。

PC5 接口 MAC 层可提供如下功能和服务，其中部分功能为 Sidelink MAC 层相对于 Uu 接口 MAC 层特有的服务。

① 逻辑信道映射和优先级。

② SR。

③ Sidelink 缓冲状态报告（BSR）。

④ Sidelink HARQ 操作。

⑤ 无线资源选择（Sidelink 额外功能）。

⑥ 新的 MAC PDU 格式和数据包过滤（Sidelink 额外功能）。

⑦ Uu 接口上行和 Sidelink 传输之间的优先级处理（Sidelink 额外功能）。

⑧ Sidelink CSI 报告（Sidelink 额外功能）。

接下来我们来看几个主要的功能。

1　在一般情况下，只有完成了 PC5 单播链路安全模式控制过程后，才能激活完整性保护和加密。但如果 PC5 接口已经有了旧的 PC5 单播安全上下文，则在进行密钥更新时，安全建立信息可被完整性保护，但无法被加密，参见 3GPP TS 24.587。

图 6-70 给出了 PC5 接口和 Uu 接口 MAC 层结构比较，可以看到，从总体而言，PC5 接口 MAC 层新增了接收端的数据包过滤（Packet Filtering）功能，缺少了 Uu 接口的随机接入控制功能。

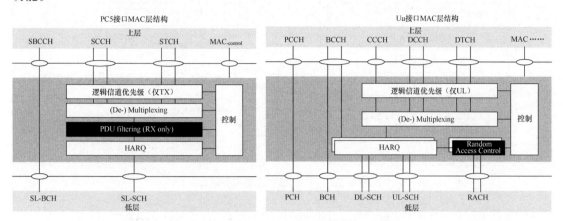

图 6-70 PC5 接口和 Uu 接口 MAC 层结构比较

与 Uu 接口不同的是，在 PC5 接口 MAC 层中的复用功能中，只有属于同一目的端（相同的 Destination Layer-2 ID，目标层 2 ID）的 Sidelink 逻辑通道才能被复用到一个 MAC PDU 中。而在接收端，接收端 UE 的 MAC 实体也会根据 MAC PDU 包中的"部分"目标层 2 ID、源层 2 ID 和逻辑信道 ID（LCID）来过滤数据包。

为了实现数据包过滤功能，MAC 层定义了新的 Sidelink MAC PDU，其结构如图 6-71 所示。

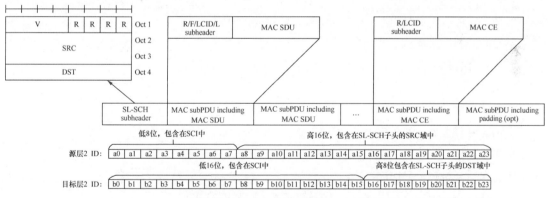

图 6-71 Sidelink MAC PDU 结构

一个 MAC PDU 可以由多个 MAC SDU 或 MAC CE 复用在一起组成，多个 MAC SDU 复用在一起后增加一个 SL-SCH 子头。从图 6-71 可以看到，SL-SCH 子头中包含 SRC 和 DST 两个字段，分别携带由高层提供的源层 2 ID 的高 16 位和目标层 2 ID 的高 8 位。这样的设计也呼应了只有相同"源层 2 ID 和目标层 2 ID 对"的数据才能被复用在一起。

R16 V2X 项目还定义了 3 个新的 Sidelink MAC CE 用于 MAC 层控制信息的传输，包括用作传输缓存状态的 Sidelink BSR MAC CE、用作上报 Sidelink 信道状态的 Sidelink CSI Reporting MAC CE 和用作资源调度 Mode 1 的在 CG 情况下进行配置激活 / 去激活的 Sidelink Configured Grant Confirmation MAC CE，如图 6-72 所示。

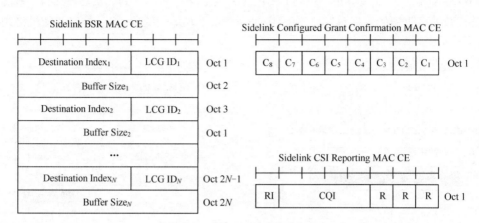

图 6-72　R16 V2X 新增 MAC CE

（3）其他层 2 子层设计

V2X 项目对 RLC、PDCP 和 SDAP 层的改动较少，除了支持这些子层的一些常规功能外，对 Sidelink 传输设置了一些限制。

MAC 层是系统的"调度师"，它解决了"传什么数据，怎么传数据"的问题。而 RLC 层是系统的"快递打包员"，它负责根据 MAC 层的指示，将用户数据"合箱""分箱"成合适的大小。

在 5G V2X 技术中，RLC 也承担了类似的职责。在没有特别说明的情况下，Sidelink 传输的 RLC 层支持 Uu 接口 RLC 层提供的以下服务。

① 负责向上层递交 PDU。

② 负责管理独立于 PDCP 中的序列编号（针对 AM 和 UM）。

③ ARQ（AM 模式）。

④ RLC SDU 的分段（AM 和 UM）和重分段（AM）。

⑤ RLC SDU 的重组（AM 和 UM）。

⑥ 重复检测（AM）。

⑦ RLC SDU 丢弃（AM 和 UM）。

⑧ RLC 重建。

⑨ 协议错误检测（AM）。

对于 Sidelink 传输，协议引入了一些限制和规定，具体如下。

SBCCH 采用透传模式（TM）传输数据，即 Sidelink MIB 信息在 RLC 层不经过任何处理。在单播模式下，可采用非应答模式（UM）和应答模式（AM）传输数据，而 Sidelink 多播和广播采用 UM 模式，且只支持单向传输（发送端 UE 到接收端 UE）数据。针对单播传输，SRB#0 采用 RLC 的 UM，SRB#1、SRB#2 和 SRB#3 采用 AM。

发送端 UE 的 RLC 实体的建立和释放由高层请求触发。对于单播传输，接收端 UE 的 RLC 实体的建立和释放也由高层请求触发；但在广播和多播传输模式下，接收端 UE 的 RLC 实体的建立将由"接收到一个来自新的源层 2 ID 和目标层 2 ID 对，以及 LCID 的第一个数据包时"触发，而 RLC 实体的释放由 UE 实现决定。

PDCP 层是移动通信系统中的一个比较特殊的子层，之所以特殊是因为它扮演着连接无线与高层的角色，是系统的"防火墙"。它处理来自高层的 IP 数据，通过头压缩功能降低 IP 包头带来的开销，并完成对数据包的加密和完整性保护等。

在 5G V2X 技术中，PDCP 也承担了类似的职责，Sidelink 的 PDCP 层支持 Uu 接口支持的常规服务和功能，只是针对 Sidelink 传输引入了一些限制。

① 乱序传输只支持 Sidelink 单播模式，不支持广播和多播模式。

② Sidelink 传输不支持数据包复制。

③ 单播链路的 PDCP 层建立和重建由高层指示触发。

④ PDCP 实体的建立和释放规则类似于 RLC 层的建立和释放规则。

⑤ 对 IP SDU 可配置进行头压缩。

SDAP 层是 5G 新引入的一个用户面协议层，是用户面协议栈的最高层，其上为非空口协议的 IP 层和应用层。PDCP 层是空口协议和更高层协议之间的防火墙，它屏蔽了高层协议栈对空口协议栈的影响。而 SDAP 层是系统的"需求对接员"，它更接近于应用层，其主要目的是配合新的 QoS 体系，负责核心网 QoS Flow 到 DRB 的映射。

和 Uu 接口类似，在 Sidelink 传输中，SDAP 层负责将 PC5 QoS Flow 映射到 Sidelink DRB 上。多个 QoS Flow 可以被映射到一个 Sidelink DRB 上（允许多对一映射），但一个 QoS Flow 只能映射到一个 DRB 上（不允许一对多映射）。而在 Uu 接口上支持的 Reflective QoS，在 Sidelink 上并不支持。发送端 UE 的 SDAP 实体的建立和释放均根据 RRC 层指示来触发；接收端 UE 的 SDAP 实体的建立和释放由 UE 实现决定。

在 Sidelink 的广播和多播模式下，Sidelink 的 SDAP 数据 PDU 没有包头，只有数据部分。而在 Sidelink 单播模式下，SDAP 数据 PDU 包含包头，其格式如图 6–73 所示。

其中，PQFI 的长度为 6bit，指示了这个 PDU 属于 PC5 QoS Flow 的唯一标识符。

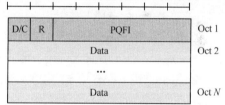

图 6–73　Sidelink 数据 PDU

3. RRC 层设计与流程

RRC 层是整个接入网系统中最为核心的控制面协议层，它对接入层的其他协议层进行配置和控制，也同时负责为 UE 配置大量的空口参数。

在 5G V2X 中，参与到 Sidelink 通信过程中的包括 Uu 接口的 RRC 和 UE 间的 PC5–RRC 层。接下来，我们就分别来看看它们在 V2X 通信过程中发挥的作用。

（1）Uu 接口的系统信息广播和 RRC 重配

和 DSRC 不同，C–V2X 是一个集中控制和分布式控制的混合系统。在有网络覆盖的区域，C–V2X 可利用已有的基础设施（基站）实现对车载 UE 的集中控制；在没有网络覆盖的区域，UE 可以根据预配置参数来进行自主通信。Uu 接口的 RRC 在这个过程中起到了至关重要的作用，比如前面提到的 V2X 预配参数的下发。当 UE 处在网络覆盖环境时，可以通过网络广播的 SIB12 来获得 V2X 服务相关的预配置参数。当然，并不是所有基站都默认广播 SIB12。如果基站想广播 SIB12，需要主动请求系统信息。

SIB12 内的配置参数非常丰富，如 ASN.1 6–21 所示。

ASN.1 6-21　SIB12配置内容

```
SIB12-IEs-r16 ::=                    SEQUENCE {
    sl-ConfigCommonNR-r16            SL-ConfigCommonNR-r16,
    lateNonCriticalExtension         OCTET STRING                    OPTIONAL,
    ...
}
SL-ConfigCommonNR-r16 ::=           SEQUENCE {
  ① sl-FreqInfoList-r16             SEQUENCE (SIZE (1..maxNrofFreqSL-r16)) OF SL-FreqConfigCommon-r16
  ⑤ sl-UE-SelectedConfig-r16          SL-UE-SelectedConfig-r16
    sl-NR-AnchorCarrierFreqList-r16   SL-NR-AnchorCarrierFreqList-r16
    sl-EUTRA-AnchorCarrierFreqList-r16  SL-EUTRA-AnchorCarrierFreqList-r16
  ② sl-RadioBearerConfigList-r16    SEQUENCE (SIZE (1..maxNrofSLRB-r16)) OF SL-RadioBearerConfig-r16
  ③ sl-RLC-BearerConfigList-r16     SEQUENCE (SIZE (1..maxSL-LCID-r16)) OF SL-RLC-BearerConfig-r16
  ④ sl-MeasConfigCommon-r16         SL-MeasConfigCommon-r16
    sl-CSI-Acquisition-r16          ENUMERATED {enabled}
    sl-OffsetDFN-r16                INTEGER (1..1000)
    t400-r16                        ENUMERATED {ms100, ms200, ms300, ms400, ms600, ms1000, ms1500, ms2000}
    sl-MaxNumConsecutiveDTX-r16     ENUMERATED {n1, n2, n3, n4, n6, n8, n16, n32}
    sl-SSB-PriorityNR-r16           INTEGER (1..8)
}
```

① Sidelink 通信频率相关信息（参数①）：它可最多预配置 8 套参数，每套参数包含子载波间隔、SSB 的频率位置、参考点 PointA 位置、Sidelink BWP 预配置列表、同步优先级（基站优先还是 GNSS 优先）和其他同步相关配置等参数（见 6.4.3 节）。

② 无线承载相关配置（参数②）：如 SDAP 子层配置（sl-SDAP-Config-r16）、PDCP 子层配置（sl-PDCP-Config-r16）等。

③ RLC 承载配置（参数③）：如 RLC 子层配置（sl-RLC-Config-r16）、MAC 层逻辑信道配置（sl-MAC-LogicalChannelConfig-r16）等。

④ Sidelink 测量配置（参数④）：如测量对象配置（sl-MeasObjectListCommon-r16）、测量报告配置（sl-ReportConfigListCommon-r16）等。

⑤ Sidelink 传输模式 2(UE 自主资源选择) 相关配置（参数⑤）：如 PSSCH 发送参数（sl-PSSCH-TxConfigList）等。

SIB12 配置的 Sidelink 预配置参数是基站配置的小区公共参数，被用于 UE 在 IDLE 态或非激活态下进行 Sidelink 通信；一个处于 CONNECTED 态的 UE，可在 UE 的注册过程中上报 UE Sidelink 能力，基于上报的能力，基站利用 Uu 接口的 RRC 重配过程为 UE 配置特定的 Sidelink 参数，如 ASN.1 6-22 所示。

ASN.1 6-22　RRC重配配置的UE特定Sidelink参数

```
SL-ConfigDedicatedNR-r16 ::=                SEQUENCE {
  ③ sl-PHY-MAC-RLC-Config-r16               SL-PHY-MAC-RLC-Config-r16
    sl-RadioBearerToReleaseList-r16         SEQUENCE (SIZE (1..maxNrofSLRB-r16)) OF SLRB-Uu-ConfigIndex-r16
  ② sl-RadioBearerToAddModList-r16          SEQUENCE (SIZE (1..maxNrofSLRB-r16)) OF SL-RadioBearerConfig-r16
    sl-MeasConfigInfoToReleaseList-r16 SEQUENCE (SIZE (1..maxNrofSL-Dest-r16)) OF SL-DestinationIndex-r16
  ① sl-MeasConfigInfoToAddModList-r16       SEQUENCE (SIZE (1..maxNrofSL-Dest-r16)) OF SL-MeasConfigInfo-r16
```

t400-r16	ENUMERATED {ms100, ms200, ms300, ms400, ms600, ms1000, ms1500, ms2000}
...	
}	

UE 特定的 Sidelink 参数主要包括如下内容。

① 测量相关参数（参数①）。如测量对象配置（sl-MeasObjectToAddModList-r16）、测量报告配置（sl-ReportConfigToAddModList-r16）等。

② 无线承载相关配置（参数②）：如 SDAP 子层配置（sl-SDAP-Config-r16）、PDCP 子层配置（sl-PDCP-Config-r16）等。

③ 物理层、MAC 层和 RLC 层配置（参数③）：如 Sidelink 传输模式 1 相关配置（SL-ScheduledConfig-r16）、Sidelink 传输模式 2 相关配置（sl-UE-SelectedConfig-r16）、多套频率相关配置（sl-FreqInfoToAddModList-r16）等。

（2）Uu 接口的 Sidelink 通信 UE 信息上报消息

在 R16 V2X 项目中，Uu 接口定义了新的 Sidelink UE information NR 消息。该消息主要被用于向网络上报 UE 感兴趣（或不再）接收或传输的 NR Sidelink 通信、报告 Sidelink 无线链路失败或 Sidelink RRC 重配失败。

如果 UE 被更高层（应用层）配置为某 Sidelink 通信的接收方，则在 Sidelink UE Information NR 消息中包含参数①（参数①为 SIB12 配置的 sl-FreqInfoList-r16 频率列表的序号），以指示接收 Sidelink 通信的频率。

如果 UE 被更高层（应用层）配置为某 Sidelink 通信的发送方，则在 Sidelink UE Information NR 消息中包

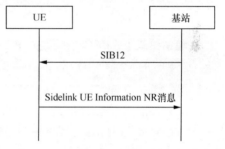

图 6-74　Sidelink UE information NR 消息

含参数②（ASN.1 6-23），且需要进一步设置参数②中的一系列参数，具体如下。

① 发送频率：在参数③（ASN.1 6-23）中设置发送频率。

② 目标层 2 ID：将由更高层（应用层）配置的目标层 2 ID 包含在 Sidelink UE Information NR 消息的参数④（ASN.1 6-23）中。

③ 通信模式设置：将由高层（应用层）配置的通信模式（与目标层 2 ID 相关联）包含在 Sidelink UE Information NR 消息的参数⑤（ASN.1 6-23）中。

④ 同步类型：在参数⑥（ASN.1 6-23）中设置与发送频率相关联的同步参考类型（如 GNSS、gNB 或 eNB、UE）。

如果 Sidelink 无线链路失败或 Sidelink RRC 重配失败，则参数⑦需要包含在 Sidelink UE Information NR 消息中，如 ASN.1 6-23 所示。

ASN.1 6-23　Sidelink UE information NR 消息参数

SidelinkUEInformationNR-r16-IEs ::=	SEQUENCE {	
① sl-RxInterestedFreqList-r16	SL-InterestedFreqList-r16	OPTIONAL,
② sl-TxResourceReqList-r16	SL-TxResourceReqList-r16	OPTIONAL,
⑦ sl-FailureList-r16	SL-FailureList-r16	OPTIONAL,
lateNonCriticalExtension	OCTET STRING	OPTIONAL,
nonCriticalExtension	SEQUENCE {}	OPTIONAL

```
}
① SL-InterestedFreqList-r16 ::=  SEQUENCE (SIZE (1..maxNrofFreqSL-r16)) OF INTEGER (1..maxNrofFreqSL-r16)
② SL-TxResourceReq-r16 ::=          SEQUENCE {
  ④ sl-DestinationIdentity-r16        SL-DestinationIdentity-r16,
  ⑤ sl-CastType-r16                   ENUMERATED {broadcast, groupcast, unicast, spare1},
    sl-RLC-ModeIndicationList-r16 SEQUENCE (SIZE (1.. maxNrofSLRB-r16)) OF SL-RLC-ModeIndication-r16
OPTIONAL,
    sl-QoS-InfoList-r16      SEQUENCE (SIZE (1..maxNrofSL-QFIsPerDest-r16)) OF SL-QoS-Info-r16 OPTIONAL,
  ⑥ sl-TypeTxSyncList-r16            SEQUENCE (SIZE (1..maxNrofFreqSL-r16)) OF SL-TypeTxSync-r16 OPTIONAL,
  ③ sl-TxInterestedFreqList-r16       SL-TxInterestedFreqList-r16                    OPTIONAL,
    sl-CapabilityInformationSidelink-r16   OCTET STRING                              OPTIONAL
}
SL-Failure-r16 ::=               SEQUENCE {
    sl-DestinationIdentity-r16             SL-DestinationIdentity-r16,
    sl-Failure-r16                         ENUMERATED {rlf,configFailure, spare6, spare5, spare4, spare3, spare2, spare1}
}
```

（3）PC5 接口的 UE 能力交互

在单播模式下，UE 间需要建立 PC5-RRC 逻辑连接，在这个逻辑连接上，UE 间可以交互能力信息。R16 的 V2X 项目定义了 Sidelink UE 能力传输过程，如图 6-75 所示。当 UE 需要额外的 UE 无线接入能力信息时，UE 可以根据上层指示触发该过程。如前面所述，该消息由 Sidelink 信令无线承载 SRB#3 及 CCH 承载、受加密和完整性保护。

触发流程的 UE 可通过 UE Capability Enquiry Sidelink 消息请求对端 UE 发送其能力信息，也可利用 UE Capability Enquiry Sidelink 消息传输自己的能力信息以实现能力信息的交互。

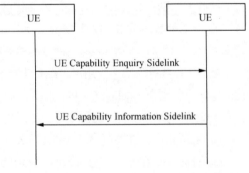

图 6-75 PC5-RRC 上的 UE 能力传输过程

如 ASN.1 6-24 所示，UE 间彼此交互的能力信息即为参数集①（需要注意的是，请求消息中的参数②的内容和结构与参数①的一致），参数集①中包含了协议版本③，Sidelink 相关的 PDCP、RLC 参数④、支持的频带和频带组合⑤等。

ASN.1 6-24 UE能力交互参数

```
UECapabilityEnquirySidelink-IEs-r16 ::= SEQUENCE {
    frequencyBandListFilterSidelink-r16    FreqBandList              OPTIONAL, -- Need N
  ② ue-CapabilityInformationSidelink-r16   OCTET STRING              OPTIONAL, -- Need N
    lateNonCriticalExtension               OCTET STRING              OPTIONAL,
    nonCriticalExtension                   SEQUENCE{}                OPTIONAL
}
UECapabilityInformationSidelink ::=        SEQUENCE {
    rrc-TransactionIdentifier-r16              RRC-TransactionIdentifier,
    criticalExtensions                         CHOICE {
      ueCapabilityInformationSidelink-r16         UECapabilityInformationSidelink-IEs-r16,
      criticalExtensionsFuture                    SEQUENCE {}
```

```
        }
}
① UECapabilityInformationSidelink-IEs-r16 ::= SEQUENCE {
    ③ accessStratumReleaseSidelink-r16              AccessStratumReleaseSidelink-r16,
    ④ pdcp-ParametersSidelink-r16                   PDCP-ParametersSidelink-r16        OPTIONAL,
    ④ rlc-ParametersSidelink-r16                    RLC-ParametersSidelink-r16         OPTIONAL,
    ⑤ supportedBandCombinationListSidelinkNR-r16   BandCombinationListSidelinkNR-r16  OPTIONAL,
    ⑤ supportedBandListSidelink-r16                 SEQUENCE (SIZE (1..maxBands)) OF BandSidelinkPC5-r16
    appliedFreqBandListFilter-r16                   FreqBandList                       OPTIONAL,
    lateNonCriticalExtension                        OCTET STRING                       OPTIONAL,
    nonCriticalExtension                            SEQUENCE{}                         OPTIONAL
}
```

（4）PC5 接口的 PC5-RRC 重配

　　PC5 接口上的 PC5-RRC 重配流程的主要目的是对 PC5-RRC 逻辑连接进行修改。比如建立、释放或修改与对端 UE 相关的 DRB，配置或重配对端 UE 的 Sidelink 测量和上报参数，配置和重配 Sidelink CSI 资源和 CSI 报告时延边界，如图 6-76 所示。

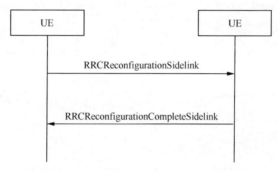

图 6-76　PC5 接口上的 PC5-RRC 重配流程

　　ASN.1 6-25 给出了 PC5-RRC 重配信令的具体内容。整体而言，通过 PC5-RRC 重配信令进行更新的参数是与发送端 UE 和接收端 UE 都相关的参数。而对于只与接收端 UE 相关或只与发送端 UE 相关的参数并不需要通过 PC5-RRC 重配信令交互。当然，由于部分接收端 UE 参数的设置与发送端 UE 参数的设置相关联，因此，发送端 UE 也可以提供一些信息，以辅助接收端 UE 进行参数设置（如 SDAP 层 QoS 相关的参数）。

ASN.1 6-25　PC5-RRC重配参数

```
RRCReconfigurationSidelink-IEs-r16 ::= SEQUENCE {
    slrb-ConfigToAddModList-r16    SEQUENCE (SIZE (1..maxNrofSLRB-r16)) OF ② SLRB-Config-r16
    slrb-ConfigToReleaseList-r16   SEQUENCE (SIZE (1..maxNrofSLRB-r16)) OF ①SLRB-PC5-ConfigIndex-r16
    ③ sl-MeasConfig-r16            SetupRelease {SL-MeasConfig-r16}        OPTIONAL, -- Need M
    ④ sl-CSI-RS-Config-r16         SetupRelease {SL-CSI-RS-Config-r16}     OPTIONAL, -- Need M
    ⑤ sl-ResetConfig-r16           ENUMERATED {true}                       OPTIONAL, -- Need N
    sl-LatencyBoundCSI-Report-r16  INTEGER (3..160)                        OPTIONAL, -- Need M
    lateNonCriticalExtension       OCTET STRING                            OPTIONAL,
    nonCriticalExtension           SEQUENCE {}                             OPTIONAL
}
```

我们来简单看看 PC5-RRC 重配信令中包含的参数。

① 如果需要释放 Sidelink DRB，则需要在 IE slrb-ConfigToReleaseList-r16 中包含一个或多个需要释放的 DRB 的序号①（ASN.1 6-25）。

② 如果需要新建或修改 DRB，则需要在 IE slrb-ConfigToAddModList-r16 中包含一套或多套参数集合②（ASN.1 6-25），其中包括准备建立或修改 DRB 所需要的相关配置，如 SDAP、PDCP、RLC 和 MAC 配置。

③ 如果要设置测量配置参数集③（ASN.1 6-25），则需要根据 UE 所处状态设置，若处在 CONNECTED 态，则根据存储的 NR Sidelink 配置信息来设置参数集③（ASN.1 6-25）；若 UE 处在 IDLE 态或非激活态，则根据 SIB12 给定参数设置参数集③；若 UE 在覆盖区域外，则（ASN.1 6-25）根据预配置参数来设置参数集③。参数集③中包含了测量对象、测量报告的配置。

④ Sidelink CSI 资源参数集④（ASN.1 6-25）和 CSI 报告时延边界参数⑤（ASN.1 6-25），由 UE 实现决定。

（5）PC5 接口的 Sidelink 功控测量

单播模式下 UE 可通过 PC5-RRC 重配消息配置关联的对等 UE 执行 Sidelink 测量，并通过 R16 新增的 PC5-RRC 测量报告将消息（MeasurementReportSidelink）上报给对等 UE。通过测量和上报 Sidelink，发送端 UE 可对 Sidelink，进行路径损耗估计，进而完成对自身发射功率的调整，如图 6-77 所示。

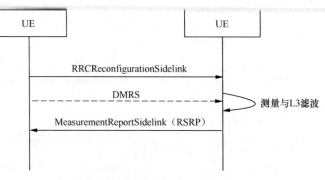

图 6-77　测量配置与测量上报

PC5 接口的 Sidelink 测量和 Uu 接口的测量比较类似，ASN.1 6-26 给出了 RRC 配置的测量相关参数。

ASN.1 6-26　RRC配置的测量相关参数

```
SL-MeasConfigInfo-r16 ::=              SEQUENCE {
    sl-DestinationIndex-r16            SL-DestinationIndex-r16,
    sl-MeasConfig-r16                  SL-MeasConfig-r16,
    ...
}
SL-MeasConfig-r16 ::=                  SEQUENCE {
    sl-MeasObjectToRemoveList-r16      SL-MeasObjectToRemoveList-r16    OPTIONAL,  -- Need N
    sl-MeasObjectToAddModList-r16      SL-MeasObjectList-r16                       OPTIONAL,  -- Need N
    sl-ReportConfigToRemoveList-r16    SL-ReportConfigToRemoveList-r16             OPTIONAL,  -- Need N
    sl-ReportConfigToAddModList-r16    SL-ReportConfigList-r16                     OPTIONAL,  -- Need N
    sl-MeasIdToRemoveList-r16          SL-MeasIdToRemoveList-r16                   OPTIONAL,  -- Need N
    sl-MeasIdToAddModList-r16          SL-MeasIdList-r16                           OPTIONAL,  -- Need N
    sl-QuantityConfig-r16              SL-QuantityConfig-r16                       OPTIONAL,  -- Need M
    ...
}
```

测量参数大体上分为四大类，即测量 ID、测量对象配置、测量报告配置、测量滤波配置。其中，测量 ID 将关联测量对象和测量报告（测量行为的总索引）。测量对象为配置的一个或多个和目标 UE 相关联的绝对频率值（ARFCN-ValueNR）。在测量报告配置中，支持周期性上报或事件触发的上报，其中测量参考信号在 R16 只支持 DMRS，且仅支持 RSRP 的测量。

对于事件触发的上报，定义了 Sidelink 专用的事件——事件 S1 和事件 S2。其中，

① 事件 S1 表示"当前服务好于设置门限"。

协议设置了避免乒乓的迟滞值（sl-Hysteresis），进入和离开情况表达式如下。

- 进入条件：Ms（测量值）$-Hys$（迟滞值）$>Thresh$（设置门限）
- 退出条件：Ms（测量值）$+Hys$（迟滞值）$<Thresh$（设置门限）

② 事件 S2 表示"当前服务差于设置门限"。

协议设置了避免乒乓的迟滞值（sl-Hysteresis），进入和离开情况表达式如下。

- 进入条件：Ms（测量值）$+Hys$（迟滞值）$<Thresh$（设置门限）
- 退出条件：Ms（测量值）$-Hys$（迟滞值）$>Thresh$（设置门限）

系统观 11 Sidelink V2X 通信跨层串讲

不得不说，虽然 R16 的 V2X 项目并不是 C-V2X 的第一个版本，但因为它站在了 5G NR 的"肩膀"上，所以它成为 C-V2X 技术的一个非常重要的技术版本。从 LTE C-V2X 只能满足以交通安全为主要应用的辅助驾驶场景，到基于 5G PC5 Sidelink 空口实现了超低时延、超高可靠性的高级自动驾驶场景，C-V2X 技术最终完成了一个蜕变。

R16 的 V2X 技术是一个庞大的技术体系，它独立于传统的移动通信 Uu 接口技术，另辟蹊径，通过全新定义的 NR PC5 Sidelink 空口技术实现与 Uu 接口的配合，从而完全实现 V2V、V2N、V2P 和 V2I 的车联网体系，这也让它的竞争对手 DSRC 望尘莫及。

本书全面系统地介绍了 5G 的 V2X 技术，但在完成分协议层、分网络架构（接入网和核心网）的技术描述后，我们发现，似乎仍然无法驾驭或者说无法从系统的角度来描述这个复杂而庞大的技术系统。比如，在 6.3.2 节中介绍了核心网的 V2X 网络架构研究项目，项目中定义了一个 UE 间的 PC-S 协议层。在 6.4.6 节的接入网 V2X 项目中定义了 PC5-RRC 协议层。PC5-S 和 PC5-RRC 均负责 UE 间的信令交互，那么它们之间有何差异？又比如，在 Uu 接口上，RRC 连接是网络与 UE 建立信令通道的一把钥匙，基于 RRC 连接请求，NAS 层的注册请求或服务请求将被触发（作为负载包含在 RRC 信令中，由基站透传到网络侧），以实现 UE 与核心网的注册和业务发起流程。RRC 的建立请求使用 SRB#0 实现，而通过后续的安全建立过程后，其他的 RRC 信令及所有的 NAS 信令将受到加密和完整性保护（如图 6-78 所示）。而在 Sidelink V2X 中似乎并不遵循这套逻辑，即 PC5-RRC 之上的 PC5-S 层才是触发业务发起及 PC5-RRC 连接建立的"源头"。而相对应的，SL-SRB#0 传输的是 PC5-S 信令和非 RRC 信令，为什么会存在这样的情况？接入层和 PC5-S 层及更高层（V2X 应用层）存在信息的跨层交互（比如多播模式下的组内 ID、V2X 通信模式的指示等），那么 V2X 通信流程又是如何在应用层、非接入层和接入层之间协调进行的？

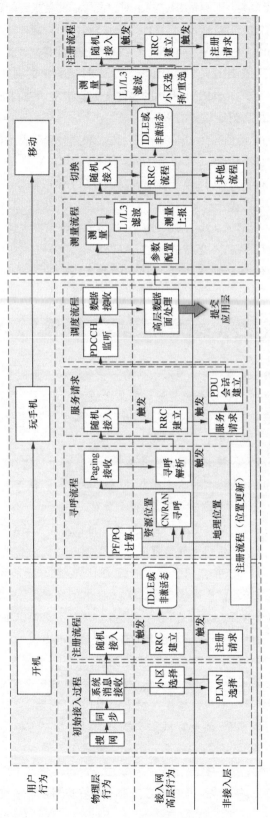

图 6-78　Uu 接口业务

Ⓐ V2X 应用服务器与 V2X 应用

虽然在 6.3.2 节已经简单介绍了 C-V2X 的网络架构。但在完成 V2X 接入网项目介绍后，我们有必要再从系统的角度来理解架构。

首先要说明一点的是，V2X 通信并非只能在 Sidelink(PC5 接口) 上传输，Uu 接口也同样支持 V2X 通信。只是因为基于 Uu 接口的 V2X 通信和普通的 Uu 接口业务并无本质区别（当然并非不需要增强），而又因为 R15 阶段没有定义 UE 间直接通信的 Sidelink，因此，R16 接入网 e_V2X 项目聚焦于通过定义新的基于 NR 的 Sidelink，进而实现基于 Sidelink 的 V2X 通信。从本质上来看，Sidelink 并非只能被用于 V2X 通信，而是提供了一个可实现 UE 间直接通信的通用技术手段。V2X 网络架构如图 6-79 所示。

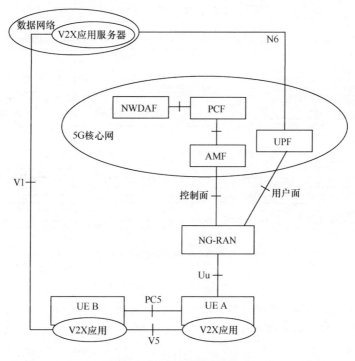

图 6-79　V2X 网络架构

在图 6-79 中，我们可以比较清晰地看到在网络侧 [也有可能是网络边缘，比如将 V2X 应用服务器（V2X AS）部署在网络边缘的 RSU 上] 和 UE 侧分别部署了"V2X 应用服务器"和"V2X 应用"。UE 间的 V2X 通信由 V5 接口实现，V2X 应用与 V2X 应用服务器之间的通信通过非 3GPP 的 V1 接口实现。当然，无论是 V1 接口、V5 接口，还是应用层的逻辑接口，实际的数据传输仍然需要由 3GPP 网络实现。

V2X AS 作为 V2X 业务的核心功能，负责数据的融合计算、管理和决策。比如 V2X AS 提供的组管理功能，在编队巡航场景下，V2X AS 可实现组的创建、组成员新增 / 删除等操作。由于应用层需要为底层提供编组的组内 ID，以实现组内各 UE 反馈资源的正交。这里所说的"组内 ID"其实就是由网络侧的 V2X AS 进行管理，并由 UE 侧的 V2X 应用交付给物理层的 ID。此外，V2X AS 还负责向 UE 提供 V2X 通信相关的参数，比如目标层 2 ID、无线资源参数、V2X AS 的地址信息、V2X 服务类型（V2X Service Type）和 V2X 频率的映射关系（这些参数也可以预配置在 UE、UICC，或通过 PCF 提供）。

Ⓑ 参考点 PC5

PC5 参考点是 5G V2X 通信里的一个核心接口。在 PC5 的用户面（如图 6-80 所示），从物理层到 SDAP 是接入网接入层协议栈。其中接入层的层 2 子层对应 IOS 模型中的层 2 数据链路层，因此其使用的地址被命名为目的和源层 2 ID；PC5 用户面支持 IP 类型或非 IP 类型的上层数据包，最上层则是前面提到的 V2X 应用层。

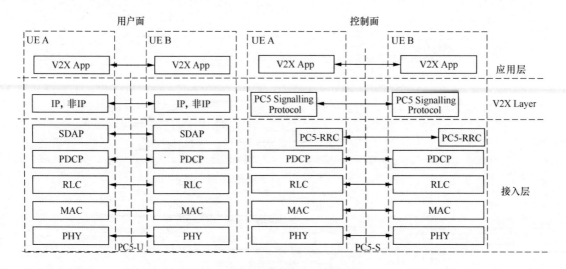

图 6-80　PC5 参考点协议栈结构

V2X Layer 是协议中经常提到的一个泛指概念，它与应用层和接入层对等。V2X Layer 是 V2X 应用层和实际承担数据传输的接入层的"过渡层"，它的作用就是将来自 V2X 应用层的数据或控制类信息"翻译"为接入层可理解的形式。比如在 6.3.2 节中介绍 QoS 从应用层到接入层的映射过程中，V2X Layer 根据应用层指定的 V2X Application Requirements 来确定 QoS 参数，即实现从"V2X Application Requirements"到"QoS 参数"的"翻译"，最终帮助系统实现从 V2X 上层数据包到 PC5 QoS Flow 的映射。

在 PC5 接口上，有两个控制面协议层，一个是"对接"V2X 应用层的非接入层信令 PC5-S 协议层[1]，另一个是服务于接入层的 PC5-RRC 信令。PC5-S 协议层处理的非接入层信令包括 PC5 单播链路建立/修改/释放过程、PC5 单播链路标识符更新过程、PC5 单播链路注册过程、PC5 单播链路安全模式建立过程等。而 PC5-RRC 信令处理和接入层相关的过程，比如 UE 间能力的交互和用于修改 RRC 连接的 PC5-RRC 重配。

1　这里将 V2X 应用层画在 PC5-S 之上可能并不严谨，因为控制面通常不存在应用层。这里想表达的含义是 PC5-S 会将来自应用层的信息（比如层 2 ID、应用层 ID 等）作为输入，进行 PC5-S 操作。因此，从某种意义上来说，V2X 应用层可以被看作在 PC5-S 之上。

数据是如何在 PC5 接口上进行传输的呢？对于广播或多播业务，因为它们不是基于连接的通信，所以不需要在高层建立对应的逻辑连接。而对于单播通信，类似于 Uu 接口，系统会为 V2X 通信建立 PC5 单播链路，并根据 V2X 服务需求建立多个 QoS Flow，进而为各类服务提供保障。PC5 单播链路如图 6-81 所示。

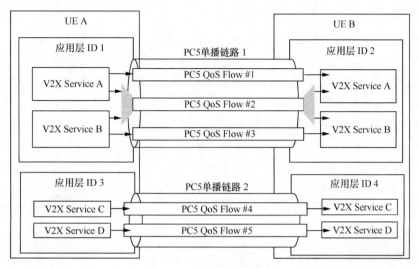

图 6-81　PC5 单播链路

　　首先，在两个 UE 间可以建立多个 PC5 单播链路，单播链路以一对对等的应用层 ID 来进行唯一定义。这里需要特别注意的是，应用层 ID 并非应用层的标识符，而是 UE 在应用层的标识符。应用层 ID 由非 3GPP 定义，一个 UE 可能有多个应用层 ID，这就像一个人同时有社保号、身份证号，还可能会有护照号一样，它们在各自的应用体系中唯一标识一个人。因此，对于一个 UE 来说，它可以基于不同的应用层 ID 建立多条 PC5 单播链路。当然，考虑到隐私问题，UE 会通过链路标识符更新过程来更新应用层 ID，这并不会引起单播链路的重建。

　　然后，系统会在单播链路上建立多条用于传输 V2X 数据的 QoS Flow。QoS Flow 和 Uu 接口类似，它的出现是为了满足数据传输的 QoS 要求。因此，有类似于 QoS 要求的数据无论其来自哪个应用都可被映射到一个 QoS Flow 中（它们应该属于同一个单播链路）。

　　在单播链路建立后，UE 会为其自行安排标识符用来在 UE 内唯一地标识一个单播链路。这个被标识的单播链路将与发送端 UE 和接收端 UE 的应用 ID、层 2 ID、所使用的网络层协议（IP 或非 IP）和建立的 QoS Flow 的信息相关联。

Ⓒ V2X 通信流程串联

　　与 DSRC 不同，C-V2X 技术是集成在移动通信系统中的独立子系统。虽然 V2X 的 UE 行为和普通 Uu 接口的行为有很大不同，但作为移动通信网络的一部分，它仍然要遵循一些统一的原则。虽然我们在前面几章中对 5G V2X 系统的各个子系统都进行了详细的介绍，但仍然需要一个线索对各协议层的内容进行一次串联，以形成更加系统的理解。下面，我们以一个 V2X UE 初次接入网络为例来看看它是如何进行 V2X 通信的。

　　首先，作为一类特殊的 UE，在用户购买 V2X UE 时，往往需要和运营商或 V2X 服务提供商进行签约和服务内容的约定，这类似于普通 UE 的签约。在签约过程中，运营商或服务提供商将在 UE ME（移动设备）中或 / 和 USIM 卡中预配置 V2X 通信的核心网参数和策略信息，比如 UE 授权使用的 PLMN 和 RAT、V2X Service 标识符与 NR 频率、目标层 2 ID、PC5 QoS 参数、默认的传输模式（多播、广播或单播）、PDU 会话参数的映射表等。当然，这些参数和策略也可以在接入网络后由网络进行更新。

然后，V2X UE 同样具备 Uu 接口的通信能力，因此，当 V2X UE 被开启后，首先需要以一个普通 UE 的身份接入网络，执行图 6-78 所示的初始接入流程，依次为物理层的搜网、同步、系统消息接收、接入网高层的小区选择和 NAS 层的 PLMN 选择，最终选择一个支持 V2X 业务的 Cell 驻留（当 V2X 处在基站覆盖范围外时，V2X UE 显然也不会以普通 UE 的身份接入网络。此时，UE 会利用预配置参数来进行运作）。

在系统消息的接收过程中，UE 会接收来自基站的广播信息 SIB12，获得小区特定的 Sidelink 无线相关配置参数，用于在 IDLE 态或非激活态下进行 V2X 通信。此外，在注册过程中，UE 通过非接入消息上报 UE 无线能力，其中包含 UE 的 Sidelink 能力。基于上报的 Sidelink 能力，基站可利用 Uu 接口的 RRC 重配过程根据 UE Sidelink 能力为 UE 配置特定的 Sidelink 参数，用于 UE 在 CONNECTED 态下的 V2X 通信。另外，UE 还可用预配置的 Sidelink 通信参数（SidelinkPreconfigNR IE）作为在其他状态下 UE V2X 通信使用的参数。

最后，V2X UE 由物理层发起随机接入，建立 Uu 接口的 RRC 连接并随即发起非接入层的注册过程（发送 REGISTRATION REQUEST）。在注册过程中，AMF 会为 UE 选择一个支持 V2X 业务的 PCF，并由 PCF 为 UE 配置核心网参数和策略信息，在 UE 跨 PLMN 移动时或签约数据改变时进行参数和策略的更新。

从图 6-82 来看，UE V2X 相关参数配置由"核心网参数和策略""Sidelink 无线参数"两部分组成。其中。

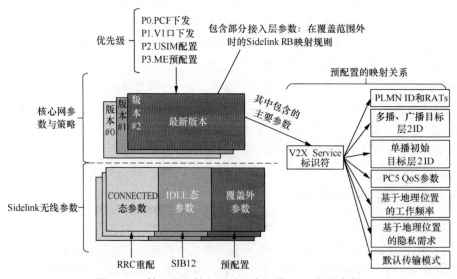

图 6-82 核心网和接入网（预）配置 V2X 相关参数

● **核心网参数和策略**：主要处理核心网相关操作。该参数可由 PCF、V2X AS、USIM 或 ME 提供，当同时具有多个参数版本时，其优先级依次为 PCF>V2X AS>USIM>ME。UE 使用保存的最新参数和策略。

- Sidelink 无线参数：主要处理 Sidelink 空口操作。该参数根据 UE 所处的 3 个状态来选择对应的参数集。CONNECTED 态对应 RRC 重配置的参数；IDLE 态或非激活态使用 SIB12 配置参数；其他情况下（如在覆盖区域外）使用 UE 预配置的参数集。UE 使用保存的最新参数版本。

核心网和接入层无线参数配置完成后，V2X UE 就做好了进行 V2X 通信的前期准备。此刻，当 V2X 应用层有数据需要发送时，会触发底层的相关流程，V2X 通信流程如图 6-83 所示。

首先，应用层采用何种传输模式（多播模式、广播模式或单播模式）可由应用层直接指示，或根据预配置的映射关系通过 V2X Service 标识符获取默认的传输模式。

对于多播和广播模式下的 V2X 通信，因为不需建立逻辑连接（不需要建立 PC5 链路和 RRC 连接），所以流程相对简单。应用层提供相关信息 [包括 V2X Service 标识符、数据包类型（IP 或非 IP）、传输模式、V2X Application Requirements]。发送端 UE 和接收端 UE 通过应用层提供的 V2X Service 标识符可获得广播和多播模式下预设的目标层 2 ID，通过 V2X Application Requirements 可获得 QoS 参数，并将这些信息递交给接入层。随后，接入层的协议层会按照接入层的相关配置（比如配置的发送 BWP、资源池等信息）来完成数据的传输。

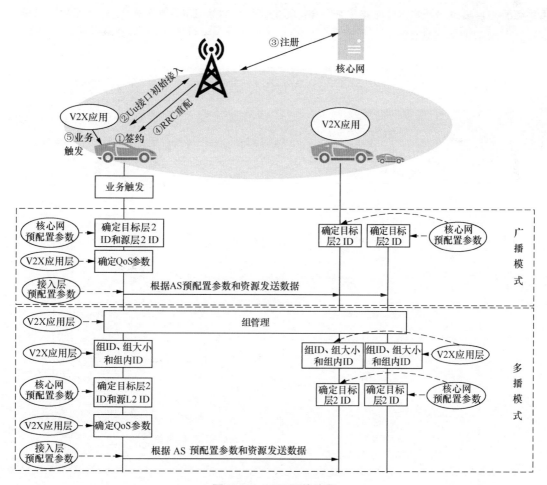

图 6-83 V2X 通信流程

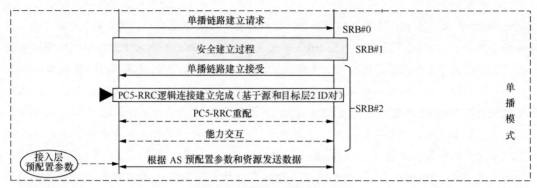

图 6-83　V2X 通信流程（续）

　　单播模式的 V2X 通信流程相对复杂。首先，单播业务是基于连接的，即 V2X Layer 会在两个 UE 间建立单播链路或通过单播链路修改过程来修改一个已有的单播链路用于本次数据传输。在单播链路建立的过程中，将完成源 UE 和目标 UE 之间层 2 ID 的交换和其他参数的配置。此外，在单播链路建立过程中，V2X Layer 还会完成安全机制的建立，使后续传输的数据可进行加密和完整性保护。在单播链路模式建立后，接入层便可认为 PC5-RRC 逻辑连接建立完成。之后，UE 之间可以通过 PC5-RRC 连接完成 UE 能力的交互、PC5-RRC 重配和 RLF 的监控，以进一步优化 Sidelink 单播通信。

第7章 "收官之作"——5G 第一阶段（R17）

在前面我们对 5G R15 进行了简单的介绍。R15 是 5G 的"开山之作"，完成的主要是框架和核心功能的定义，存在局限性在所难免。因此，3GPP 的 R16 成为 5G 的另一个起点。

R16 作为 5G 技术的一个重点技术版本，一方面对 R15 因为时间问题并未完善的技术进行了大量的增强；另一方面，也定义了专为垂直行业而生的多个技术功能，比如为车联网场景定义的 5G V2X 技术、为物联网场景定义的 URLLC 技术及为工业物联网定义的 IIoT 技术等。

图 7-1 给出了 3GPP R16、R17 的标准化工作安排。R17 的研究和标准化工作从 2019 年 12 月开启，并最终于 2022 年 6 月全部冻结，前后经历了两年半的时间。但需要注意的是，在本章介绍具体项目时给出的"立项和结项时间"中，部分项目还处在未结项状态。这里的项目结项时间包括了技术功能本身的核心技术定义及相关联的性能和测试规范的制定，所以虽然 2022 年 6 月 R17 已经功能性冻结，但 3GPP RAN4、RAN5 组仍然在继续为其定义"外围"技术标准。

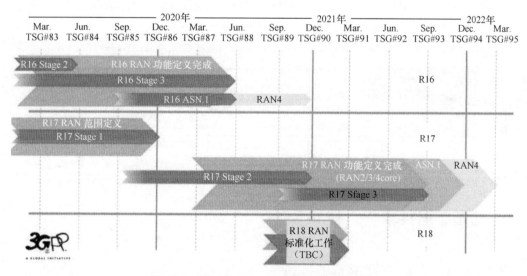

图 7-1 3GPP R16、R17 标准化工作安排

表 7-1 给出了 3GPP 3 个主要技术组 RAN1、RAN2 和 SA2 在 R17 阶段引入的部分新技术特征。类似前两章的描述，我们也可以将 R17 中的技术分成增强型技术和赋能型技术。在本书中，我们将重点介绍 R17 引入的新技术的目的和应用场景。

表 7-1　R17 阶段引入的部分技术特性

分类	牵头小组	项目类型	项目名称
增强型技术	RAN1	WI	扩展 NR 频谱到 71GHz（Extending Current NR Operation to 71GHz）
	RAN1	WI	NR 动态频谱共享（NR Dynamic Spectrum Sharing）
	RAN1	WI	NR 覆盖增强（NR Coverage Enhancements）
	RAN1	WI	MIMO 进一步增强（Further Enhancements on MIMO for NR）
	RAN1	SI	XR（增强现实）评估（Study on XR (Extended Reality) evaluations for NR）
	RAN2	WI	UE 节能增强（UE Power Saving Enhancements）
	RAN2	WI	增强集成接入和回传（Enhancements to Integrated Access and Backhaul）
	RAN2	WI	5G 多播广播（NR Multicast and Broadcast Services）
	RAN2	WI	多 RAT 双连接增强（Further Multi-RAT Dual-Connectivity Enhancements）
	RAN2	WI	多卡终端（Support for Multi-SIM devices for LTE/NR）
	SA2	WI	卫星通信（Integration of Satellite Components in the 5G Architecture） 非陆地通信 [Solutions for NR to Support Non-Terrestrial Network（NTN）]
赋能型技术	RAN1	SI 和 WI	NR 定位增强（NR Positioning Enhancements）
	RAN1	WI	NR Sidelink 增强（NR Sidelink Enhancement）
	RAN2	WI	IIoT 和 URLLC 增强（Enhanced Industrial Internet of Things and URLLC）
	RAN2	WI	非激活状态小数据传输（NR Small Data Transmissions in INACTIVE State）
	RAN2	SI 和 WI	NR Sidelink 中继（NR Sidelink Relay）
	SA2	SI 和 WI	增强非公共网络（enhanced Support of Non-Public Networks）
	SA2	WI	增强 5G 局域网（enhancement of Support for 5G LAN-type Service）
	SA2	SI 和 WI	支持无导线空中系统连接、识别和跟踪（supporting Uncrewed Aerial Systems Connectivity, Identification, and Tracking）
	SA2	WI	增强 IIoT（enhanced Support of Industrial IoT）
	RAN1	SI 和 WI	NR UE 能力缩减（Support of Reduced Capability NR Devices）
	SA2	SI 和 WI	增强网络切片（第 2 阶段）[（enhancement of Network Slicing（Phase 2）]

7.1　动态频谱共享

7.1.1　LTE 和 NR 共存的尴尬

在系统观 5 中也提到过，5G 系统通过接入网和核心网的解耦，实现了良好的后向兼容性。这一方面是技术的需求，另一方面是运营商实际部署时的现实需求，即实现 LTE 和 NR 系统长期共存。

从技术角度看，R15 的 NR 就已经支持非独立的双连接技术。即 LTE 和 NR 系统同时进行部署。这为运营商网络从 LTE 向 5G NR 过渡提供了有力的技术支持。运营商可以根据自己的需求和条件，在 5G 部署初期利用 LTE 进行广域覆盖，利用 NR 进行热点覆盖引入 5G 系统。随着 5G 用户的不断增多，在人口密集的城市场景下可逐步进行 5G 热点增容，室内覆盖渗透，然后逐渐用 5G 接入网取代 LTE 接入网，向广域覆盖转换。

要实现广域覆盖转换，运营商最为关心的问题就是广域覆盖的频谱从何而来？

频谱资源是运营商最紧缺的"战略资源"。绝大部分更适合广域覆盖的频谱已经被诸如 LTE、3G 甚至 2G 系统所占据。运营商可以将部分中低频带从其他系统中挪出给 NR 使用（这被运营商称为重耕），但这势必会影响旧系统的用户体验，导致 LTE 现网用户的拥塞和不稳定（这也是 NR 系统商用后，部分 LTE 用户抱怨 LTE 网络体验不如以前的原因之一）。

另外一种处理方式是让 LTE 和 NR 网络共享同一个频带，但在当前的技术条件下，只能采用静态的方式来分配频谱资源，如图 7-2 所示，这并不利于频谱资源的高效利用。比如在某个时刻，LTE 业务很少，但因为静态的共享方式，导致相对繁忙的 NR 系统也无法使用 LTE 的闲置资源。于是，动态频谱共享（DSS）技术成为解决资源利用率问题的关键。

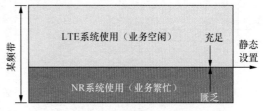

图 7-2　静态频谱共享

7.1.2　动态频谱共享实现

如何实现动态频谱共享呢？

首先，我们需要明确的基本原则是，尽量避免 LTE 和 NR 系统中一些固定出现或周期性出现的信道 / 信号的影响。这些信道 / 信号具体包括如下内容。

（1）LTE 系统。

（2）涉及调度的 PDCCH 信道（在一个子帧的 1 ～ 3 个 OFDM 符号中）。

（3）涉及同步的 PSS、SSS 和广播 PBCH（周期）。

（4）涉及测量的 CRS（周期）。

（5）NR 系统。

（6）同步信号和 PBCH 块 SSB（周期）。

得益于 NR 系统极为灵活的物理层设计，准确来说在 R15 阶段，系统已经可以依靠实现的方式进行 DSS 操作。

除了 SSB 外，NR 系统的其他重要信道 / 信号资源都可以被配置在一个时隙中的任何位置上。那么 DSS 实现的关键是在 LTE 系统中找到一块资源，LTE 系统不可以使用。而 LTE 系统中有 MBSFN（多播广播单频网络）子帧，这个子帧在 LTE 系统中被用于传输广播多播信息。当 eNB 配置了 MBSFN 子帧时，所有的 LTE UE 只会在该子帧的前面 1 ～ 2 个 OFDM 符号上监控 PDCCH，不对剩余符号进行任何操作。

当然，除了利用 MBSFN 子帧外，系统还可以通过 NR 的迷你时隙或速率匹配避开 LTE 系统总是发送的 CRS 资源，实现对 LTE 系统普通子帧的使用。

读者从上面的基于实现的动态频谱共享方案（R15 可支持的动态频谱共享方案）中也许已经发现了一个"缺陷"，即在 LTE 系统中总是需要监控的 PDCCH 和 NR PDCCH 存在冲突。这是因为 LTE 的 PDCCH 的资源总会出现在每个子帧前面的 1 ～ 3 个 OFDM 符号的位置上，虽然 NR 的 PDCCH 资源可以被配置在任何 OFDM 符号位置，但只有特定能力的 UE 可以监控除前 3 个 OFDM 符号外在其他位置上出现的 PDCCH 资源。因此，NR 系统避开 LTE 系统的 PDCCH 监控位置，可用的 PDCCH 资源严重短缺。

为了解决上述问题，3GPP 在 R17 阶段引入了新的动态频谱共享技术，对 R15 的动态频谱共享技术（如图 7-3 所示）进行增强，该项目的基本信息如表 7-2 所示。从某种角度来看，引入动态频谱共享技术也是为了解决 LTE 系统和 NR 系统长期共存的现实问题，它体现了接入方式的多样性，同时也体现了在网络实现中不得不面对的成本问题。

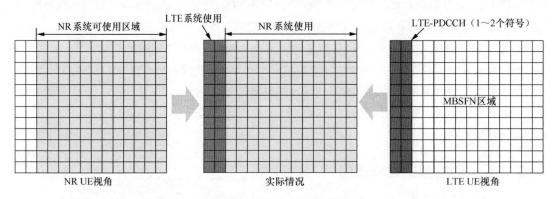

图 7-3　R15 的动态频谱共享技术

表 7-2　R17 动态频谱共享项目信息

基本信息	备注
技术缩写	NR_DSS
3GPP 项目编号	860043
立项文档（WID）	RP-211345
关联项目	无
涉及工作组	RAN1、RAN2
立项和结项时间	2019 年 12 月 16 日～ 2022 年 3 月 22 日
牵头立项公司	Ericsson
主要支持公司	Verizon、Lenovo、Motorola Mobility、Sharp、SoftBank、Telefonica、Deutsche Telekom、Qualcomm、Nokia、Dish、Telia Company、Sierra Wireless、Sprint、Vodafone、Telstra、Orange、T-Mobile、Huawei、China Telecom、CMCC、China Unicom 等
主要影响 / 技术效果	通过实现跨载波调度，增加 NR 系统在频谱共享情况下的可用 PDCCH 资源
主要推动力	新趋势 E：网络拓扑异构和接入方式的多样性 约束力 A：实现能力的约束

为了解决 NR 系统 PDCCH 资源紧张的问题，在 R17 的动态频谱共享项目中引入了跨载波调度能力，如图 7-4 所示。

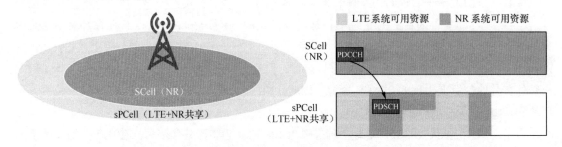

图 7-4　R17 动态频谱共享项目中引入的跨载波调度能力

具体而言，R17 的频谱共享技术只允许工作在 FR1 频段（图 7-4 中的 sPCell 和 SCell 均为 FR1），只允许配置一个 SCell 进行跨载波调度，且只允许 SCell 对 sPCell 进行调度，不允许 sPCell 对 SCell 进行跨载波调度。

除了增加了跨载波调度功能外，原本计划在 R17 动态频谱共享项目中引入 DCI 调度多个 PDSCH 的功能，但最终因为各种原因，该设计被推迟到 R18 进行。

R17 中的一系列增强大大降低了频谱共享技术在实际部署时对 NR 系统的影响，为动态频谱共享最终走向商用，为运营商实现从 LTE 到 NR 的过渡奠定了良好的基础。

7.2 多卡设备

7.2.1 双卡 UE 的尴尬

双卡双待终端至少在亚洲已经成为事实上的标准配置。据咨询公司 OpenSignal 2014 年的统计数据显示，在全球范围内大概有 26% 的安卓机用户使用了双卡 / 多卡 UE（多卡处于激活状态），其中在亚洲市场使用双卡 / 多卡 UE 的用户占比更大，在孟加拉等国家，双卡 / 多卡 UE 比例甚至超过了 2/3。虽然笔者并未找到最新的统计数据，但有理由相信在人们经历了 4G 移动互联网进入 5G 时代后，全球使用双卡 / 多卡 UE 人群的比例会进一步提高。

目前市面上所有的双卡 / 多卡 UE 均由芯片和 UE 厂商的私有解决方案实现。对于 UE 侧来说，通信的本质其实就是通过手机接收和发送信息，进行数据（用户数据或信令）的双向交互。出于对成本的考虑，目前业内普遍采用的双卡双待方案一般采用了单 / 双接收、单发送天线的设计，两张卡的数据发送 / 接收需要切换交互进行。目前双卡双待问题如图 7-5 所示。

很显然这样的设计会导致一些问题，由于硬件的限制，双卡 UE 无法同时监听来自两个 SIM 卡的寻呼消息，导致用户来电信息丢失；或者当一张 SIM 卡正在进行数据传输时，会因为另一张 SIM 卡的寻呼而被迫中断传输。这些问题都会极大地影响用户体验。此外，从技术角度来看，双卡 UE 在两个网络间切换时，会导致 UE 和网络在 CONNECTED 状态不一致的问题，虽然这不会引起明显的用户体验，但会导致网络和 UE 侧状态的不一致。

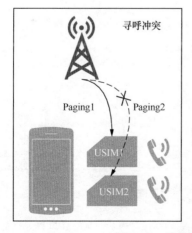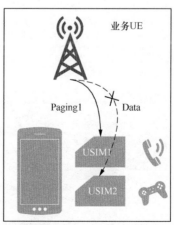

图 7-5　目前双卡双待问题

为了解决这些问题，由国内 UE 企业 vivo 牵头，在 R17 成功立项 Multi-SIM 项目。

7.2.2　R17 多卡项目介绍

虽然多卡多待 UE 已经成为智能 UE 的普遍实现，但由于各种原因 [1]，一直并未获得 3GPP 标准化层面的技术支持，这导致呼叫冲突等问题一直无法解决。

在国内 UE 厂商 vivo 的呼吁下，由 vivo 牵头，在国内运营商、设备商的支持下，2019 年在 R17 阶段最终成立 Multi-SIM 项目，项目信息如表 7-3 所示。

表 7-3　R17 Multi-SIM 项目信息

基本信息	备注
技术缩写	LTE_NR_MUSIM
3GPP 项目编号	860063
立项文档（WID）	RP-213679
关联项目	无
涉及工作组	RAN2、RAN3
立项和结项时间	2019 年 12 月 9 日～ 2022 年 9 月 23 日
牵头立项公司	vivo
主要支持公司	China Telecom、China Unicom、CMCC、CAICT、Charter Communications、Huawei、Samsung、Verizon、ZTE、Qualcomm Inc、Intel、Apple、AT&T、Xiaomi、Lenovo、Motorola Mobility、Ericsson、Nokia、Google Inc、Spreadtrum、NEC、Vodafone、InterDigital、MediaTek、Sharp 等
主要影响 / 技术效果	解决呼叫冲突、数据业务 UE 等双卡双待 UE 的用户体验问题
主要推动力	旧动力 E：应用需求驱动

在 R17 的 Multi-SIM 项目中，3GPP 对如下问题进行了研究并给出了解决方案。

（1）针对单发单收 UE，标准化解决了寻呼冲突问题

问题主要是用户寻呼时机（PO）的现有计算机制使两个 SIM 卡最终计算出的 PO 发生重叠导致的。PO 的计算和 UE 的 IMSI(LTE)、5G-S-TMSI(NR) 相关。3GPP 通过提供 5G-S-TMSI 的重新分配（针对 5G 网络）和 IMSI 的偏移值（针对 LTE 网络）来实现 LTE 和 NR 网络 PO 的重新计算，避免冲突，如图 7-6 所示。

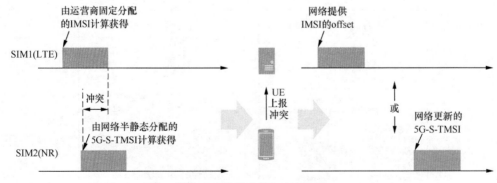

图 7-6　寻呼冲突和冲突解决

1　笔者认为，其中一个不能否认的原因是 LTE 时期的 UE 厂商，特别是国内 UE 厂商，在 3GPP 的话语权较弱。Multi-SIM 项目获得通过，也从侧面反映了国内 UE 企业的崛起。

（2）针对单发单/双收 UE，标准定义了在发生网络切换时的通知机制。

因为单发单/双收 UE 上行基带和射频资源受限，所以很难同时维持两张网络的连接。如果双卡 UE 在网络 A 处于 CONNECTED 态，此时收到网络 B 的寻呼或者触发网络 B 内的业务，则此时会涉及基带和射频的网络间切换。如果 UE 在不通知网络 A 的情况下从网络 A 切换到网络 B，就会导致双卡 UE 与网络 A 在 CONNECTED 态上理解的不一致。网络 A 依然会调度用户，造成网络资源的浪费。若长时间无法获得 UE 的反馈，会触发网络错误的 RLF 判断。因此，需要引入通知手段，让网络和 UE RRC 状态保持理解上的一致。

3GPP 利用 RRC 消息 UEAssistanceInformation 向网络指示 UE 离开 CONNECTED 态及离开 CONNECTED 态后倾向的 RRC 状态（IDLE 态或非激活态，最终由网络侧决定 RRC 释放还是挂起）；或者 UE 通过 UEAssistanceInformation 消息向网络申请周期性和非周期性的 Multi-SIM 间隙，用于切换到另一张 SIM 卡去进行数据接收。

多卡 UE 技术可以有效地解决当前被广泛使用的双卡双待手机中漏来电、游戏被迫退出的问题，可以有效地提升用户体验。但 R17 Multi-SIM 项目还未完全结项（功能已冻结，但测试和射频性能规范还在制定中），目前还未投入商用。

7.3 终端节能增强

在 5.3 节中，对 R16 的终端（UE）节能项目的背景和协议实现细节进行了详细的介绍。UE 节能也是 5G 中 UE 侧和用户侧的痛点之一，是提升用户体验的项目之一。

R17 的 UE 节能增强项目是 R16 UE 节能的进一步增强，也是对 R16 协议的进一步补充。R16 和 R17 UE 节能技术特性比较如表 7-4 所示。

表 7-4　R16、R17 UE 节能技术特性比较

支持状态	技术类别	R16 技术特征	R17 技术特征
CONNECTED 态	时域	DRX 自适应	增强的搜索空间集合组切换（SSSG Switch）
		辅小区休眠技术	PDCCH 跳过
		快速脱离连接态	—
	处理时序	跨时隙调度	—
	测量	—	RLM 和波束失效检测（BFD）的测量缩减
	天线	最大 MIMO 层自适应	
IDLE 态和非激活态	测量	RRM 测量缩减	—
	寻呼	—	PO 子组
		—	寻呼同步时间缩减
信令支撑		UE Assistance Information	

NR UE 节能增强项目的基本信息如表 7-5 所示。

表 7-5　R17 NR UE 节能增强项目信息

基本信息	备注
技术缩写	NR_UE_pow_sav_enh
3GPP 项目编号	860047
立项文档（WID）	RP-221543
关联项目	UE Power Saving in NR（R16）
涉及工作组	RAN1、RAN2、RAN3
立项和结项时间	2019 年 12 月 16 日～ 2023 年 12 月 15 日 [1]
牵头立项公司	Media Tak、ZTE
主要支持公司	vivo、Acer、Apple、Asus、CAICT、CATT、CHTTL、China Telecom、China Unicom、CMCC、Dish、Ericsson、Futurewei、Huawei、Intel、ITRI、KT Corp.、Lenovo、Motorola、Nokia、OPPO、Panasonic、Qualcomm、Samsung、Sanechips 等
主要影响 / 技术效果	降低 UE 能耗，延长 UE 待机和工作时间
主要推动力	旧动力 G：良性竞争和创新的推动 新趋势 A：物的连接 新趋势 C：低能耗和节能 新趋势 D：技术与市场的渗透和融合

　　从更宏大的角度看，R17 阶段的 UE 节能项目对 UE 的 CONNECTED 态、IDLE 态及非激活态都进行了增强。其中，IDLE 态和非激活态的增强集中在寻呼环节，两个新的特征被引入。

　　第一个特征是通过缩短在监听寻呼前为了完成同步所消耗的时间，降低同步消耗的能耗。如图 7-7 所示，R17 之前的 UE 为了监听寻呼，需要提前完成时频同步，而同步操作通过多次接收 SSB 才能完成（特别是在信号条件不好的情况下）。由于 SSB 的发送周期较长，因此 UE 每次监听寻呼都需要保持较长时间的轻度睡眠状态，进而降低能源消耗。为了解决该问题，R17 在 PO 前引入了额外的辅助同步导频，这个额外的辅助同步导频可以被配置在比 SSB 更大的带宽中，因此，可以实现更快、更精准的同步。

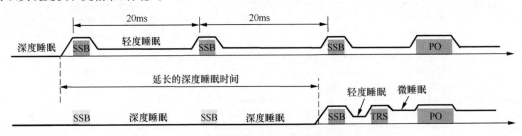

图 7-7　新增额外辅助同步导频后的节能效果示意图

　　第二个特征是类似于 R15 的唤醒信号（WUS）引入寻呼提前指示（PEI），用来指示 UE 是否需要监听下一个 PO。如果不需要监听下一个 PO，则 UE 可以不用进行同步和 PO 的解调，继续处在深度睡眠状态，进而降低能耗。此外，为了降低 UE 监听无效 PO(PO 中没有给自己的寻呼消息，PO 中的信息是发给属于同个 PO 组中其他 UE 的寻呼消息) 的概率，寻呼子组的概念被提出，即将原来多个 UE 公用的 PO 分成更小规模的子组，这样可以进一步降低 UE 监听 PO 的概率，进而

1　目前 UE 节能增强项目已经完成了 RAN2 的功能定义工作，进入 RAN5 的测试用例定义阶段。

实现能耗的降低。

对于 CONNECTED 态 UE，R17 UE 节能项目的思路仍然是继续通过减少没有必要的 PDCCH 监听来实现能耗的降低。比如可通过 SSSG Switch 来控制 PDCCH 监听开销、通过系统配置的搜索空间切换定时器（Search Space Switch Timer）来控制 SSSG 的执行切换。此外，UE 还可以根据配置的"跳过时间配置"（Skipping Duration Configuration）来实现 UE 在 Duration 内停止 PDCCH 监听。

在 CONNECTED 态下，R17 还定义了对 RLM 和 BFD 的测量放宽机制。如果 UE 测量到服务小区的无线链路质量好于某个门限且（如果配置)UE 处在低移动性状态下，则 UE 可执行 RLM 和 BFD 的测量放宽机制，最终通过更长的测量周期实现测量节能。

7.4　覆盖增强项目

7.4.1　覆盖需求的变迁和发展

我们在系统观 2 中将移动通信对"覆盖能力"的追求类比为马斯洛需求层次理论中最低层次的缺失性的基础需求。在这个驱动力的推动下，移动通信网络的容量和覆盖得到了极大的提升。从 2G 到 4G，我们似乎已经慢慢忘记"覆盖"这个原始的驱动力，因为它似乎已经变得不那么迫切。但到了 5G 时代，似乎一切又发生了反转。人们发现原本还相对充足的频谱资源变得格外紧张，优质的低中频资源被套牢在 3G、4G 甚至 2G 网络中而无法"重耕"。5G 被迫使用相比 3G、LTE 更高的频谱（如 3.5GHz）来实现覆盖。此外，为了实现"更快、更好"的目标，5G 还利用了更高的 FR2 频段，比如 28GHz、39GHz，甚至 R17 定义的 52.6GHz ～ 71GHz。

这些高频段在为我们带来了超高带宽和超快速率的同时，也带来了受限的覆盖能力。不可避免的高路损使运营商需要付出更大的代价才能实现与 LTE 水平相当的覆盖广度和 QoS。

在从 1G 前的"大区制"转为 1G 后的"蜂窝通信"后，"覆盖需求"从网络的"覆盖能力"逐渐向"覆盖质量"转变，也就是从覆盖的广度向深度转变。对于 5G 来说，考虑到 UE 的能耗和能力限制，解决网络边缘用户的上行链路传输问题变成了提升"覆盖质量"的关键。

为了解决上述问题，3GPP 在 R17 阶段引入了 5G 的覆盖增强项目。项目首先以 SI 的形式通过大量的仿真对覆盖质量的瓶颈和潜在解决方案进行了评估和验证，最终识别出多个存在瓶颈的场景 [需要注意的是，3GPP 的评估思路是根据典型业务（如 VoIP 和 eMBB）的典型目标速率，找到哪些信道及在哪些配置条件下存在瓶颈]，具体如下。

FR1：第一优先级场景
- eMBB 业务下的 PUSCH 信道传输（主要针对 FDD 制式和上下行时隙比例为 DDDSU、DDDSUDDSUU 和 DDDDDDDSUU 的 TDD 制式）
- VoIP 业务下的 PUSCH 信道传输（主要针对 FDD 制式和上下行时隙比例为 DDDSU、DDDSUDDSUU 的 TDD 制式）

FR1：第二优先级场景
- PRACH Format B4

- Msg 3
- PUCCH Format 1
- PUCCH Format 3, 11bit
- PUCCH Format 3, 22bit
- Broadcast PDCCH

FR2：城市 28GHz 场景

- PUSCH eMBB（DDDSU 和 DDSU）
- PUSCH VoIP（DDDSU 和 DDSU）
- PUCCH Format 3, 11bit
- PUCCH Format 3, 22bit
- PRACH Format B4
- PUSCH of Msg 3

考虑到 R17 的时间开销问题，最终 3GPP 在 R17 阶段对 PUSCH、PUCCH 和 PUCCH of Msg 3 进行了增强并最终以 WI 的形式完成了标准输出。

3GPP R17 阶段的覆盖增强项目的基本信息如表 7-6 所示。

表 7-6　R17 NR 覆盖增强项目信息

基本信息	备注
技术缩写	NR_cov_enh
3GPP 项目编号	900061
立项文档（WID）	RP-211566
关联项目	Study on support of reduced capability NR devices
涉及工作组	RAN1、RAN2、RAN4
立项和结项时间	2019 年 3 月 7 日～ 2022 年 9 月 22 日
牵头立项公司	China Telecom
主要支持公司	Apple、AT&T、BT、CAICT、CATT、CEWIT、Charter Communications、China Unicom、CMCC、Ericsson、Facebook、Fujitsu、Huawei、Intel、KT、Lenovo、NEC、MediaTek、Nokia、OPPO、NTT DoCoMo 等
主要影响 / 技术效果	增强上行覆盖能力和覆盖质量
主要推动力	旧动力 C：覆盖驱动

7.4.2　解决方案和基本原理

因为时间问题，在 R17 阶段，覆盖增强只处理 SI 提及的部分场景和部分解决方案，将其他部分场景和方案放在 R18 阶段进行标准化。R17 阶段的覆盖增强新增特征如表 7-7 所示。

表 7-7　R17 阶段的覆盖增强新增特征

增强方向	增强特征
PUSCH 增强	PUSCH 重复传输 Type A 方案增强
	TTI（传输时隔）捆绑
	PUSCH 的多时隙联合信道估计
PUCCH 增强	动态 PUCCH 重复因子指示
	PUSCH 的多时隙联合信道估计
Msg 3 增强	Msg 3 的 PUSCH 重复传输 Type A 方案增强

1. PUSCH 重复传输 Type A 方案增强

在 R16 中，为了实现上行传输更高的数据可靠性，在 URLLC 项目中引入了 PUSCH 的重复传输机制（参见 6.1.3 节）。在 R16 机制中，系统将根据时隙数来统计重复传输的次数（连续多个时隙）。这种设计对于 FDD 制式是合理的，但在 TDD 场景下，由于下行时隙的存在，将出现实际重复次数和配置可重复次数不匹配的问题，如图 7-8 所示。

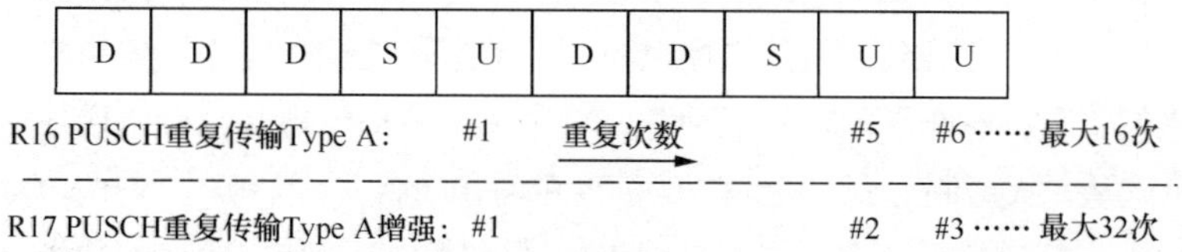

图 7-8　PUSCH 重复传输 Type A 增强

为此，3GPP 一方面将最大重复传输次数从 R16 的 16 增加到了 32；另一方面，引入了基于可用时隙的计算方法，以排除 DL 时隙的存在导致的重复传输次数的减少。

2. TTI 捆绑

除了对 PUSCH 重复传输 Type A 进行了增强外，R17 还引入了类似于 LTE 中 TTI 捆绑技术方案。即将多个时隙中的 PUSCH 传输捆绑到一个 TB（传输块）中。更具体地说，R16 中的 TB 大小基于时隙确定，MAC 层将根据 TB 的大小来进行调制编码方式的选择，每个 TB 进行独立传输，如图 7-9 所示。

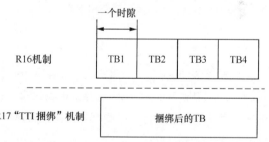

图 7-9　R17 的 PUSCH "TTI 捆绑"

R17 引入捆绑机制后，支持将多个时隙中的多个 TB 捆绑为一个 TB。这样有效延长了码块长度，实现了更高的编码增益。

3. PUSCH 和 PUCCH 的多时隙联合信道估计

联合编码的思想也比较简单，在 R16 中，系统将在每个时隙内配置 DMRS 进行独立的信道估计。而 R17 的覆盖增强项目引入了多时隙的联合信道估计，可以实现更加准确的信道估计和更好的上行覆盖性能，特别是对于小区边缘用户，增益更加明显。3GPP TR 38.830 对多时隙的联合信道估计性能进行了大量评估，其中大部分公司的仿真数据表明，在 10% 的空闲频率的条件下，联合信道估计可获得 0.2 ～ 2.1dB 的信噪比增益。

4. 动态 PUCCH 重复因子指示

在 R16 中，PUCCH 重复因子由 RRC 信令进行半静态配置，这意味着 PUCCH 重复因子无法动态指示。但由于无线信道的动态变化，半静态配置的重复因子往往无法达到最佳的性能效果。引入动态 PUCCH 重复因子指示将有效提高上行资源效率，并为 gNB 提供更多的灵活性。为此，R17 覆盖增强项目引入了动态 PUCCH 重复因子指示，它通过 DCI 进行动态指示。

5. Msg 3 的 PUSCH 重复传输 Type A 方案增强

R17 覆盖增强项目还对随机接入过程进行了增强，即 Msg 3 的重复传输。从 3GPP TR 38.830 的大量仿真中可以看到，针对 FR1，Msg 3 的传输次数增加一倍将获得约 2dB 的增益。这有效提高了 Msg 3 的传输可靠性，从而提高了 Msg 3 的覆盖性能。

7.5 5G 多播广播

7.5.1 从无线到有线，再从有线到无线

无线广播电视似乎是一个和移动通信技术"风马牛不相及"的事物。但我们在第 1 章梳理移动通信技术发展历史时已经看到，虽然广播电视和移动通信无论在使用场景和技术特征上均有很大的差异，但它们都是一脉相承的。从某种意义上来说，广播电视甚至可以说是移动通信技术的"发源地"，这可以从"大区制"到"蜂窝"的演变中看出（参见 1.4 节）。

或许是因为电视频道从少变多，或许是因为无线广播电视受传输距离的约束，广播电视从无线走向了有线。但在进入后 3G 时代后，在移动通信技术快速发展的环境下，用移动通信系统来承载多媒体广播多播业务（MBMS）成为一大趋势。为此，3GPP 也制定了一系列的技术标准。

2004 年，3GPP R6（3.5G）中正式引入了基于 3G 的多媒体广播多播技术。该版本支持在蜂窝系统中建设广播、多播网络，实现在单一网络中同时提供多播广播和单播业务。2007 年，3GPP R6 发布，进一步定义基于单频网工作模式的 MBMS，即 MBSFN，在同一时间以相同频率在多个小区进行同步传输。MBSFN 的引入解决了 MBMS 在小区边缘的信号覆盖问题，提高了服务效率（值得一提的是，虽然 MBMS 本身的商用并不顺利，但因其创造出了空口"无干扰"的"传输间隔"，这为后续很多技术的引入带来了方便，比如动态频谱共享技术）。

2009 年发布的第二个 LTE 技术版本 R9 正式引入了基于 4G 空口的 eMBMS 技术（增强MBMS）。它相比 3G 的 MBMS 可提供更高的速率和更灵活的业务配置。在随后的 LTE 演进版本中，也对多播广播技术进行了一些增强，比如 R14 引入的 EnTV（又被称为 Forward eMBMS）技术，支持更大覆盖范围的基塔、无 SIM 卡环境下的单接收模式（Receive-Only Mode），以及高清、超高清业务的传输，自带系统信息和同步信号，同时引入了多种传统的地面数字电视广播技术，进一步提升频率使用效率，能够更好地满足 MBMS 业务的应用需求。但在 5G 之前 3GPP 定义的广播多播技术并不算"成功"，因为各种原因，它并没有得到广泛商用[1]。

2018 年（5G 元年），随着移动互联网的进一步发展，传统的广电业务受到新兴的互联网视频、直播业务的强烈冲击。中国广电（中国广播电视网络集团有限公司，CBN）联合中国多家企业，在 3GPP 接入网工作组（RAN）、服务和系统工作组（SA）分别立项研究基于 5G 架构的多播广播业务（NR MBS）。

---

1 截至 2019 年 1 月，根据全球移动供应商协会提供的数据，全球仅有 5 个运营商已经部署了 eMBMS。笔者认为，广播多播技术没有商用的原因有很多，商业和运营监管是重要原因。

7.5.2 5G 多播广播业务

R17 在 RAN 和 SA 立项的 5G 多播广播业务的基本信息如表 7-8 所示。值得注意的是，MBS 除了可实现多媒体广播多播外，对 V2X、物联网技术也形成了有力支持，从这个角度来看，我们将它归为赋能型技术也不为过，它是"新趋势 A：物的连接"的体现。由于 MBS 自 LTE 定义以来商用范围相对较小，因此，5G 时代的 MBS 是否可以商用还需要实际市场检验。

表 7-8　5G R17 多播广播业务基本信息

基本信息	备注
技术缩写	NR_MBS/5MBS
3GPP 项目编号	860048/ 900038
立项文档（WID）	RP-220428/SP-201106
关联项目	Architectural enhancements for 5G Multicast-Broadcast Services
涉及工作组	RAN1、RAN2、RAN3/SA2、CT1/3/4/6
立项和结项时间	RAN：2019 年 12 月 16 日～2022 年 6 月 23 日 SA：2019 年 3 月 7 日～2022 年 6 月 10 日
牵头立项公司	CBN、Huawei
主要支持公司	Ericsson、Qualcomm、Futurewei、ZTE、Lenovo、Sanechips、Motorola、Sharp、CATT、Nokia、KT、ITRI、EBU、BBC、IRT、BT、CMCC、China Telecom、China Unicom、vivo、OPPO 等
主要影响 / 技术效果	在 5G 系统中引入多播广播能力，实现对公共安全、应急广播、V2X、IoT 等业务的多播广播技术支持
主要推动力	新趋势 A：物的连接 约束力 B：应用和市场的约束

在 RAN 和 SA 组立项的这个技术项目中，分别对 5G 多播广播技术制定了核心网架构和接入网实现。

在核心网方面，定义了基于 5G 的 MBS（5G MBS）网络架构，如图 7-10 所示。

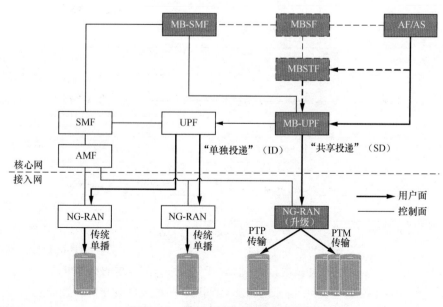

图 7-10　基于 5G 的 MBS 网络架构

为了实现对 5G MBS 的支持，研究人员在 5G 核心网架构上新增了几个核心网网元（如图 7-10 深色方框所示），其中，

MB-SMF 网元：即多播广播会话管理功能网元，负责 MBS 的会话管理和 QoS 控制，并负责管理 MB-UPF 的用户面控制。

MBSF 网元：即多播广播业务功能网元，负责多播的目标 IP 地址分配、MB-SMF 的选择、控制 MBSTF 并与 AF 和 MB-SMF 进行交互实现 MBS 会话操作、传输参数确定等。

MB-UPF 网元：即多播广播用户面功能网元，执行 QoS、数据包过滤，并负责将数据包递交给接入网侧。

MBSTF 网元：即多播广播业务传输功能网元，具有通用的包传输功能，可用于任何支持 IP 多播的应用程序，如帧、多流、包 FEC 编码，因此，可以作为 MBS 数据流量的媒体锚定。

图 7-9 中还给出了 MBS 的数据传输路径示意图，从中也可以看出 MBS 和普通的单播业务之间的差异。3GPP 技术规范定义了两种传输模式，即独立交付（ID）模式和分享交付（SD）模式。ID 模式即普通的单播模式，MB-UPF 会将数据包转发给 UPF，然后 UPF 会将多个独立数据包副本通过多个 UE 的 PDU 会话路径分别发送给基站，然后基站用单播方式分别发送给多个 UE。而在 SD 模式下，MB-UPF 只会发送一个数据包副本给基站，然后由基站发送给多个 UE。显然，在 SD 模式下，核心网的数据传输效率更高，不过引入 ID 模式可以支持在基站未升级的情况下也能提供多播业务（但无法支持广播业务），可以带来一些部署方面的便利。

在 R17 的 MBS 中，当 MB-UPF 有一个下行数据包需要传输给多个 UE 时，若当前为多播业务，数据包可以根据网络配置的策略选择采用 ID 模式还是 SD 模式；若为广播业务，由于不存在成员概念，所以只能使用 SD 模式。另外，在核心网没有 UE 信息的情况下也无法使用 ID 模式。

在接入网方面，接入网也引入了针对 MBS 的增强。MBS 协议栈结构如图 7-11 所示。

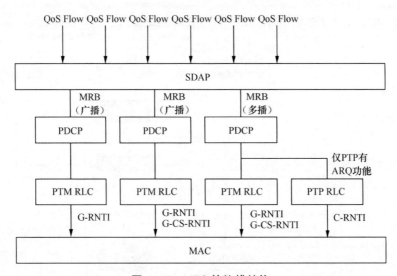

图 7-11　MBS 协议栈结构

R17 MBS 接入网定义了组调度技术。在单播 BWP 中，一系列连续的 PRB 可被定义为一个"MBS 频率区域"，在这个公共频率资源中可实施 MBS 组调度。组调度可被分为动态调度和可配置调度，即半持续调度（SPS），其中动态调度的调度信息由 RRC 配置的 G-RNTI 加扰。SPS 的调度信息由

G-CS-RNTI 加扰。

在 MBS 的多播传输中，支持点对点（PTP）传输和点对多（PTM）传输，并支持两种传输模式的切换。在 PTP 模式下，RLC 层支持 ARQ 技术，因而传输的可靠性更高。基站可以根据待发送数据的 QoS、接收 UE 的数量、链路质量和其他信息来决定采用 PTP 模式还是 PTM 模式。

此外，MBS 模式支持 NACK-Only 和 ACK-NACK 两种反馈模式，支持移动过程中的业务连续性。

7.6 卫星／非地面网络（NTN）通信

7.6.1 卫星／非地面通信场景与需求

和 R17 覆盖增强项目类似，虽然在 3G 技术出现以后，移动通信技术的覆盖问题已经不再是约束移动通信发展的主要因素。但在进入 5G 时代后，由于上层应用的发展，覆盖需求也进一步增加。

R17 的覆盖增强项目主要解决的是边缘用户的覆盖性能问题，比如由于 5G 高频段的引入，导致小区边缘用户通信质量降低；针对 UE 能力和能耗受限的上行方向，解决的是覆盖质量问题。随着物联网技术的发展，以及车联网、机上通信需求的出现，移动通信技术中"覆盖"一词的内涵进一步得到扩展，从传统的平面覆盖扩展到包括偏远山区、海上、空中的立体覆盖。

卫星通信对移动通信技术和行业来说是一个"熟悉又陌生"的跨领域技术。同是通信领域，但卫星通信的技术实现和商用模式与移动通信技术存在巨大差异，所以需要不同行业相互协作和共同努力。移动通信技术和卫星行业在 NTN 项目上的共同努力将实现卫星在 3GPP 生态系统中的全面整合，并为未来的卫星网络定义一个全球标准，这将解决无服务或服务不足地区的可达性和服务连续性问题。各种接入技术的连接提高了通信可靠性，并提高了网络在应对自然灾害和人为灾害时的弹性和可靠性。

为了更加清晰地理解卫星通信的特点，制定合理的技术需求，3GPP 在 SA1 立项对卫星通信进行了需求研究，将卫星相关的需求记录在 3GPP TS 22.261 中，需求汇总如下（注意，如下的技术需求是 3GPP 对 5G 阶段卫星通信需要达到的技术能力和指标的汇总，而非当前版本 NTN 技术已经实现的技术特征）。

（1）移动性：5G 地面接入网与同一运营商和不同运营商拥有的 5G 卫星接入网（UE 和卫星直连通信）之间的业务连续性，以及卫星接入网和地面接入网之间的漫游和网络选择／重选。

（2）网络结构：

① 5G 系统支持两种类型的卫星接入：卫星接入网（UE 直接接入卫星）和基于 NG-RAN 的卫星接入网（基站利用 NR 提供卫星接入，Satellite NG-RAN）。

② 在 5G 接入网和核心网之间，可由卫星网络作为回传链路提供服务。

（3）接入能力：在 5G 系统同时提供卫星接入和地面网络接入时，UE 可单独支持卫星接入或两种都支持。

（4）业务场景：5G 需要支持通过卫星网络或卫星接入网与其他接入网系统联合开展的多播和广播业务。

（5）时延需求：NTN 时延需求如表 7-9 所示。

（6）性能需求：各场景下的 NTN 技术性能需求如表 7-10 所示。

表 7-9　NTN 时延需求（3GPP TS 22.261）

卫星类型	UE 到卫星时延（ms）		单向最大传播时延（ms）	最大端到端时延（ms）
	最小	最大		
LEO（低轨道卫星）	3	15	30	35
MEO（中轨道卫星）	27	43	90	95
GEO（高轨道卫星）	120	140	280	285

表 7-10　各场景下 NTN 技术性能需求（3GPP TS 22.261）

场景	下行体验速率	上行体验速率	下行流量密度	上行流量密度	用户密度	激活因子	用户速度	用户类型
行人	1Mbit/s	100kbit/s	[1,5]Mbit/s · km^{-2}	150kbit/s · km^{-2}	100/km^2	1%/5%	步行	手持
公共安全	[3,5]Mbit/s	[3,5]Mbit/s	TBD	TBD	TBD	N/A	100km/h	手持
车辆接入	50Mbit/s	25Mbit/s	TBD	TBD	TBD	50%	最大 250km/h	车载
飞机接入	每架飞机 360Mbit/s	每架飞机 180Mbit/s	TBD	TBD	TBD	N/A	最大 1000km/h	机载
静止接入	50Mbit/s	25Mbit/s	TBD	TBD	TBD	N/A	静止	建筑
视频监控	[0,5]Mbit/s	[3]Mbit/s	TBD	TBD	TBD	N/A	最大 120km/h 或静止	车载或固定
窄带物联网接入	2kbit/s	10kbit/s	8kbit/s · km^{-2}	40kbit/s · km^{-2}	400/km^2	1%	最大 100km/h	物联网

上述内容来自 SA1 的功能和技术需求，将作为后续 SA、RAN 制定具体 NTN 协议标准时的参考目标。

7.6.2　R17 NTN 相关项目

为了在 5G 系统中集成卫星通信能力，3GPP SA 组和 RAN 组分别在 R17 阶段对 NTN 技术展开了研究。此外，3GPP 在 R17 中还对 LTE 的 NB-IoT 和 eMTC 技术进行了增强，以实现这些物联网设备的卫星接入，满足农业、运输、物流等领域的 mMTC 应用场景需求。正因为卫星通信是一个全新的领域，3GPP 为整合卫星通信进行了长期准备，在 5G 阶段成立的 NTN 相关项目如表 7-11 所示。其中 3 个浅灰色底项目为针对 LTE 的物联网 UE 的增强[1]。

表 7-11　5G 阶段 NTN 相关项目

项目名称	项目缩写	协议	主导小组	研究内容
Study on NR to support non-terrestrial networks	FS_NR_nonterr_nw（SI）	R15	RAN1	定义信道模型、部署场景和对协议的潜在影响

1　LTE 的 NB-IoT 和 eMTC 性能已达到 IMT-2020 对 5G 的定义，因此，从某种角度看，对 LTE NB-IoT 和 eMTC 的演进也是对 5G 系统的演进。

项目名称	项目缩写	协议	主导小组	研究内容
Study on solutions for NR to support non-terrestrial networks（NTN）	FS_NR_NTN_solutions（SI）	R16	RAN3	讨论 R15 研究项目提出的协议的关键影响，给出潜在解决方案并进行评估
Study on NB-IoT/eMTC support for NTN	FS_LTE_NBIOT_eMTC_NTN（SI）	R17	RAN1	研究 LTE NB-IoT 和 eMTC 通过卫星接入的项目
Architecture support for NB-IoT/eMTC non-terrestrial networks in EPS	IoT_SAT_ARCH_EPS（WI）	R17	SA、CT	研究 LTE NB-IoT 和 eMTC 通过卫星接入的网络架构和服务制定
NB-IoT/eMTC support for non-terrestrial networks	LTE_NBIOT_eMTC_NTN（WI）	R17	RAN1	制定 LTE NB-IoT 和 eMTC 通过卫星接入的标准
Integration of satellite components in the 5G architecture	5GSAT_ARCH（WI）	R17	SA、CT	研究（SA1）和框架需求（SA2）及相关协议实现（CT）
Solutions for NR to support non-terrestrial networks（NTN）	NR_NTN_solutions（WI）	R17	RAN2	定义 NTN 功能的标准

为了在 5G 系统中集成非地面网络通信能力，3GPP RAN 在经历了 R15/R16 阶段的两次研究后，最终在 R17 立项并完成 NTN 标准定义。表 7-12 给出了项目基本信息。NTN 项目目标是进一步扩展移动通信网络的覆盖范围和深度，它对当前的广域物联网应用场景有很重要的现实意义。它和马斯克的星链计划存在一定的竞争关系，这是移动通信网络渗透到卫星通信领域的体现。

表 7-12　R17 NTN 项目信息

基本信息	备注
技术缩写	NR_NTN_solutions
3GPP 项目编号	860046
立项文档（WID）	RP-220208
关联项目	Study on NR to support non-terrestrial networks（R15） Study on solutions for NR to support non-terrestrial networks（R16）
涉及工作组	RAN1/RAN2/RAN3/RAN4
立项和结项时间	2019 年 12 月 16 日～2023 年 12 月 15 日
牵头立项公司	Thales
主要支持公司	Airbus，Asia Pacific Telecom、Avanti Conmmunications Ltd.、CATT、CEWiT、CITICSAT、CMCC、CNES、CTTC、Deutsche Telekom、Dish Network，DLR、Erillisverkot、Ericsson、ESA、ETRI、Eutelsat、Firstnet 等
主要推动力	旧动力 C：覆盖驱动 旧动力 G：良性竞争和创新的推动 新趋势 A：物的连接 新趋势 D：技术与市场的渗透和融合 新趋势 E：网络拓扑异构和接入方式的多样性

基于 R15、R16 两个技术版本的 NTN 研究项目，R17 完成了 5G R15 的 NTN 技术标准的制定。研究阶段的 NTN 接入网架构如图 7-12 所示。

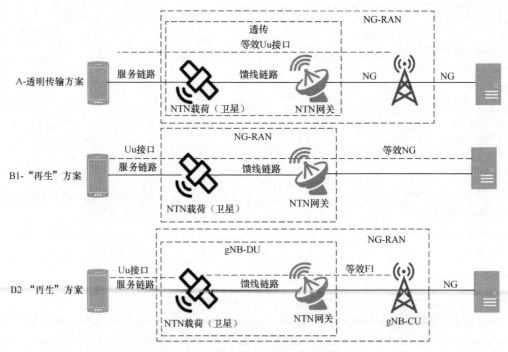

图 7-12　研究阶段的 NTN 接入网架构

　　研究项目定义了 3 种接入网架构，其中架构 A 为透明传输方案，卫星和 NTN 网关转发来自基站处理完的射频信号，我们可以简单地将卫星系统看作传统移动通信中的射频拉远天线。架构 B2 为基于 CU/DU 分离的信号"再生"方案，接入网的 CU 部分由地面站承担，DU 部分由卫星系统（NTN 网关和卫星）组成；架构 B1 为 CU/DU 不进行分离的信号"再生"方案。与架构 A 不同，在这两个架构中，卫星系统具备了部分或全部基站的功能，但最终考虑到能耗和能力受限，R17 只对方案 A 进行了标准化。

　　R17 支持地球同步轨道（GSO）卫星和非同步轨道（NGSO）卫星。其中同步轨道卫星可提供连续的固定区域的覆盖，而非同步轨道卫星可根据其是否可生成方向可调节的波束，提供半固定（不同周期覆盖不同区域）的或移动的覆盖（覆盖区域滑动）。

　　卫星在当前的 NTN 架构中，只负责射频信号中转转发（架构 A），因此协议的影响相对较小。其中一个主要的协议影响就是卫星所处的高度会导致在现有同步等时序操作过程中操作时间颗粒度太小，无法覆盖 NTN 场景。比如在 DCI 和 PUSCH 之间、PDCCH 触发的 PRACH、非周期的 SRS 发送、PUCCH 上传输的 HARQ 等的时序都需要针对 NTN 场景引入额外的时序调整 K_{offset}。

　　此外，极高的传输时延（数百毫秒）使现有的 HARQ 操作也出现了问题。在现有机制下，HARQ 进程在未收到反馈之前，需要处在等待状态而无法重用传输新数据，最大 HARQ 进程数为 16。在 NTN 场景下，很可能存在所有 HARQ 进程都处在等待阶段、数据停止发送的情况。在 R17 协议中，最大 HARQ 进程数从 16 提高到了 32，并引入了禁止反馈的 HARQ 功能，以重用还未收到反馈的 HARQ 进程。

　　此外，考虑到较长的传输时延，R17 还更新了部分 MAC、RLC 计时器。

7.7 5G 定位增强

7.7.1 LTE 和 R15、R16 定位技术发展

说到定位技术，相信大家首先想到的是全球定位系统（GPS）。全球定位系统是以 20 世纪 50 年代美国研制的子午卫星导航系统（NNSS）为基础，1973 年由美国国防部启动研发，1995 年全面投入使用的基于卫星的无线导航系统。它和我国的北斗卫星导航系统、俄罗斯的全球轨道卫星导航系统（GLONASS）和欧盟的伽利略卫星导航系统并称为四大全球卫星导航系统（GNSS）。卫星导航有着定位精度高，全球广域覆盖的诸多优点，但在密集城市环境或室内环境下其精度也会大打折扣。

1999 年，美国通过了著名的《无线通信和公共安全法》（911 法案），该法案强制要求在美国范围内全面部署 E911（Enhanced 911）系统以满足公共安全的需求。FCC 制定了移动电话实施 E911 的具体细节，要求运营商在用户拨打紧急呼叫后向后台网络提供呼叫者 300m 范围内的定位信息[1]。正是美国 E911 的部署，推动了手机定位技术的发展。

为了满足 FCC 对手机定位精度的需求，在 3GPP 的 LTE 技术中先后定义和引入了多种定位技术 / 算法。简单来说，这些不同的定位算法通过 UE 测量获得某种无线信号特征，并通过与网络的多次信令交互，最终由 UE 或网络侧的定位服务器进行位置计算和决策，从而获得 UE 的位置信息。LTE 支持的定位技术 / 算法的横向比较如表 7–13 所示。

表 7–13 LTE 支持的定位技术 / 算法横向比较

定位技术	环境限制	对 UE 的影响	对基站的影响	对系统的影响	定位性能		
					响应时间	水平不确定性	垂直不确定性
基于 Cell ID 定位（CID）	无	无	无	小	很低	高	N/A
增强 Cell ID 定位（E–CID）	无	小	小	中	低	中	N/A
到达角定位（AoA）	—	—	—	—	—	—	—
射频模式匹配（RFPM）	郊区场景	小	小	大	低 / 中	低 / 中	中
自适应增强 CID 定位（AECID）	无	小	小	中	低	低 / 中	中
上行到达时间差定位（UTDOA）	密集城区和郊区场景	小	大	大	中	<100m	中
观察到达时间差定位（OTDOA）	郊区场景	中	中	中	中	<100m	中
辅助 GNSS 定位（A–GNSS）	室内场景	大	小	中	中 / 高	<5m	<20m

从表 7–13 中，我们可以看到这些定位技术 / 算法的性能趋势，如图 7–13 所示。我们可以明显地发现，定位精度和定位响应时间呈反比关系，即定位精度越高，其需要的定位响应时间也越长。

---

1 详细要求：基于手机定位（如 GPS），67% 的紧急呼叫定位精度需要达到 50m 要求；90% 的紧急呼叫定位精度需要达到 150m 要求；基于网络的定位（如 OTDOA），67% 的紧急呼叫定位精度需要达到 100m 要求；90% 的紧急呼叫定位精度需要达到 300m 要求。

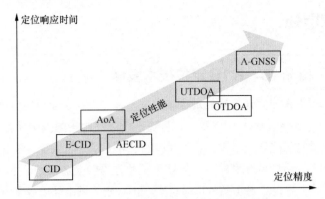

图 7-13　LTE 定位技术 / 算法性能趋势

将上述这些定位技术 / 算法引入 LTE 后，FCC 针对公共安全提出的定位需求已基本被满足。但在新的 5G 应用场景需求下，特别是在垂直行业应用场景下（如智能工厂、物流等），5G 网络的定位能力还有极大的提升空间。比如在 3GPP 针对 5G 技术定义的技术需求中，在极限场景下，水平和垂直定位精度需要小于 20cm，定位时延在 10ms 以内，定位有效性近 99.9%。

在 5G R15 中，通过重用 LTE 的定位框架，R15 支持基于 Cell ID 和"与空口无关的定位技术"（RAT-independent 技术，如卫星定位等）。为了最终满足 3GPP 定义的垂直行业定位需求，3GPP 在 R16 中引入了 5G 定位项目（NR positioning support 项目）。

在 R16 的 5G 定位项目中，3GPP 定义了专用的上行链路和下行链路定位参考信号（PRS），并定义了新的基于参考信号的定位测量，包括下行链路参考信号定时差（DL RSTD）、DL RSRP、UE 侧信号往返时间（UE RTT），以及上行链路相对到达时间（UL RTOA）、上行链路到达角度（UL-AoA）、UL RSRP 和基站侧信号往返时间（gNB RTT）。最终，凭借 5G 底层引入大带宽、高频带和超大规模天线等技术为定位性能提升带来的天然优势，该项目实现对 DL-TDOA/UL-TDOA（下行 / 上行到达时间差）定位、DL-AoD/UL-AoA（下行离开角 / 上行到达角）定位、Multi-cell RTT（多小区信号往返时间）定位和 E-CID 定位技术 / 算法的支持，并将 5G 定位性能提高到了一个前所未有的水平。R16 定位性能目标如表 7-14 所示。

表 7-14　R16 定位性能目标

技术场景	性能指标	R16（80% 的 UE）
监管场景	水平精度	小于 50m
	垂直精度	小于 5m
	端到端时延	小于 30s
商业场景	水平精度（室内）	小于 3m
	水平精度（室外）	小于 10m
	垂直精度（室内）	小于 3m
	垂直精度（室外）	小于 3m
	端到端时延	小于 1s

7.7.2 R17 定位增强

虽然在 R16 引入定位功能后，5G 的定位能力相对 LTE 有很大的提高，但仍然无法满足 3GPP 提出的 IIoT 定位需求。于是在 R17 阶段，3GPP 成立了 NR 定位增强项目，专门针对 5G 的商用场景和 IIoT 场景进行增强，因此我们将 R17 的定位增强技术归为赋能型技术，项目基本信息如表 7-15 所示。R17 定位是移动通信渗透 IIoT 领域的具体表现。

表 7-15　R17 定位增强项目信息

基本信息	备注
技术缩写	NR_pos_enh
3GPP 项目编号	900160
立项文档（WID）	RP-210903
关联项目	Study on NR positioning support（R16） NR positioning support（R16） Study on NR positioning enhancements（R17）
涉及工作组	RAN1
立项和结项时间	2020 年 12 月 14 日～ 2022 年 3 月 22 日
牵头立项公司	Intel
主要支持公司	Intel、CATT、Telecom Italia、Huawei、Qualcomm、Ericsson、Apple、LG、InterDigital、ZTE、OPPO、Xiaomi、vivo、Lenovo、Motorola、MediaTek
主要影响／技术效果	进一步提高水平和垂直定位精度，降低定位时延以全面满足 IIoT 等垂直行业对定位性能的需求
主要推动力	新趋势 A：物的连接 新趋势 D：技术与市场的渗透和融合

R16 的定位项目实现了 5G 定位从 0 到 1 的变化（当然，R15 也支持基于 LTE 框架的定位，比如 E-CID），而 R17 定位增强项目，则旨在实现从 1 到 100 的变化。R17 定位增强项目并未引入新的定位算法，而是在 R16 定位算法的基础上通过引入各种优化手段，实现定位精度的提升和定位时延的降低。

在提高定位精度方面，3GPP 通过定义定时误差组（TEG）实现对 UE 和网络侧硬件本身的定时误差（校正后的残余误差）水平的分类，并将定位测量结果及测量导频资源与 TEG ID 捆绑，以避免 UE 和基站定时误差水平的巨大差异导致的最终定位精度损失，进而提升 DL-TDOA/UL-TDOA、Multi-Cell RTT 的定位精度。对 UL-AoA 和 DL-AoD 算法，还定义了新的定位辅助信息（如上行方向的预期 UL-AoA 值）以提高基于角度的定位精度。此外，还引入了针对附加路径（最大为 8 条路径）的定位测量报告及 LoS 和 NLoS 指示。

在降低定位时延方面，R17 引入了预配置的测量间隔、预配置定位导频处理窗口来提高测量频率，通过更低的 RX 波束扫描系数、预配置辅助数据等降低定位过程中在获取定位导频、辅助数据等环节中引入的额外时延。

此外，在 R17 定位增强项目中，还定义了按需 PRS 传输（On-Demand PRS Transmission），这样可以降低网络侧的 PRS 开销，并通过按需配置，实现定位时延的降低和精度的提高；引入了非激活态下的定位支持（支持 E-CID, DL-TDOA, DL-AoD, UL-AOA, UL-TDOA, Multi-Cell RTT 和

RAT-Independent 的定位），以实现 UE 在低能耗条件下的定位能力。同时，因为 UE 无须进入 CONNECTED 态进行定位，进一步降低了定位所需要的时延。

在上述增强的综合作用下，R17 定位能力最终基本实现了 3GPP 提出的 IIoT 方面的定位需求。R17 定位性能目标如表 7-16 所示。对比表 7-14 和表 7-16 可以看到 R17 定位能力的显著提升。

表 7-16 R17 定位性能目标

技术场景	性能指标	R17（90% 的 UE）
商业场景	水平精度	<1m
	垂直精度	<3m
	端到端时延	<100ms
	物理层时延	<10ms
IIoT 场景	水平精度	<0.2m
	垂直精度	<1m
	端到端时延	<100ms
	物理层时延	<10ms

7.8　5G 轻量级（NR RedCap）UE

7.8.1　为什么有了 NB-IoT 和 eMTC 还需要 5G RedCap

毫无疑问，对垂直行业的赋能是 5G 最重要的发力点。而在众多的垂直行业中，IIoT 又是其中最为关键的场景。一旦实现 IIoT 的无线化和互联化，大数据和智能化将有望发挥更大的效能。

在 3GPP 针对垂直行业需求的调研技术报告中，对 IIoT 场景进行了详细的需求分析，比如在 IIoT 中，由海量传感器组成的一个庞大的传感器网络被用于状态和行为监控。3GPP 针对垂直行业需求的调研技术报告中对传感器网络进行了详细的介绍，并分析出各种应用场景下的技术需求，如表 7-17 所示，很显然，传感器应用在 IIoT 场景下对网络的可靠性、时延和连接密度的要求都非常高。此外，能耗要求也极高，往往要求电池寿命（待机时间）达到"几年"数量级。

表 7-17 传感器网络技术需求

场景	端到端时延	优先级	数据更新时间	通信可靠性	每网关连接数	网络可扩展性	密度	通信范围（每节点）
安全环境监控	5～10ms	最高	最大 100 数据包 /s	99.9999%～99.999999%	10～100	100～1000 节点	0.05m⁻²～1m⁻²	<30m
基于间隔的环境监控	50～1000ms	中	最大 10 数据包 /s	>99.9%		1000～10000 节点		
事件触发的环境监控	50～1000ms	高	NaN		10～1000			

此外，在某些场景下，如监控摄像头，对网络的速率要求也极高。

可能有读者会说，LTE 不是已经定义了低能力物联网 UE（NB-IoT）技术和高能力物联网 UE（eMTC）技术，为什么不能重用这些技术呢？这是因为 LTE NB-IoT 和 eMTC 技术能力定义很难达到 IIoT 的要求，如表 7-18 所示。

表 7-18　LTE NB-IoT 和 eMTC 技术能力

技术	类别	宽带	下行峰值速率	上行峰值速率
NB-IoT	Cat-NB1	200kHz	62.5kbit/s	25.3kbit/s
eMTC	Cat-M1	1.4MHz	0.8Mbit/s	1Mbit/s

从能力角度看，LTE 的两个物联网技术 NB-IoT 和 eMTC 仅覆盖了物联网应用中对速率、可靠性、时延要求较低的应用场景，而无法匹配 IIoT 的需求，如图 7-14 所示。

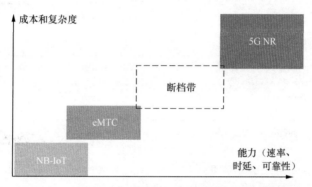

图 7-14　能力和产品断档带

考虑到 NR 是相比 LTE 更加先进的空口技术，因此，基于产品能力和 NR 独立演进的需求，最终 3GPP 决定基于 NR 技术，在 R17 立项轻量 RedCap（降低能力）技术以填补目前 IIoT 的支持空白。低能力的 5G UE 可以更好地应用于 IIoT、智慧城市和可穿戴设备等场景。表 7-19 给出了基于应用场景确定的 R17 RedCap UE 的技术需求。

表 7-19　R17 RedCap UE 的技术需求

应用场景	可靠性	端到端时延	速率	待机时间	带宽
IIoT 传感器	99.99%	< 100ms（安全场景为 5～10ms）	2Mbit/s	几年	FR1：最大 20MHz FR2：最大 100MHz
视频监控	99%～99.9%	< 500ms	2Mbit/s～4Mbit/s 7.5Mbit/s～25Mbit/s	NaN	
可穿戴设备	NaN	NaN	最大 150Mbit/s（DL） 最大 50Mbit/s（UL）	几天	

7.8.2　R17 RedCap UE 项目增强

RedCap 技术的推出有效地填补了 5G 在物联网领域的空白，与 LTENB-IoT 和 eMTC 技术配合，形成了更加合理的能力匹配。R17 RedCap UE 项目（以下简称 RedCap 项目）的详细信息如表 7-20 所示。RedCap 项目和 LTE NB-IoT、MTC、5G NR 配合形成具有不同能力、成本、复杂度的智能 UE 的高低搭配，体现了移动通信网络的弹性，也推动了物的连接和低能耗 UE 的发展。同时，RedCap 也是移动通信网络向物联网渗透的表现。

表 7-20　RedCap 项目信息

基本信息	备注
技术缩写	NR RedCap
3GPP 项目编号	900062
立项文档（WID）	RP-220966
关联项目	Study on support of reduced capability NR devices（RAN1，R17） Architecture Enhancement for NR Reduced Capability Devices（SA2，R17）
涉及工作组	RAN1、RAN2、RAN3、RAN4、SA、CT
立项和结项时间	2019 年 12 月 16 日～ 2022 年 12 月 22 日
牵头立项公司	Ericsson
主要支持公司	FirstNet、Novamint、Thales、NEC、NTT DoCoMo、Verizon、TCL、Sharp、Sequans、Nokia、Sony、DISH Network、Futurewei、Vodafone、Softbank、Sierra Wireless 等
主要影响 / 技术效果	降低中单成本，相比普通 5G UE 缩减 UE 能力，相比 LTE IoT UE 提升 UE 能力，提高待机时间
主要推动力	新趋势 A：物的连接 新趋势 B：业务的定制化、弹性和智能化 新趋势 C：低能耗和节能 新趋势 D：技术与市场的渗透和融合

在 R17 的 RedCap 项目中基于基线 NR 版本进行了新特征研究和能力"压缩"工作。

1. 能力"压缩"

能力"压缩"是降低 UE 成本和能耗的最有效方式，R17 的 RedCap 项目主要对如下几个方向进行了能力压缩。

（1）最大 UE 带宽：在 FR1 频段，最大带宽从基线 NR 的 100MHz 降低到 20MHz；在 FR2 频段，最大带宽从基线 NR 的 200MHz 降低到 100MHz。

（2）最小接收天线数：针对 NR 普通 UE，在不同频段要求支持的最小接收天线数为 2 或 4，而针对 RedCap UE，R17 定义最小接收天线数为 1，同时也支持 2Rx 天线的配置。

（3）最大 MIMO 层数：对于支持 1 Rx 天线的 RedCap UE，最大支持下行 1 层 MIMO；对于支持 2 Rx 天线的 RedCap UE，最大支持下行 2 层 MIMO。

（4）高阶调度方式：RedCap 设备在 FR1 频段可选支持，支持下行 256QAM，而 FR1（上行）和 FR2（上行和下行）RedCap 设备支持最高 64QAM，这和 R15 NR UE 要求相同。

（5）双工模式：引入半双工模式。

（6）载波聚合和双连接：RedCap 技术只支持 UE 同时运行在一个频谱，即不支持载波聚合和双连接。

在进行上述的能力"压缩"后，最终 R17 UE 达到的速率能力如表 7-21 所示，其速率水平和

LTE Cat 4 UE 接近。

表 7-21　R17 RedCap UE 理论峰值速率

制式	带宽	天线配置	理论速率
TDD	20MHz	1 发 1 收（下行）	5ms 单周期帧结构：84Mbit/s（256QAM）、62Mbit/s（64QAM） 2.5ms 双周期帧结构：70Mbit/s（256QAM）、52Mbit/s（64QAM）
		1 发 2 收（下行）	5ms 单周期帧结构：168Mbit/s（256QAM）、124Mbit/s（64QAM） 2.5ms 双周期帧结构：140Mbit/s（256QAM）、105Mbit/s（64QAM）
		1 发 1 收 /1 发 2 收（上行）	5ms 单周期帧结构：22Mbit/s（256QAM）、17.5Mbit/s（64QAM） 2.5ms 双周期帧结构：34Mbit/s（256QAM）、26Mbit/s（64QAM）
FDD		1 发 1 收（下行）	113Mbit/s（256QAM）、85Mbit/s（64QAM）
		1 发 2 收（下行）	226Mbit/s（256QAM）、170Mbit/s（64QAM）
		1 发 1 收 /1 发 2 收（上行）	120Mbit/s（256QAM）、90Mbit/s（64QAM）

2. 能耗优化

除了通过能力"压缩"实现 RedCap UE 成本、能耗的降低外，R17 还为 RedCap UE 定义了进一步的能耗优化设计，如 RRM 测量放松机制和扩展的非连续接收（eDRX）机制。

其中，RRM 测量放松主要通过系统消息通知 UE RRM 测量放松的触发条件，使静止且处于小区中心区域的 UE 在满足触发条件时，可放松对邻区的 RRM 的测量，以达到节省 UE 能耗的目的。

为了进一步节省 UE 能耗，RedCap 引入了 eDRX 节电特性，即延长 UE 监听寻呼的周期，不监听寻呼时 UE 进入休眠状态。针对在 IDLE 态下，RedCap UE，eDRX 周期最大扩展至 10485.76s，在非激活状态下，RedCap UE，eDRX 周期最大扩展至 10.24s，采用更长的 eDRX 周期可延长 UE 睡眠时长，降低 UE 待机电流。对于 DRX 机制，在 5.3.3.1 节中也有介绍。

7.9　Sidelink 中继

7.9.1　Sidelink 中继技术背景

在系统观 12、6.3 节和 6.4 节中介绍了 R16 的 V2X 技术。NR V2X 技术和 LTE 一样，都基于独立的 Sidelink 空口实现。在 5G 项目中，通过定义 5G V2X 一并实现了 5G 的 Sidelink 基本功能。但在 R16 中，NR Sidelink 专注在 V2X 场景中，利用 Sidelink 提供的点对点短距离通信能力，实现汽车与汽车间，汽车与道路、行人之间的直接短距离通信。其实，除了 V2X 业务场景，Sidelink 在其他一些商用场景上也有非常广泛的应用潜力。

Sidelink 在 LTE 阶段就被引入 LTE 系统，除了支撑车联网场景外，另一个重要应用场景就是中继场景。除了对能耗、覆盖的考虑，Sidelink 中继（Relay）技术允许 UE 通过一个已经连接到网络的中继 UE 为其提供服务。这对可穿戴场景和一些要求低功耗而能力受限的物联网 UE 有很大的现实意义。此外，在增加了 Relay 角色后，类似于 IAB 项目，也同时让 5G 的接入网架构更加灵活。R17 Sidelink 中继部署场景如图 7-15 所示。

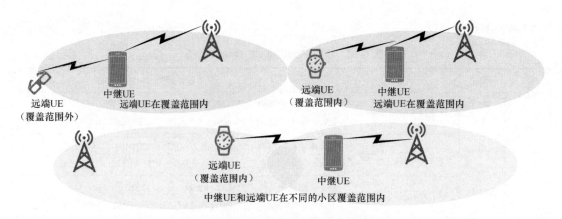

图 7-15　R17 Sidelink 中继部署场景

在 R17 初期，3GPP 立项"Study on NR Sidelink relay"项目，研究基于 5G 架构的 Sidelink 中继技术，以进一步扩展网络覆盖范围（R17 仅支持 UE 到网络中继，R18 将包含 UE 到 UE 中继），实现功率效率的提升。在 3GPP TP 38.836 中，对 Sidelink Relay 的潜在核心技术进行了详细的介绍，包括基于层 2 和层 3 的 Sidelink Relay 的网络选择/重选、QoS 管理、服务连续性、安全性、协议栈结构设计、用户面过程。与此同时，在核心网侧，3GPP 技术组 SA 也在 R17 阶段启动了近场服务（ProSe）的网络架构研究。基于这两个项目的研究基础，RAN2 牵头在 R17 立项了 NR Sidelink Relay 技术项目，正式将 Sidelink Relay 带入 5G 体系。表 7-22 给出了 R17 Sidelink Relay 项目的基本信息。

表 7-22　R17 Sidelink Relay 项目信息

基本信息	备注
技术缩写	NR_SL_enh
3GPP 项目编号	911005
立项文档（WID）	RP-212601
关联项目	Study on NR Sidelink Relay（RAN） Study on System enhancement for Proximity based Services in 5GS（SA） Proximity based Services in 5GS（SA）
涉及工作组	RAN2、RAN3
立项和结项时间	2021 年 3 月 12 日～2022 年 9 月 22 日
牵头立项公司	OPPO
主要支持公司	InterDigital、LG、vivo、CMCC、Samsung、Qualcomm、CATT、Spreadtrum、Huawei、MediaTek、Sony、FirstNet、ZTE、Xiaomi、AT&T、Nokia、Apple、Orange 等
主要影响/技术效果	扩展网络覆盖能力，实现功率效率提升，进而进一步降低 UE 能耗
主要推动力	旧动力 C：覆盖驱动 旧动力 G：良性竞争和创新的推动 新趋势 A：物的连接 新趋势 B：业务的定制化、弹性和智能化 新趋势 D：技术与市场的渗透和融合 新趋势 E：网络拓扑异构和接入方式的多样性 约束力 B：应用和市场的约束 约束力 C：利益制衡

Sidelink Relay 项目与在可穿戴领域广泛使用的 Wi-Fi、蓝牙等短距离技术形成了竞争，是物的连接和技术渗透进入可穿戴物联网领域的表现。同时，由于它可以实现网络覆盖范围的扩展，因此，也反映了覆盖驱动，进一步增强了网络的弹性，也让移动通信网络进一步异构化。

7.9.2 Sidelink Relay 网络架构与协议结构

R17 的 Sidelink Relay 项目同时引入了基于层 3 和层 2 架构的副链路中继。在 3GPP TS 23.304 中介绍了层 3 和层 2 中继的网络架构的定义。R17 基于层 3 的 Sidelink Relay 网络架构如图 7-16 所示。

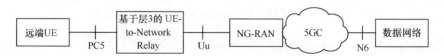

图 7-16　R17 基于层 3 的 Sidelink Relay 网络架构

基于层 3 的 Sidelink Relay 相对比较简单，基本继承了 LTE 的 D2D 设计，它通过 Uu 接口和基站连接，并通过 Uu 接口"代理"远端 UE 进行下行链路数据的接收和上行链路数据的发送。同时，Sidelink Relay 利用 Sidelink（PC5 参考点）与远端链路连接，为远端 UE 中继传输数据。从上面的描述中可以看出，在基于层 3 的 Sidelink Relay 网络架构中，层 3 中继的中继服务对接入网是"透明"的，即 RAN 可以不用知晓远端 UE 的存在，只是将远端 UE 的数据包一并转发给中继 UE（通过 IP 地址），然后由中继 UE 自行在 Sidelink 上进行数据的转发。图 7-17 给出了层 3 中继的协议栈结构，从图 7-17 中可以看到，中继 UE 的网络侧具有完整的 Uu 接口协议栈，而 UE 侧则具备完整的 PC5 接口协议栈，即中继 UE 在接收到基站的数据后，将完成解码等所有操作，然后转发给远端 UE。这意味着远端 UE 的数据和控制信令将完全"暴露"在中继的"监视"下。

与这种"透明"的操作相对应的是基于层 2 的 UE-to-Network Relay 架构。在这种架构中，网络侧对中继的操作变为"可见"，从而实现相关的控制。相对于基于层 3 的 Sidelink Relay 网络架构，该架构实现了更高的资源使用效率、更好的 QoS 保障等系统性能。因此，3GPP RAN2 工作组为基于层 2 的 Sidelink Relay 定义了专用协议栈，其中引入了新的层 2 子层 SRAP，如图 7-18 所示。

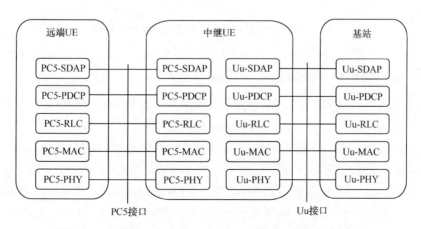

图 7-17　基于层 3 的 Sidelink Relay 的协议栈结构（用户面）

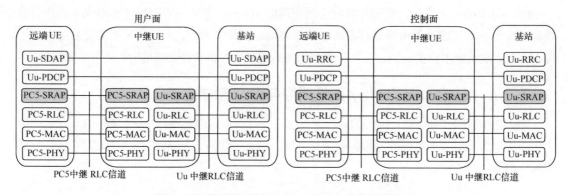

图 7-18　基于层 2 的 Sidelink Relay 的协议栈结构

从协议栈结构可以看出，在用户面和控制面的 RLC 上都新增了 SRAP 子层（副链路中继适配层）。PDCP 子层及用户面的 SDAP 子层和控制面的 RRC 层在基站和远端 UE 间截止，即中继 UE 并不会解码远端用户数据和信令，而仅仅是在 RLC 层进行"透传"。这相比层 3 中继的 Sidelink Relay 具有更好的隐私性。当然，相应地也引入了更多的复杂度。

图 7-19 给出了基于层 2 的 Sidelink Relay 网络架构，从网络架构也可以看到，远端 UE 和基站间也存在"虚拟"的 Uu 接口，AMF 和远端 UE 间也具有 N1 接口，这也意味着远端 UE 对核心网可见。

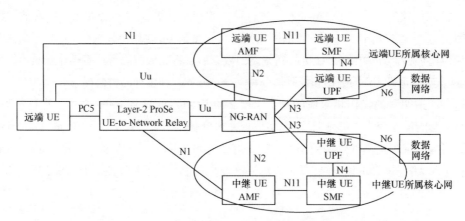

图 7-19　基于层 2 的 Sidelink Relay 网络架构

7.9.3　Sidelink Relay 发现过程

和 LTE 的 D2D 一样，R17 的 Sidelink Relay 也具备 Mode A 和 Mode B 的搜索过程。基于层 2 和基于层 3 的 Sidelink Relay 网络架构均支持中继搜索过程以实现中继 UE 的发现。为了实现中继发现，远端 UE 可根据网络广播的一个最小 RSRP 门限来决定是否发送中继搜索消息，而中继 UE 则会根据网络广播的最小 RSRP 门限或 / 和最大 RSRP 门限来决定是否发送中继搜索消息。远端 UE 和中继 UE 均可在指定的资源池监听和发送中继搜索消息（Relay Discovery Message），而网络可通过广播信息、RRC 专用信令或者预进行的方式来配置搜索资源配置。此外，用于发送搜索消息的资源池，可以是专用的，也可以是 Sidelink 通信的资源池。

图 7-20 给出了 Discovery 消息的协议栈结构，虽然 Discovery 消息协议栈也存在 PDCP 层，但在 R17 中，中继搜索消息并不在 PDCP 层进行加密和完整性保护。

从协议栈角度看，Discovery 消息属于非接入层消息。它在常规的 Sidelink 通信中也发挥着非常重要的作用，比如用于对外"广播"自己的兴趣业务或获取周围 UE 的兴趣业务。当 UE 监听到 Discovery 消息时，根据消息包含的信息来决定后续行为（比如发起 Sidelink 通信）。在 Sidelink Relay 中，Discovery 消息

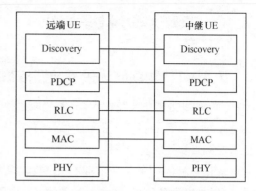

图 7-20　Discovery 消息协议栈结构

被用于寻找一个合适的中继 UE，R17 支持两种模式的 UE-to-Network Relay Discovery，即 Mode A 和 Mode B。

如图 7-21 所示，Mode A 为单信令过程，Mode B 为双信令过程。在两个流程的"公告消息"和"请求消息"中将包含搜索消息类型、"公告"UE/"发现"UE 相关信息及一个被用于指示中继服务类型的中继服务代码（RSC）。这样远端 UE 可以通过接收 RSC 来选择合适的服务中继 UE。在 R17 中，一个"公告消息"或一个"请求消息"只能包含一个 RSC，因此，如果中继 UE 同时支持多个中继服务类型，则需要通过发送多个"公告消息"或"请求消息"来告知周围 UE。

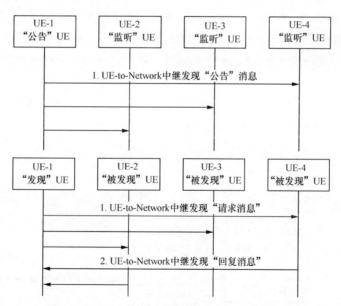

图 7-21　UE-to-Network Relay Discovery 过程

整体而言，R17 的 Sidelink Relay 项目是 5G 基于 PC5 接口的中继技术的第一个版本，鉴于时间等因素，第一个版本仅实现了 UE 到网络的一跳中继。在 R18 中，3GPP 对中继技术进行了进一步增强，引入了 UE-to-UE 中继、多路径中继等新的功能，进一步巩固了 Sidelink 的应用前景。

7.10 非激活态小数据发送

7.10.1 物联网场景下数据传输技术的探索

对 eMBB 业务的支持使 5G 具有全面超越 4G LTE 的带宽、传输速率和频谱利用率的特性，这是为了满足新兴的多媒体业务而触发的技术需求。而对物联网技术的全面支持孕育了 5G 超低时延和超高可靠性的技术特性。

无论是在 IIoT 场景中，还是在公共物联网场景中，除了对低时延和可靠性的特别需求外，物联网业务和 eMBB 业务还有一个显著的差异，即物联网业务往往倾向于小数据传输。例如，在物联网场景下，各种传感器设备发送的监控数据（温度、湿度、压力等数据），水表、电表上报的度量数据及可穿戴设备发送的同步信息（比如位置同步信息等）等均以周期性或事件触发的方式发送小数据包数据。另外，小数据传输需求在日常生活中也并不少见，比如即时通信工具（微信、QQ 等）的数据流量、Email 等应用为保持在线状态而发送的"心跳"消息、各类应用发送的通信消息等。

在 R17 以前的 5G 或 4G 技术中，数据传输的大致流程基本一致，即发起随机接入，UE 进入 CONNECTED 态并发起非接入层服务请求，接收物理层的 UL 调度并在指定时频资源上发送数据，如图 7-21 所示。很显然，这样统一的流程并未考虑业务类型和业务量大小。哪怕 UE 只有 1bit 的数据需要发送，也需要消耗大量的信令开销来完成数据发送。

在 LTE 的后期，随着物联网和移动互联网的崛起，3GPP 已经逐渐意识到这个问题，对于小数据的发送，原有的数据发送流程过于冗长，不但引入了过多的信令开销，同时也导致了过多的时延。在 LTE 的 R14 阶段，3GPP 将对"小数据发送"的优化需求写入协议，并明确指出需要制定更加灵活和有效的方式来优化小数据发送，降低信令开销。3GPP 也将这个需求写入了 5G 的需求协议中，并明确"针对不频繁的小数据传输场景，5G 系统应优化并尽量最小化控制面和用户面资源的使用"。

为了优化小数据传输效率，在 R14 阶段，LTE 在 NB-IoT 和 MTC 场景下引入了两个优化方案，即"用户面方案""控制面方案"，如图 7-22 所示。

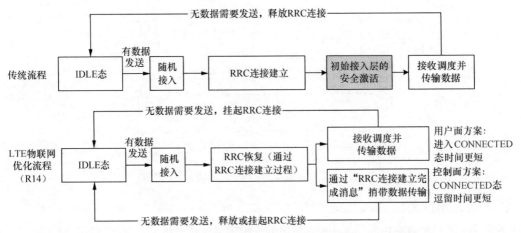

图 7-22 LTE 针对 CIoT 场景下的数据发送优化（改变 CONNECTED 态）

（1）用户面方案：引入了 RRC 挂起 / 恢复流程，当 UE 使用 RRC 挂起（而不是 RRC 释放）

进入 IDLE 态时，网络和 UE 都会在本地保存部分配置参数（如 AS 安全参数等），这样当 UE 再次进入 CONNECTED 态发送数据时，就可"跳过"部分流程（如接入层的安全激活），从而更快速地发送数据。

（2）控制面方案：在该方案中，用户数据将被包含在 RRC 连接建立的完成消息的非接入层消息中发送给 MME，然后由 MME 转发给用户面节点 SGW。在非接入消息中还包含 RRC 释放辅助消息（RAI）用于指示本次数据传输需求（期望仅一次 UL 传输或一次 UL 和 DL 传输），以便网络可以更加快速地使 UE 离开 CONNECTED 态。

用户面方案有效降低了 UE 进入 CONNECTED 态的时延和信令开销；控制面方案使 UE 可以在进入 CONNECTED 态的第一时间实现数据传输，并可更快速地恢复到 IDLE 态以实现能耗的降低。

7.10.2 LTE 和 5G 小数据传输技术演进

针对在物联网场景发送数据，LTE 系统在 R14 阶段的两个优化方案的共同特点是：UE 仍然需要进入 CONNECTED 态以进行数据传输。进入 CONNECTED 态不仅引入了额外的信令开销，还会出现 UE 进入 CONNECTED 态后因执行 CONNECTED 态的一系列行为导致 UE 能耗提升的情况。为了解决这一问题，3GPP 在 R14 后的一系列技术版本中对 LTE 和 NR 系统分别进行了优化，优化的目标是在不改变 RRC 状态的前提下，实现小数据的发送。

对于 LTE 系统，在 CIoT 数据传输优化的基础上，3GPP 分别在 R15 和 R16[1] 中引入了提前数据传输（EDT）和预配置上行链路资源（PUR）技术。

EDT 技术允许 UE 在 4-Step RACH 过程的 Msg 1 中通过特殊的随机接入前导告诉基站有小数据需要传输，然后在 Msg 2 中接收 UL 调度并在 Msg 3 中完成 UL 数据传输，最后在 Msg 4 中接收可能存在的 DL 数据并在接收到 Msg 4 后返回 IDLE 态或进入 CONNECTED 态。

PUR 技术在 EDT 技术的基础上进一步降低了信令开销。基站将在 UE CONNECTED 态为 UE 配置一系列 PUR 配置（配置参数包括时频资源、MCS、TSB、PUR C-RNTI 等信息）。当 UE 在 IDLE 态需要发送数据时，可直接跳过随机接入的 Msg 1 和 Msg 2，直接用 Msg 3 发送上行链路数据（也包含 RRC 连接建立请求）。LTE 系统的 EDT 技术和 PUR 技术如图 7-23 所示。

EDT 技术和 PUR 技术继承和支持 R14 中定义的"用户面"和"控制面"CIoT 方案。

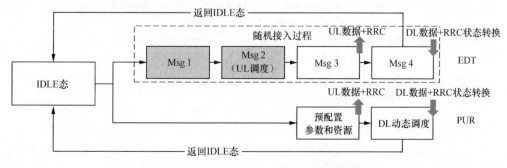

图 7-23　LTE 系统的 EDT 技术和 PUR 技术

1　需要注意的是，LTE 和 NR 是两个独立演进的技术，所以 R15 和 R16 并非特指 NR 的技术协议。针对 LTE 的演进也在 R15、R16 及后续版本中继续。

前面介绍的 LTE 系统的 R14 CIoT 优化（用户面方案、控制面方案），以及 R15 和 R16 的 EDT 技术和 PUR 技术都是在 LTE 框架下对物联网小数据传输场景进行优化。以 R15 为初始版本的 5G 系统也基于 LTE 系统已有的技术方案对小数据传输场景进行了独立优化。当然，LTE 系统和 NR 系统在基础设计方面存在的巨大差异使它们各自的优化技术也有所区别。

第一个区别是 NR 系统引入了新的非激活态。处在非激活态的 UE 相比 CONNECTED 态更加节能，但相比 IDLE 态又可更快地恢复到激活态。对能耗和时延都非常敏感的物联网设备可以长期驻留在非激活态。因此，让这些物联网设备方便高效地传输小数据成为 NR 系统的一个重要任务。在 R15 讨论初期（严格说是 R14 的 NR 研究阶段），3GPP 也考虑基于非激活态设计 NR 系统的小数据传输方案，但最后因为时间问题并未在 R15 阶段写入协议（另外一个原因是当时没有足够时间完成 2-Step RACH 的定义）。

第二个区别是 NR 系统在 R16 中引入了 2-Step RACH 技术（参见 5.1 节），在引入 2-Step RACH 后，UE 进入 CONNECTED 态的信令开销和时延进一步降低。由于随机接入从 4-Step RACH 变为 2-Step RACH，因此对小数据传输的方案设计也产生了直接影响。

基于 LTE 阶段引入的小数据传输方案，以及 NR 系统引入的非激活态、2-Step RACH 等，3GPP 在 R17 中立项非激活态的小数据传输（SDT）项目，项目允许在不改变 RRC 状态的前提下（仍然停留在非激活状态）实现小数据和信令的传输。项目信息如表 7-23 所示。

SDT 项目有利于继续增大系统的连接密度。同时，它也满足了物联网低能耗的特征。

表 7-23　R17 SDT 项目信息

基本信息	备注
技术缩写	NR_SmallData_INACTIVE
3GPP 项目编号	860051
立项文档（WID）	RP-212594
关联项目	LTE R15 和 R16 的 EDT 项目和 PUR 项目
涉及工作组	RAN2
立项和结项时间	2019 年 12 月 16 日～2023 年 12 月 15 日
牵头立项公司	ZTE
主要支持公司	Sanechips、LG、Panasonic、InterDigital、vivo、OPPO、Huawei、Futurewei、Intel、Qualcomm、Nokia、CMCC、China Unicom、China Telecom 等
主要影响 / 技术效果	降低数据发送时，UE 进入激活态而引入的额外时延和信令开销
主要推动力	旧动力 B：容量驱动 新趋势 A：物的连接 新趋势 C：低能耗和节能

与 LTE 的 EDT 技术和 PUR 技术类似，R17 的 SDT 技术定义了两个基本方案。

（1）基于 RACH 的 SDT：与 LTE 的 EDT 技术非常类似，它支持 UE 从随机接入过程获得上行链路调度信息，并通过随机接入过程完成 UL 数据和信令的发送。

（2）基于可配置调度的 SDT：与 LTE 的 PUR 技术类似，它省略了随机接入过程，直接使用系统配置的可配置调度 Type 1（SPS）配置的资源进行 UL 的传输。

看到这里，可能很多读者会觉得似乎 NR 的 SDT 技术和 LTE 的 EDT 技术、PUR 技术并没有太大的差异。从基本原理考虑，LTE 在 R15、R16 阶段引入的 EDT 技术和 PUR 技术和 NR 在 R17 引入的 SDT 技术确实没有本质的差异。但因为 NR 的物理层、高层基本设计和 LTE 有很大的不同，因此，NR 的 SDT 技术能力相比 LTE 的 EDT 技术和 PUR 技术也有很大的提升。这种增强可以理解为是后 LTE 时期先进技术在 NR 系统中的继承和延续。当然，R17 的 SDT 仅支持用户面方案，并不支持类似于 EDT 技术和 PUR 技术的控制面方案。另外，NR 的 SDT 技术也适用于普通的智能 UE 场景，比如智能手机中微信的"心跳数据"。在表 7-24 中，我们对 NR 的 SDT 技术和 LTE 的 EDT 技术、PUR 技术特征进行了简单的比较，需要注意的是，比较并未包含因 NR 底层设计不同而导致 NR 的 SDT 与 LTE 的差异，如多波束等。

表 7-24　NR 的 SDT 技术和 LTE 的 EDT 技术、PUR 技术比较

特征	NR 的 SDT 技术	LTE 的 EDT 技术和 PUR 的技术
优化目标	普通智能 UE 和物联网设备	物联网设备
UE 停留 RRC 状态	非激活态	IDLE 态
RACH	2-Step RACH 或 4-Step RACH	4-Step RACH
载波	补充上行链路载波和普通上行链路载波	普通上行链路载波
传输机会	多次 UL 和 DL 传输机会	仅一次 UL 或 / 和 DL 传输机会
传输数据类型	信令数据和用户面数据	用户面数据

7.11　Sidelink 增强

Sidelink 技术一直以来都是 3GPP 重点"培育"的蜂窝通信技术分支，Sidelink 技术有别于传统空口技术，其在很多场景中发挥的作用是传统蜂窝通信替代不了的。比如在车联网场景，它可以摆脱基站覆盖范围的约束，自组织形成车与车、车与人之间的通信。

3GPP 早在 LTE 的 R12 中就引入了 UE 直接通信技术（D2D）作为承接公共安全、车联网等近场通信场景的底层核心技术。D2D 技术即为 5G Sidelink 技术的前身。在进入 5G 阶段后，3GPP 在 R16 阶段基于车联网场景完成了 Sidelink 基本框架的设计（参见 6.4 节）。虽然该项目聚焦在车联网场景，但 R16 阶段的 Sidelink 技术也可被应用于其他场景，如公共安全。在进入 R17 后，3GPP 一方面将 Sidelink 技术应用到中继场景，利用 Sidelink 空口实现网络覆盖的扩展；另一方面，也立项了"NR Sidelink Enhancement"项目，对 Sidelink 进行进一步的增强和扩展。本次增强将对 R16 车联网项目没有覆盖的技术需求和场景进行增强（如可靠性），并增加对其他商用场景的支持。此外，核心网侧在 R17 阶段也引入了针对车联网和近场通信的框架增强，比如针对车联网的框架增强（eV2XARC Ph2）和针对邻近通信的框架增强（5G ProSe）这些项目的输出也将对接入网侧的 Sidelink 增强产生影响。

R17 Sidelink 增强项目的基本信息如表 7-25 所示。Sidelink 和 Wi-Fi Direct 技术形成了竞争。在 R16 阶段对资源冲突和低能耗的增强，是"新趋势 A：物的连接""新趋势 C：低能耗和节能"的体现。同时，Sidelink 作为区别于传统 Uu 接口的 NR 技术，也体现了接入网的多样化趋势。此外，

由于 Sidelink 的自组织特征，合理的商用模式也成为可被商用的关键。

表 7-25　R17 Sidelink 增强项目的基本信息

基本信息	备注
技术缩写	NR_SL_enh
3GPP 项目编号	860042
立项文档（WID）	RP-202846
关联项目	R16 阶段车联网和 SA ProSe 相关项目
涉及工作组	RAN1、RAN2、RAN4
立项和结项时间	2019 年 12 月 16 日～ 2023 年 9 月 15 日
牵头立项公司	LG
主要支持公司	A.S.T.R.I.D S.A.、AT&T、BlackBerry、BMWi、Continental Automotive Gmbh、Deutsche Telekom、ETRI、Fraunhofer HHI、Futrewei、Huawei、Intel、ITL、KT、Kyocera Corporation、Lenovo、Mediatek、Mitsubishi Electric、NEC、Motorola、OPPO、vivo、Qualcomm、Samsung、Sharp、Sanechips、Sony、UK Homeoffice、ZTE 等
主要影响 / 技术效果	提升 SL 的可靠性，降低时延 降低 SL 能耗
主要推动力	旧动力 G：良性竞争和创新的推动 新趋势 A：物的连接 新趋势 C：低能耗和节能 新趋势 D：技术与市场的渗透和融合 新趋势 E：网络拓扑异构和接入方式的多样性 约束力 B：应用和市场的约束 约束力 C：利益制衡

经过大量的讨论，3GPP 最终确定了 R17 阶段的 Sidelink 增强项目的研究范围：降低在 Sidelink 操作过程中的设备能耗；针对需要超高可靠性和超低时延的 Sidelink 通信场景增强可靠性并降低时延。

在 Sidelink 应用场景中，一个额外影响可靠性的因素是资源分配 Mode 2（自主资源选择）导致的传输资源碰撞。虽然在 R16 中设计了避免碰撞的技术手段，比如，发送端 UE 可在 32 个时隙的窗口内最多保留 3 个传输资源（参见第 6 章图 6-62 的"短期资源预留"），并利用第 1 阶段 SCI 广播通知周围 UE 其预留的资源。但如果附近 UE 无法接收或无法成功解码 SCI，就会在预留资源中发生冲突，导致多个 UE 在重叠的资源上进行传输，进而影响通信的可靠性。在城市环境中，由于建筑物的遮挡（比如交叉路口处），即便 UE 间距离很近，NLoS 因素也有可能导致测量到的 RSRP 低于资源选择排除门限，从而导致选择相同的传输资源。资源碰撞问题在信道繁忙（车辆较多时）的情况下更加明显和致命，进而导致车联网技术在"关键时刻"出现安全隐患。

为了解决这些问题，3GPP 对资源分配 Mode 2 进行了增强，引入了 UE 间的协调（IUC）机制。UE 间传输的协调信息可以包含优选 / 非优选资源信息（IUC Scheme 1）或者潜在发生冲突的资源信息（IUC Scheme 2），以帮助发送端 UE 进行更加合理的资源选择。当发送端 UE 收到来自其他 UE 的协调信息时，可触发资源的重选择机制，以对之前预留的资源进行重新选择。

此外，系统支持"请求触发""周期性触发""事件触发"3 种显式的方式触发 IUC 交互。其中"请求触发"可由发送端 UE 利用 SCI 向其他 UE 发送 IUC 请求以触发辅助信息的传输，这种方式有助于处理过去已经出现的资源碰撞，进而避免碰撞。"周期性触发"有助于通过"大数据"来提前降低资源碰撞的概率。而"事件触发"可以基于连续的传输失败（HARQ 反馈 NACK）来触发 IUC 传输，有助于减少连续的数据包接收失败的情况。

R17 的 Sidelink 增强项目还引入了 Sidelink 的 DRX（非连续性接收）机制以实现能耗的降低。

我们知道，在 Uu 接口上的 DRX 机制可以通过配置 DRX 周期和激活时间来定期关闭 UE 的调制解调器、基带接收器等硬件，以实现 UE 节能。R17 的 Sidelink 增强项目支持广播、多播和单播模式下的 DRX。类似于 Uu 接口的设置，也定义了激活时间、周期、非激活定时器和重传定时器，在非激活时间内，UE 将跳过数据接收的 SCI 监控（第 2 阶段的 SCI），这样可以达到 UE 节能的目的。

7.12 网络切片增强

7.12.1 R16 的网络切片增强

毫无疑问，网络切片是 5G 系统核心技术中影响最大、最关键的技术创新。我们可以将网络切片看作在一个计算机中安装的多个虚拟机系统，从硬件层面看，不同虚拟机共享一套硬件资源，但从软件角度看，它们彼此之间又进行了资源的隔离。网络切片技术是移动通信技术与计算机网络技术的融合，是网络功能虚拟化（NFV）、基于服务的网络架构（SBA）和软件定义网络（SDN）等跨界技术的综合实现，可以说是体现了"新趋势 D：技术与市场的渗透和融合"的典范。

R15 协议已经引入了网络切片的基本框架和功能，在 R16 和 R17 中，3GPP 又对网络切片进行了进一步增强。本节将大致介绍两个版本的技术增强方向。R16 网络切片增强项目信息如表 7-26 所示。

表 7-26　R16 网络切片增强项目信息

基本信息	备注
技术缩写	eNS
3GPP 项目编号	830103
立项文档（WID）	SP-181232
关联项目	无
涉及工作组	SA2、CT
立项和结项时间	2018 年 3 月 15 日～ 2022 年 9 月 12
牵头立项公司	ZTE
主要支持公司	Oracle、Telecom Italia、ETRI、Nokia、NTT DoCoMo、NEC、Verizon、KDDI、AT&T、Ericsson、LG、Lenovo、Motorola、China Mobility、CATT 等
主要影响 / 技术效果	实现跨网络移动的业务连续性； 满足垂直行业特殊鉴权需求
主要推动力	新趋势 B：业务的定制化、弹性和智能化 新趋势 D：技术与市场的渗透和融合 新趋势 E：网络拓扑异构和接入方式的多样性

在 R16 阶段，网络切片增强项目主要针对如下两个方面进行了增强。

（1）支持 LTE 和 5G 互操作

在 R16 中，支持当 UE 从 EPC（LTE 核心网）移动到 5GC（5G 核心网）时，根据 UE 已建立的 PDU 会话来选择合适的 AMF（UE 处在 EPC CONNECTED 态和 IDLE 态模式）和 V–SMF（UE 处在 EPC CONNECTED 态模式），以确保用户从 EPC 切换到 5GC 时的业务连续性。

当 UE 处在 CM IDLE 态时，在 5G 系统的注册过程中，AMF 首先会收到 LTE 网络节点（严格来说应为边缘节点 PGW–C+SMF）发来的单个网络切片选择辅助信息（S–NSSAI）和 PDU 会话 ID。接着，AMF 根据 S–NSSAI 判断当前 AMF 是否适合为 UE 提供服务，如果不适合，则会触发 AMF 重选流程。此外，对于每个 PDU 会话，AMF 还会决定 V–SMF 是否需要重选。

当 UE 处在 CM CONNECTED 态时，在切换准备过程中，AMF 也同样会收到 LTE 网络节点发来的 S–NSSAI 和 PDU 会话 ID。AMF 会决定是否需要进行 AMF 重选，并转发切换请求给目标 AMF。完成切换过程后，UE 将继续进行在 5G 系统中的注册过程。对于与 S–NSSAI 关联的 PDU 会话，如果需要，重选后的目标 AMF 会触发 V–SMF 的重选。

（2）引入了基于网络切片特定的认证和授权（NSSAA）

该增强提升了切片业务的灵活性、垂直行业用户的业务规划主动性。同时，也避免了对运营商签约数据的频繁修改。

在垂直行业中，比如在车联网、IIoT 场景，为了满足垂直行业的特殊需求，3GPP 设计了在主鉴权完成后，基于 UE 的 5GMM（5G 系统移动管理）核心网能力和签约信息，针对 NSSAA，如图 7-24 所示。R16 定义了该场景下 UE 和网络如何获知网络切片需要额外的认证与授权，以及 NSSAA 如何触发和执行，从而提升对业务系统的保护。

网络可在以下 3 种场景中针对 UE 发起 NSSAA。

① UE 注册到 AMF，并且当映射到 Requested NSSAI 的 HPLMN 的一个 S–NSSAI 需要进行网络切片的二次认证时，针对该 S–NSSAI 的网络切片进行特定的认证与授权，在认证成功后，AMF 将该 S–NSSAI 加入 Allowed NSSAI。

② 网络切片特有的 AAA 服务器触发针对 S–NSSAI 的 UE 重鉴权和重认证。

③ AMF 基于运营商策略或签约数据的变更，决定针对之前已授权的特定 S–NSSAI 发起网络切片的二次认证流程。

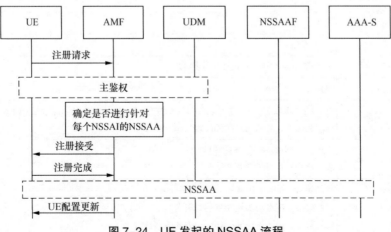

图 7-24　UE 发起的 NSSAA 流程

如图 7-25 所示，在网络切片二次认证流程中，AAA-S 位于第三方或者行业客户的网络中。AMF 扮演扩展认证协议（EAP）认证者的角色，并通过网络切片特定的认证和授权功能（NSSAAF）与 AAA-S 通信。如果 AAA-S 属于第三方或者行业客户，则 NSSAAF 通过 AAA-P（AAA 服务器代理）与 AAA-S 通信。NSSAAF 和 AAA-P 同属于运营商网络，可以合设。

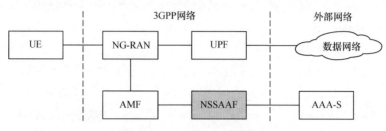

图 7-25　NSSAA 网络架构

7.12.2　R17 的网络切片增强

网络切片是 5G 引入的全新技术，因此，随着我们对垂直行业需求理解的不断深入，3GPP 持续性地对网络切片相关功能进行增强。在整个 R16、R17 阶段，3GPP 根据来自垂直行业的反馈，对 3GPP 网络切片实际部署时出现的一些问题进行"查漏补缺"。

在 R16 阶段，除了在 7.12 节中提到的切片增强项目外，3GPP 其他技术组也对网络切片功能进行了一系列的增强，如 SA1 需求组对网络切片商业模式需求的研究项目（BRMNS）、SA5 对网络切片的管理系统进行的增强。在进入 R17 阶段后，SA2 继续开展网络切片增强项目的第二阶段工作，表 7-27 给出了该项目的相关信息。

网络切片是 3GPP 网络向垂直行业渗透的主要体现，也是网络定制化、弹性的集中体现。同时，多个切片的支持，也体现了网络拓扑的进一步异构化。

表 7-27　R17 网络切片增强项目信息

基本信息	备注
技术缩写	eNS Ph2
3GPP 项目编号	900032
立项文档（WID）	SP-200976
关联项目	Enhancement of Network Slicing（R16）
涉及工作组	SA2、CT
立项和结项时间	2019 年 9 月 19 日～ 2022 年 12 月 22 日
牵头立项公司	ZTE
主要支持公司	Nokia、NEC、ZTE、T-Mobile、Telecom Italia、KDDI、Sanechips、Orange、Vodafone、Verizon、ETRI、Cisco、Lenovo、Huawei、China Mobile、Ericsson、Samsung、NTT DoCoMo、LG、OPPO、China Unicom、China Telecom 等
主要影响 / 技术效果	匹配垂直行业需求，实现更快速地部署
主要推动力	新趋势 B：业务的定制化、弹性和智能化 新趋势 D：技术与市场的渗透和融合 新趋势 E：网络拓扑异构和接入方式的多样性

R17 的网络切片增强项目是 R16 网络切片增强的进一步延续。该版本主要针对 2019 年 3 月全球移动通信系统协会（GSMA）发布的通用网络切片模板（GST）对 5G 系统进行对应增强。GST 是一组用来表征网络切片和服务特征的标准化属性列表。这些属性最终可转化为对接入网、核心网和传输网的一系列具体要求。运营商在实际部署时，往往会根据垂直应用用户需求，以及网络切片通用模板中定义的属性列表，设置具体的属性取值，形成一个指导网络部署的网络切片类型（NEST），如图 7-26 所示。

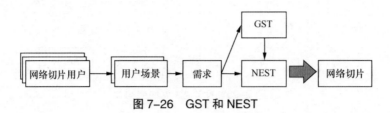

图 7-26　GST 和 NEST

GST 中定义了很多与接入网和核心网相关的属性，比如切片支持的 PDU 会话数、UE 数、最大 UL/DL 速率、最大数据包大小、能耗效率等，这些能力或属性有些在 R17 之前的 3GPP 网络中并未定义。因此，在 R17 项目中引入针对 GST 的新特征并对相关特征的管理操作进行了定义，例如，为了监控和控制切片注册用户数和 PDU 会话数，3GPP 在核心网中新增了网络切片接入控制功能（NSACF）实体；定义了新的 QoS 参数切片最大比特率（S-MBR）；定义了网络切片同时注册组（NSSRG）以指示哪些 S-NSSAI 可以在允许的 NSSAI 中提供给 UE。此外，针对接入网、核心网，还引入了 5G 核心网协助接入网络切片的小区选择机制、切片特定的 RACH 配置等。

除了在本节中提到的增强项目外，SA2 以外的其他技术组也针对网络切片进行了一系列研究，比如 RAN2 牵头的接入网切片增强项目、SA5 牵头的基于 5G 数据连接的网络切片计费机制、SA5 牵头的网络切片管理增强。总而言之，相比 R15、R16，R17 的网络切片技术更加成熟，可以更好地匹配用户需求，进而更加快速、直观地完成从需求到实现之间的转化。

5G

探索篇

"探"未来——从"探索"到"畅想"

第 8 章 第二阶段的"探索"：5G Advanced（R18）

8.1 R18 整体情况介绍

2021 年 4 月，在 3GPP 第 46 次项目合作组（PCG）会议上，3GPP 正式将 R18 及其后续的 5G 演进版本命名为"5G-Advanced"。这代表着一个"新的开始"。

之所以将 R18 及其后续演进称为"探未来"，一方面是因为在 R18 中将引入大量的新场景和新技术，比如基于人工智能和机器学习（ML）的空口增强、扩展现实（XR）、对无人飞行器系统的增强、边缘计算等，这些新的场景和技术将为 5G 开辟更广阔的应用空间，进一步深化 5G 对垂直行业的赋能效果；另一方面，在版本迭代后，5G 网络需要进行全面升级才能获得能力提升（有些仅需要软件升级，有些需要硬件升级），这无论对网络运营商还是用户来说都意味着投入的增加。因此，按照 3G、4G 的商用经验，靠后的技术版本往往只会被选择性地商用。但这并不意味技术的继续演进没有意义。恰恰相反，技术的继续演进一方面会让特定场景（比如垂直行业）的系统性能得到进一步的提升；另一方面也将为下一代移动通信技术（6G）的研究和商用探索前路并奠定基础。这种"跨代的探索"其实在 3G、4G 中并不少见，比如 LTE 的 D2D 与 NR 的 Sidelink、LTE 的 V2X 和 NR V2X、LTE 的动态 TDD 和 NR 的灵活子帧设计等。技术是有延续性的，一些技术在上一代的后期版本被引入，却在下一代的初始版本被商用，这是一个技术不断延续、不断探索、不断优化并通过验证而最终被认可的应用过程。

截至 2022 年 7 月，3GPP R18 已经立项 225 个，各技术组的立项情况如图 8-1 所示，可以预见的是，随着 R17 标准化收尾工作的结束和 R18 标准化工作的推进，还将会有一些 R18 技术被立项。

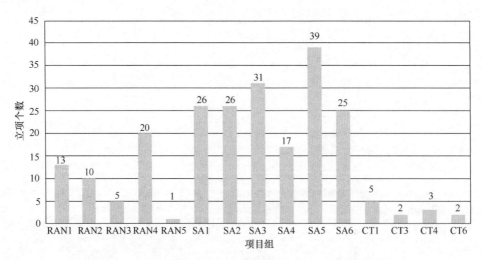

图 8-1 R18 3GPP 技术组立项情况（截至 2022 年 7 月）

根据 3GPP 发布的规划，R17 的标准化工作已于 2022 年 9 月完全结束（不排除个别项目后延），随即就可进入商用阶段。R18 项目的第 1 阶段 SA1 的需求和第一批立项已于 2022 年 3 月基本结束。

目前已经进入第 2 阶段的研究阶段。根据不同技术组的特点，RAN1 将首先于 2023 年 9 月完成功能定义，RAN2/RAN3/RAN4 将会在 2023 年 12 月完成功能定义部分，RAN4 的性能定义部分将最终在 2024 年 6 月完成。而第 3 阶段的实现部分将在 2024 年 3 月完成，也就是说，R18 将在 2024 年 6 月完成商用准备。

与此同时，5G 的最后一个版本 R19（也有可能在 R20 时，5G 的后续版本演进会与 6G 研究并行开展）已经于 2022 年 3 月由 SA1 率先启动。相信，届时还将有一大批新的技术被立项，这些立项将全面对接 6G，为 6G 标准化工作奠定基础。3GPP 标准化工作规划如图 8-2 所示。

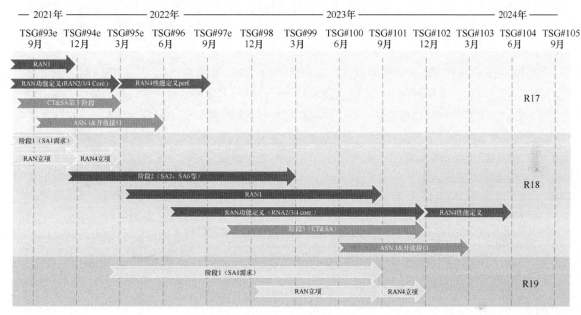

图 8-2　3GPP 标准化工作规划

8.2　R18 重点技术概况

前面在介绍 R16 和 R17 中的技术时，为了方便读者理解技术细节，笔者以项目为单位进行细节的扩展。这样的描述方式对理解细节有利，但也很有可能因为不了解立项背后的逻辑，让读者"只知道是什么，不知道为什么"。

R18 标准研究刚刚开启，为了帮助读者更好地理解 3GPP 整体的研究规划和方向，我们将以"技术族"的形式来为读者解读 3GPP 各技术组之间、各项目间千丝万缕的联系。为读者串联从需求到框架、从核心网到接入网的技术全貌，使读者更容易理解 3GPP 技术演进的趋势和方向。当然，由于在笔者的书稿成型时 R18 才开启研究，且考虑本书篇幅限制，本节仅会对这些技术进行概括性描述。

8.2.1　"卫星和非地面网络"技术族

卫星通信是 5G 引入的一个新的通信场景，虽然同属于通信技术，但部署和应用场景的巨大差异使卫星通信与移动通信形成了两个独立的技术体系。卫星通信有其独立的技术体系和庞大的产业链，这让移动通信与卫星通信的融合面临巨大的非技术因素的制约。如果 3GPP 忽略了这些非技术因素的约束，即便完成了一套自成体系的技术标准，最终也很难获得产业的认可并落地商用。

但从未来移动通信发展的趋势来看，移动通信和卫星通信互为补充，如果缺少了卫星的参与，那么移动通信很难在可承受成本的前提下实现真正的"无处不在的连接"。比如对于那些偏远的农村或人际罕见的森林、草原地区，从商业角度看，很难说服运营商花费巨大的成本来换取并不算多的用户数量。但无论出于技术普惠，还是公共安全、社会公益（森林防火、自然动物保护等场景）考虑，通过卫星通信技术以相对较低的成本实现对非人口密集场景的广域覆盖仍然具有很高的经济和社会效益。那么如何实现真正可实现、可商用的卫星通信、移动通信融合呢？

3GPP 走了一条相对稳健的技术路线。3GPP 利用了 R15、R16 两个技术版本的时间对卫星通信与移动通信可能的多种融合方式，以及技术的可行性进行了充分的研究和评估。最终，在 R17 阶段完成了卫星通信与移动通信从 0 到 1 的融合过程。当然，第一版本的非地面网络（NTN）还不够成熟，在 R17 中，卫星仅仅作为地面基站的"射频拉远"，在不进行数据解码的前提下，通过"放大信号"来实现区域覆盖。RAN 侧的工作也仅仅考虑远超地面覆盖的信号往返时间，而对现有 5G 协议进行局部修改。在进入 R18 阶段后，3GPP 定义了一系列和卫星通信、非地面通信相关的课题，如表 8-1 所示。

表 8-1 卫星通信和非地面网络技术族项目列表

编号	项目名称	技术组	研究内容
1	5G system with satellite backhaul（已完成）	SA1	利用卫星实现数据的回传，明确 QoS 控制和计费的场景和需求
2	5G system with satellite access to Support Control and/or Video Surveillance（已完成）	SA1	利用卫星通信实现远程控制、监控场景，明确技术需求
3	Study on requirements and use cases for network verified UE location for Non-Terrestrial-Networks (NTN) in NR（已完成）	RP	通过卫星接入（非 GPS）来实现 UE 的位置验证
4	Study on management aspects of IoT NTN enhancements	SA5	针对物联网卫星接入场景，梳理运营商后台网络的管理需求，如 O&M 的参数提供等
5	Study on support of satellite backhauling in 5GS	SA2	研究卫星作为回传时对网络架构的影响
6	Study on 5GC enhancement for satellite access Phase 2	SA2	基于 R17 NTN 架构的继续演进，如非连续覆盖场景、非同步卫星的"再生方案"
7	NR NTN (Non-Terrestrial Networks) enhancements	RAN2	R17 NTN RAN 侧项目的延续。研究支持大于 10GHz 带宽、业务连续性和 UE 位置验证功能
8	IoT (Internet of Things) NTN (Non-Terrestrial Network) enhancements	RAN2	R17 LTE 基于 NTN 的物联网接入项目的演进，针对物联网卫星接入场景，改善移动性、吞吐量和针对非连续覆盖的进一步增强

在 R18 的卫星通信技术包中，其中包含两个由 SA1 牵头的需求调研项目，分别是项目 1 和项目 2。

项目 1（表 8-1）研究卫星作为基站与核心网之间的回传链路时 QoS 控制和计费的场景与需

求，如图 8-3 所示。这些场景和需求最终被输出给 SA2，以“项目 5”的形式进行网络架构的研究。

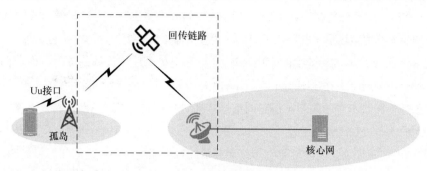

图 8-3　基于卫星通信的回传

项目 2 研究基于卫星通信实现远程控制和视频传输。这个应用场景来源于那些被建设在偏远地区的工厂，比如太阳能、风力发电站往往被建设在少有人烟的山丘、海上、沙漠，这些地区很难用有线的方式实现正常的网络部署。无疑通过卫星通信来实现网络覆盖是更高效的方案。在这些场景，要求卫星通信具有更高的可靠性或更大的带宽。这和物联网设备的需求有很大差异。

项目 3 研究了基于卫星通信的 UE 位置验证（不考虑使用 GPS），希望通过卫星通信网络本身而不依赖 GPS 数据来实现 UE 大致位置的确认和验证（GPS 数据被认为是可篡改的），以方便进行监管和计费。和地面覆盖不同，对于非同步卫星，小区覆盖是可移动的，因此采用传统的网络定位技术无法实现对 UE 位置的验证。如图 8-4 所示，在这个场景下，UE 的归属地为区域 A，当 UE 从区域 A 移动到区域 B 时，网络需要对 UE 上报的位置进行有效验证，并保证位置验证的可靠性、准确性、隐私和延迟。如果网络无法验证 UE 位置，则会引起监管和计费等方面的问题。

项目 8 研究了支持物联网设备的接入，由 RAN2 牵头进行。这个项目是 R17 RAN1 项目“NB-IoT/eMTC support for Non-Terrestrial Networks”的延续，主要内容是改善移动性性能、提升吞吐量并针对 NTN 非连续覆盖场景进行进一步增强。这个项目基于 LTE 系统实现，并未涉及 5G 系统。和该项目相关联的是 SA5 立项的运营商后台管理项目（项目 4）。

项目 4 基于 R17 的物联网通过卫星通信接入网络项目的输出，研究运营商后台 O&M 系统的管理流程和参数配置。

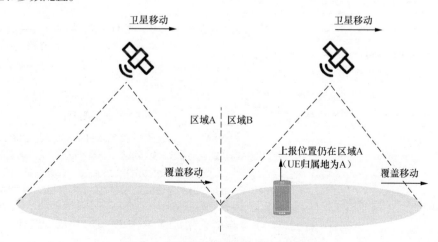

图 8-4　基于卫星通信的 UE 位置验证

基于 SA1 的需求研究和 R17 阶段 NTN 项目的输出，SA2 和 RAN2 分别成立了网络架构增强项目（项目 6）和接入网系统增强项目（项目 7）。在项目 6 中将研究在 R17 阶段并未覆盖的网络架构选项，比如非连续覆盖场景、非同步卫星的"再生方案"（参考第 7 章图 7-11）等。

虽然在 R18 阶段，3GPP 在各组立项了多达 8 个和卫星通信相关联的项目，但坦白地说，卫星通信与移动通信的融合之路才刚刚开始。移动 UE 体积、能耗、硬件能力（如较低的天线增益）的约束和卫星通信场景本身的限制（很高的信号传播时延）使卫星通信在支持高速率、低时延方面面临着巨大的困难（如高轨道卫星支持语音业务）。另外，移动通信行业和卫星通信行业之间天然的"隔阂"，也进一步放缓了卫星通信与移动通信的融合速度。但无论如何，目前 5G 阶段对卫星通信与移动通信融合技术的探索是有意义的，它将为 6G 的"空天地一体"技术系统框架的设计和商业模式的探索提供借鉴。

8.2.2 "测距、定位服务"技术族

定位服务是移动通信网络的一个传统服务项目，在 R16 阶段，基于新的 5G 空口和物理层设计，3GPP 引入了基于 5G 空口的定位及一些新的定位算法。在 R17 阶段，定位增强项目的主要目标是在 R16 的基础上进一步提高定位精度，降低定位时延，以满足垂直行业对定位的需求。

在 R18 阶段，3GPP 继续探索新的定位场景和需求，开展了一系列定位相关的研究和标准化课题。表 8-2 给出了 R18 阶段定位相关联的各组立项情况。

表 8-2 "位置、定位服务"技术族项目列表

编号	项目名称	牵头技术组	项目内容
1	Low power high accuracy positioning for industrial IoT scenarios（已完成）	SA1	研究在 IIoT 场景下，针对要求极低功耗的物联网设备的高精度定位场景和需求
2	Ranging-based service and sidelink positioning		
2-1	Study on ranging（已完成）	SA1	研究服务的用户场景、UE 间测距服务的操作流程用例和相关的 KPI 需求，比如距离精度、角度方向精度和服务时延，并根据 S1 输出的用例和技术需求，研究测距和 Sidelink 定位服务对 5G 系统框架和安全架构的影响
2-2	Stage 1 for ranging（已完成）	SA1	
2-3	Study on ranging based services and sidelink positioning	SA2	
2-4	Study on security aspects of ranging based services and sidelink positioning	SA3	
3	Study on enhancement to the 5GC location services-phase 3	SA2	根据 SA1 针对定位服务提出的新的场景和需求（IIoT 中的低功耗高精度定位需求）及其他新增场景和需求（定位的监管需求，从在边缘计算、大数据场景中的定位需求），研究定位服务的增强；研究用于提高定位精度的定位参考点（PRU，由 RAN 定义）对网络架构的影响；研究降低定位时延、信令开销的方法，以及基于用户面的定位信令协调机制

续表

编号	项目名称	牵头技术组	项目内容
4	Study on expanded and improved NR positioning	RAN1	基于 R17 各组引入的新技术（RedCap）、新需求（V2X 和公共安全定位场景），R18 阶段 SA1、SA2 提出的定位新需求（如工业物联网的低功耗高精度定位、）研究定位的进一步增强； 基于 R17 定位，研究进一步的定位增强技术，如基于更大带宽、基于载波相位测量的定位等
5	Study on 5G-enabled fused location service capability exposure	SA6	基于其他技术组提出的定位新需求和新特征，研究应用层的对应改动。针对 SA2 提出的定位服务开放和与非 3GPP 定位技术的融合特别制定相应的应用层的框架需求和框架增强方案
6	Mobile Terminated-Small Data Transmission (MT-SDT) for NR	RAN2	提供在不进行 RRC 状态迁移的前提下允许小数据包接收的方法，进而实现数据包接收时延的降低，如针对定位场景

在 R18 标准研究开启之初，SA1 开展了一系列的需求研究项目，其中在定位领域，针对工业场景引入了低能耗、高精度的定位需求（项目 1），如自动化资产管理、车辆跟踪和工具跟踪等。在这些场景中，对水平定位精度的极限要求是 10cm，而极限的设备待机时间是 12 年。这些需求最终被输入 SA2，在项目 3 中开展定位服务的增强架构研究。

项目 3 除了针对 LPHAP 需求开展架构研究外，还对定位领域其他组的新技术输入进行对应的架构设计。比如用 R16 引入的网络数据分析功能（NWDAF）实现对定位服务的增强；针对边缘计算场景，进一步降低定位的端到端时延，对外部应用开放移动通信网络对 UE 的位置评估等。此外，项目 3 中还将引入定位参考单元（PRU）的概念，并根据 RAN 侧的定义，考虑 PRU 在定位服务系统框架中的设计。

基于 SA1 和 SA2 在定位服务领域的新变化和需求，RAN1 也将在 R18 阶段开展 NR 定位的扩展项目（项目 4）。该项目将以 R17 定位项目为基础，考虑 R17 引入的 RedCap、V2X 技术，以及 R18 阶段 SA1 新定义的 LPHAP 需求、定位技术的进一步升级。此外，R18 RAN1 的定位项目还将尝试引入新的定位算法，比如基于更大带宽、载波相位测量的定位算法等。

项目 2 提出的新需求是测距。测距指通过设备之间的直接连接，确定两个 UE 之间的距离和方向。方向包括水平方向和仰角方向。基于测距的服务可以广泛应用于各种垂直领域，如智能家居、智慧城市、智能交通、智能零售，如图 8-5 所示。

图 8-5　R18 的测距服务

SA1 通过范围项目 2-1 完成对测距服务的初步研究，通过项目 2-2 完成需求和案例需求标准的定义。SA2 根据 SA1 输出的用例和技术需求在项目 2-3 中研究测距及 Sidelink 定位服务对 5G 系统框架的影响，SA3 在项目 2-4 中完成对测距服务安全架构影响的评估。

此外，负责定义应用层功能和接口的工作组 SA6 也针对各组提出的 5G 位置服务的新特征进行应用层接口的定义（项目 5）。作为 5G 实施的通用服务平台，应用层对 5G 位置服务的支持将有利于外部应用对 5G 位置服务的应用。为了支持定位信息的发送和接收，特别是针对对能耗要求较高的物联网设备，应用层需要支持在低能耗条件下的数据包接收能力。因此，RAN2 将以 R17 引入的 SDT 技术为基础，在 R18 依赖项目 6 定义 UE 在不迁移 RRC 状态的情况下实现小数据包的接收技术。这对要求低能耗、高精度定位的物联网场景尤其重要。

从 R18 的整体布局看，移动通信的定位技术从以往的 ToC 场景逐渐向 ToB 场景扩展，在定位精度不断提高、定位时延不断降低的同时，3GPP 也在探索针对垂直行业的定位技术，高精度、低时延和低能耗是未来定位技术发展的方向。此外，定位技术也在和其他技术（如 Sidelink，WLAN 定位等）相互融合，5G 系统从提供单纯的定位服务向提供更加丰富的位置服务转换，系统不仅可向用户提供位置和高度信息，还可提供包括角度、相对距离在内的其他附加信息。这些新的改变对进一步扩展 5G 的应用场景大有帮助。

8.2.3 "Sidelink 和近场通信"技术族

Sidelink 技术一直以来都是 3GPP 重点"培育"的蜂窝通信的技术分支，Sidelink 有别于传统空口的技术特征，其在很多场景中发挥着传统蜂窝通信无法替代的作用。

在 R16 阶段，3GPP 定义了基于 V2X 场景的 Sidelink 技术（参见 6.4 节）。在 R17 阶段，核心网层也完成了 5G 邻近服务第一阶段的框架设计（5G ProSe），从网络架构层面提供包括公共安全和商用场景在内的相关服务。接入网侧也针对 Sidelink 进行了增强，引入了实现 Sidelink 低能耗和高可靠性的相关技术。

但整体而言，无论是 LTE 阶段的 D2D 技术（5G Sidelink 技术的前身），还是 5G R16、R17 的 Sidelink 技术，其主要的应用场景都集中在公共安全领域和 V2X 中的安全驾驶方面，这些场景对 Sidelink 数据传输能力并没有太高的要求。而随着大家的视野从公共安全、自动驾驶转移到其他商用场景，数据传输能力就变成 Sidelink 扩展应用场景的一大阻碍。

为了解决 Sidelink 的传输能力问题，3GPP 在 R18 阶段的项目 1 中将研究相关的解决方案。比如利用载波聚合技术或引入非授权频谱、FR2 频段来实现 Sidelink 更大的系统带宽，进而快速实现传输能力的提升。另外，考虑到 V2X 技术商用的现实约束，3GPP 需要考虑在同一频率信道中，实现 LTE V2X 和 NR V2X 的共存。"Sidelink 和近场通信"技术族项目列表如表 8-3 所示。

表 8-3 "Sidelink 和近场通信"技术族项目列表

编号	项目名称	牵头技术组	项目内容
1	NR sidelink evolution	RAN1	研究提高 Sidelink 数据传输能力的潜在技术，如载波聚合、非授权频谱和 FR2 在 Sidelink 上的应用。此外，还将研究与标准化 LTE Sidelink 和 5G Sidelink 共存方案
2	NR sidelink relay enhancements	RAN2	基于 R17 Sidelink 中继项目，研究 UE-to-UE 中继场景及 R17 未覆盖全的业务连续性场景（路径切换）。考虑引入多路径场景（UE 聚合）来提高小区边缘 UE 数据传输的可靠性、吞吐量和通信的鲁棒性

续表

编号	项目名称	牵头技术组	项目内容
3	Study on proximity based services phase 2		研究 UE-to-UE 中继、基于路径切换的业务连续性和多路径传输（UE 聚合）对网络架构、安全架构的影响
3-1	Study on stage 2 for proximity based services phase 2	SA2	
3-2	Study on security aspects of proximity based services phase 2	SA3	

Sidelink 中继技术也是 Sidelink 技术的一个重要分支，它通过中继扩大网络覆盖范围（如紧急通信场景），以及针对一些低电池容量的 UE（如可穿戴设备），接入网络来实现更低成本和能耗的网络连接。

3GPP 在 R17 中首次引入了 Sidelink 中继技术，并实现了层 2 和层 3 的 UE-to-Network 中继及 Intra-gNB 的业务连续性。但并未在 R17 阶段完全实现 SA1 在 3GPP TS 22.261 和 3GPP TS 22.104 中定义的全部场景和需求。比如，UE-to-UE 中继场景、gNB 间非直接通信到直接通信、直接通信到非直接通信的路径切换及非直接到非直接的路径切换（Inter/Intra-gNB 场景）。这些潜在的技术方案将在项目 2 和项目 3 中进行研究，项目 3 由 SA 牵头提供框架研究，项目 2 由 RAN2 牵头提供接入网解决方案。

此外，在这两个项目中还将研究多路径中继技术，如图 8-6 所示。这样，远端 UE 可以通过直接路径和非直接路径同时连接网络，实现数据传输可靠性和吞吐量的进一步提升。

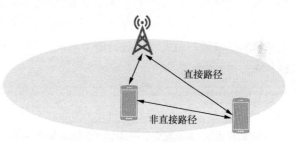

图 8-6　多路径

Sidelink 技术无论从哪个角度来看，都是一个很有价值的技术。简单来说，Sidelink "突破" 了传统 Uu 接口接入的限制，为 UE 提供了一种直接通信的方法。从技术层面看，Sidelink 技术凭借其相对较高的技术能力（高速率、低时延和高可靠性）、更好的连接稳定性和隐私、安全性，将与 Wi-Fi Direct、蓝牙等直连技术形成竞争关系。但它的商用进程并非坦途，从 LTE 引入 Sidelink 技术至今，几乎还未获得商用。笔者认为可能存在以下两方面原因。

首先，Sidelink 技术的能力和应用场景不同步。在 Sidelink 技术被引入移动通信网络之初，Sidelink 技术的主要应用场景是性能要求不算很高的安全场景，而并未针对其他商用场景进行深度优化。Sidelink "专攻" 的应用场景要么属于非常规的小众应用（应急通信），要么受阻于跨行业商用（车联网）进程。而对于 Sidelink 技术 "兼顾" 的应用场景，因为其在技术成熟度、UE 能耗、芯片体积和成本上与同类技术（如 Wi-Fi、蓝牙等）没有明显优势，所以也无法获得足够的竞争力。最终形成了 "专攻" 场景应用范围小、商用难度大、"兼顾" 场景能力与需求不匹配的尴尬局面。

其次，从非技术角度来看，Sidelink 技术 "突破" 了传统 Uu 接口通信集中控制的约束，在运营商网络中形成了类似自组织网络的结构。这种结构和电信网络长期追求的 "可管可控可计费" 的设计思想存在一定矛盾。这种矛盾导致传统运营商很难快速找到合理的管控手段和盈利模式，使得 Sidelink 技术在商用推广上动力不足。

但笔者相信随着车联网商用条件的不断成熟，以及 Sidelink 技术针对其他应用场景（如物联网、可穿戴设备、定位等）的优化的不断深入，Sidelink 技术一定会很快进入人们的视野，为我们的生活带来值得期待的改变。

8.2.4 "人工智能和机器学习"技术族

如果要说在当今的 ICT 领域，什么技术热度最高，那么莫过于 5G 和人工智能或机器学习。一个是来自传统的、有着悠久历史的通信领域；另一个是来自"新兴的"计算机领域。一个负责语音和各种数据的传输；另一个负责从大数据中学习和进化。这两个看似是完全"风马牛不相及"的技术，却逐渐走向了融合。

人工智能和机器学习已经逐渐在各行各业中得到了应用，如图像和语音识别、多媒体编辑和增强、机器人控制和自动驾驶等。它们承担了越来越多的关键任务，并逐渐释放出巨大的生产力潜力。简单地说，人工智能其实就是对人思维的信息过程的一种模拟，也可以将其看作一种有机的运算过程。而作为人工智能子集的机器学习，则可以理解为是基于过往大量数据、经验的运算反馈。所以从某种意义上来看，人工智能也是一种基于数据的学习。既然和数据相关，那么作为"数据搬运工"的 5G 就有了用武之地。数据的传输、模型的交换、更新与共享正是人工智能和机器学习目前最需要打破的能力瓶颈，而这恰好是 5G 擅长的。于是，5G 和当下的其他领域一样，和人工智能搭上了关系。

智能化在移动通信网络中的应用和探索其实并非从 5G 才开始。3GPP 在 LTE 时期引入了自组织网络（SON）技术以支持系统的部署和性能的自优化。第一个自组织网络特征 PCI(物理层小区标识符)分配和自动邻区关系（ANR）维护在 R18 中被引入系统并获得了巨大的成功。在后续的 LTE 系统中又引入了多个自组织网络功能，如移动性鲁棒性优化（MRO）、移动性负载均衡（MLB）、最小化路测（MDT）等。这些类自组织网络特征其实都是基于网络和 UE 海量数据基础的统计优化。它们是数据在接入网中应用的先驱，也是人工智能或机器学习在通信领域应用的雏形。

基于 LTE 的经验，在进入 5G 阶段后，3GPP 希望研究更多的基于标准的 NR 数据收集和利用解决方案以达到减少运营商运营成本、改善用户体验的目的。于是早在 R16 阶段，RAN3 技术组就牵头项目 1，研究以 RAN 为中心（RAN-Centric）的 NR/LTE 数据收集和利用场景、用例（如表 8-4 所示），并在 R17 的项目 2 中开展基于大数据的无线接入网智能化功能架构、通用原则、潜在方案研究，分析对当前接入网节点和接口的潜在标准化影响。基于这两个研究项目的技术积累，最终 3GPP 在 R18 立项，研究基于现有 RAN 接口和架构的数据收集增强和信令支持，以实现基于人工智能和机器学习的网络节能、负载均衡和移动性优化。无线接入网智能化功能架构如图 8-7 所示。

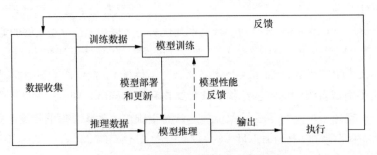

图 8-7　无线接入网智能化功能架构

表 8-4 "人工智能和机器学习"技术族项目列表

编号	项目名称	牵头技术组	项目内容
第 1 类：3GPP 网络（RAN）利用人工智能能力赋能（AI for 5G）			
1	Study on RAN-centric data collection and utilization for LTE and NR（R16，已完成）	RAN3	研究以 RAN 为中心的数据收集的用户场景、用例、通用原则、功能框架和标准影响
2	Study on enhancement for data collection for NR and ENDC（R17，已完成）	RAN3	
3	Artificial Intelligence (AI)/Machine Learning (ML) for NG-RAN	RAN3	基于项目 2 的技术输出，标准化基于现有 RAN 接口和架构的数据收集增强、信令支持，以实现基于人工智能和机器学习的网络节能、负载均衡和移动性优化
4	Study on the security aspects of Artificial Intelligence (AI)/Machine Learning (ML) for the NG-RAN	SA3	基于项目 3 研究 RAN 组提出的用例和方案中潜在的数据隐私风险和安全风险
5	Study on Artificial Intelligence (AI)/Machine Learning (ML) for NR air interface	RAN1	研究人工智能或机器学习技术在 5G 空口性能优化上的应用，如基于人工智能的 CSI 反馈技术增强、波束管理、定位精度增强等，并进行性能评估、人工智能或机器学习框架定义和标准化影响分析
6	Study on enablers for network automation for 5G –phase1, phase2, phase 3	SA2	研究如何在 5G 网络架构中引入数据分析和智能化：（1）R16、R17 定义了基本的智能网络框架，引入了 NWDAF 网元，用于网络数据采集、网络数据分析；同时，梳理了业务体验、UE 移动性、UE 交互性、WLAN 性能、UE 异常行为等；（2）R18 架构进一步增强，包括如何缓解数据孤岛问题、实现对漫游场景的支持、网络优化策略增强、机器学习模型跨厂商共享和 NWDAF 的灵活部署等
第 2 类：3GPP 网络的人工智能能力为其他领域赋能（5G for AI）			
7	AI/ML model transfer in 5GS（已完成）	SA1	为支持各种人工智能应用（图像、语音识别、媒体编辑增强、机器人控制和自动驾驶），研究并提出人工智能或机器学习对 5G 系统的性能要求（时延、速率等）和服务要求（人工智能或机器学习 QoS 管理、人工智能或机器学习模型 / 数据的分发与共享、网络性能和资源利用率监控等）；项目研究了如下 3 种在 5G 系统中可能的人工智能或机器学习操作：人工智能或机器学习操作在人工智能或机器学习节点之间的拆分；人工智能或机器学习模型的分发和共享；5G 系统中实现分布式学习和联邦学习
7-1	Study on traffic characteristics and performance requirements for AI/ML model transfer in 5GS（已完成）	SA1	
7-2	Stage 1 of AMMT（已完成）	SA1	
8	Study on 5G System Support for AI/ML-based Services	SA2	基于 SA1 的需求输出，研究可能的系统框架和功能扩展，以支持 SA1 提出的 3 个人工智能或机器学习场景；研究可能的 QoS、策略增强以支持人工智能或机器学习流量；研究如何为 UE 和 AF 提供协助以帮助 UE 和 AF 执行联邦学习操作（联邦学习成员选择、组性能监控、资源分配等）

编号	项目名称	牵头技术组	项目内容
9	Study on Security and Privacy of AI/ML-based Services and Applications in 5G	SA3	基于 SA1 需求和 SA2 的功能架构，研究如何在 UE、核心网间安全地共享网络和用户敏感数据
10	Study on Artificial Intelligence (AI) and Machine Learning (ML) for Media	SA4	根据 SA1 提出的与多媒体相关的用例，研究涉及人工智能或机器学习的多媒体服务架构的影响和相关业务流程等
11	Study on AI/ML management	SA5	研究人工智能或机器学习管理能力和管理服务，以支持和协调无线接入网、核心网引入的人工智能或机器学习增强

为了配合 RAN 组的工作，核心网侧的 SA3 在 R18 成立项目 4，研究在项目 3 中 RAN 引入的各种用例和方案中存在的潜在数据隐私风险，以及基于数据收集的网络优化过程中潜在的安全风险（伪造和篡改数据导致对网络优化产生不利影响）。

另外，随着 5G 网络的演进，核心网变得越来越复杂，这就要求网络是一个高度智能化、高度自动化的自主网络。从 R16 阶段起，核心网侧的 SA2 在 R16/R17/R18 中成立项目 6，研究如何使能 5G 网络自动化，系统地梳理 5G 智能架构和相关应用场景，在核心网架构中引入了 NWDAF 网元，用于进行网络数据采集、网络数据分析。

与此同时，在 R18 阶段，RAN1 也引入了基于人工智能或机器学习的空口性能优化项目（项目 5）。从某种意义上来看，物理层的这个立项可以说具有一定的里程碑意义，这意味着在近些年来学术界炒得如火如荼的"通信 + 人工智能"研究，有望步入产品阶段。

在 RAN1 的立项中将研究人工智能技术对一系列空口 KPI 的优化效果，如提升系统吞吐量，降低复杂度、时延和开销。项目还涉及波束管理、定位精度增强等多个技术领域，将通过大量的仿真对比分析来评估基于人工智能的算法与传统算法的优劣，并为后续基于人工智能的空口技术定义公共的框架、流程和功能。

读者可能已经注意到，前面介绍的几个项目（表 8-4 中的项目 1 ~ 项目 6）都是 3GPP 网络利用人工智能技术对自身能力的增强和优化，笔者将之称为 "AI for 5G"，它们是人工智能技术对 5G 技术的赋能。在 R18 中还有另一类人工智能立项，笔者将之称为 "5G for AI"，即让 3GPP 网络具备人工智能能力，以为其他领域赋能，如表 8-4 中的项目 7 ~ 项目 11。

基于 5G 的人工智能或机器学习关键任务如图 8-8 所示。

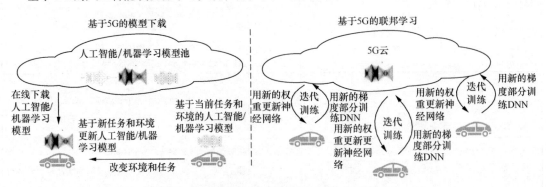

图 8-8　基于 5G 的人工智能或机器学习关键任务

为了更好地理解人工智能或机器学习，让 5G 网络更好地为人工智能或机器学习服务，3GPP 在 R18 中由 SA1 牵头建立了项目 7，研究人工智能或机器学习的潜在用例、人工智能或机器学习模型分发和传输（下载、上传和更新）的潜在服务性能需求，分析人工智能或机器学习模型在传输过程中的流量特征。

研究最终输出技术报告 3GPP TR 22.874，并将人工智能或机器学习需求写入协议 3GPP TS 22.261。

基于 SA1 的需求输出，SA2 在 R18 阶段成立项目 8。SA3 针对 SA1 提出的需求和 SA2 研究的系统架构改动，研究如何在 UE 和核心网间安全地共享网络和用户敏感数据（项目 9）。SA4 研究涉及人工智能或机器学习的多媒体服务架构的影响和相关业务流程等；SA5 研究人工智能或机器学习的管理能力和管理服务以支持和协调接入网和核心网引入的人工智能或机器学习增强。从上述项目的安排可以看出，3GPP 正在系统地研究人工智能和机器学习，从需求、框架、安全、编码和后台管理等各个系统角度全面研究如何利用人工智能和机器学习为不同行业赋能。

从前面介绍的两类 R18 人工智能项目我们可以看到，3GPP 正在探索并试图将人工智能或机器学习作为进一步提升 5G 系统能力的核心工具。与此同时，鉴于人工智能面对各行各业展现出来的巨大生产力潜力，3GPP 也将人工智能作为未来移动通信网络核心能力，对外输出人工智能赋能。从目前的研究进展看，无论是"5G for AI"还是"AI for 5G"都处于研究阶段，还未进入标准化阶段。

8.2.5　"网络切片"技术族

从 5G 标准工作开启以来，网络切片技术就被公认为 5G 的一个核心技术特征。网络切片可以提供更加灵活、可扩展的部署网络和服务，以满足不同行业对 5G 网络各不相同的业务需求。无论在 R16、R17 中，还是现在正在标准化的 R18 中，3GPP 各组都针对网络切片技术开展了大量的增强研究。

在 R16 中，3GPP 引入了 LTE 和 5G 的网络切片互操作，支持从 LTE 切换到 5G 网络时保持业务连续性；还引入了基于网络切片的二次认证与授权，以提升切片业务的灵活性和垂直行业用户的业务规划主动性。R16 被称为"网络切片第 1 阶段增强"版本。

在 R17 中，3GPP 针对 GSMA 在 2019 年 3 月发布的 GST 中定义的网络切片属性，对 5G 系统进行了对应增强。R17 被称为"网络切片第 2 阶段增强"版本，这次增强将极大地提升网络切片落地应用时技术和行业需求的对接能力。

第 1 阶段和第 2 阶段网络切片增强的网络架构方案（SA2）确定后，其增强内容会影响到 3GPP 核心网其他技术组的技术领域，比如安全（SA3）、应用（SA6）、SIM 卡（CT6）、测试（R5）、管理（SA5）。因此，在 R18 阶段，3GPP 各技术组分别立项开展第 2 阶段增强项目的研究，如表 8-5 的项目 2～项目 8 所示。

表 8-5　"网络切片"技术族项目列表

编号	项目名称	牵头技术组	项目内容
1	EASNS（Enhanced Access to and Support of Network Slice）		

编号	项目名称	牵头技术组	项目内容
1-1	Study on EASNS（已完成）	SA1	基于 S1 在项目 1-2 中提出的多个和接入控制相关的网络切片用户场景（如漫游场景接入、限制接入等），核心网各组针对这些场景，研究实现 UE 在各种接入限制情况下（如无线电资源、频带，地理位置）对网络切片的接入，支持在网络切片切换和资源分配发生改变时，最小化业务中断，进行网络架构、安全架构等的增强
1-2	Stage 1 for EASNS（已完成）	SA1	
1-3	Study on enhancement of network slice phase 3	SA2	
1-4	Study on enhanced security for network slice phase 3	SA3	
1-5	Study on codec aspects of Network Slice phase 3	SA4	
	Enhancement of network slice phase 2（R17，已完成）	SA2	根据 GSMA NEST 提出的 GST 中定义的业务需求和相关属性，对网络架构进行了增强
2	Study on enhanced security for network slice phase 2	SA3	根据 R17 SA2 的网络切片第 2 阶段增强，研究潜在的安全和隐私需求和解决方案
3	Enhanced security for phase 2 network slice	SA3	
4	Study on network slice capability exposure for application layer enablement	SA6	根据 R17 SA2 的网络切片第 2 阶段增强及 SA1 对网络切片能力对可信第三方开放的需求，研究 SA6 应用使能层如何调用 SA2 和 SA5 的网络切片 API
5	Network slice capability exposure for application layer enablement	SA6	
	Enhancement of network Slice（R16，已完成）	SA2/SA3	R16 网络切片增强项目
6	Study on new UICC application for Network Slice-Specific Authentication and Authorization (NSSAA)	CT6	针对 R16 SA2 和 SA3 制定引入的基于网络切片的二次认证与授权功能，CT6 组研究关于 UICC（5G SIM 卡）方面的增强。
7	Study on 5G NR UE full stack testing for Network Slicing	RW5	针对 3GPP 之前数个版本定义的网络切片功能，研究针对网络切片的授权协议栈测试和性能测试，以支持垂直行业应用和部署
8	Study on network slice management capability exposure	SA5	针对网络切片能力开放研究在运营商后台管理层面的管理能力和管理服务的开放

此外，在 R18 阶段，3GPP 还开展了网络切片第 3 阶段的增强工作，如项目 1。

第 3 阶段的网络切片增强将基于 SA1 在本阶段对网络切片接入限制相关的研究输出展开，研究了各种 UE 接入网络切片的用户场景，如网络切片限制于特定频带、特定接入技术（RAT）、特定地理区域的接入场景；UE 注册了多个部署在不同频带、RAT、地理区域的网络切片时的接入场景；存在更高优先级的网络切片实例时的接入场景。SA1 对这些用户场景进行了详细的研究，并最终输出各接入场景对网络和 UE 的技术需求。这些新的技术需求被输出到其他小组触发开展网络架构、安全等领域的增强支持。

网络切片技术一直以来是 3GPP 标准化工作的重点增强方向。这不仅是因为 5G 是第一个应用网络切片的移动通信系统。更重要的是，在垂直行业应用场景下，行业需求的多样性和复杂性。可以想象，千行百业对网络的需求千差万别，不仅需求复杂，部署场景也各不相同。这需要 3GPP 不断地接收来自垂直行业的反馈，不断地对现有系统进行持续性的优化才能让网络切片最终成为一个可以真正提高各行业效率的商用技术。

我们在这个过程中也可以看到 3GPP 各技术组之间的相互支持、合作和持续的努力。相信随着网络切片技术的不断完善，它将迸发出更强大的生产力。

8.2.6 "节能和降低复杂度"技术族

节能减排是当今社会生产的一条重要的主线，它关系到社会的可持续发展，关系到环境质量。随着 5G 商用的规模化，作为各行各业赋能源动力的 5G 技术，降低能耗不仅有利于进一步降低运营商 5G 网络的运营成本，让运营商更有信心和余力进一步推动 5G 商用和行业应用；也可提升各行各业对 5G 赋能的接受能力。

从第 4 章图 4-4 中我们看到，RAN 系统的运维成本占整个移动网络成本的 72%，而在 RAN 系统中成本占比最大的是空调成本。根据 GSMA 提供的数据，移动网络的能源成本约占运营商总成本的 23%，大部分能源消耗来自 RAN，特别是有源天线单元（AAU）。因此，网络节能，尤其是 RAN 节能成为 5G 网络节能减排的关键。

另外，UE 的节能也备受关注。虽然 UE 整体能耗相比网络能耗要小很多，但考虑到 UE 极为庞大的数量规模，如果可实现 UE 能耗的进一步降低，也能从整体上降低 5G 系统的能耗水平。UE 能耗还直接影响用户体验。在 3GPP R16、R17 中，都有专门的项目研究 UE 节能。在 R17 阶段，3GPP 还立项了降低 UE 复杂度的"轻量级 UE"项目，降低 UE 复杂度一方面是针对特殊应用和场景（如物联网）"量体裁衣"地"主动进攻"，另一方面也是 UE"节能减排"的"被动防守"。

无论是 UE 节能还是网络节能，都是移动通信进入 5G 时代后出现的"新问题"。之所以称之为"新问题"，从技术角度看，是因为 5G 系统大带宽、高频段和多天线等技术的采用，在 UE 获得高能力的同时，也使 5G UE 的能耗相比 3G、4G 高得多。虽然电池技术也在不断地进步，但还不足以应对高能力、高复杂度带来的高能耗。另外，随着以 UE 公司为代表的 UE"势力"在 3GPP 的壮大，3GPP 会场也出现了更多代表 UE 需求的技术方向和声音[1]，在 R16 和 R17 两个技术版本中都持续开展的"UE 节能项目"就是 UE 诉求的集中体现。"节能和降低复杂度"技术族项目列表如表 8-6 所示。

表 8-6 "节能和降低复杂度"技术族项目列表

编号	项目名称	牵头技术组	项目内容
1	Study on network energy savings for NR	RAN1	定义基站的能耗模型；定义基站能耗评估的方法和 KPI，系统地评估网络能耗和节能收益，以及对网络和用户性能的影响；研究网络节能潜在技术方案
2	Study on low-power wake-up signal and receiver for NR	RAN1	研究独立的低功耗唤醒接收机和唤醒信号；定义评估方法、KPI；研究低功率唤醒接收机框架、设计唤醒信号并对协议影响进行评估
3	Study on RedCap phase 2	SA2	基于 R17 阶段 RedCap 项目的输出建议，研究 5GS 的潜在增强，使在 RRC 非激活状态下 eDRX 周期的最大取值超过 10.24s

[1] 以往的移动通信技术虽然也对 UE 节能进行了很多特别设计（如 DRX），但从未像 5G 这样以"UE 节能"为主题，系统地研究 UE 能耗。这反映了 3GPP 会场上的某些变化，这和国内 UE 厂商 vivo、OPPO、小米等在 3GPP 中影响力的崛起有很大的关系。

编号	项目名称	牵头技术组	项目内容
4	Study on further NR RedCap (reduced capability) UE complexity reduction	RAN1	基于 R17 RedCap 项目的进一步增强，填补目前 3GPP 定义的低功率、低复杂度 UE 在广域物联网 UE 和 R17 RedCap UE 之间的间隙

在 3GPP R18 中，目前阶段一共有 4 个和节能、降低复杂度相关的技术项目。其中，"项目 1"是首次在 3GPP 引入的网络节能技术项目。考虑到潜在的节能方案可能会为 UE 和网络的性能带来冲击，所以在本项目中将进行大量的评估。除了对潜在节能技术的性能进行评估外，还将评估新技术对网络和用户性能的影响，包括频谱效率、能力、时延、切换性能、用户侧吞吐量、掉话率、初始接入性能等性能的影响。

其余的 3 个项目都与 UE 相关。其中"项目 3"是 R17 RedCap 项目输出技术在核心网的延续。项目基于 R17 RAN1 的 RedCap 项目的输出标准，研究核心网在 RRC 非激活态下，eDRX 周期的最大取值超过 10.24s 的技术方案，以更好地支持和落地 RAN1 结论。

"项目 4"是 R17 RedCap 项目的继续演进。从第 7 章表 7-19 中可以看到，RedCap 项目的技术目标是支持 IIoT、视频监控和可穿戴设备等应用场景。经过对 R17 RedCap 项目的研究最终实现了 20MHz 的带宽、"数十上百"的理论速率。但对比表 7-19 和表 7-21 我们可以发现，R17 RedCap UE 能力并不能完全覆盖 IIoT 场景的所有需求场景，于是在 R17 RedCap UE 和 LPWA（LTE 的 NB-IoT 和 eMTC）之间产生了能力"间隙"，如图 8-9 所示。R18 阶段的 RedCap 增强（项目 4）的目标就是填补这个能力"间隙"。

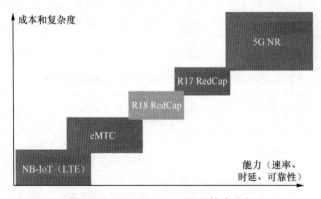

图 8-9　R18 RedCap 项目技术目标

"项目 2"是 3GPP RAN1 工作组牵头（vivo 牵头）的一个全新的技术项目，它是 R16、R17 UE 节能项目的延伸，但和 R16、R17 UE 节能项目之间有明显差异，它并不寻求通过常规的节能手段（如引入更大的 DRX，放松测量、跳过多余的监控，参考 5.3 节和 7.3 节）来实现 UE 能耗的降低，而是另辟蹊径，通过在现有 UE 中（IoT 设备、可穿戴设备，也包括智能手机、XR 设备等）引入"低功率唤醒接收机"和独立设计的"唤醒信号"来实现节能。这种方式和传统的通过加大 DRX 周期的方法比较可在低能耗和时延之间获得平衡。满足那些既要求低时延，又要求低能耗的用户场景，如火灾和灭火探测（从传感器探测到火灾开始 1 ~ 2s 内需要关闭防火百叶窗，并由执行器开启消防喷头，较长的 eDRX 周期不能满足时延要求）场景。

在该项目中，将开展"低功率唤醒接收机""唤醒信号"评估方法和 KPI 的研究，并开展接收机架构、唤醒信号设计和协议影响的研究。项目目前处在研究阶段，3GPP 将根据研究结果最终决定是否需要进行后续的标准化制定工作。

8.2.7 其他技术增强

前面介绍的 6 个技术族是 R18 阶段 3GPP 开展的一些比较重要、系统的增强项目，但这并不是 R18 的"全貌"。除了已经介绍的 6 个技术族外，还有很多技术增强，比如与物联网相关的技术族、无人飞行器技术族、垂直领域应用技术族、多播与广播服务技术族、XR/AR/VR 技术族等。此外，接入网各技术组也基于空口本身开展了一些相对比较独立的增强项目，其中比较重要的课题总结，如表 8-7 所示。

表 8-7　R18 其他重要的技术增强

项目名称	牵头技术组	项目内容
NR support for UAV (Unmanned Aerial Vehicles)	RAN2	基于无人飞行器的测量报告增强：基于高度门限的测量报告，包含高度、位置、速度和飞行路径的报告； 支持基于注册的飞行器 UE 标识符的信令设计； 支持指示 UE 波束能力的信令
Enhancements of NR Multicast and Broadcast Services	RAN2	基于 R17 的 MBS 项目（见 7.5 节）进行增强以进一步提高资源效率和系统容量。包括： RRC 非激活态下的广播接收； 实现广播和单播的同时接收； 在 RAN 共享场景下提高 MBS 接收效率
Enhancement of NR Dynamic Spectrum Sharing (DSS)	RAN1	R17 DSS 项目（见 7.1 节）的进一步演进： 通过允许 NR 在 LTE CRS RE 重叠的位置接收 PDCCH 资源来解决 NR PDCCH 资源不足的问题； 解决相邻 LTE 小区传输 CRS 导致的对 NR 小区的干扰问题
Further NR coverage enhancements	RAN1	基于 R17 覆盖增强项目（见 7.4 节）的进一步增强，包括： PRACH 的覆盖增强； 上行波形 DFT-S-OFDM 和 CP-OFDM 的动态波形切换； 功率域增强：降低最大功率回退（MPR）/分均功率比（PAR）相关增强
Multi-carrier enhancements for NR	RAN1	增强 NR 的多载波技术，包括： 实现单 DCI 的多小区调度； 支持 UE 在最多 3 或 4 个上行频带间灵活切换传输
NR MIMO evolution for downlink and uplink	RAN1	MIMO 在 R16、R17 后的持续增强，主要增强方向有： 通过利用时域相关 / 多普勒域信息来辅助 DL 预编码，以提高移动场景下的性能； 多 TRP 下的波束指示； 针对多用户 MIMO 场景，提升 DMRS 的复用容量，增加 DMRS 正交端口等
Further NR mobility enhancements	RAN2	降低 UE 移动导致的服务小区改变引入的时延。包括： 基于层 2 和层 3 机制的小区间移动时延缩减； 条件 PSCell 改变和条件 PSCell 添加的时延缩减等

项目名称	牵头 技术组	项目内容
Dual Transmission/Reception (Tx/Rx) Multi-SIM for NR	RAN2	R17 Multi-SIM 项目的延续（见 7.2 节）。优化处在 RRC CONNECTED 态时，两个 SIM 卡同时在网络 A 和网络 B 的工作流程：避免 UE 需要在网络 A 进行数据传输或接收导致的 UE 在网络 B 的临时能力（能力被转移到网络 A）限制导致的性能下降

系统观 12 数据中隐含的"变化"

A 中国企业走上 3GPP 舞台

3GPP 是全球范围内最为重要的移动通信标准化组织，全球拥有 700 多名企业会员。其制定的移动通信技术一直以来都是全球的主流技术，比如 GSM（2G）、GPRS（2.5G）、TD-SCDMA/WCDMA（3G）、LTE（4G）和 5G NR。在 1.6.2 节中，我们对 3GPP 的成立历史进行了介绍，3GPP 代表的是 ETSI 制定的以 GSM 技术为代表的"欧洲势利"。它的成立一方面是响应 ITU 的 IMT-2000 倡议，另一方面也是为了应对来自以 CDMA 技术为代表的"北美势利"。随着 CDMA 技术和标准化组织 3GPP2 的没落，3GPP 最终走向统一，成为全球通信相关企业竞相争夺的技术赛道。但无论如何，3GPP 是欧洲和北美传统的主场，一大批亲历了 0G 到 2G 技术变迁的大公司聚集在此，比如爱立信、摩托罗拉、诺基亚、高通、三星、沃达丰等。

在最初的十几年里，3GPP 会场罕有中国面孔出现。但随着 TD-SCDMA 技术的提出，中国企业逐渐走上 3GPP 舞台。在经历了"3G 跟随、4G 追赶、5G 超越"之后，3GPP 会场上的中国力量已经不可忽略，甚至在某些领域已经成为主导者。

笔者统计了 R18 阶段两个最为重要的技术组 RAN1 和 RAN2 的牵头立项数据，如图 8-10 所示。从图 8-10 中可以看到，在 R18 中，中国公司牵头立项数占 3GPP RAN1、RAN2 立项总数的 54%，共计 12 个技术立项。其中 vivo、中兴通讯和联发科（MTK）均有两个立项。虽然立项数并不能完全反映其在 3GPP 中的话语权，但这表明了中国公司在移动通信领域的创新能力和积极参与的态度。

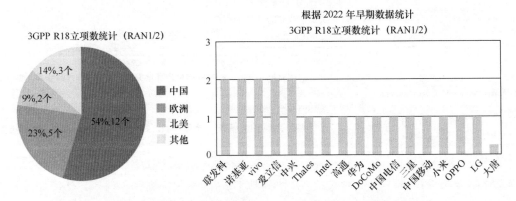

图 8-10 R18 阶段 3GPP 立项统计（仅包含 RAN1 和 RAN2 立项）

B "勤奋的" 3GPP

根据 3GPP 工作文档的数据记录，3GPP 的 3 个技术大组（RAN、SA 和 CT）的共计 15 个技术小组，在 R16～R18 的 3 个技术版本中，共计立项 1619 个项目。这些项目虽然有大有小，但仅从数量规模上，足以表明肩负移动通信未来技术走向的国际标准化组织 3GPP 的勤奋程度。这些技术项目包含了移动通信系统从接入网到核心网，从技术规范到指标、性能，从运营商后台管理到测试、计费、安全、应用接口等技术再到产品实现的全产业流程。3GPP 的勤奋程度和技术标准的完善程度，是 3GPP 跨越几十年时间一直可以输出主流移动通信技术的原因之一。

笔者对 3 个技术版本中 3GPP 的立项进行了简单统计，如图 8-11 和图 8-12 所示。

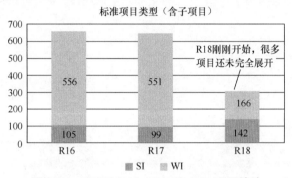

图 8-11　3GPP R16、R17 和 R18 项目统计

我们根据图 8-11 可以看到一个有趣的现象，虽然 R18 刚刚开始，很多项目还未展开 [很多研究项目（SI）会在后期直接转为标准化项目（WI）]，但目前立项的 SI 远多于 R16 和 R17 中的 SI。这说明 3GPP 在进入 5G 的第二阶段 5G-Advanced 后，大量新技术、新场景和新问题将被引入、讨论。这些新技术、新场景和新问题要么涉及非通信领域的跨行业需求，要么并不属于传统的技术增强思维和方式，所以需要利用 SI 的形式进行前期的可行性研究。这种现象也恰好印证了笔者对 R18 特点的概括——探索。

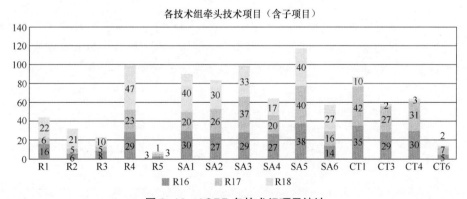

图 8-12　3GPP 各技术组项目统计

图 8-12 还给出了在 R16 到 R18 阶段各组的立项数量。虽然 RAN 各组的立项数相对较少，但一方面 RAN 定义的技术规范直接对接各类用户 UE，知识产权价值较大；另一方面 RAN 新技术的引入标准开销较大，所以整体上，RAN 的 RAN1、RAN2 以及核心网架构研究组 SA2 是 3GPP 的几

个比较核心的技术组，受关注度较大。

Ⓒ 新场景和新需求

5G 和 3G、4G 的一个最大的不同就是 5G 并不完全聚焦在 ToC 的个人应用领域，而将移动通信技术的服务扩展到更为广阔的垂直行业。作为本书的主线之一，前面的各个章节对这一点都有介绍。笔者根据 3GPP 的项目立项文档，对 R16 ~ R18 中的两个主要技术组的技术立项进行了梳理，将涉及的技术分为"赋能型技术""增强型技术"两类。

"赋能型技术"指为应对垂直行业的新场景和技术需求而对移动通信网络进行的技术增强；"增强型技术"则是不特别针对垂直应用，对 5G NR 的共性场景和能力的增强，相关数据统计如图 8-13 所示[1]。

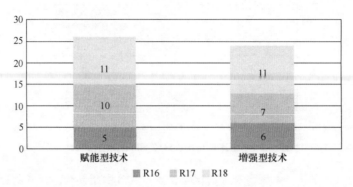

图 8-13　3GPP R16 ~ R18 项目分类（RAN1、RAN2）

从数据中我们可以看到，在 5G 的后续演进过程中，针对垂直应用的技术增强项目的总数明显多于针对传统应用和共性技术的增强项目的数量。笔者发现，虽然从 RAN 角度看，无论是新场景还是"传统场景"，空口技术发挥的都是"管道"作用，很多上层需求对 RAN 透明，但在这种情况下，RAN 仍可对如此多的新场景进行针对性增强，这已经是难能可贵的了。

笔者还发现，RAN 的赋能型项目数量明显少于核心网（如 SA1 和 SA2）的赋能型项目数量。如果再将核心网数据包含进去，那么赋能型项目将占 3GPP 技术立项的绝大部分。这说明 3GPP 的后续演进版本的研究重点已从 ToC 业务转移到 ToB 业务，同时为支持垂直行业应用，移动通信网络的网络架构、新业务导入、业务编排、商业模式及运营商后台管理等领域将面临更多的冲击。

---

1 类似 MIMO 的增强技术，考虑到其并未针对特定的垂直应用场景，而是利用传统的"更高更快"的思路进行的演进，因此，被归为"增强型技术"；而类似"接入网切片"这样的针对行业应用的增强技术，被归为"赋能型技术"。

第 9 章　对"未来"的畅想——6G

9.1　6G 研究不是只有"研究"

如图 9-1 所示，根据 3GPP 的标准化计划，5G 技术将继续向后演进，而 6G 的需求研究预计将在 R20 由 SA1 开启。3GPP RAN 技术组将在 2025 年左右的 R20 阶段开始 6G 的前期研究。RAN1、RAN2 等技术组于 2027 年前后的 R21 阶段正式开始 6G 的标准化工作。

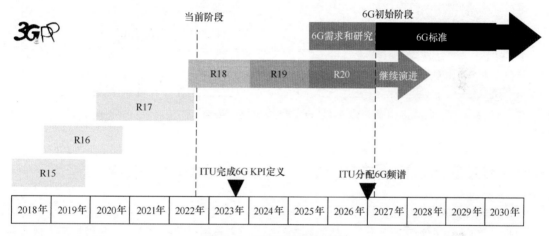

图 9-1　3GPP 标准化规划

从 1G 的语音，到 2G 的文字，再到 3G、4G 的移动互联网，移动通信技术的每一次跃迁都带给人们太多的惊喜和改变。也许正是这种已经"习惯了的"期待，导致人们对 5G 寄托了太多的期望。但与预期不同的是，随着 5G 的大规模商用，社会上质疑的声音越来越大。

通信产业在这种质疑声中多少感受到一些压力。因此，一方面，3GPP 加快了标准化节奏，即便受疫情影响，也没有取消一次会议，R16、R17 得以顺利冻结，真正有能力承载 5G 使命（赋能垂直行业）的技术版本也即将商用；另一方面，一直在牵引前沿技术方向的学术界也前所未有地提前了 6G 研究的进程。更加难得的是，各大 ToP 级企业也提前加入了这场争夺"未来的未来"的"战争"。

正如在"系统观 2"中提到的，"市场"是技术的试金石，真正成功的技术必然是经过市场检验的技术。那么如何做到这一点呢？这就需要真正地理解市场，掌握需求。要做到这一点，就要进行充分的调研。

理解了市场、掌握了需求，下一步就是去考虑如何用技术的手段对接这些市场和需求，这一点说起来容易做起来复杂。移动通信是一个庞大的系统，而一个系统最终对外呈现效果的好坏，不仅取决于技术本身，还在很大程度上取决于系统设计。系统设计需要充分考虑所有可能的影响因素。这和纯学术研究不同，在理论条件下，单个技术的能力并不代表在集成系统后，在现实的多种因素影响下还依然优秀。所以，我们还需要进行可行性研究，设计原型系统并进行技术验证。在进行这些工作时还需要特别注意——技术的复杂度和成本。这两点往往是很容易被忽略的，但它们在技术催生产品的过程中起到了决定性作用。

当下的 6G 研究处在"需求研究""可行性研究阶段。"在标准没有制定、系统设计还未开启之前，没有任何人可以准确地回答 6G 是什么样的。但这并不代表"畅想 6G"没有意义。恰恰相反，这才是技术研究应有的"姿势"，如图 9-2 所示。

正是前面介绍的种种原因，笔者将当下看到的 6G 概括为"畅想"。它相比 R18 的"探索"可能距离我们更加遥远，但仍然值得期待。

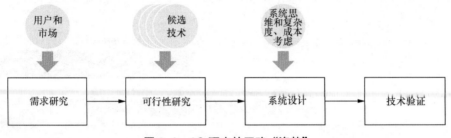

图 9-2　6G 研究的正确"姿势"

9.2　谁才应该是提需求的人？

6G 需求应该从哪里来呢？答案显然是：来自用户。

只有用户才知道他们需要什么，他们喜欢什么。对来自用户的需求进行大规模梳理、延伸和扩展，这样才能得出需要的，可信的结果，才能真正对后续研究起到指导作用。

vivo 通信研究院在 2020 年以"畅想 2030 年的数字生活"为题开展了 6G 应用场景用例征集活动，收到了 800 多份来自不同专业的应届大学毕业生作品及 20 多位数码科技界资深专家和媒体人的创作。这些创作用例集中体现了消费者对未来数字化生活的期待。为了使场景预测更具科学性和可实现性，vivo 通信研究院进一步研读了相关行业面向 2030 年的发展预测报告和多个政府机构未来 10 年的发展规划，给出 6G 愿景需求的初步观点，最终撰写发布了《数字生活 2030 +》《6G 愿景、需求与挑战》白皮书。

在《数字生活 2030 +》中，对 11 个与生活息息相关的场景方向进行了趋势分析，并呈现了 20 多个鲜活的场景用例。虽然其中提到的用户场景大多为 ToC 角度，而且部分场景或过于"前卫"，或稍显保守，但无论如何，这代表了消费者心目中的"未来"，是消费者所需要的。表 9-1 给出了该白皮书中的 6G 用例，以及这些用例对网络的基本需求。

表 9-1　《数字生活 2030 +》6G 用例与需求

场景分类	征集用例	技术需求和挑战
衣	游泳神器 2030	泛在连接、UE 体积功耗成本挑战、超高速率通信、敏捷制造、信息安全
	私人订制	

场景分类	征集用例	技术需求和挑战
食	未来食物工厂	人工智能+数据、人机接口、"0"功耗 UE、信息安全
	量化健康饮食	
	恋爱味道	
住	智慧家居 2.0	人工智能和算力服务、超高速宽带、泛在连接、低成本通信、精准定位
	宾至如归	
	智慧社区 2.0	
行	智慧城市交通	大带宽、低时延、高可靠性通信，精准定位，数据共享和信息通信安全
	千里一日游	
学习	快乐校园一天	大带宽通信、全息技术发展、AR 技术成熟、人工智能能力提升
	昆虫侦探	
	我是演说家	
工作	自由工作模式	虚拟现实、全息通信、低时延通信、时间精准通信
	未来办公	
	千行百业的变化	
娱乐	火星探险	XR/ 传感能力提升、通信带宽和时延、高算力需求
	追星新时代	
	梦回唐朝	
医疗	一站式在线诊疗	确定性网络、通信带宽和时延、高算力需求、信息通信安全
	孪生诊疗	
	微型机器人手术	
健康	家庭健康管理	数据安全、传感能力、通信带宽和时延
	心灵伴侣	
环境	私家菜园	连接能力、通信可达性、泛在 UE、感知能力
	环保新生活	
安全	火灾逃生	低时延、高可靠性，精准定位，大容量通信，卫星通信等多种接入方式
	紧急避难	
	地震搜救	

《6G 愿景、需求与挑战》白皮书提出了构建"自由连接的物理、数字融合世界"的 6G 愿景——"面向 2030 年及以后，6G 将构建泛在数字世界，并自由连接物理世界和数字世界，实现二者相互作用和高度融合，从而提供丰富的业务应用，促进社会的高效可持续发展，提升人类幸福度"。当然，应用场景和愿景并不是 6G 研究的最终目的。在需求研究阶段，还需要对应用场景进行整理并最终给出对移动通信系统能力的要求。

笔者参考《6G 愿景、需求与挑战》白皮书及其他一些公司/机构的研究，整理了行业预测的 6G 系统关键技术性能，如表 9-2 所示。

表 9-2 6G 系统关键技术性能预测

需求分类	具体特征	5G	6G
通信性能指标	峰值速率	20Gbit/s	>100Gbit/s
	用户体验速率	0.1Gbit/s ～ 1Gbit/s	>1Gbit/s
	用户面时延	1ms ～ 5ms	最小 0.1ms
	流量密度	10Mbit/s · m^{-2}	1000Mbit/s · m^{-2}
	连接密度	1/m^2	10/m^2 ～ 100/m^2
	移动速度	500km/h	1000km/h
	端到端可靠性	0.99999	0.9999999
	时间精度	时间同步精度微秒级	时间同步精度纳秒级
感知性能指标	成像精度	无	1mm ～ 3mm
	定位精度	1m ～ 10m 级别	0.1m ～ 1 m 级别
通信效率指标	频谱效率	典型场景平均频谱效率为 5 ～ 8bit/s/Hz/TxRP（密集城区）	单位面积的平均频谱效率有 2 ～ 3 倍提升
	能耗效率	典型基站功率 1kW ～ 2kW，传输速度为 10 Gbit/s	每比特综合能耗提升 100 倍以上
	比特成本 / 价格	预计 5G 发展后期可达 100GB/ 用户 / 月，用户通信开销低于人均 GDP 的 1%	10TB/ 用户 / 月，用户通信开销低，为人均 GDP 的 1%

　　人们对未来 6G 的理解将随着研究的深入而不断加深，因而最终的指标需求还会发生一些变化，但无论如何，仅从目前的研究输出来看我们已经可以窥探到 6G 相对于 5G 可能发生的一些变化。

　　（1）"无线感知"将成为 6G 空口的新能力：高频段、大带宽和超大规模阵列天线的应用将为 6G 空口赋予类似于雷达的无线感知能力。这让无线电波除了可用于数据的承载，还可用于对象特征的探测。这个新的能力让移动通信网络从传统的"数据搬运工"变为"数据的生产者"。

　　（2）6G 系统能力的进一步扩展：一方面，传统的通信性能，如速率、时延、可靠性、连接密度等指标相比 5G 均会有至少 10 倍的提高，这些高能力需求主要来自 XR、人工智能等新媒体应用场景；另一方面，时间精度、定位和感知将有可能作为新的能力 KPI 被定义为如"6G 之花"。

　　（3）"效率""性能"同等重要：技术性能决定了 6G 支持服务的能力和范围，直接影响用户体验。但在 6G 时代，性能将不再是移动通信技术唯一追求的目标。效率体现了移动通信系统提供服务的代价，定义合理的 6G 效率指标是保证 6G 网络可持续发展的前提。频谱效率、能效和成本效率将成为设计 6G 系统的一个重要指标。

　　（4）对安全和隐私的保护是不可忽略的基础：6G 将极大地加强对大数据的综合应用。这些数据来自 6G 通过感知而来的自主数据，也来自在个人用户和行业用户使用 6G 服务时输入的数据。为了完善移动通信网络对大数据综合应用的商业逻辑，数据安全和隐私保护能力将成为 6G 有别于其他系统提供数据服务的核心优势和难点。

　　（5）进一步扩展"万物互联"和"无处不在"的连接："万物互联"和"无处不在"的连接是移动通信始终追求的目标，虽然在 5G 时代也提出了这个愿景，但受制于基站覆盖范围和成本的约束，5G 时代还无法真正有效地实现"万物互联"和"无处不在"的连接。随着 5G 后期 NTN 技术（参见 7.6 节和 8.2.1 节）研究的开启，6G 将有望真正实现"万物互联"和"无处不在"。

除了上面总结的可能变化，还有一个潜在的趋势值得大家关注，就是移动通信网络角色的转变。

在 1G、2G 时代，移动通信网络为用户提供的主要服务就是语音，网络简单而"单纯"。从 2G 后期到 4G，随着移动通信网络 IP 化的完成，特别是随着空口技术提供的带宽和速率能力的巨大提升，移动通信网络变成了提供连接和数据传输的"管道"，当然，语音服务也理所当然地变成了在管道中传输的数据之一。在进入 5G 时代后，虽然引入了对垂直行业需求的个性定制（如 URLLC、低能耗和低复杂度特征，以及网络侧的灵活编排能力），但从本质上来说，移动通信网络仍然扮演连接和数据传输"管道"的角色。在未来的 6G 中也许这一切将发生变化。移动通信网络角色的变迁如图 9-3 所示。

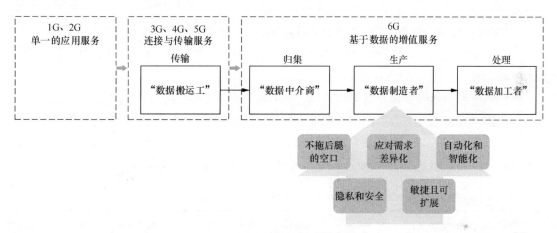

图 9-3　移动通信网络角色的变迁

当"无处不在"的连接成为现实，海量传感器 UE 产生的大量数据将通过移动通信网络进行传输，而移动通信网络将从"数据搬运工"变为"数据中介"。当"通感一体"也成为现实，移动通信网络将自主产生大量数据，又将从"数据中介"升级为"数据的生产者"。此外，当数据最终成为一种资源，由于数据的流转需要消耗巨大的资源和成本，因此，使移动通信网络具备数据计算、存储能力就变得理所当然。于是，计算所需要的算力、存储等资源也变成了一种商品。移动通信网络从"数据的生产者"再次华丽转身为"数据的加工者""生产力的制造者"。这些变化将为运营商极大地拓宽商业和盈利空间。而移动通信网络也在传统的"连接和数据传输服务"基础上，增加了"基础信息服务""融合计算服务"。

升级后的移动通信网络将变得更加复杂，它相比 5G 网络更加迫切地希望实现自动化、智能化和可定制化。这要求移动通信网络在支持多种特性完全不同的服务的基础上，实现多种业务之间游刃有余的游走和穿梭；网络足够"敏捷"和可扩展，以方便应对任何需求和情况；网络对自己产生的、中介代理的或用户提供的数据都可以"守口如瓶"，让第三方对其有足够的信任；作为数据网络"最后一公里"的空口技术足够强大而不至于阻碍有线传输的发展。

有了清晰的逻辑、足够的资源和基础、足够的动机，还要看是否有足够的能力。

9.3 "需要的"的技术即合适的技术

移动通信网络角色的转变引发一系列的变化和需求。和以往不同的是，在 5G 到 6G 的转变过程中，核心网将扮演更为关键的角色，因为无论是"基础信息服务"还是"融合计算服务"，都需要对网络架构、后台管理、安全机制和 API 进行大刀阔斧的改革。其实这个趋势在 5G 中已经隐约出现，笔者将 5G 核心网称为"创新的孵化器"也是出于对这方面的考虑。

当然，RAN 也同样重要，它与"最后一公里"空口技术的实现有关，是 6G 系统"连接"服务的关键环节，也是 6G 提供"连接和数据传输服务""基础信息服务""融合计算服务"的基础。由于空口直接连接 UE（6G 的 UE 概念也会在极大程度上被扩展），因此，它涉及各类场景下与各类 UE 进行"对接"。因而，接入网侧的标准化工作一直以来都是"兵家必争之地"。当然，也正是这个原因，涉及 RAN 的标准、专利也极被很多人看重。但笔者想表达的是，网络侧的创新也许才是 6G 的关键，千万别因为知识产权价值的不同而忽略了它。

有了服务、需求和场景，接下来要考虑的就是如何实现了。

为了让读者的逻辑更加清晰，这里将现在研究的 6G 潜在技术分为两类，即框架型技术和能力型技术。

框架型技术指那些直接影响网络架构、主要依靠设计创新的技术，如空天地一体、智能内生、算网融合、基于服务的网络、无蜂窝网络等。能力型技术指的是那些主要影响某几项系统指标或者能提升某几项网络能力的技术，如太赫兹、可重构智能表面（RIS）、各类新型编码、新波形等。框架型技术和能力型技术的特征比较如表 9-3 所示。

表 9-3　框架型技术和能力型技术的特征比较

特点	框架型技术	能力型技术
主要影响领域	网络架构	技术能力与指标
研究内容	业务逻辑、网络框架、信令流程	新技术、新方法或新算法的应用
创新途径	基于创新的设计	基于创新的理论和原理
擅长技术背景	标准研究	学术研究 + 标准研究
设计技术组	多为 SA	多为 RAN
技术构成	往往是多个技术的组合	往往是单项技术的应用
需求类型	上层应用导出的直接需求，具有不可替代性	支撑系统能力的间接需求，具有可替代性
技术举例	空天地一体、智能内生（网络智能化）、算网融合、服务化架构、无蜂窝网络（Cell Free）、区块链、确定性网络	人工智能 + 通信（AI for 6G）、通感一体化、极低功耗通信（如反向散射通信）、超大规模天线、可重构智能表面、新型双工、各类信道编译码（如基于人工智能的编译码）、各类新波形（如 OFDM 类、QAM 类和延迟多普勒域波形（OTFS）等）、各类多址技术、轨道角动量、新频段（太赫兹、毫米波、Sub-THz、可见光通信等）

框架型技术和能力型技术之间还有一个比较重要的区别：框架型技术往往是 6G 上层应用直接可导出的能力需求，不太容易被替代（除非不考虑这个应用场景）；能力型技术是支持某个上层应用实现的间接需求，可以被另外一些同类技术取代。当然这样的划分和区别并不是绝对的。

除了上述两类技术，其实还有一类被称为6G潜在技术的技术，这类技术往往是一类新场景或特定场景在移动通信上的应用。它们对移动通信网络的基础能力（如速率、时延）提出了较高要求，但不直接提升网络能力。它们中的很多技术除了对移动通信网络提出要求，还强烈依赖于一些跨界技术的成熟。笔者称这类技术为场景类技术，如全息通信、触觉互联网、数字孪生、体域网、仿生网络、多感官网络、元宇宙等。

看到这里，可能很多读者已经"徜徉在概念的海洋里了"。在表9-4中简单介绍了几个比较重要的6G框架型技术。

表9-4　几个重要的6G框架性技术

候选技术	技术原理与应用场景
算网融合	6G系统将实现通信和计算的融合，为有计算需求的用户提供计算服务，并将计算作为一种"资源"在网络内部调配和共享 典型应用：人工智能、视频在线编辑、游戏
智能内生	基于算网融合获得的算力资源，6G可实现原生的人工智能能力。一方面，类似于前面提到的"AI for 5G"，6G网络将利用自身的算力资源和数据资源实现对自身的优化和进化，处理那些通信系统存在的很多无法准确建模、不易获得闭式解、需要多个相关模块联合优化的问题。另一方面，类似于"5G for AI"，6G网络具备了人工智能能力，可为外部第三方提供人工智能计算服务，包括模型更新、模型传递、计算的分发等 典型应用：利用人工智能能力提升通信能力，为所有人工智能的外部应用提供服务
空天地一体	经过后5G的酝酿（见7.6节和8.2.1节），6G将有可能整合地面网络和非地面网络，提供全球覆盖，为当前未联网的区域提供全面、立体、无处不在的网络连接 典型应用：物联网、车联网、紧急通信等
服务化架构	借鉴于互联网的"云原生""微服务"思想，将移动通信网络原本功能大而全且相互耦合的单体式网络实体架构，拆分成多个粒度更小、功能更单一的模块化的"微服务"组件，并通过开放的API实现集成和对外服务提供，每个"微服务"独立于其他服务进行部署、升级、扩展，可在不影响客户使用的情况下频繁更新正在使用的应用，最终实现核心网功能服务更新、编排的快速响应、持续集成和持续交付。服务化架构在5G阶段被引入核心网系统，相关思想可能会出现在RAN中 典型应用：应对业务多样性和多变的需求

完成了对服务、需求和场景的研究，接下来要完成的就是"去伪成真"的可行性研究。这里的"去伪成真"并不是说某个技术好与不好，或者说某个技术性能强就一定会被应用。而是综合各种因素来判断是否可能被不太遥远（3GPP 6G标准化将于2025年前后开启）的6G使用。完成这项工作需要坚持严肃认真的态度。因为我们的每一个决定都关系到未来6G的成败。正如本节标题写的这样，"需要的技术"不一定等于"性能最好的技术"，而应该是"合适的技术"。那么什么是"合适的技术"呢？

笔者认为，"合适的技术"需要满足如下几个条件，如图9-4所示。

首先，这样的技术必须是可实现的，且具备合适的复杂度和成本，这点毋庸置疑。如果一个技术仅停留在理论层面，无法通过现有的实现方式来实现，那么一切都是臆想。而合适的复杂度侧面反映了"可实现"需要付出的"技术代价"。"技术代价"影响着产品的体积、

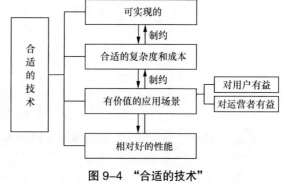

图9-4　"合适的技术"

消耗的能源或处理的时间。成本因素制约了技术最终是否可以被商用，也影响着用户的接受程度，和学术研究不同，成本因素是标准化必须考虑的问题。当然有时候复杂度直接对应成本，这种成本一般指的是实现的硬件成本。

然后，这样的技术必须具备有价值的应用场景。"有价值的"有两层含义，一层是技术对用户是有价值的，即为用户带来创新体验。另一层指的是商业价值或者合理的商业逻辑。我们在前面的很多地方反复提到过，电信网络不同于其他网络，它的核心优势是可靠和可控，这两个优势一方面涉及系统设计问题，另一方面涉及网络部署和频谱使用问题（网络设备由运营商统一在安全环境中部署，而且使用的是需要付出"代价"的授权频谱），所以如果技术无法为运营者带来商业价值，那也很难说服运营者投入。当然有例外，比如设备由用户购买并且使用非授权频谱 [类似于 Wi-Fi 的模式，LTE 的 HeNB、LAA（授权频谱辅助接入）及 NR 的 NR-U（非授权频谱）技术]。

最后，技术要有较好的性能。之所以用"较好"而不是"最好"，是因为性能"最好"的技术往往需要付出更高的技术代价和成本代价，性价比较低。其实还有一个原因，即知识产权的竞争有时候也会让并不算最优的技术最终被写入协议。

关于 6G 的话题当下正是如火如荼，各类 6G 论坛、6G 讲座的消息层出不穷。这是一个好现象，但也让笔者有些担忧。担忧一方面来自 5G。在笔者看来，5G 的商用进程还未过半，后面还有很长的路要走。用户对 5G 缺乏信心和 6G 的提前暴热也许会削弱 5G 后续深度商用的动力。弯道超车虽然好，但循序渐进地去培育垂直行业对移动通信赋能的信心也许更加重要。另一方面来自 6G 研究本身。6G 研究不能只是"研究"，用户才是最应该提出需求的人。对于技术本身，我们不应该只追求"最好"而应该追求"最合适"。现在我们可以"畅想"6G，但未来，我们更希望实现贴合实际的 6G。

系统观 13　新、旧动力和约束力影响下的移动通信技术演进

在第一篇章中，我们花了很大的篇幅介绍了从电话的发明到 4G 移动通信技术发展的历史脉络，并总结梳理了从历史发展中我们看到的那些可被称为"规律"的线条。在第二篇章中，我们全面总结了 5G R15 的技术创新，并指出当前遇到的阵痛和可能的原因。作为本书的主体内容，在第三篇章中，我们详细介绍了 5G 的第 2 个和第 3 个技术版本 R16 和 R17，将技术特征分成了赋能型技术和演进型技术两类。在本书的最后一个篇章中，我们对目前刚刚开始标准化的 R18 技术按照"技术族"的形式进行了整体介绍，为读者呈现了 R18 演进的几个大的技术方向。这些方向虽然并不一定会在 5G 阶段被商用，但它一定是对未来技术演进的一次"探索"。最后，简单地介绍了目前 6G 前期预研的情况，在这一章节里我们并未对 6G 潜在技术进行展开，而是站在标准化角度更理性地看待当前的 6G 研究。

"系统观 13"作为本书的全局性总结，将利用第二篇章总结出的移动通信发展的"旧动力""新动力""约束力"来匹配 R16 至 6G 演进的进程，总结出一些有利于看清技术发展脉络的规律。

Ⓐ　在动力和约束力的推动下的技术演进

下面将对本书前 2 章介绍的推动力和约束力进行总结，然后结合 R16 ~ R18 新引入的特征

来综合分析 5G 阶段技术的发展趋势，如表 9-5 所示。

表 9-5　移动通信发展的新旧动力和约束力

动力与约束力			内容说明
旧动力	（1）	旧动力 A：技术理论创新驱动	基础理论的跨越式创新是通信发展的底层驱动力
	（2）	旧动力 B：容量驱动	容量是移动通信初期发展的主要动力，随着"UE"概念的扩展，容量驱动化身为"连接密度"继续推动移动通信的发展
	（3）	旧动力 C：覆盖驱动	覆盖是移动通信初期发展的主要动力，随着系统复杂度和用户对网络质量要求的提高，从单纯地追求覆盖广度向追求覆盖质量和覆盖深度扩展
	（4）	旧动力 D：速度驱动	对速度的追求几乎主导了 3G 到 5G 发展的整个过程，这一追求从最初的次要变为主要，由上层应用点燃（移动互联网），是否继续"燃烧"，也将取决于业务形态的创新
	（5）	旧动力 E：应用需求驱动	上层应用需求是移动通信发展的最根本动力，除了速度外，其他需求的涌现（如时延和可靠性）也同样在极大程度地改变移动通信技术的走向
	（6）	旧动力 F：标准化组织的推动	标准化组织的意义在于通过最广泛的参与和开放，实现基本的技术公平；通过广泛的利益分配和平衡，来换取最终的技术认同，并维护一个统一的市场
	（7）	旧动力 G：良性竞争和创新的推动	压力就是动力，3GPP2、IEEE 这些优秀的对手造就了 3GPP 的高速发展，创新是 3GPP 应走的道路
新动力	（8）	新趋势 A：物的连接	人与人的连接，到人与物的连接，再到物与物的连接，使业务需求发生了重大变化（如时延、时延抖动、可靠性和速率），也让处理业务多样性的技术手段（QoS 体系）向具备定制能力的网络切片发展
	（9）	新趋势 B：业务的定制化、弹性和智能化	业务多样性触发了网络功能的复杂化，进而触发了对网络功能定制的需求，最终推动 5G 向弹性和智能化发展
	（10）	新趋势 C：低能耗和节能	碳排放和能耗的降低是移动通信网络发展趋势"低能耗和节能"的基本动力。而 UE 节能和网络节能将成为移动通信网络后续演进的一个重要指标
	（11）	新趋势 D：技术与市场的渗透和融合	移动通信技术作为一个独立学科逐渐呈现出与其他学科融合的趋势，特别是计算机学科。相互渗透、融合和学习将成为移动通信技术跳出传统领域，赋能垂直行业的基础
	（12）	新趋势 E：网络拓扑异构和接入方式的多样性	极限的流量和时延需求，以及多样化的业务场景触发了网络的异构化和接入方式的多样化，让移动通信网络从平面覆盖向立体覆盖转变
约束力	（13）	约束力 A：实现能力的约束	技术理论的创新是移动通信技术发展的底层驱动力，而理论和技术的创新往往也受到材料、工艺、实现复杂度、实现成本等实现能力的约束。实现能力是移动通信技术发展的"限制条件"，也是技术理论能否被产业化的"辨伪者"
	（14）	约束力 B：应用和市场的约束	应用和市场是移动通信发展的最根本动力，同时也是技术的试金石，只有被市场接受的技术才是好技术
	（15）	约束力 C：利益制衡	在标准领域利益平衡一直存在也应该存在，这本身就是标准化组织的意义所在，但有时候确实也会错过协议好的技术与标准

为了帮助大家整体观察 3GPP R16～R18 的立项驱动力，这里给出了图 9-5。图中黑色框标注项目为本书中已介绍的立项，灰色框标注项目为本书未介绍的立项。图中编号对应表 9-5 的动力编号。

从图中可以看出，至少从 RAN 看，3GPP 在 R16～R18 的技术增强大部分受到新动力的影响。其中，新趋势 A、新趋势 D 的影响面最大，分别有 14 个项目与之相关。从这个角度看，5G 的后期演进对垂直行业特别是涉及物联网的行业领域影响最大。而旧动力 A 仅在 R18 RAN1 的 "Study on Artificial Intelligence (AI)/Machine Learning (ML) for NR air interface" 项目中有所表现。此外，在旧动力方面，旧动力 C 的影响最大，主要因为包括交叉干扰和远距离干扰管理 (CLI&RIM) 项目、NTN 项目、上行覆盖增强、无人驾驶飞行器等项目表现出的对覆盖质量、立体覆盖等方面的技术需求。

此外，旧动力 F 及约束力对大多数项目形成普遍的影响和约束。这也表现出技术特征的最终落地还需要受到市场、实现能力各因素的约束。

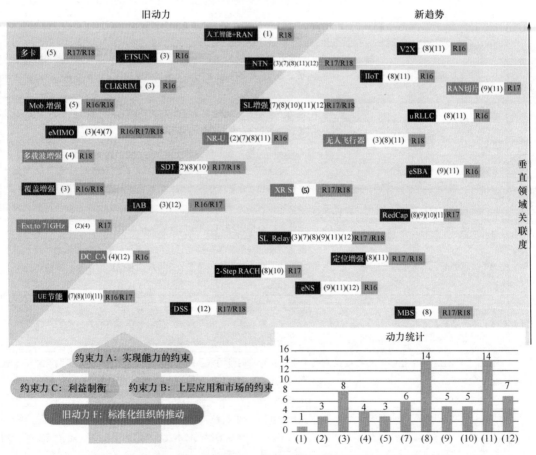

图 9-5 R16～R18 项目动力、约束力整理（仅 RAN1、RAN2 立项）

Ｂ 推动力和约束力的演变

唯一不变的是变化本身。观移动通信技术的发展，自 1946 年商用的 MTS 到 2019 年商用的 5G，已经跨越了 70 多年的时间。这 70 多年，移动通信技术从语音服务到提供传输服务，从为普通的个人用户提供 ToC 服务到向垂直行业提供 ToB 赋能，无论是上层的业务需求还是底层的技术能力，都发生了翻天覆地的变化。正是这些底层和高层的变化，推动着移动通信技术走向不同的方向。

推动移动通信技术发展的动力也会随着应用和技术的变化而演变。如图 9-6 所示，我们结合前面分析的"旧动力"和"新趋势"梳理了移动通信技术发展的驱动力的演变。

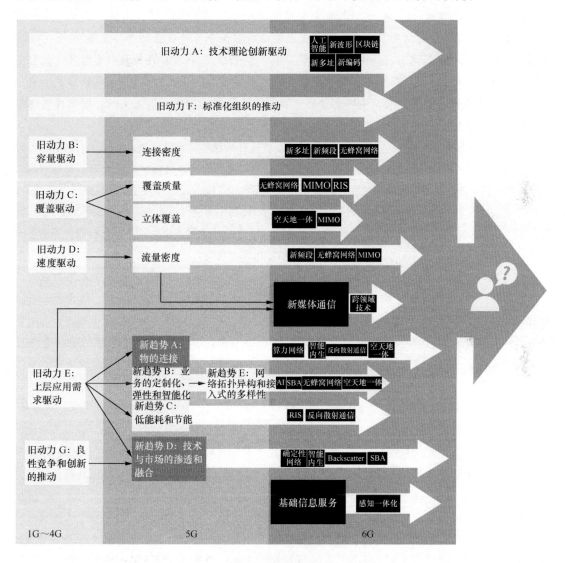

图 9-6 驱动力的演进

技术理论创新对移动通信技术发挥的推动作用将一直作用于技术的发展，而且发挥着任何其他因素都无法取代的核心作用。虽然我们非常遗憾地看到 5G 阶段除了 R18 引入的人工智能技术可被看作一次底层技术的革新外，并没有太多的底层创新。但在即将开启的 6G 时代，也许会发生积累已久的质变。"AI for 6G""6G for AI"，以及各种物理层底层核心技术的引入也许会为 6G 的"创新集群"奠定一个良好的基础。

此外，标准化组织对移动通信技术演进的推动也依然是技术发展的重要推动力。但我们可以看到，随着 5G 对垂直行业赋能尝试的不断深入，积累了足够的技术和市场经验的 6G 将更加游刃有余地处理跨行业问题。这其实对标准化组织而言也是一个不小的考验，因为作为方向的引领者，它需要了解并联合各个行业的技术和标准化组织，以更加开放的态度来完成 6G 的标准化工作。在这个过程中，利益和观点的冲突不可避免。另外，随着 3GPP2 的没落，3GPP 在没有太多外部竞争的环境下，如何加强各成员企业的凝聚力、如何继续维护全球标准的统一、如何持续产出高质量的移动通信标准，还面临着诸多挑战。

容量驱动在 2G 大规模商用以后对技术发展的推动效果就已被明显削弱。但随着 4G 后期物联网业务融入移动通信网络，特别是在 5G 覆盖各个垂直行业后，UE 连接需求暴增，这让容量驱动再次被"点燃"，但其表现形式从系统容量向"连接密度"变迁。在进入 6G 阶段后，这个趋势将会继续发酵。新型多址技术和新频谱技术将为连接密度的提升提供支持，而无蜂窝网络技术也因进一步地提高了频谱复用效率而为连接密度的提升创造可能。

覆盖驱动与容量驱动类似，在 5G 时代就演进为对覆盖质量的追求。此外，随着广域物联网、无人驾驶机器等场景的引入，移动通信网络的覆盖也从平面覆盖向立体覆盖转变。在进入 6G 阶段后，这个趋势也将会继续发挥作用，并凭借无蜂窝网络、MIMO、RIS、空天地一体网络等的发展而得到支持。

速度驱动是 1G～4G 移动通信演进的主线，但随着 5G 商用的展开，消费者越来越能感受到 5G 发展的乏力。正如我们在书中多个地方的观点，这一代移动通信技术发展的主线是垂直行业，因为上层应用创新的步伐放慢，在 5G 的商用初期，大带宽和高速率并未发挥出其应有的实力。但随着 5G 向各垂直行业深入渗透，eMBB 能力会逐渐发挥出其优势。从表 9-1 和表 9-2 中，我们仍然可以看到速率在未来 6G 应用场景中的重要地位。一方面，由于多种"流量消耗大户"的出现，速度驱动变成流量密度驱动；另一方面，6G 网络可实现的高速率也会直接影响新媒体通信（如触觉物联网等）的发展。但无论如何，速度驱动已经变得没以前那么重要，或者说不再是移动通信技术的唯一追求。

接下来的驱动力是"应用需求的驱动"。在从 1G～4G 的发展过程中，应用需求驱动的表现形式相对比较单一，主要表现为传输图片、视频要求的通信速率。在 4G 后期，"应用需求"的概念逐渐扩展，从单纯的速度扩展到时延、可靠性和能耗。进入 5G 时代，为了应对垂直行业需求，对时延、可靠性和能耗的需求向更加极致的方向延伸，同时，为了处理上层多样化的应用场景，网络向定制化、弹性和智能化发展。这种趋势也逐渐影响到网络架构，网络从单层蜂窝网络向异构网络发展。

在笔者看来，进入 6G 后，"应用需求"的驱动力将变得更加"强大"，并最终触发移动通信网络的一次质的改变。在这个过程中，反向散射通信将发挥其低功率通信的优势，而空天地一体网络会发挥其立体覆盖的能力，为"物的连接"范围的扩大提供支持。同时，因为物的连接及通感一体获得的数据，再依赖算力网络和智慧内生提供的计算和处理能力，数据将最终成为运营商的重要资源并对外提供信息服务。此外，人工智能和服务化架构的进一步应用也将提升移动通信网络的智能化水平和业务定制能力。随着定制网络和业务的普及，以及无蜂窝网络和空天地一体网络技术的引入，6G 网络的拓扑将变得更为复杂，当然也更加灵活。此外，各种低能耗通信技术也将为"物的连接"提供支持，比如前面提到的反向散射通信和 RIS，进一步扩展"物的连接"的内涵。

上层业务需求驱动最终为移动通信网络带来的结果就是 ToC 最终与 ToB 融合，二者成为服务于整个社会的生产力。在这个融合的过程中，一方面是跨领域技术和移动通信技术的融合，另一方面也是移动通信传统业务市场和各行业市场的融合，包括确定性网络、智能内生、反向散射通信、SBA在内的多种技术将见证并推动这个过程。

"新媒体通信"是6G网络有别于5G网络为ToC用户提供的新型通信，是"数据传输服务"的升级和增强，它推动移动通信向更快、更宽的方向发展。"基础信息服务"则是移动通信网络的一次大的业务创新。在图9-3中，我们详细解释了"基础信息服务"在未来6G网络中的重要性，作为未来6G发展的一个重要趋势，通感一体技术将为"基础信息服务"提供重要的技术支撑。

我们从移动通信技术驱动力的演变中可以看到，即便驱动力的内涵发生了变化，但在进入6G时代后，传统的驱动力依然会继续影响着移动通信技术的发展。无论是上层应用需求的变迁还是跨领域多种技术和市场的融合，这些驱动力将推动6G最终走向一个不经意的方向——Flexibility(灵活性/弹性/柔性)。

Ⓒ 是趋势，更是挑战——Flexibility

关于6G技术发展趋势的研究和分析有很多。人们将所有对通信技术和未来美好生活的憧憬都赋予了6G，这让6G变得无比庞大、复杂和"无所不能"。比如，通信的可持续发展需求要求6G既具备高能力又具备超低能耗，全息通信、感官通信等应用场景要求6G既具备大宽带又具备超可靠和低时延，自动驾驶、IIoT等应用场景要求6G超可靠、低时延且足够私密和安全。此外，除了传统的数据传输服务外，上层应用还要求6G具备原生的计算和人工智能能力，要求6G除了可实现传统的地面通信外还能实现沙漠、海洋和空中的三维全面覆盖。

我们暂不去讨论这些应用场景和发展趋势的细节和内涵，也暂不考虑它们是否可以在将来实现，仅从这些对6G的美好憧憬中已可隐约看到一个6G的发展方向，或者称之为技术倾向——Flexibility，即"灵活性"，或者称为"弹性""柔性"。

我们从前面介绍的各类需求中不难发现，因为上层应用的极大丰富，6G网络在具备极丰富的基础能力的同时，还要能提供差异化的"组合能力"输出。但很遗憾的是，从技术角度看，那些构建"组合能力"的基础技术没有任何一个是"无所不能"的。比如，我们在应用毫米波、太赫兹获得超大带宽的同时，损失的是覆盖质量；在利用各类干扰消除或避免技术提高覆盖质量的同时，损失的是资源利用率；在利用各类重传技术提高可靠性的同时，损失的是时延；高阶调制只适合高信噪比场景，Polar码更适合长码场景，毫米波、太赫兹更适合LoS通信和热点覆盖场景等。正因为这些底层基础技术的各种特点和局限性，6G对外提供服务"神似"中医的"开药方"需要从海量的不同效果的基础药物中，根据病人的症状和体征，权衡每一味药的功效和副作用，抓出一付最适合病人的药方。这不仅要求药房的基础药物种类齐全，更要求医生的经验足够丰富和能力足够强。这种苛刻的要求就要求6G网络具备足够的灵活性。

其实Flexibility这个趋势在从1G到5G的发展过程中已经逐渐显现，随着代次的提升，移动通信系统的技术特征越来越多，协议中的各种可选特征越来越多。可以想象，到了6G时代，为了应对上层更加复杂和多样化的需求，6G系统需要变得更加灵活。

a. 需求牵引"灵活性"

6G的灵活性体现在哪些方面？我们如何理解Flexibility呢？在笔者看来，Flexibility至少来源于或者反映在以下几个方面。

- 频谱资源的多样化

作为提升移动通信系统最直接有效的方式，频谱资源是快速提升移动通信带宽和速率的最简单粗暴的方式。虽然从技术角度来看，无线频谱资源是无限的，但对于移动通信而言，"好用"的频谱资源是极其有限的。根据无线电传输的物理特征，通常认为适合移动通信使用的频谱资源主要集中在微波波段的中低频，如图 9-7 所示。根据 ITU 的频谱分配方案，目前分配给国际移动通信（IMT）系统使用的频谱包括 450MHz ～ 470MHz、698MHz ～ 960MHz、1710MHz ～ 2025MHz、2110MHz ～ 2200MHz、2500MHz ～ 2690MHz、2300MHz ～ 2400MHz、3400MHz ～ 3600MHz 和 6425MHz ～ 7125MHz 这 8 段，共计 1.877GHz 带宽。这对多种 IMT 系统、多个运营商共存的移动通信系统，特别是需要更大带宽的 6G 而言，1.8GHz 的带宽是远远不够的。

因此，6G 将进一步开发高频资源，比如 5G 已经涉及的毫米波，以及正在探索的太赫兹频谱甚至可见光频谱。这些频谱资源被纳入 6G 可用范围后，6G 可用频谱在得到极大补充的同时，由于这些频谱资源之间有极大的"跨度"，会使它们的传输特征有非常大的差异。即便我们暂不考虑传输特征差异为标准化带来的极大额外开销（从某种角度来看，相当于设计了一个全新的空口），仅仅考虑传输特征差异导致的应用场景的不同，以及"频率重耕"和非授权频谱的利用带来的额外复杂度，综合利用这些零散的、传输特征存在差异的频谱资源，相比 5G 也变得更加困难。

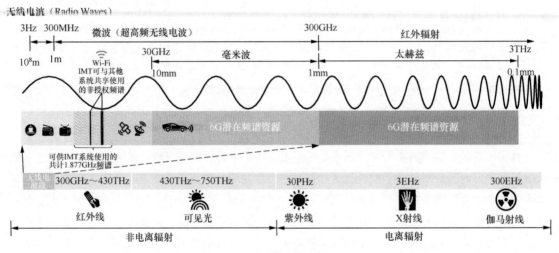

图 9-7　无线频谱资源

为了实现对频谱资源的高效应用，未来的 6G 系统必须具备某种灵活的频谱利用能力。这种能力要求 6G 系统能根据上层应用需求、部署场景等因素综合选择合适的频谱资源，并可实现多系统间（多种 IMT 系统间，以及 IMT 和其他无线电系统间）动态频谱共享和干扰协调。这些灵活性充分体现了 6G 的"Flexibility"特征。

- 底层技术选项的多样化

空口底层技术必须具备匹配的灵活性。这种灵活性一方面反映在接收机、发送机算法和硬件层面，另一方面反映在标准化系统设计层面。我们暂不考虑接收机、发送机算法和硬件层面的差异，仅在系统设计层面进行标准化，当频率资源间的"跨度"大到一定程度时，接入网的底层技术就必须进行一些针对性的设计。比如采用不同的波形、不同的子载波间隔和拓扑等。

影响底层技术灵活性的原因是"高层应用需求""网络部署需求"和技术自身的应用局限性。这在 5G 的标准化系统设计中已经有很明显的反映，这也是在 5G 标准中有众多的特征选项、方法选项的原因。

其中"高层应用需求"主要反映上层应用对底层提供的能力的差异化。比如在 5G 中，通过定义不同的子载波间隔和拓扑引入的传输时延的灵活性，通过定义 BWP 引入的可使用带宽的灵活性，各种重传和重复传输技术引入的可靠性、灵活性等。

"网络部署需求"指运营商网络部署和采用算法的倾向。比如不同调度算法和部署场景导致的技术差异。这方面的例子数不胜数，在标准化过程中，各个公司的意志和倾向最终反映为标准中的各种方法选项。

最后，底层技术本身的应用场景局限性也导致了底层技术的灵活性。这种灵活性很好理解，比如信噪比对调制编码方式的约束、信道状态对多天线传输方案的约束、复杂度对编码方式的约束等。

总之，可以预见的是，随着 6G 上层应用需求的多样化，频谱资源的多样化、底层技术和部署需求的多样化，6G 系统一定是一个庞大而灵活的系统。这无论对标准化本身还是对运营商的运营能力、网络部署和优化能力都是一个极大的挑战。因此，类似于 MCS 对技术选项的"自适应"的适应能力需求变得更加迫切。

- 网络拓扑和接入方式的多样化

网络拓扑和接入方式的灵活性趋势在 5G 系统中已经有所体现（如图 7-8 所示）。比如 R15 引入的网络切片技术，让人们可以利用一套硬件基础设施，基于虚拟化技术满足不同的上层应用需求集；R16 引入的 V2X 和 Sidelink 技术，让用户不用依赖传统的 Uu 接口，利用 PC5 接口就可实现短距离的点对点连接；R16 和 R17 引入的 IAB 和 Sidelink 中继技术，让网络拓扑向异构方向演进，网络部署更加灵活多变；R17 引入的 NTN 技术（利用地球同步和中高轨道卫星为地面提供网络连接的技术），它是移动通信技术从地面的 2D 通信向 3D 通信演进的序幕。无论是 3GPP 的标准层面、6G 研究层面，还是目前的产业层面都对 NTN 进行了广泛的研究。例如马斯克的星链计划（通过低轨道卫星为地面提供网络连接），Google 的 Loon 计划（通过平流层气球为地面提供网络连接）、Facebook 的 Aquila 计划（通过高空太阳能无人机为地面提供网络连接）、Thales 的 Stratobus 计划（利用平流层飞艇为地面提供网络连接）。

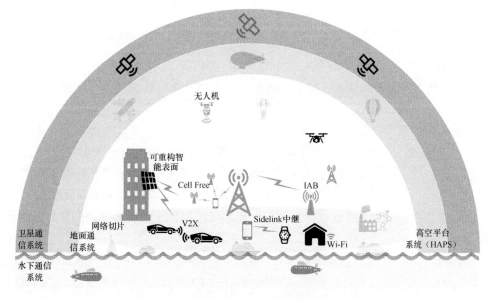

图 9-8　网络拓扑和接入方式的灵活性示意

6G 的一些潜在核心技术也会进一步增加 UE 接入的复杂度。比如无蜂窝网络（Cell Free 或 Cell-less）技术，用户设备通过"无小区"网络中的多个小单元连接到网络，并实现零小区间干扰和无切换通信。以小区为中心的网络拓扑被转变为以用户为中心的系统。

虽然上述很多技术还不够成熟，但无论从哪个角度来看，未来 6G 的网络拓扑和接入方式将比 5G 更加复杂和多样。在这种情况下，如何根据用户需求实现网络选择、网络间（接入方式间）的接入控制、如何高效利用频谱资源实现频谱的共享将成为 6G 网络不得不面对的问题。

b. 应对"人力不可为"的"灵活性"

笔者曾和一位做网络优化的朋友聊天，向他问起了 R15 实现了哪些标准定义的功能特征？朋友最初的回答比较笼统，当笔者追问和网络部署、优化相关的一些细节功能时，他表示无法确认细节。这样的答复多少让笔者有一些意外，因为在笔者看来，协议定义众多"OPTIONAL"的目的就是为了让网络保持足够的灵活性。而对网络部署和优化来说，这些灵活性则是提升网络性能和体现网络用户体验差异化的关键。带着同样的疑惑，笔者又咨询了一位做终端 Modem 芯片的朋友，他回答类似。笔者认为主要原因可能是所问的问题过于细节而笔者又没找到最适合回答的人。但这个事件至少从侧面反映出一个问题：技术标准确实太过复杂和庞大了。

无论是资源供给的客观现状导致的频谱资源的多样化，还是应用和部署需求导致的底层技术选项的多样化，或者是应用场景导致的拓扑和接入方式的多样化，标准能做的是为运营商和用户带来一个丰富的"基础能力菜单"。但在这个"基础能力菜单"未被转化为"服务"之前，它只能以"潜在能力"的形式被呈现。而将这些"潜在能力"转化为"可见服务"的过程如果太过复杂，那么这些"潜在能力"很有可能会变成"无法体现的价值"。如何根据患者的症状和体征抓一味最合适的药方，这涉及深厚的学问。

笔者在 3GPP TS 38.331（V17.1.0 版本）中以"OPTIONAL"为关键词进行了搜索，结果显示一共找到 5303 个结果。这意味着，在 R17 中，至少有 5303 个可选的功能选项[1]。如果再加上那些必选的可配置参数，以及并未定义在 3GPP TS 38.331 中的核心网相关参数，可想而知协议为灵活性提供的"基础能力菜单"有多么庞大。合理利用这些"潜在能力"成为一个不算简单的系统工程。

5G 尚且如此，"Flexibility"贯穿始终的 6G 又会如何呢？

我们也许应该用"Flexibility"去应对"Flexibility"。

笔者并不熟悉运维，因此只能从"工程师"的思维来设想我们应该如何用"Flexibility"去应对"Flexibility"，应对"Flexibility"的"Flexibility"模型如图 9-9 所示。

我们首先需要厘清设备商、芯片商、UE 厂商、运营商和用户之间的关系。首先，对于运营商和 UE 厂商来说，设备商和芯片商是能力和服务的提供方，运营商和 UE 厂商则是使用服务和能力的用户；而对个人或企业/行业用户来说，运营商和 UE 厂商是能力和服务的提供方，它们是使用服务和能力的用户。因此，运营商和 UE 厂商具备双重角色，它们需要将由设备商和芯片商提供的硬件能力"翻译为"用户可感知的服务和体验，所以它们的角色至关重要。

1　因为搜索结果并未除去那些出现在正文中或重复出现的"**OPTIONAL**"，所以具体数量并不准确，但至少数量级是可信的。

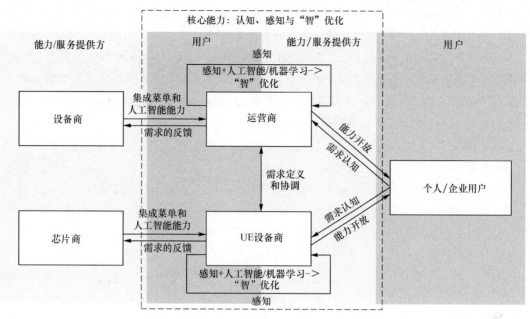

图 9-9 应对"Flexibility"的 Flexibility 模型

首先，作为中间桥梁的运营商和 UE 厂商，它们需要通过对用户的认知充分地理解市场和用户的需求，然后通过它们之间的协调实现认知的对齐并完成需求的定义，最后将需求传递给设备商和芯片商进行实现。在这个过程中，需求首先必须来源于用户和市场，通过运营商和 UE 厂商的协调、整理、分析，最终"翻译"为设备商和芯片商的能力需求。由于运营商和 UE 厂商直接面对用户，因此它们需要在这个过程中发挥更大的作用。

然后，设备商和芯片商根据运营商和 UE 厂商系统定义的能力需求，完成网络设备和 UE 芯片的开发和定义，为运营商和 UE 厂商提供基础能力。因为对技术理解程度的差异（不可能要求所有人都如工程师那样理解协议的所有细节），"基础能力"不应是冷冰冰的协议参数和各种"OPTIONAL"，而应该是经过组合后的集成能力。此外，无论是基于协议还是基于实现，设备商和芯片商还应为运营商和 UE 厂商提供基本的人工智能能力和工具，以帮助运营商和 UE 厂商去处理"人力不可为"的复杂工作。5G 已经引入的 SBA 和 6G 正在研究的基于服务的 RAN 架构对这种能力的集成会起到关键作用。另外，作为能力和服务提供方的运营商和 UE 厂商，它们也同样应该屏蔽一些晦涩的技术细节，向用户提供能带来更好体验的能力开放。

最后，由于扮演桥梁角色的运营商和 UE 厂商距离用户最近，最了解用户需求，具备较高的技术理解能力，且扮演双重角色。因此，它们是商业逻辑中最关键的。在主导完成了从需求到服务之间的闭环操作后，它们更重要的工作是基于硬件设备提供丰富的"能力菜单"，以承接上层应用提出的多种多样的服务需求，应对并优化各种实际的网络问题。

在 6G 网络的灵活性达到一定程度后，运营商和 UE 厂商的很多工作必须要借助各种灵活的自动化工具来实现。在这个过程中，6G 的通感一体化技术将为运营商和 UE 厂商提供丰富的数据支持，并利用 6G 网络提供的人工智能和计算能力，最终实现灵活处理问题的"AI for 6G"。这里值得关注的是，无论从实现层面还是从协议层面，都应该提供更多的自动化算法来帮助运营商实现各种"智"优化。从目前 5G 演进的趋势来看，3GPP 正朝这个方向努力（参见 8.2.4 节），相信在未来的 6G 网络中，会有更多的类似 SON 和 MCS 的技术被推出，自配置、自优化、自适应的设计思维被"推广"到接入网和核心网各个协议层领域。

不得不说，Flexibility 是一把"双刃剑"，如果利用得好，它会成为 6G"开疆扩土"的先锋和主力军；如果用得不好，它则会沦为徒增协议和实现复杂度的、永远停留在纸面上的"潜在能力"。要解决这个难题，基于 AI 技术的联合优化 / 配置也许是关键……

未来 6G 将会如何发展，让我们拭目以待！

写到这里，《5G 系统观：从 R15 到 R18 的演进之路》将告一段落，这本书是我继《从局部到整体：5G 系统观》后的第二部个人著作。为了可以真正带给读者一些收获，本书前后经历了一年时间的构思和撰写。希望通过我的文字，大家可以进一步了解 5G，理性地展望 6G。

在我看来，一本好的技术书，除了要能"授人以鱼"，还要能"授人以渔"。而本书的"渔"，就是作者尝试梳理的、贯穿于全书的主线："驱动力""演进方向"。这也是本书有别于其他技术书的地方。"方向""趋势"并不是凭空而来，需要有理有据地推理和分析。所以，希望读者可以按照我的思路和逻辑，从头到尾贯通性地阅读。

由于篇幅和精力的限制，在本书中，我未能对 3GPP 最新发布的 R17 技术进行细节展开，不过考虑到 R16 即将商用，而 R17 的商用还并不紧迫，因此，相信本书能为"坚持到最后"的读者带来一些收获和思考。

作为 4G 和 5G 标准化过程的见证者和参与者，我坚信，5G 一定能顶住目前的种种质疑，砥砺前行，5G 的未来一定会越来越好。对即将到来的 6G，我也充满信心！

张晨璐

2022 年 8 月 30 日夜

第 1 章

[1] 丁奇.大话无线通信[M]. 北京：人民邮电出版社，2010.

[2] Beaulieu, N. C . Introduction to Certain Topics in Telegraph Transmission Theory[C]. Proceedings of the IEEE, 2002, 90(2):276–279.

[3] Marken A . The Qualcomm Equation: How a Fledgling Company Forged a New Path to Big Profits and Market.

[4] Chang, Robert W . Synthesis of Band–Limited Orthogonal Signals for Multichannel Data Transmission[J]. Bell System Technical Journal, 1966, 45(10).

[5] Weinstein S . Data Transmission by Frequency–Division Multiplexing Using the Discrete Fourier Transform[J]. IEEE Transactions on Communication Technology, 1971.

第 2 章

[1] 3GPP. TS 38.101–1:User Equipment (UE) Radio Transmission and Reception; Part 1: Range 1 Standalone[R].

[2] 3GPP. TS 38.101–2:User Equipment (UE) Radio Transmission and Reception; Part 2: Range 2 Standalone[R].

第 3 章

[1] ITU–R .M.2370. 2020 年至 2030 年间的 IMT 通信流量估计[R].

[2] 3GPP. TS 38.101–1:User Equipment (UE) Radio Transmission and Reception; Part 1: Range 1 Standalone[R].

[3] 3GPP. TS 38.101–2:User Equipment (UE) Radio Transmission and Reception; Part 2: Range 2 Standalone[R].

[4] 3GPP. TS 38.306:User Equipment (UE) Radio Access Capabilities[R].

[5] 3GPP. Final Evaluation Report from the Fifth Generation Mobile Communications Promotion Forum on the IMT–2020 Proposal in Document IMT–2020[R].

[6] 3GPP. TR 37.910:Study on Self Evaluation towards IMT–2020 Submission[R].

[7]   ITU–R M.2412:Guidelines for Evaluation of Radio Interface Technologies for IMT–2020[R].

[8]   3GPP. TS 38.104LBase Station (BS) Radio Transmission and Reception[R].

第 4 章

[1]   3GPP. TR 37.910:Study on Self Evaluation Towards IMT–2020 Submission[R].

[2]   3GPP. Final Evaluation Report from the Fifth Generation Mobile Communications Promotion Forum on the IMT–2020 Proposal in Document IMT–2020[R].

第 5 章

[1]   3GPP. TR 38.840：Study on User Equipment (UE) Power Saving in NR[R].

[2]   3GPP. TS 38.331 v15.15.0 : NR; Radio Resource Control (RRC); Protocol Specification[R].

[3]   3GPP. TS 38.331 v16.6.0:NR; Radio Resource Control (RRC); Protocol Specification[R].

[4]   3GPP. TR 38.802,:Study on New Radio Access Technology Physical Layer Aspects[R].

[5]   柯颐, 吴丹, 张静文, 等. 5G移动通信系统远端基站干扰解决方案研究[J]. 信息通信技术, 2019, 13(4):7.

[6]   3GPP. :Final Report of 3GPP TSG RAN WG1 #94b[R].

[7]   3GPP. :Final Report of 3GPP TSG RAN WG1 #98[R].

[8]   3GPP. :Final Report of 3GPP TSG RAN WG1 #96b[R].

[9]   3GPP. :TR.23.726, "Study on Enhancing Topology of SMF and UPF in 5G Networks[R].

[10]   3GPP. TS 23.501:System Architecture for the 5G System (5GS); Stage 2 (Release 16)[R].

[11]   3GPP. TR 23.742:Study on Enhancements to the Service–Based Architecture[R].

[12]   3GPP. TR 38.801:Study on New Radio Access Technology: Radio Access Architecture and Interfaces[R].

第 6 章

[1]   张晨璐. 从局部到整体：5G 系统观[M]. 北京：人民邮电出版社，2020.

[2]   李俨. 5G 与车联网–基于移动通信的车联网技术与智能网联汽车[M]. 北京：电子工业出版社，2019．

[3]   中国汽车工程学会. 节能与新能源汽车技术路线图[M]. 北京：机械工业出版社，2016.

[4]   沈嘉，杜忠达，张治，等. 5G 技术核心与增强 "从 R15 到 R16" [M]. 北京：清华大学出版社，2021．

[5]   3GPP. TR 38.825:Study on NR Industrial Internet of Things (IoT)[R].

[6]   3GPP. TR 22.804:Study on Communication for Automation in Vertical Domains（Release 16）[R].

[7]   3GPP. TR 38.824:Study on Physical Layer Enhancements for NR Ultra–Reliable and Low Latency Case (URLLC)[R].

[8] 3GPP. TR 22.885:Study on LTE Support for Vehicle to Everything (V2X) Services（Release14）[R].

[9] 3GPP. TS 22.185:Technical Specification Group Services and System Aspects; Service requirements for V2X services;Stage 1（Release17）[R].

[10] 3GPP. TR 22.886:Study on Enhancement of 3GPP Support for 5G V2X Services（Release16）[R].

[11] 3GPP. TS 23.287:Architecture Enhancements for 5G System (5GS) to Support Vehicle-to-Everything (V2X) Services（Release17）[R].

[12] 3GPP. TS 38.300:NR; NR and NG-RAN Overall Description; Stage-2[R].

[13] 3GPP. TS 38.214:NR; Physical Layer Procedures for Data[R].

[14] 3GPP. TS 38.212:NR; Multiplexing and Channel Coding[R].

[15] 3GPP. TS 38.211:NR; Physical Channels and Modulation[R].

[16] 3GPP. TS 38.213:NR; Physical Layer Procedures for Control[R].

[17] 3GPP. TS 38.331:NR; Radio Resource Control (RRC); Protocol Specification[R].

[18] 3GPP. TS 38.321:NR; Medium Access Control (MAC) protocol Specification[R].

[19] 3GPP. TS 24.587:Vehicle-to-Everything (V2X) Services in 5G System (5GS); Stage 3[R].

[20] 3GPP. TS 23.287:Architecture Enhancements for 5G System (5GS) to Support Vehicle-to-Everything (V2X) Services[R].

第 7 章

[1] 3GPP. TR 38.822: NR; User Equipment (UE) Feature List[R].

[2] 3GPP. TR 38.830: Technical Specification Group Radio Access Network；Study on NR Coverage Enhancements[R].

[3] 3GPP. TS 23.247: Architectural Enhancements for 5G Multicast-Broadcast Services;Stage 2[R].

[4] 3GPP. TS 22.261: Service Requirements for the 5G System; Stage 1[R]

[5] 3GPP. TR 22.804: Study on Communication for Automation in Vertical Domains[R].

[6] 中国移动. 技术白皮书：RedCap技术白皮书[R].

[7] 3GPP. TR 38.836: Study on NR Sidelink Relay[R].

[8] 3GPP. TS 23.304: Proximity Based Services (ProSe) in the 5G System (5GS)[R].

[9] 3GPP. TS 38.300: NR; NR and NG-RAN Overall Description; Stage-2[R].

[10] 3GPP. TS 22.891: Feasibility Study on New Services and Markets Technology[R].

[11] GSMA. NG.116: Generic Network Slice Template[R]. GSM Association.

第 9 章

[1] vivo通信研究院. vivo 6G白皮书：数字生活2030+[R]. (2020-10-26）[2022-8-20].

[2] vivo通信研究院. vivo 6G白皮书：6G愿景、需求与挑战[R]. (2020-10-26）[2022-8-20].

[3] vivo通信研究院. vivo 6G白皮书：6G服务、能力与使能技术[R]. (2022-07-27）[2022-8-20].

[4] 亚扎尔 A，端图沙 S，阿尔斯兰 H.6G愿景：基于超柔性无线接入技术的视角[J]. 2020.